高等学校"十二五"规划教材

分析化学

任健敏　韦寿莲
刘梦琴　任乃林　主编

化学工业出版社
·北京·

本书为高等学校"十二五"规划教材，全书共十一章：分析化学概论、定量分析的基本步骤、定量分析的误差及数据处理、滴定分析法引论、酸碱滴定法、配位滴定法、氧化还原滴定法、沉淀滴定法（含滴定分析小结）、重量分析法、吸光光度法、分析化学中常用的分离和富集方法简介。每章都附有"本章概要"、"思考题及习题"和部分参考答案，内容涵盖了分析化学的有关概念以及化学分析方法的原理、计算和应用。

本教材语言简练，思路清晰，重点突出，难度适宜，可作为高等院校化学、应用化学、生物、环境、材料、食品、医药等专业本科生的教材及参考书，同时也可作为其他相关专业及从事分析测试工作人员的参考书。

图书在版编目（CIP）数据

分析化学/任健敏等主编 . —北京：化学工业出版社，2014.1
（2024.8重印）
高等学校"十二五"规划教材
ISBN 978-7-122-18952-3

Ⅰ.①分⋯　Ⅱ.①任⋯　Ⅲ.①分析化学-高等学校-教材
Ⅳ.①O65

中国版本图书馆 CIP 数据核字（2013）第 267158 号

责任编辑：宋林青　　　　　　　　　　　　文字编辑：糜家铃
责任校对：顾淑云　　　　　　　　　　　　装帧设计：关　飞

出版发行：化学工业出版社（北京市东城区青年湖南街 13 号　邮政编码 100011）
印　　装：河北延风印务有限公司
787mm×1092mm　1/16　印张 16　彩插 1　字数 394 千字　2024 年 8 月北京第 1 版第 9 次印刷

购书咨询：010-64518888　　　　　　　售后服务：010-64518899
网　　址：http://www.cip.com.cn
凡购买本书，如有缺损质量问题，本社销售中心负责调换。

定　　价：40.00 元

《分析化学》编写人员名单

主　编　任健敏　韦寿莲　刘梦琴　任乃林

副主编　焦琳娟　刘　玲　匡云飞　郭会时

编　委　（以姓名笔画排名）

韦寿莲　丘秀珍　任乃林　任健敏

匡云飞　刘　玲　刘梦琴　陈慧琴

张素斌　郭会时　衰明华　焦琳娟

曾荣英　彭翠红

前　言

新技术、新材料、新能源以及社会生产发展的需要，对分析化学提出了新的挑战，也对分析化学教学提出了更高的要求。为了更好地适应社会生产飞速发展的新形势，满足 21 世纪高等教育改革的需要，使学生在课程学习中尽快切入实际，我们在认真学习教育部"化学类专业教学指导分委员会"和"化学基础课程教学指导分委员会"拟定的关于化学、应用化学等专业化学教学基本内容要求的基础上，组织韶关学院、肇庆学院、衡阳师范学院、韩山师范学院编写了这部《分析化学》教材。

本教材汇聚了四校教师多年的丰富教学经验和资源，吸收了近年来国内外分析化学教材的精华，涵盖了分析化学的有关概念以及化学分析方法的原理、计算和应用。编者力求做到语言简练，思路清晰，重点突出，难度适宜。在内容的选择及编排上具有如下特色：

1. 每章开始都有简单的内容概要，并配有主要内容的框架图，以帮助教师和学生在教和学中，把握重点和难点问题，使学生学习目标明确，内容清晰。中间插入思考问题，主要让学生在学习中学会提问，学会查找资料解决问题，学会举一反三。在每章后面都有"思考题及习题"和部分参考答案。在第 8 章沉淀滴定结束后，对滴定分析方法进行了汇总小结。

2. 在保持科学性、系统性的基础上，力求深度和广度的适宜，注意与无机化学中化学平衡知识的衔接，删除一些与无机化学重复的内容，并与无机化学教材中使用的有关物理量的符号、单位相衔接，尽量统一于国际单位制（SI）和我国的法定计量单位及量和单位的国家标准 GB 3102—93 的规定。

3. 以"需用为准、够用为度、实用为先"为原则，精选内容，压缩篇幅，注意理论和应用的紧密配合，把实(应)用性作为编写的中心思想。紧密联系各专业的教学、科研和生产实践，增加各种分析方法在化学、环境、食品、医药、材料等领域的应用，并标注国家标准编号，以便学生查询应用。

4. 每一分析方法就其原理、特点、计算和应用顺序编排，围绕理论、技术、对象展开。在第 3 章增加应用 Excel 软件处理计算分析数据的内容。

5. 书末附录中有本书涉及的符号、缩写及中英文对照和主要参考文献，引导学生通过查询丰富的资源解决化学问题，以开拓学生的学习思路，培养学生的学习能力。

本书是由韶关学院协同肇庆学院、衡阳师范学院、韩山师范学院四所高等院校共同编写。参加编写的人员有：任健敏（第 1，4 章及部分附录）、任乃林（第 2，9 章）、彭翠红（第 3 章）、韦寿莲（第 5 章）、刘玲（第 6 章）、匡云飞（第 7 章）、刘梦琴（第 8 章）、郭会时（第 10 章）、焦琳娟（第 11 章）、丘秀珍（部分附录）、陈慧琴（部分附录）。全书最后由主编统稿和定稿，丘秀珍、陈慧琴、衷明华、曾荣英、张素斌校对。

本教材在编写过程中，得到了四所院校以及化学工业出版社和教师的大力支持、帮助和关心，在此谨致诚挚的感谢。同时在编写过程中，参阅或引用了许多专著、教材、论文和互联网上的有关内容，由于篇幅所限，不能一一列出，在此谨致深深谢意。

为方便教学，与本书配套的课件和习题解答已制作完毕，使用本书做教材的院校可向出版社免费索取，songlq75@126.com。

限于编者水平，书中难免有疏漏和不足之处，恳请读者批评指正。

编者

2013 年 9 月

目　录

第1章 绪 论

本章概要：本章开门见山，简要介绍了分析化学的定义、任务、方法分类、发展与趋势。分析化学的定义、方法、仪器及技术等随分析化学学科的飞速发展发生了很大变化。

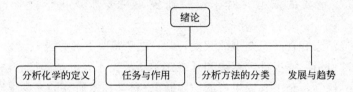

1.1 分析化学的定义

分析化学是化学学科的一个重要分支。1980 年美国《分析化学》主编 Laitinen 对分析化学的定义是：Analytical chemistry is a science of measurement and characterization。即"分析化学是测量和表征的科学"，也是研究物质的组成、状态和结构的科学。这一定义在我国的许多教科书中沿用至今。

1993 年欧洲化学会联合会（Federation of European Chemical Societies）的分析化学工作组对分析化学的定义是：Analytical chemistry is a scientific discipline that develops and applies methods，instruments and strategies to obtain information on the composition and nature of matter in space and time。即"分析化学是一门发展并运用各种方法、仪器及策略，以获得物质在特定时间和空间有关组成和性质信息的一门科学"，更清晰地说明仪器和方法是分析化学研究的一项重要内容。

2000 年美国《分析化学》杂志发表了 G. M. Hieftje 教授对分析化学的定义：Analytical chemistry is a science of instrumentation and measurements。即"分析化学是仪器（装置）和测量的科学"。与 Laitinen 的定义的区别是把"表征"换成了"仪器（装置）"，并把"仪器（装置）"放在了"测量"的前面，反映了当今分析化学发展的动向。

著名分析化学家 Kowalski 认为"分析化学已由单纯提供数据，上升到从分析数据中获取有用的信息和知识，成为生产和科研中实际问题的解决者"。

总之，分析化学是一种方法学，研究方法、技术及其理论，同时应用这些方法与理论对物质的组成、结构、形态和含量进行分析。

1.2 分析化学的任务和作用

分析化学的任务主要是研究和采用各种方法和手段，对物质的组成进行鉴定、对物质的结构进行解析、对物质的含量进行测定，即对物质进行定性分析、结构分析和定量分析，尽可能提供更多、更全面的信息，解决生产和科研中的实际问题。

分析化学在工农业生产领域中应用十分广泛且起着极其重要的作用。例如：在工业生产方面，从资源勘探、矿山开采、工业原料选择、工业生产流程控制、新技术研究到新产品的试制和产品质量的检验等都必须依赖分析化学提供的分析结果；在农业生产方面，土壤的普查，化肥、饲料、农药及农副产品品质的评定，作物生长过程中营养、病毒的控制和研究，以及家禽、家畜的临床诊断等都要用到分析化学的方法和技术；在其他学科领域中，如国防公安部门中的武器装备研究、刑侦破案，考古中的文物鉴定与保护，国际贸易中进出口商品的检验，体育竞技中兴奋剂的检测，医药卫生部门的病理化验和药物检验，环境监测与保护，"三废"的处理和利用都要借助分析化学为之提供重要的依据；对于科学研究，只要涉及化学现象，都需要运用分析测试来解释。

近年来，环境污染和食品安全事故频发，如"二噁英"、"苏丹红"、"毒大米"、"三聚氰胺"、"瘦肉精"、"血铅"等事件，解决和杜绝这类事故离不开分析测试方法。由此看来，分析化学是一门工具科学，是工农业生产的"眼睛"、科学技术研究的"参谋"，是让人们认识未知强有力的"手段"，是能让人们放心的科学。在人类认识自然、征服自然和改造自然的活动中发挥了重要作用。

1.3　分析方法的分类

分析方法多种多样，其分析方法的分类也不尽一致，常见有以下几种分类方法。

（1）定性分析、定量分析和结构分析

根据分析任务不同，分析化学可分为定性分析、定量分析和结构分析。

（2）无机分析和有机分析

根据分析对象的不同，分析方法可分为无机分析和有机分析两大类。

无机分析的对象是无机物。在无机分析中，组成无机物的元素种类繁多，通常要求进行定性分析和定量分析。

有机分析的对象是有机物。在有机分析中，组成有机物的元素种类不多，但结构相当复杂，通常要求进行结构分析和定量分析。

（3）常量分析、半微量分析、微量分析和超微量分析

根据试样的用量不同，分析方法可分为常量分析、半微量分析、微量分析和超微量分析，通常按表 1.1 所示分类。在某些稀有珍贵样品的分析中，微量和超微量分析具有重要的意义。

表 1.1　各种分析方法的试样用量

方　　法	试样质量	试液体积
常量分析	$>0.1g$	$>10mL$
半微量分析	$0.01\sim0.1g$	$1\sim10mL$
微量分析	$0.1\sim10mg$	$0.01\sim1mL$
超微量分析	$<0.1mg$	$0.01mL$

（4）常量组分、微量组分和痕量组分分析

根据样品中待测组分的相对含量高低不同，可把定量分析方法粗略分为常量组分分析（$>1\%$）、微量组分分析（$0.01\%\sim1\%$）、痕量组分分析（$<0.01\%$）。

痕量组分分析不一定是微量分析，为了测定痕量组分，取样往往超过 0.1g。应该指出，上述分类方法的标准并不是绝对的。不同时期、不同国家或不同部门可能有不同的划分。

(5) 化学分析和仪器分析

根据测定原理和测定方法不同，分析方法可分为化学分析和仪器分析两大类。

① 化学分析　以物质的化学反应为基础的分析方法称为化学分析方法。化学分析法历史悠久，是分析化学的基础，故又称经典分析法，适用于常量分析，主要有重量分析法、滴定分析法和气体分析法。

a. 重量分析法　重量分析法是将待测组分与试样中的其他组分分离后，转化为一定的称量形式，用称量方法测定该组分的含量。根据分离方法不同，重量分析法又分为沉淀重量法、气化法和电解重量法等。

b. 滴定分析法　滴定分析法又称容量分析法，这种方法是将一种已知准确浓度的标准溶液，通过滴定管滴加到待测组分的溶液中，或者是将待测组分的溶液滴加到标准溶液中，直到标准溶液与被滴定组分发生的化学反应恰好进行完全，根据标准溶液的浓度和消耗体积计算待测组分的含量。

根据化学反应的类型不同，滴定分析法又分为酸碱滴定法、沉淀滴定法、配位滴定法和氧化还原滴定法。

c. 气体分析法　在一定温度、压力下，依据反应中产生气体或气体试样在反应前后体积的变化来测定待测组分的含量。

② 仪器分析法　以物质的物理和物理化学性质为基础的分析方法称为物理和物理化学分析法。这类方法都需要使用较特殊的仪器，所以通常称为仪器分析法。它具有操作简便、快速、灵敏度高、准确度好等优点，适用于痕量组分和微量组分的分析，主要有以下几类。

a. 光学分析法　光学分析法是利用物质的光学性质所建立的一类分析方法。主要有紫外可见分光光度法、红外分光光度法、原子吸收光度法、发射光谱法、火焰光度法、荧光分析法等。

b. 电化学分析法　电化学分析法是利用物质的电学及电化学性质而建立的一类分析方法。它主要包括电位分析法、电导分析法、电解分析法、库仑分析法、伏安分析法等。

c. 色谱分析法　色谱分析法是利用物质在两相中的吸附、溶解或亲和作用等性能的差异来进行物质分离与测定的方法，主要有气相色谱法、液相色谱法。

d. 其他仪器分析法　除上述三大类分析方法外，仪器分析法还包括质谱分析法、核磁共振波谱分析法、电子探针和离子探针微区分析法、放射分析法、差热分析法、光声光谱分析法以及各种联用技术分析等。

以上分析方法各有特点，也各有一定的局限性，通常要根据分析任务中待测组分的性质、组成、含量和对分析结果准确度的要求等，来选择最适当的分析方法进行测定。

(6) 例行分析、快速分析和仲裁分析

根据分析工作要求的不同，分析方法还可分为例行分析、快速分析和仲裁分析等。一般实验室进行的日常分析，称为例行分析，又称为常规分析。要求快速简易、在短时间内获得结果的分析工作称为快速分析，如：炉前分析、土壤速测等。快速分析的误差要求较宽。当不同单位对分析结果有争论时，请权威的单位进行裁判的分析工作，称为仲裁分析。

1.4　分析化学的发展与趋势

关于分析化学的发展，普遍认为它经历了三次重大的变革。

第一次变革（19～20 世纪 30 年代）：由于溶液四大平衡理论（酸碱平衡、氧化还原平衡、配位平衡及溶解平衡）的建立，为经典分析化学提供了理论基础，使分析化学实现了从"技艺"到科学的飞跃。

第二次变革（20 世纪 40～60 年代）：物理学与电子学的发展，促进了分析化学中物理方法的发展。一些简便、快速的仪器分析方法，取代了烦琐费事的经典分析方法。分析化学从以化学分析法为主的经典分析化学，发展到以仪器分析法为主的现代分析化学。

第三次变革（20 世纪 70 年代末至今）：生命科学、环境科学、新材料科学等发展的要求，生物学、信息科学、计算机技术的引入，使分析化学进入了一个崭新的境界。分析化学不再限于定性分析和定量分析，而是要求能提供物质更多的、更全面的信息。

21 世纪社会和科技的飞速发展，人类社会面临的五大危机：资源、能源、人口、粮食、环境；科学界关注的四大理论：天体、地球、生命、人类的起源和演化问题；21 世纪科技热点：可控热核反应、信息高速公路、纳米材料和技术；生命科学方面的人类基因；生物技术征服癌症、心血管疾病、艾滋病、智能材料以及环境问题等都给分析化学提出了许多新的课题和更高的要求。

理想的分析方法应该具备 4 个 S（sensitivity、selectivity、speediness、simpleness）和 2 个 A（automation、accuracy）。现代分析化学始终朝着理想的分析方法发展的，其发展的总体目标可以归纳如下：

① 高灵敏度或低检测限；

② 更好的选择性或更少的基体干扰；

③ 高准确度或高精密度；

④ 高分析速度；

⑤ 高自动化程度；

⑥ 更完善的多元素（分析物）同时检测能力；

⑦ 更完善的形态分析；

⑧ 更小的样品用量要求，并且实现微损或无损分析；

⑨ 原位、活体内实时分析；

⑩ 更大的应用范围，如：遥测、极端或特殊环境中的分析；

⑪ 高分辨成像；

⑫ 各类分析方法的联用。如：将具有很高分离能力的气相色谱法与具有很强鉴定能力的质谱法、红外光谱法、核磁共振法联用，可以迅速地分析复杂试样。

总之，分析化学就是要在尽可能消耗少量的材料、缩短分析测定的时间、减少风险和经费开支的情况下，获得更多、更有效的化学信息。

目前，我国在分析仪器核心技术上还落后于国际上最先进的水平，具有自主知识产权新仪器的研发以及研发人才的培养，是我们面临的一项重要任务。

现代分析化学已经突破了纯化学领域，它将化学与数学、物理学、电子学、计算机学及生命科学紧密地结合起来，发展成为一门综合性学科——分析学或分析科学。

　　分析化学是一门重要的基础课，具有综合性强、实验性强和责任性强的特点。本教材内容主要是化学分析中各种定量分析方法的集合。学生通过本课程的学习，要求掌握各分析化学方法的基本原理和基本技能，建立准确的量的概念。在学习理论课程的同时，必须要求学生重视实验课程的学习，加强基本操作的训练，掌握分析实验技能，树立严谨求实的工作作风，养成科学的工作态度和良好的工作习惯，学会观察、思考、推理、判断和表达，提高分析问题、解决问题和创新实践的能力，为后续课程的学习和今后从事生产及科学研究工作打下必要的基础。

思考题及习题

1-1　查阅资料，了解当今分析化学的前沿问题。

1-2　简述分析化学的任务和作用。举例说明分析化学工作的意义。

第 2 章　定量分析的基本步骤

本章概要：本章将围绕定量分析任务问题，阐述定量分析工作的 5 个基本步骤，简要介绍各步骤的基本要求和原则，将重点对试样的采集和制备、试样的分解加以讨论。各种分析方法的测定原理、干扰物质的处理、测定结果的评价等问题将在后续章节中详细讨论。

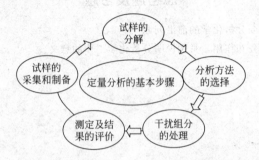

2.1　分析试样的采集和制备

分析试样的采集和制备是指先从总体物料中采集一定量的具有代表性的最初试样（原始试样），然后再制备成供分析用的最终试样（分析试样），这一过程也简称为采样。采样的基本原则是使采得的分析试样具有高度的代表性，即它的组成必须能代表总体物料的平均组成，否则测定结果毫无意义。若采样的费用较高，在设计采样方案时可以适当兼顾采样误差和费用，满足对采样误差的要求。采样正确与否直接影响测定结果，是定量分析过程中至关重要的第一步。

试样的采集和制备因被采物料的性质、物理状态、均匀程度和分布范围不同而存在较大的差异，但基本都涉及采样点的设置、采样方法和手段、采样量、试样的保存等问题。在国家标准或行业标准中，对气体、固体及液体等不同状态物料的采集和制备等都有明确的规定和具体的操作方法，如 GB/T 4650—2012（工业用化学品采样词汇）、GB/T 6678—2003（化工产品采样总则）、GB/T 6679—2003（固体化工产品采样通则）、GB/T 6680—2003（液体化工产品采样通则）、GB/T 6681—2003（气体化工产品采样通则）、HJ 493—2009（水质采样、样品的保存和管理技术规定）、GB/T 3723—1999（工业用化学产品采样安全通则）等。对于其他各类物料（如：矿物、土壤、植物、食品等）的具体操作方法可按相关标准或专门分析书籍中的分析检测规程要求进行。

2.1.1　气体和液体试样的采集和制备

物料按特性值的变异性类型可以分为两大类，即均匀物料和不均匀物料，一般情况下，气体和液体物料都是均匀的。对于较为均匀的物料，采集的试样常常可以直接供分析使用，不必再制备。采样原则上可以在物料的任意部位进行，采样过程中必须避免带进杂质，同时避免在采样过程中引起物料变化（如吸水、氧化等）。

对于大气样品的采取，通常选择距地面 50～180cm 的高度、用抽气泵或吸筒采样，令所采气体样与人呼吸的空气等高。对于烟道气、废气中某些有毒污染物的分析，可将气体样品采入空瓶或大型注射器中。对于大气污染物的测定通常是使空气通过适当吸收剂，由吸收剂吸收、浓缩之后再进行分析。

若物料是液体，采取水管中或有泵水井中的水样时，取样前需将水龙头或泵打开，先放水 10～15min，然后再用干净瓶子收集水样至满瓶即可。若采取池、江、河中的水样时，可将干净的空瓶盖上塞子，塞上系一根绳，瓶底系一铁铊或石头，沉入离水面一定深度处，然后拉绳拔塞，让水流满瓶后取出，按此方法在不同深度采取数份水样混合后作为分析试样。

对于装在大容器里的液体物料，只要在储槽的不同深度取样后混合均匀即可作为分析试样。对于分装在小容器里的液体物料，应从每个容器里取样，然后混匀作为分析试样。

2.1.2　固体试样的采集和制备

2.1.2.1　固体试样的采集

固体试样种类繁多，经常遇到的有矿石、合金和盐类等，它们的采样方法如下。

(1) 矿石试样

在取样时要根据堆放情况，从不同的部位和深度选取多个取样点。采取的份数越多，量越大，样品与物料的平均组成就越接近，但是，取量过大处理麻烦。一般而言应取试样的量与矿石的均匀程度、颗粒大小等因素有关。试样的采集量可按下述采样经验公式计算：

$$Q = Kd^2 \tag{2.1}$$

式中，Q 为采取平均试样的最小量，kg；d 为物料中最大颗粒的直径，mm；K 为经验常数，可由实验求得，一般 K 值在 0.05～1kg·mm^{-2} 之间。样品越不均匀，其 K 值就越大。

例如：地质部门采取赤铁矿原始试样，规定 $K = 0.06$kg·mm^{-2}，如果采集赤铁矿样的最大颗粒直径为 20mm，则 $Q = 0.06$kg·mm^{-2}×(20mm)^2=24kg，即原始试样最少应取 24kg。

(2) 金属或金属制品

由于金属经过高温熔炼后组成比较均匀，因此，对于片状或丝状试样，剪取一部分即可进行分析。但对于钢锭和铸铁，由于表面和内部的凝固时间不同，铁和杂质的凝固温度也不一样，因此，表面和内部的组成不均匀。取样时应先将表面清理，然后用钢钻在不同部位、不同深度钻取碎屑混合均匀，作为分析试样。

(3) 粉状或松散物料试样

常见的粉状或松散物料如盐类、化肥、农药和精矿等，其组成比较均匀，因此取样点可少一些，每点所取量也不必太多。各点所取试样混匀即可作为分析样品。

对于各种固体试样（包括矿石、金属或合金试样、化学试剂、化肥、农药、生物或植物试样等）的采集，各行业都有详细的规章，采集时可参阅有关标准进行。

2.1.2.2　固体试样的制备

将上述方法采集的固体试样通过多次破碎、过筛、混匀、缩分等步骤制备成少量均匀且具有代表性的分析试样。

(1) 破碎

破碎是按规定用适当的机械或人工方法减小样品粒度。一般先用破碎机对试样进行粗碎，再用圆盘粉碎机等进行中碎，最后用压磨锤、瓷研钵、玛瑙研钵等进行细碎。

（2）过筛

过筛是将细碎的试样通过一定筛孔的筛子。未通过筛孔的粗粒不可抛弃，需要进一步粉碎，直至全部通过，以保证试样的代表性。几种常用筛号与筛孔直径的对应关系见表2.1。

表 2.1　常用筛号（网目）及其规格

筛号/网目	筛孔直径/mm	筛号/网目	筛孔直径/mm
20	0.83	100	0.15
40	0.42	120	0.125
60	0.25	200	0.074
80	0.18		

（3）混匀

混匀的方法是把已破碎、过筛的试样用平板铁铲铲起堆成圆锥体，再交互地从试样堆两边贴底对角逐锹铲起堆成另一个圆锥，每锹铲起的试样不应过多，并分两三次撒落在新锥顶端，使之均匀地落在锥四周。如此反复堆掺三次后即可进行缩分。

（4）缩分

缩分是按规定减少样品质量的过程。在条件允许时，最好使用分样器进行缩分。如果没有分样器，通常用"四分法"进行人工缩分。四分法是将物料堆成圆锥体，然后略微压平，通过中心将其平均分成四等份，弃去对角的两份，保留余下两份，如图2.1所示。

(a) 堆成锥形　　　　(b) 略为压平，均分四等份　　　　(c) 弃去相对的两份

图 2.1　四分法缩分示意图

保留的试样是否需要再次破碎至更小的颗粒并再次缩分，取决于试样的粒度与保留试样质量之间的关系，它们应符合采样公式(2.1)，否则应进一步破碎后再进行缩分。

【例 2.1】 某土壤原始试样质量为 12kg，已知 $K \approx 0.1$kg·mm^{-2}，当破碎至通过 40 目筛孔时，最低保留试样的质量为多少？需用四分法连续缩分几次？

解　查表2.1可知，通过 40 目筛时，颗粒的最大直径为 0.42mm。根据公式(2.1)应保留的试样质量为：

$$Q \geqslant 0.1\text{kg} \cdot \text{mm}^{-2} \times (0.42\text{mm})^2 = 0.18\text{kg}$$

设需用四分法连续缩分 n 次，则：

$$\frac{12\text{kg}}{2^n} = 0.18\text{kg}$$

$$n = \frac{\lg 12 - \lg 0.18}{\lg 2} = 6$$

即用四分法连续缩分 6 次，可得到约 0.18kg、直径为 0.42mm 的分析试样。

试样每次经过破碎至所需的粒度过筛后，都要将试样混匀后再进行缩分，否则会影响试样的代表性。制备好的试样分装在两个试剂瓶中，贴上标签，注明试样的名称、来源和采样日期。一瓶作正样供分析用，另一瓶备查用。试样收到后一般应尽快分析，以避免试样受潮、风干或变质。

2.2　试样的分解

在定量化学分析中一般要将试样分解，制成溶液（干法分析除外）后再分析，因此试样的分解是重要的步骤之一。它不仅直接关系到待测组分转变为适合的测定形态，也关系到以后的分离和测定。如果分解方法选择不当，就会增加不必要的分离手续，给测定造成困难和增大误差，有时甚至使测定无法进行。

在分解试样的过程中，必须注意：①试样需分解完全；②不能引入待测组分和干扰物质；③待测组分不能由于挥发等造成损失。实际工作中，应根据试样的性质与测定方法的不同选择合适的分解方法。

2.2.1　无机试样的分解

无机试样常用的分解方法有溶解法和熔融法。

2.2.1.1　溶解法

采用适当的溶剂将试样溶解，制成溶液的方法叫做溶解法。此法比较简单、快速。常用的溶剂有水、酸和碱等，在选择溶剂时，首先应考虑水作为溶剂是否可行，如果不行，则考虑采用酸或碱作溶剂进行溶解。

（1）水溶法

用水溶解试样最简单、快速，适用于一切可溶性盐和其他可溶性物料。常见的可溶性盐类有硝酸盐、醋酸盐、铵盐、绝大多数的碱金属化合物、大部分的氯化物及硫酸盐。当用水不能溶解或不能完全溶解时，再用酸或碱溶解。

（2）酸溶法

酸溶法是利用酸的酸性、氧化还原性及形成配合物的性质，使试样溶解制成溶液。钢铁、合金、部分金属氧化物、硫化物、碳酸盐矿物、磷酸盐矿物等，常采用此法溶解。常用的酸溶剂有：

①　盐酸（HCl）　盐酸具有还原性及配位能力，是分解试样的重要强酸之一，它可以溶解金属活动顺序表中氢以前的金属或合金，也可分解一些碳酸盐及以碱金属、碱土金属为主要成分的矿石。

②　硝酸（HNO_3）　硝酸具有氧化性，所以硝酸溶解样品兼有酸化和氧化作用，溶解能力强而且快。除某些贵金属及表面易钝化的铝、铬外，绝大部分金属能被硝酸溶解。

③　硫酸（H_2SO_4）　浓热硫酸具有强氧化性和脱水能力，可使有机物分解，也常用于分解多种合金及矿石。利用硫酸的高沸点（338℃），可以借蒸发至冒白烟来除去低沸点的酸（如 HCl、HNO_3、HF）。利用浓硫酸强的脱水能力，可以吸收有机物中的水分而析出碳，以破坏有机物。碳在高温下被氧化为二氧化碳气体而逸出。

④　磷酸（H_3PO_4）　磷酸在高温下形成焦磷酸，具有很强的配位能力，常用于分解难溶的合金钢和矿石。

⑤　高氯酸（$HClO_4$）　高氯酸在加热情况下（特别是接近沸点 203℃时）是一种强氧化剂和脱水剂，分解能力很强，常用于分解含铬的合金和矿石。浓、热的高氯酸遇有机物，由

于剧烈的氧化作用而易发生爆炸。当试样中含有机物时，应先用浓硝酸氧化有机物后再加入高氯酸。

⑥ 氢氟酸（HF）　氢氟酸是较弱的酸，但具有较强的配位能力。氢氟酸常与硫酸或硝酸混合使用在铂金器皿中分解硅酸盐，如果采用聚四氟乙烯器皿，温度必须低于250℃。

⑦ 混合酸　混合酸具有比单一酸更强的溶解能力，如单一酸不能溶的硫化汞，可以溶解于王水中。王水是1体积硝酸和3体积盐酸的混合酸，它不仅能溶解硫化汞，而且还能溶解金、铂等金属。常用的混合酸还有 $H_2SO_4\text{-}H_3PO_4$、$H_2SO_4\text{-}HF$、$H_2SO_4\text{-}HClO_4$ 以及 $HCl\text{-}HNO_3\text{-}HClO_4$ 等。

加压溶解法（或称闭管法）对于那些特别难分解的试样效果很好。它是把试样和溶剂置于适合的容器中，再将容器装在保护套中，在密闭情况下进行分解，由于内部高温、高压，溶剂没有挥发损失，对于难溶物质的分解可取得良好效果。例如用 $HF\text{-}HClO_4$ 的混合酸在加压条件下可分解刚玉（Al_2O_3）、钛铁矿（$FeTiO_3$）、铬铁矿（$FeCrO_4$）、钽铌铁矿 $[FeMn(Nb\cdot Ta)_2O_6]$ 等难溶物质。

（3）碱溶法

少数试样可采用碱溶法来分解，碱溶法的溶剂主要为氢氧化钠和氢氧化钾。碱溶法常用来溶解酸性氧化物或两性金属及氧化物，如 WO_3、MoO_3、Al_2O_3、ZnO 等。

2.2.1.2　熔融法

熔融法是将试样与固体熔剂混合，在高温下加热，利用试样与熔剂发生反应，使试样的全部组分转化成易溶于水或酸的化合物，如钠盐、钾盐、氯化物等。熔融法分解力强，但熔融时要加入大量的熔剂（一般为试样质量的6～12倍），将会带入熔剂本身的离子和其中的杂质。熔融时由于坩埚的腐蚀也会引入其他组分，这些都应考虑在先。根据所用熔剂的化学性质，可分为酸熔法和碱熔法。

（1）酸熔法

酸熔法用于碱性试样的分解。常用的酸性熔剂有 $K_2S_2O_7$ 和 $KHSO_4$，后者经灼烧也能生成 $K_2S_2O_7$，所以两者的作用是一样的。$K_2S_2O_7$ 在420℃以上分解产生 SO_2，对矿石试样有分解作用。这类熔剂在300℃左右即可与碱性或中性氧化物发生复分解反应，生成可溶性硫酸盐，故常用来分解 Al_2O_3、Cr_2O_3、Fe_3O_4、ZrO_2、钛铁矿、铬铁矿、中性和碱性耐火材料等。

用 $K_2S_2O_7$ 或 $KHSO_4$ 熔融分解试样时，可在瓷坩埚中进行，也可以使用铂皿，但对铂皿稍有腐蚀。

（2）碱熔法

碱熔法用于酸性试样的分解。通过熔融使试样转化成易溶于酸的氧化物或碳酸盐。碱性熔剂除具有碱性外，在高温下均可起氧化作用（熔剂本身具有氧化性或空气中的氧化作用），可以将某些元素氧化成高价，如 Cr(Ⅲ) 氧化成 Cr(Ⅵ) 等，从而增强了分解试样的能力。

常用的碱性熔剂有：

① 碳酸钠（Na_2CO_3）和碳酸钾（K_2CO_3）　Na_2CO_3 和 K_2CO_3 的熔点分别为850℃和890℃。实验中广泛应用的是 Na_2CO_3 和 K_2CO_3 摩尔比为 1∶1 的混合物，熔点降低至700℃左右，它特别适合于分解铝含量高的硅酸盐，如水泥等。

② 过氧化钠（Na_2O_2）　Na_2O_2 具有强氧化性、强腐蚀性，能分解很多难溶性的矿石，如铬铁、硅铁、绿柱石、锡石、独居石、铬铁矿、黑钨矿、辉钼矿和硅砖等，并将其中大部

分元素氧化成高价态。Na_2O_2 严重腐蚀坩埚，可用廉价的铁坩埚在 600℃ 左右熔融，也可用刚玉或镍坩埚。有时为了减缓氧化作用的剧烈程度，宜将 Na_2O_2 与 Na_2CO_3 混合使用。

用 Na_2O_2 作熔剂时，试样中不应存在有机物，否则极易发生爆炸。

③ 氢氧化钠（NaOH）和氢氧化钾（KOH）　NaOH 和 KOH 都是低熔点的强碱性熔剂，它们的熔点分别为 321℃ 和 404℃，常用于分解铝土矿、硅酸盐等。用 Na_2CO_3 作熔剂时，加入 NaOH 可以降低熔点并能提高分解试样的能力，NaOH 加入少量 Na_2O_2（或少量 KNO_3）是氧化性碱性熔剂，常用来分解难溶性物质。

用 NaOH 或 KOH 分解试样常在铁、银或镍坩埚中进行。

2.2.2　有机试样的分解

为了测定有机试样（包括生物试样）中的某些元素（如金属元素、硫及卤素等）的含量，需将其先分解。在分解试样过程中，待测元素应能定量回收并转化为易于测定的某个价态，同时还要避免引入干扰物质。有机试样的分解，可采用干式灰化法或湿式消化法。

（1）干式灰化法

干式灰化法主要是以大气中的氧气为氧化剂，在高温下将有机试样燃烧灰化完全，然后加入少量酸将所得灰分溶解，再进行测定。该方法的优点是不加入（或少加入）试剂，避免了由外部引入杂质，而且方法简便；缺点是因待测元素挥发或器壁上粘附金属而造成测量误差，耗时较长。干式灰化法主要包括以下几种方法：

① 坩埚灰化法　坩埚灰化法是将试样置于坩埚内，在电热板上预灰化后，再移入马弗炉中灰化分解，根据分解对象和需测定的项目确定灰化的温度和时间。一般建议采用的温度在 400～700℃ 之间，时间为 2～8h。根据需要，也可加入少量某种氧化性物质（称为助剂）于试样中，可以提高灰化效率，硝酸镁是常用的助剂之一。对于液态或湿的动物、植物组织，应事先通过蒸气浴或经过轻度加热使其干燥。使用马弗炉时应逐渐加热到所需温度，以防止试样着火或起泡沫。

② 氧瓶燃烧法　氧瓶燃烧法是将试样包在定量滤纸内，用铂金片夹牢，放入充满氧气并盛有少量吸收液的锥形烧瓶中燃烧，试样中的卤素、硫、磷及金属元素分别形成卤素离子、硫酸根、磷酸根及金属氧化物（或盐类等）而被溶解在吸收液中，然后分别测定各元素的含量。该法分解试样完全，可进行元素分析。

③ 燃烧法　有机化合物中碳、氢元素的测定常采用燃烧法，将有机试样置于铂舟内，在有适量金属氧化物作催化剂的条件下通氧气充分燃烧。此时碳定量转化为 CO_2，氢定量转化为 H_2O。采用烧碱石棉吸收 CO_2，高氯酸镁吸收 H_2O。称量吸收管所增加的质量，分别计算出有机试样中碳和氢的含量。

（2）湿式消化法

用硝酸和硫酸的混合液与试样一起置于克氏烧瓶内，在一定温度下进行煮解，硝酸能破坏大部分有机物。在煮解的过程中，硝酸逐渐挥发，剩下硫酸。继续加热使之产生 SO_3 白烟并在烧瓶内回流，直到溶液变得透明为止，该过程称为消化。在消化过程中，酸将有机物氧化为二氧化碳、水及其他挥发性产物，以酸或盐的形式留下无机物。使用体积比为 3：1：1 的硝酸、高氯酸和硫酸的混合物进行消化，能收到更好的效果。高氯酸在脱水和受热时，是一种强氧化剂，能破坏微量的有机物。若加入少量的钼（Ⅵ）盐作催化剂，则消化效果更佳，并能缩短消化时间。使用混合酸分解有机试样时，锌、硒、砷、铜、钴、银、镉、锑、钼、锶和铁等元素能被定量回收。不能直接将高氯酸加入到有机（生物）试样中，而应先加入过量的硝酸，这是为了防止由高氯酸引起的爆炸。

湿式消化法的优点是速度快（0.5～1h）；缺点是加入的试剂会引入杂质。

克氏定氮法是测定有机化合物中氮含量的重要方法。该法是于有机试样中加入硫酸和硫酸钾溶液进行消化，通常加入硒粉（汞盐或铜盐）作催化剂，以提高消化效率。在消化过程中试样中的氮定量转化为 NH_4HSO_4 或 $(NH_4)_2SO_4$，然后再用蒸馏法测定之（详见第 5 章）。

2.3　分析方法的选择

在实际工作中，遇到的分析问题是各种各样的。从分析对象来说，可以是无机试样或有机试样；从所要求分析的组分来说，可以是单项分析或全分析；从所测定组分的含量来说，可以是常量组分、微量组分或痕量组分等。要完成各种各样不同的分析任务，需要选择各种不同的测定方法。分析方法有很多，各种方法均有其特点和不足之处，绝对完整无缺适宜于任何试样、任何组分的方法是不存在的。这就需要在掌握各种分析方法的测定原理及特点的基础上，综合考虑试样的组成、被测组分的性质和含量、测定的要求、存在的干扰组分和实验室的实际情况等因素，选择合适的化学分析或仪器分析方法进行测定。选择的基本原则如下。

(1) 分析测试的目的和要求

分析的对象种类繁多，涉及面也很广。例如相对原子质量的测定，产品的分析，对结果的准确度要求会很高；对微量成分、痕量组分的分析，会对灵敏度要求很高；对中间体的控制分析，则首先要考虑快速。

(2) 被测组分含量范围

对常量组分的测定，一般选用准确度较高的化学分析法，如滴定分析法和重量分析法，滴定分析法操作简便、快速，重量分析法虽很准确，但操作费时，当两者均可选用时，一般采用滴定分析法；对于微量、痕量组分的分析，则首先要考虑选用灵敏度高的仪器分析法，如分光光度法、原子吸收光谱法、色谱分析法等。

(3) 被测组分的性质

分析方法是依据被测组分的性质而建立起来的，了解被测组分的性质，可帮助选择测定的方法。例如，试样具有酸、碱或氧化还原的性质，就可考虑酸碱滴定或氧化还原滴定分析法；如果被测组分是过渡金属，则可利用其配位的性质，选择配位滴定分析法，当然也可利用其直接或间接的光学、电学、动力学等方面的性质，选择仪器分析的方法。

(4) 干扰物质的影响

分析样品时，还必须考虑干扰的影响，尽量选择特效性较好的分析方法。如果没有适宜的方法，则应选择测定条件，加入掩蔽剂以消除干扰，或通过分离除去干扰组分之后，再进行测定。

(5) 实验室设备和技术条件

除上述因素外，还要考虑实验室的设备和技术条件，包括实验室的环境、仪器设备及其性能、操作人员的业务能力等。

一个理想的分析方法应该是灵敏度高、检出限低、准确度高、选择性好、操作简便的方法。但在实际工作中，一个测定方法很难同时满足这些条件，即不存在适用于任何试样、任何组分的测定方法，因此，要选择一个适宜的分析方法，就要综合考虑以上各个因素。在满足分析测试要求的前提下，应首选国家标准方法进行分析测定。因为"标准分析方法"对精密度、准确度及干扰等问题都有明确的说明，是常规实验室易于实施的方法。一个完整的标准分析测试方法主要包括以下内容：适用范围、引用标准、方法提要或原理、试剂和材料、仪器设备、样品处理、测定步骤、分析结果表示、精密度以及其他附加说明等。

如果没有标准方法，则需要查阅文献，研究和优化实验条件，进行验证性试验，最后确定测定方法。

2.4　干扰组分的处理

对于一些复杂样品的分析，当共存组分对测定彼此干扰时，就必须在测定前或测定中设法处理以消除干扰。干扰组分的处理方法有很多，通常按如下思路考虑。

首先应考虑采用选择性高、干扰少的分析方法，再考虑用掩蔽的方法（配位掩蔽法、沉淀掩蔽法和氧化还原掩蔽法等）消除干扰组分的影响，若上述方法仍不能消除干扰，则需要采用各种分离或富集方法进行处理以消除干扰，我们将在第 11 章学习分析化学中常用的分离和富集方法。此外，随着计算机技术和化学计量学方法的发展，很多干扰问题可在仪器测试中或通过计算机处理来解决，也可以通过计算分析将干扰组分同时测定来达到消除干扰的目的。

2.5　测定及结果的评价

根据选定的方法、按照实验步骤、正确使用仪器进行测定时，必须注意要规范操作，认真做好原始记录，及时整理和处理实验数据。

根据试样的用量、测量所得数据和分析过程中有关反应的计量关系等计算测定结果。固体试样通常以质量分数 w 表示待测组分的含量，液体试样通常用质量浓度 ρ 表示，气体试样以体积分数表示。

测定结果的评价通常可分为"实验室内"和"实验室间"两种方法。"实验室内"评价包括：通过多次测定确定偶然误差；通过对照试验检验系统误差；绘制质量控制图及时发现分析过程中出现的问题。"实验室间"评价就是将标准样品分发给各实验室分析，检验各实验室间的系统误差。测定结果评价的具体内容将在下章讲述。

思考题及习题

2-1　采样应遵守什么原则？如何确定固体样品的采样量？

2-2　采集固体样品后制备试样要经过哪几步处理？简述各个步骤的目的。

2-3　用酸溶法分解试样时，常用的溶剂有哪些？

2-4　用熔融法分解试样时，常用的熔剂有哪些？

2-5　选择分析方法应依据哪些原则？

2-6　已知铝锌矿的 $K = 0.1 \mathrm{kg \cdot mm^{-2}}$。

（1）采取的原始试样最大颗粒直径为 30mm，问最少应采取多少千克试样才具有代表性？

（2）将原始试样破碎并通过直径为 3.36mm 的筛孔，再用四分法进行缩分，最多应缩分几次？

（3）如果要求最后所得分析试样不超过 100g，问试样通过筛孔的直径应为多少毫米？

（90；6；1）

第 3 章　定量分析的误差及数据处理

本章概要：本章将围绕如何得到尽可能准确可靠的分析结果，分析了误差产生的原因及规律，阐述误差大小的表示方法、科学处理数据的方法、检验和减小误差的方法、结果可靠性评价和保证的方法。准确量的概念，始终贯穿于定量分析理论与实验的学习之中。

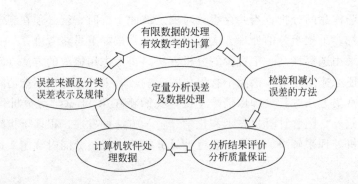

定量分析的任务是准确测定试样中待测组分的含量。实际测定过程中，由于受到所采用的分析方法、仪器和试剂、工作环境和分析者自身等主客观因素的制约，即使采用当前最完善的分析方法和精密仪器，由技术熟练并富有经验的人员进行测定，所得的结果与待测组分的真实含量仍不一定完全相符。同一分析者在相同的条件下，对同一试样进行多次重复平行测定，其结果也未必完全相同。因此，误差是客观存在且不可避免的。

3.1　误差的基本概念

3.1.1　误差来源与分类

真值（x_T）是试样中待测组分客观存在的真实含量。误差是指测定结果与真值之间的差值，表示测量值偏离真值的程度，代表测量值的不确定性。

在定量分析中，根据误差来源及其性质的不同，可将误差分为系统误差和随机误差两类。

（1）系统误差

系统误差又称可测误差，是由分析过程中某些固定的原因造成的，具有重现性、单向性和可测性。即在相同的条件下进行重复测定，误差会重复出现，它使测定结果总是偏高或总是偏低，并且它的大小、正负是可以测定的。因此可通过测定其大小加以消除、减小或校正。产生系统误差的原因主要有：

① **方法误差**　分析方法本身不够完善或有缺陷所造成的误差。例如，滴定反应未能定量完成、指示剂选择不当、干扰组分的影响等；重量分析中沉淀的溶解损失、共沉淀和后沉淀的影响、灼烧时沉淀的分解或挥发等，都可能导致测定结果系统偏高或偏低。

② **仪器和试剂误差**　仪器不够精确或未经校准而引起的仪器误差。例如，砝码质量、

滴定分析器皿或仪表的刻度不准确而又未经校正；实验容器被侵蚀引入了外来组分等。试剂误差来源于试剂和溶剂中含有被测物质或干扰物质、基准物纯度达不到要求等，都将导致测定结果系统偏高或偏低。

③ 操作误差　由于分析人员的实际操作与正确的操作规程有差别而引起的误差。例如，在滴定分析中指示剂用量不当；重量分析中沉淀洗涤不完全或过分洗涤；试样分解不完全或反应条件控制不当等。分析者主观因素造成的误差，例如，辨别滴定终点颜色或读取量器刻度值时，带有主观习惯性偏向。操作误差的大小可能因人而异，但对于同一操作者则往往是恒定的。

（2）随机误差

随机误差又称偶然误差，是由一些难以控制、不确定的偶然因素引起的，具有随机性和双向性。例如，测定时环境温度、湿度、气压和外电路电压的微小变化；测量仪器性能的微小变动性；分析者平行测定各份试样时的微小差别以及读数的不确定性等，多种因素综合作用的结果，它使测定结果在一定范围内波动，它的大小决定了分析结果的精密度。随机误差的分布服从一定的统计规律，可以通过适当增加平行测定的次数予以减小。

系统误差与随机误差的性质虽不同，但它们经常同时存在，有时可能相互转化。例如，在重量分析中，称量时试样吸湿会产生系统误差，但轻微吸潮则可能产生随机误差；滴定管的刻度误差属系统误差，但分析工作中常因其误差较小而作为随机误差来处理。

（3）过失

过失是指分析人员在分析工作中粗心大意、违反操作规程等失误而造成的差错。例如，器皿不洁净、损失试样、加错试剂、读错刻度、记录或计算错误等，这些都属于不应有的过失，对测定结果会带来严重影响，但不属于误差范畴。在处理分析数据时，如发现确有过失，应将这次测定结果予以剔除。作为分析者应加强责任感，培养严谨细致的工作作风，严格按照操作规程进行操作，过失是可以避免的。

3.1.2　准确度与误差

准确度是指分析结果与真值的符合程度，主要受系统误差和随机误差的综合影响。准确度通常用误差来衡量，误差越小，表示分析结果的准确度越高。

误差可用绝对误差 E_a 和相对误差 E_r 来表示。绝对误差是分析结果 x 与真值 x_T 之差，具有与测量值和真值相同的量纲，表示为：

$$E_a = x - x_T \tag{3.1}$$

通常采用数次平行测定结果的算术平均值 $\bar{x}$ 表示分析结果：

$$E_a = \bar{x} - x_T \tag{3.2}$$

若 n 次平行测定数据为 x_1，x_2，…，x_n，则 n 次测量数据的算术平均值为：

$$\bar{x} = \frac{x_1 + x_2 + \cdots + x_n}{n} = \frac{1}{n}\sum_{i=1}^{n} x_i \tag{3.3}$$

相对误差是绝对误差与真值的百分比率，没有量纲，表示为：

$$E_r = \frac{E_a}{x_T} \times 100\% \tag{3.4}$$

绝对误差和相对误差都有正负之分。正值表示测定值大于真值，测定结果偏高；负值表示测定结果偏低。在绝对误差相同的测定条件下，待测组分含量越高，相对误差就越小；反之，相对误差就越大。在实际工作中，常用相对误差表示测定结果的准确度。

中位值 x_M 指一组测定数据从小至大进行排列时，处于中间的那个数据或中间相邻两个数据的平均值。中位值表示分析结果比较简单，但存在不能充分利用数据的缺点。

【例 3.1】　用沉淀滴定法测定纯 NaCl 中氯的质量分数为 60.56%、60.46%、60.70%、60.65%和60.69%。试计算测定结果的绝对误差和相对误差。

解　纯 NaCl 中氯的质量分数的理论真值为 x_T。

$$x_T = \frac{M_{Cl}}{M_{NaCl}} \times 100\% = \frac{35.45 \text{g} \cdot \text{mol}^{-1}}{58.44 \text{g} \cdot \text{mol}^{-1}} \times 100\% = 60.66\%$$

平均值　$\bar{x} = \frac{1}{n}\sum_{i=1}^{n} x_i = \frac{60.56\% + 60.46\% + 60.70\% + 60.65\% + 60.69\%}{5} = 60.61\%$

绝对误差　$E_a = \bar{x} - x_T = 60.61\% - 60.66\% = -0.05\%$

相对误差　$E_r = \dfrac{E_a}{x_T} \times 100\% = \dfrac{-0.05\%}{60.66\%} \times 100\% = -0.09\%$

3.1.3　精密度与偏差

精密度是指在相同条件下多次平行测定值之间相互接近的程度，主要受随机误差的影响。通常用偏差 d 来衡量，偏差越小，表示分析结果的精密度越高。偏差的表示方法有以下几种。

(1) 绝对偏差、相对偏差、平均偏差和相对平均偏差

绝对偏差 d_i 为各单次测定值与平均值之差：

$$d_i = x_i - \bar{x} \quad (i = 1, 2, 3, \cdots, n) \tag{3.5}$$

相对偏差 d_r 为绝对偏差与平均值的百分比率：

$$d_r = \frac{d_i}{\bar{x}} \times 100\% \tag{3.6}$$

偏差有正、负之分，有时可能为零。如果将各单次测定的偏差相加，其和应为零或接近零。

平均偏差 $\bar{d}$ 为各绝对偏差绝对值的算术平均值：

$$\bar{d} = \frac{|d_1| + |d_2| + \cdots + |d_n|}{n} = \frac{1}{n}\sum_{i=1}^{n} |d_i| \tag{3.7}$$

相对平均偏差 $\bar{d_r}$ 为平均偏差与平均值的百分比率：

$$\bar{d_r} = \frac{\bar{d}}{\bar{x}} \times 100\% \tag{3.8}$$

平均偏差和相对平均偏差均为正值。在一般分析工作中平行测定次数不多时，常用相对平均偏差简单地表示分析结果的精密度。

(2) 标准偏差和相对标准偏差

在分析化学中常采用统计学方法来处理各种分析数据。一定条件下无限次测定后所得数据的集合称为总体（或母体）；自总体中随机抽出的一组测定值称为样本（或子样）；样本中所含测定值的数目称为样本容量。

若样本容量为 n（$n < 20$），样本平均值为 $\bar{x}$，则 $\bar{x} = \dfrac{1}{n}\sum_{i=1}^{n} x_i$，当测定次数无限增多，

即 $n \to \infty$ 时，所得的样本平均值即为总体平均值 μ：$\lim\limits_{n \to \infty} \overline{x} = \mu$。数理统计方法已经证明，在消除系统误差之后得到的总体平均值 μ 即为待测组分的真值 x_T。

总体标准偏差 σ 表示各测定值 x_i 与总体平均值 μ 的偏离程度，其表达式为：

$$\sigma = \sqrt{\dfrac{\sum\limits_{i=1}^{n}(x_i - \mu)^2}{n}} \qquad (3.9)$$

σ^2 称为总体方差。

样本的标准偏差 s 表示各测定值 x_i 与样本平均值 $\overline{x}$ 的偏离程度，表达式为：

$$s = \sqrt{\dfrac{\sum\limits_{i=1}^{n}(x_i - \overline{x})^2}{n-1}} = \sqrt{\dfrac{\sum\limits_{i=1}^{n} d_i^{\,2}}{n-1}} \qquad (3.10)$$

式中，$n-1$ 称为自由度 f，表示独立变量的个数。由于 n 个偏差之和等于零，所以在 n 次测定中，只有 $n-1$ 个独立偏差数。

样本的相对标准偏差 s_r 也称为变异系数（CV），其表达式为：

$$s_r = \dfrac{s}{\overline{x}} \times 100\% \qquad (3.11)$$

实际工作中，常用样本的标准偏差和样本的相对标准偏差表示分析结果的精密度。标准偏差越小，表示分析结果的精密度越高。

【例 3.2】　用克氏定氮法测定某蛋白质中氮的质量分数，5 次平行测定结果为 12.78%，12.79%，12.71%，12.84% 和 12.88%。计算平均值、平均偏差、相对平均偏差、标准偏差和相对标准偏差。

解　平均值 $\overline{x} = \dfrac{1}{n}\sum\limits_{i=1}^{n} x_i = \dfrac{1}{5} \times (12.78\% + 12.79\% + 12.71\% + 12.84\% + 12.88\%)$

$\qquad\qquad = 12.80\%$

各单次测定值的绝对偏差分别为　$d_1 = x_1 - \overline{x} = -0.02\%$　　$d_2 = x_2 - \overline{x} = -0.01\%$

$\qquad\qquad\qquad\qquad\qquad\qquad d_3 = x_3 - \overline{x} = -0.09\%$　　$d_4 = x_4 - \overline{x} = 0.04\%$

平均偏差　$\overline{d} = \dfrac{1}{n}\sum\limits_{i=1}^{n} |d_i| = \dfrac{1}{5} \times (0.02\% + 0.01\% + 0.09\% + 0.04\% + 0.08\%)$

$\qquad\qquad = 0.05\%$

相对平均偏差 $\overline{d}_r = \dfrac{\overline{d}}{\overline{x}} \times 100\% = \dfrac{0.05\%}{12.80\%} \times 100\% = 0.4\%$

标准偏差 $s = \sqrt{\dfrac{\sum\limits_{i=1}^{n}(x_i - \overline{x})^2}{n-1}} = \sqrt{\dfrac{\sum\limits_{i=1}^{n} d_i^{\,2}}{n-1}}$

$\qquad = \sqrt{\dfrac{(-0.02\%)^2 + (-0.01\%)^2 + (-0.09\%)^2 + (0.04\%)^2 + (0.08\%)^2}{5-1}}$

$\qquad = 0.06\%$

相对标准偏差　$s_r = \dfrac{s}{\overline{x}} \times 100\% = \dfrac{0.06\%}{12.80\%} \times 100\% = 0.5\%$

(3) 平均值的标准偏差

用统计学方法处理数据时，常用平均值的标准偏差来衡量测定值的精密度。若对同一总体中一系列样本进行测定，每个样本有 n 个测定结果，则得到各样本的平均值 $\overline{x_1}$，$\overline{x_2}$，$\cdots\overline{x_n}$ 它们的分散程度可用平均值的标准偏差 $\sigma_{\overline{x}}$ 表示。与任一样本中的单次测定值相比，这些平均值之间的波动性更小，即平均值的精密度比单次测定值的精密度更高。统计学已经证明，平均值的标准偏差 $\sigma_{\overline{x}}$ 与单次测定值的标准偏差 σ 之间有下列关系。

对于无限次测定（$n\rightarrow\infty$），总体平均值的标准偏差为：

$$\sigma_{\overline{x}} = \frac{\sigma}{\sqrt{n}} \tag{3.12}$$

对于有限次测定，样本平均值的标准偏差为：

$$s_{\overline{x}} = \frac{s}{\sqrt{n}} \tag{3.13}$$

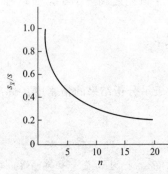

图 3.1 $s_{\overline{x}}/s$ 与次数的关系

由式(3.13) 可见，增加测定次数可提高分析结果的精密度。由图 3.1 可知，当 $n<5$，随着测定次数 n 的增加而迅速减小；当 $n>5$，$s_{\overline{x}}/s$ 减小的趋势变慢；当 $n>10$，减小的趋势已不明显。由于在相同的条件下，重复测定并不能消除系统误差的影响，因此应根据实际需要来确定平行测定的次数。在实际工作中，一般平行测定 3～4 次，要求较高时可测定 5～9 次，最多测定 10～12 次。

(4) 极差

一组测定数据中的最大值 x_{max} 与最小值 x_{min} 之差称为极差 R，又称全距，表示样本平行测定值的精密度，其值愈大表明测定值愈分散：

$$R = x_{max} - x_{min} \tag{3.14}$$

由于没有充分利用所有的数据，故其精确性较差。

分析化学中有时用重现性和再现性表示不同情况下分析结果的精密度。前者表示同一分析人员在同一条件下所得分析结果的精密度，后者表示不同分析人员或不同实验室之间在各自的条件下所得结果的精密度。

误差和偏差是两个不同的概念，但由于测定中出现的差异往往包括两者在内，故统称为"误差"。

3.1.4 公差

公差又称"允许差"，是指多次测定所得的一系列数据中最大值与最小值的允许界限，是生产部门为了控制分析精度而规定的依据。一般工业分析只作两次平行测定，如果两次测定结果间的偏差超出允许的公差范围，称为"超差"，该项分析工作必须重做。

公差范围是根据不同试样组成、不同待测组分含量、不同的分析方法或实际情况对分析结果准确度的不同要求而确定的。一般来说，组成越复杂，含量越低，允许的公差范围越大；对准确度要求越高，允许的相对误差范围越小。例如，对于天然矿石或污水等组成复杂的样品，公差范围大一些，一般的工业分析中允许相对误差在百分之几到千分之几；而相对原子质量的测定对准确度要求较高，允许的相对误差一般要求在万分之一以下。工业分析中，待测组分含量与公差范围的关系如表 3.1 所示。

表 3.1　待测组分含量与公差范围的关系

待测组分质量分数/%	90	80	40	20	10	5	1.0	0.1	0.01	0.001
公差（相对误差）/%	0.3	0.4	0.6	1.0	1.2	1.6	5.0	20	50	100

由于各种分析方法所能达到的准确度不同，则公差的范围也不同。例如，比色、极谱和光谱分析法的相对误差较大，而重量分析法和滴定分析法的相对误差就小些，因此，规定公差的允许范围，要根据具体情况而定。

3.1.5　准确度与精密度的关系

定量分析中常根据准确度和精密度来衡量测定结果的优劣。准确度与精密度又有一定的关系。例如，由甲、乙、丙、丁四人同时测定某一矿样中的铜含量，真值 $x_T = 24.50\%$，各测定 6 次，其结果如图 3.2 所示。其中甲的分析结果精密度虽较高，但其平均值与真值相差较大，测定结果的准确度较低，说明可能存在系统误差；乙的测定值精密度和准确度均很好，结果可靠；丙的测定结果虽然平均值靠近真值（是大的正负误差互相抵消的巧合结果），但 6 次测定值精密度很差，表明随机误差的影响很大，因而结果是不可靠的；丁测定精密度低，其准确度也低。

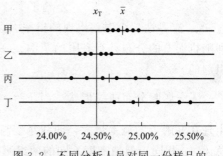

图 3.2　不同分析人员对同一份样品的测定结果比较

由此说明，精密度高，表明测定条件稳定，是保证准确度高的先决条件；精密度差，所得结果不可靠，就失去了衡量准确度的前提。但是测定结果精密度高，其准确度不一定高，这是由于可能存在系统误差的影响。因此，只有控制了随机误差，测定的精密度才高；同时校正或消除了系统误差，才能得到精密度好、准确度高的测定结果。

3.2　随机误差的分布

随机误差是由一些偶然因素引起的，其大小及正负均具有随机性。若对大量测定数据进行统计学处理后，随机误差服从或近似地服从正态分布规律。以下的讨论中不涉及系统误差的影响。

3.2.1　正态分布

在定量化学分析测定中，当测定数据足够多时，测定值及其随机误差大多数服从正态分布规律。

（1）正态分布曲线的数学表达式

正态分布曲线是由著名数学家高斯（Gauss）在研究误差理论时提出的，又称高斯分布曲线。其数学表达式为正态分布概率密度函数式（又称高斯方程）：

$$y = f(x) = \frac{1}{\sigma \sqrt{2\pi}} e^{-\frac{(x-\mu)^2}{2\sigma^2}} \tag{3.15}$$

式中，y 表示测定次数趋于无限时，测定值 x 出现的概率密度，它是测定值 x 的函数，

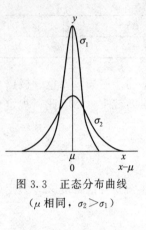

图 3.3　正态分布曲线
（μ 相同，$\sigma_2 > \sigma_1$）

以 $f(x)$ 表示；μ 为总体平均值，当不存在系统误差时，μ 就是真值 x_T；σ 为总体标准偏差。若以测定值 x 或随机误差 $x-\mu$ 为横坐标，y 值为纵坐标绘制曲线，可得到测定值或随机误差的正态分布曲线，如图 3.3 所示。

（2）正态分布曲线的讨论

① 单峰性　当 $x = \mu$ 时，y 值最大，即分布曲线的最高点，反映了测定值的集中趋势，即测量值出现在 μ 附近的概率密度最大，呈现出一个峰值，称之为单峰性。

② 对称性　绝对值大小相等的正、负误差出现的概率相等，曲线以 $x = \mu$ 为对称轴。当测定次数趋于无限次时，平均值的误差趋于零，即随机误差相消。

③ 有界性　小误差出现的概率大，大误差出现的概率小，出现很大误差的概率趋于零，即随机误差的分布具有有限的范围。一般认为误差大于 $|\pm 3\sigma|$ 的测定值并非是由随机误差所引起的。

④ σ 影响分布曲线形状　当 $x = \mu$ 时，$f(x) = \dfrac{1}{\sigma \sqrt{2\pi}}$。$\sigma$ 越小，即精密度越高，测量值出现在 μ 附近的概率越大，曲线越瘦高；σ 越大，精密度越差，曲线越平坦。图 3.3 为同一总体（μ 相同）但精密度不同的两组测定值的正态分布曲线。

由此可见，μ 和 σ 决定正态分布曲线的位置和形状，是正态分布的两个基本参数，这种正态分布用 $N(\mu, \sigma^2)$ 表示。

⑤ 标准正态分布　当 μ 和 σ 不同时就有不同的正态分布，曲线位置和形状也不同。若将正态分布曲线的横坐标改用 u 来表示（以 σ 为单位表示随机误差），u 称为标准正态变量，并定义为：

$$u = \frac{x - \mu}{\sigma} \tag{3.16}$$

则概率密度表达式为：

$$y = \Phi(u) = \frac{1}{\sqrt{2\pi}} e^{-\frac{u^2}{2}} \tag{3.17}$$

经此变换，曲线的位置和形状与 μ 和 σ 的大小无关，总体平均值为 μ，总体标准偏差为 σ 的任一正态分布均可转化为 $\mu = 0$、$\sigma^2 = 1$ 的标准正态分布，以 $N(0, 1)$ 表示。标准正态分布曲线如图 3.4 所示。

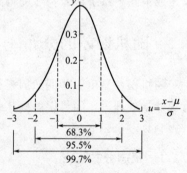

图 3.4　标准正态分布曲线

3.2.2　随机误差的区间概率

正态分布曲线与横坐标之间所夹的总面积，就等于概率密度函数在 $-\infty \sim +\infty$ 的积分值。它表示全部测定值（或随机误差）在上述区间出现概率 P 的总和为 100%，即为 1。

$$P = \int_{-\infty}^{+\infty} \Phi(u)\,\mathrm{d}u = \frac{1}{\sqrt{2\pi}} \int_{-\infty}^{+\infty} e^{-\frac{u^2}{2}}\,\mathrm{d}u \tag{3.18}$$

同理，欲求测定值或随机误差在某区间出现的概率 P，可取不同的 u 值对式（3.18）积分求面积得到。将不同的 u 值对应的积分值（面积）做成表，称为正态分布概率积分表，也称单侧分布表，如表 3.2 所示。由 u 值查表得到的面积即为某一区间的测定值（或随机误差）出现的概率。

表 3.2　正态分布概率积分表

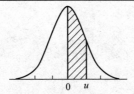

$$P = 相对面积 = \frac{1}{\sqrt{2\pi}} \int_0^u e^{-\frac{u^2}{2}} du$$

$$|u| = \left| \frac{x-\mu}{\sigma} \right|$$

$|u|$	相对面积	$|u|$	相对面积	$|u|$	相对面积
0.0	0.0000	1.1	0.3643	2.1	0.4821
0.1	0.0398	1.2	0.3849	2.2	0.4861
0.2	0.0793	1.3	0.4032	2.3	0.4893
0.3	0.1179	1.4	0.4192	2.4	0.4918
0.4	0.1554	1.5	0.4332	2.5	0.4938
0.5	0.1915	1.6	0.4452	2.6	0.4951
0.6	0.2258	1.7	0.4554	2.7	0.4953
0.7	0.2580	1.8	0.4641	2.8	0.4965
0.8	0.2881	1.9	0.4713	2.9	0.4974
0.9	0.3159	1.96	0.4750	3.0	0.4987
1.0	0.3413	2.0	0.4773	∞	0.5000

如果区间为 $[-u, +u]$，则应将所查值乘以 2。例如：

随机误差出现的区间（以 σ 为单位）	测定值出现的区间	概率
$u = \pm 1$	$x = \mu \pm \sigma$	$0.3413 \times 2 = 0.6826$
$u = \pm 1.96$	$x = \mu \pm 1.96\sigma$	$0.4750 \times 2 = 0.9500$
$u = \pm 2$	$x = \mu \pm 2\sigma$	$0.4773 \times 2 = 0.9546$
$u = \pm 2.58$	$x = \mu \pm 2.58\sigma$	$0.4951 \times 2 = 0.9902$
$u = \pm 3$	$x = \mu \pm 3\sigma$	$0.4987 \times 2 = 0.9974$

若测定值落在 $\mu \pm 3\sigma$ 区间的概率达 99.7%，则随机误差超出 $\pm 3\sigma$ 的测定值出现的概率仅为 0.3%，平均 1000 次测定中仅有 3 次机会。通常在定量分析中，如果多次测定中个别值的误差绝对值大于 3σ，从统计学的观点可认为它不是由随机误差所引起的，很可能是由过失造成的，应将其舍去，以保证分析结果准确可靠。

从概率积分表的概率也可以确定误差界限。例如，要保证测定值出现的概率为 95%，那么随机误差界限应为 $\pm 1.96\sigma$。

【例 3.3】　在消除系统误差的情况下，某土壤试样中有机质含量经过 200 次测定获得的总体平均值为 2.64%。若 $\sigma = 0.1\%$，问分析结果落在区间 $(2.64 \pm 0.20)\%$ 的概率是多少？求分析结果大于 2.90% 可能出现的次数。

解　根据

$$u = \frac{x - \mu}{\sigma}$$

得

$$u = \frac{\pm 0.20\%}{0.1\%} = \pm 2$$

$|u|=2$，查表 3.2 得对应的概率为 0.4773，则：

$$P=0.4773\times2=0.955$$

因此，测定值落在 $(2.64\pm0.20)\%$ 之间的概率为 95.5%。

由

$$u=\frac{2.90\%-2.64\%}{0.1\%}=2.6$$

查表 3.2 得 $P=0.4951$。由于正态分布曲线右侧的总概率为 0.5000，故分析结果大于 2.90% 的概率为

$$0.5000-0.4951=0.0049$$

故测定中可能出现的次数为：$200\times0.0049\approx1$（次）

3.3 有限测定数据的统计处理

正态分布曲线反映了无限次数测定数据（或测定次数大于 20 次）的分布规律。在实际分析工作中，测定次数都是有限的（$n<20$），其随机误差不一定服从正态分布。如何根据有限的测定值，合理地推断总体的情况，就需要对它们进行统计处理。

3.3.1 t 分布曲线

正态分布只适用于无限次测定，且已知总体标准偏差 σ 的情况。在化学分析测定中，测定次数有限，μ 和 σ 都未知，只能求出 $\bar{x}$ 和样本标准偏差 s，若简单地用 s 代替 σ，再用理论上的正态分布去处理测定值及其随机误差就不太合理，测定次数越少，误差就越大。为了解决这一问题，英国统计学家兼化学家戈塞特（W. S. Gosset）在 1908 年提出了用 t 代替 u，这时随机误差遵从 t 分布。t 定义为：

$$t=\frac{x-\mu}{s_{\bar{x}}} \tag{3.19}$$

t 分布曲线很好地反映了有限次测定数据及其随机误差的分布规律（$n<20$）。其中纵坐标为概率密度，横坐标为统计量 t 值。如图 3.5 所示，t 分布曲线与标准正态分布曲线相似，都呈对称分布，t 分布曲线随自由度 f（$f=n-1$）而变化。随着测定次数增多，t 分布曲线愈来愈陡峭，测定值的集中趋势更加明显。当 $n\rightarrow\infty$ 时，t 分布就趋近于标准正态分布，因此可认为标准正态分布是 t 分布的极限。

随机误差在某区间的概率就是 t 分布曲线下这一区间的积分面积。但若遵从正态分布时，只要 u 一定，相应的概率也一定；而呈 t 分布时，其分布概率与 t 值和 f 值均有关。表 3.3 列出了不同置信度 P 和自由度 f 所对应的 t 值，一般表示为 $t_{P,f}$。置信度 P 表示样本平均值出现在 $(\mu\pm ts)$ 区间的概率，在此区间之外的概率为 $(1-P)$，称为显著性水平，用 α 表示，即 $\alpha=1-P$。例如，$t_{0.95,10}$ 表示置信度为 95%，自由度为 10 时的 t 值。由表 3.3 中数据可知，f 值较小时（$f<10$），t 与 u 相差较大；随着自由度的增加，t 值逐渐减小并与 u 值接近，

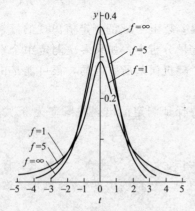

图 3.5 t 分布曲线

当 $f=20$ 时，t 与 u 已经相当接近；当 $f \to \infty$ 时，则 $t \to u$，$s \to \sigma$。分析化学中引用 t 值时，一般取置信度为 95%。

表 3.3　$t_{P,f}$ 值表（双边）

f	$P=0.90$ $\alpha=0.10$	$P=0.95$ $\alpha=0.05$	$P=0.99$ $\alpha=0.01$	f	$P=0.90$ $\alpha=0.10$	$P=0.95$ $\alpha=0.05$	$P=0.99$ $\alpha=0.01$
1	6.31	12.71	63.66	11	1.80	2.20	3.11
2	2.92	4.30	9.92	12	1.78	2.18	3.06
3	2.35	3.18	5.84	13	1.77	2.16	3.01
4	2.13	2.78	4.60	14	1.76	2.14	2.98
5	2.02	2.57	4.03	15	1.75	2.14	2.95
6	1.94	2.45	3.71	20	1.72	2.09	2.84
7	1.90	2.36	3.50	30	1.70	2.04	2.75
8	1.86	2.31	3.35	40	1.68	2.02	2.70
9	1.83	2.26	3.25	60	1.67	2.00	2.66
10	1.81	2.23	3.17	∞	1.64	1.96	2.58

3.3.2　总体平均值的置信区间

日常分析中测定次数是有限的，总体平均值 μ 是未知的，如用样本研究总体时，样本平均值 $\bar{x}$ 并不等于总体平均值 μ，但根据随机误差的分布规律，在消除系统误差之后，总体平均值即为真值，那么，在一定置信度下，存在以样本平均值 $\bar{x}$ 为中心，包含总体平均值在内的取值范围，称为总体平均值的置信区间。该区间范围愈小，说明测定值与 μ 愈接近，测定的准确度愈高。但由于测定次数较少，计算出的置信区间不可能以百分之百的把握将 μ 包含在内，只能以一定的置信度进行判断。

对于少量测定数据，已知 s 时，需根据 t 进行统计处理。由 t 的定义式(3.19)可得总体平均值的置信区间为：

$$\mu = \bar{x} \pm t s_{\bar{x}} = \bar{x} \pm t \frac{s}{\sqrt{n}} \qquad (3.20)$$

总体平均值的置信区间是在某一置信度下，以测定的平均值 $\bar{x}$ 和平均值的标准差 $s_{\bar{x}}$ 来估算真值的所在范围。根据确定的置信度和已知的 f 值，由表 3.3 中查出对应的 t 值，由 $\bar{x}$、s、n 值可求出相应的置信区间。

【**例 3.4**】　对试样中 CaO 含量进行测定，4 次测定结果为 35.65%，35.69%，35.72% 和 35.60%。(1) 计算置信度为 90% 和 95% 时，总体平均值的置信区间。(2) 若测定的精密度保持不变，当 $P=95\%$ 时，欲使置信区间的置信限 $t_{P,f} s_{\bar{x}} = \pm 0.05\%$，问至少应对试样平行测定多少次？

解　(1) 计算得到 $\bar{x}=35.66\%$，$s=0.05\%$

$f=n-1=4-1=3$，查表 3.3 得：$t_{0.90,3}=2.35$；$t_{0.95,3}=3.18$

根据 $\mu = \bar{x} \pm t_{P,f} s_{\bar{x}} = \bar{x} \pm t_{P,f} \dfrac{s}{\sqrt{n}}$ 得：

当 $P=90\%$ 时，$\mu = 35.66\% \pm 2.35 \times \dfrac{0.05\%}{\sqrt{4}} = (35.66 \pm 0.06)\%$

当 $P=95\%$ 时，$\mu=35.66\%\pm3.18\times\dfrac{0.05\%}{\sqrt{4}}=(35.66\pm0.08)\%$

（2）由题设得：$\qquad\qquad \bar{x}-\mu=\pm t_{P,f}\dfrac{s}{\sqrt{n}}=\pm0.05\%$

计算得 $s=0.05\%$　　故 $\dfrac{t_{P,f}}{\sqrt{n}}=\dfrac{0.05\%}{0.05\%}=1$

查表3.3得：当 $f=n-1=5$，$t_{0.95,5}=2.57$，此时 $\dfrac{2.57}{\sqrt{6}}\approx1$。即至少应平行测定6次，才能满足题中的要求。

本例中总体平均值的置信区间 $\mu=(35.66\pm0.08)\%$（置信度为95%），它表示在 $(35.66\pm0.08)\%$ 区间内包含总体平均值 μ 的概率为95%，不能理解为总体平均值 μ 落在这一区间的概率为95%，因为 μ 是客观存在的，没有随机性。

结果表明，置信度越高，置信区间就越宽，判断的可靠性增大。区间的大小反映了估计的准确程度，置信度的高低表明了估计的把握程度，即所估计的区间包括总体平均值的可能性大小。

3.3.3 可疑测定值的取舍

在一组平行测定的数据中，有时会出现个别与其他结果相差较大的测定值，称为可疑值或异常值（也叫离群值）。对于为数不多的测定数据，可疑值的取舍往往对测定结果平均值和精密度造成相当显著的影响。

对可疑值的取舍实质是判断可疑值究竟是由过失还是由随机误差引起的。如果已经确定测定中发生过失，则无论此数据是否异常，都应舍去；若不能确定，则应按照统计学方法进行检验后再做出取舍判断。

(1) $4\bar{d}$ 法

根据正态分布规律，偏差超过 3σ 的个别测定值的概率小于0.3%，故这一测量值通常可以舍去。对于少量实验数据，可粗略地认为，偏差大于 $4\bar{d}$ 的个别测定值可以舍去。

用 $4\bar{d}$ 法判断可疑值的取舍时，具体步骤如下：

① 首先求出除可疑值外的其余数据的平均值 $\bar{x}$ 和平均偏差 $\bar{d}$。

② 将可疑值与平均值进行比较，若：

$|x_{可疑}-\bar{x}|>4\bar{d}$，则可疑值舍去，否则可疑值保留。

这样处理问题存在较大的误差。但是，这种方法比较简单，不必查表，至今仍为人们所采用。当 $4\bar{d}$ 法与其他检验法矛盾时，应以其他方法为准。

(2) Q 检验法

该法由迪安（Dean）和狄克逊（Dixon）在1951年提出。步骤如下：

① 将一组数据由小至大按顺序排列：x_1，x_2，x_3，…，x_{n-1}，x_n，假设 x_1 或 x_n 为可疑值。

② 将可疑值与其最邻近值的差值除以极差，所得的商称为 Q 值。Q 统计量定义为：

若 x_1 为可疑值，则：$\qquad\qquad Q=\dfrac{x_2-x_1}{x_n-x_1}$ （3.21）

若 x_n 为可疑值，则：$\qquad\qquad Q=\dfrac{x_n-x_{n-1}}{x_n-x_1}$ （3.22）

③ 将计算得到的 Q 值与查表 3.4 中 $Q_{P,n}$ 值相比较进行判断，若 $Q > Q_{P,n}$，则舍弃可疑值，否则应保留。

表 3.4　$Q_{P,n}$ 值表

P \ n	3	4	5	6	7	8	9	10
$Q_{0.90,}$	0.94	0.76	0.64	0.56	0.51	0.47	0.44	0.41
$Q_{0.95,}$	0.97	0.84	0.73	0.64	0.59	0.54	0.51	0.49
$Q_{0.99,}$	0.99	0.93	0.82	0.74	0.68	0.63	0.60	0.57

Q 检验法符合数理统计原理，具有直观性和计算简便的优点，适合于测定数据较多的可疑值检验。若测定数据较少，测定的精密度也不高，最好补测 1~2 次再进行检验。

【例 3.5】　用冷原子荧光法测定水中汞的含量，3 次测定结果分别为 $0.001\text{mg} \cdot \text{L}^{-1}$，$0.002\text{mg} \cdot \text{L}^{-1}$ 和 $0.009\text{mg} \cdot \text{L}^{-1}$。试问用 Q 检验法（置信度为 90%），判断可疑数据 0.009 是否应弃去？

解

由

$$Q = \frac{0.009\text{mg} \cdot \text{L}^{-1} - 0.002\text{mg} \cdot \text{L}^{-1}}{0.009\text{mg} \cdot \text{L}^{-1} - 0.001\text{mg} \cdot \text{L}^{-1}} = 0.88$$

当 $P = 90\%$，$n = 3$ 时，查表 3.4 得，$Q_{0.90,3} = 0.94$。

因为 $Q < Q_{0.90,3}$，故若将 $0.009\text{mg} \cdot \text{L}^{-1}$ 保留，取 3 次测定数据的平均值，分析结果不合理。若再测一次数据得 $0.002\text{mg} \cdot \text{L}^{-1}$，此时，$Q_{0.90,4} = 0.76$，$Q > Q_{0.90,4}$，故可舍去可疑值 $0.009\text{mg} \cdot \text{L}^{-1}$。

(3) 格鲁布斯检验法

设有 n 个数据，其递增的顺序为 x_1，x_2，$x_3 \cdots x_{n-1}$，x_n，先计算出该组数据的平均值 $\bar{x}$ 和标准偏差 s，再计算统计量 G：

$$G = \frac{|x_{疑} - \bar{x}|}{s} \tag{3.23}$$

将计算得到的 G 统计量值与表 3.5 中 $G_{P,n}$ 值相比较进行判断，若 $G > G_{P,n}$，说明可疑值相对平均值偏离较大，则以一定的置信度舍弃可疑值，否则应保留。

表 3.5　$G_{P,n}$ 值表

n	$P = 95\%$	$P = 99\%$	n	$P = 95\%$	$P = 99\%$
3	1.15	1.15	12	2.29	2.55
4	1.46	1.49	13	2.33	2.61
5	1.67	1.75	14	2.37	2.66
6	1.82	1.94	15	2.41	2.71
7	1.94	2.10	16	2.44	2.75
8	2.03	2.22	17	2.47	2.79
9	2.11	2.32	18	2.50	2.82
10	2.18	2.41	19	2.53	2.85
11	2.23	2.48	20	2.56	2.88

格鲁布斯检验法判断可疑值的取舍时，由于引入了 t 分布中最基本的两个参数 $\bar{x}$ 和 s，故该方法的准确度较 Q 检验法高。

【例 3.6】 6 次测定某土样中铝的质量分数，数据分别为 8.44%，8.32%，8.45%，8.52%，8.69% 和 8.38%。用格鲁布斯检验法判断是否应该保留 8.69% 这一数据？（$P=95\%$）

解 由 6 次测定值求得 $\qquad \bar{x}=8.47\%$ $\qquad s=0.2\%$

根据
$$G=\frac{|x_{疑}-\bar{x}|}{s}$$

得
$$G=\frac{|8.69\%-8.47\%|}{0.2\%}=1.10$$

$P=95\%$，$n=6$ 时，查表 3.5 得，$G_{0.95,6}=1.82$。

因为 $G < G_{0.95,6}$，故应保留数据 8.69%。

3.3.4 显著性检验

定量分析是一个复杂的过程，每个步骤和处理都可能带来误差并累积起来，造成分析数据的波动和差异。例如，同一分析人员对标准试样进行多次测定，所得分析结果的平均值与标准值不完全一致；两个不同的分析人员、不同实验室或采用不同的分析方法对同一试样进行测定，两组数据的平均值也存在较大的差异。这些差异究竟由系统误差还是随机误差引起？这类问题在统计学中属于"假设检验"。如果分析结果之间存在明显的系统误差，则认为它们之间存在显著性差异；反之，就认为无显著性差异，而是由随机误差引起的，属于正常差异。这种判断显著性差异的方法称为显著性检验，其实质是对分析结果或分析方法的准确度做出评价。

显著性检验的一般步骤：首先提出一个否定假设，假设不存在显著性差异，所有样本来源于同一总体；其次是确定一个显著性水平 α 或置信度 P；最后计算统计量值并做出判断。常用的显著性检验方法有 F 检验法和 t 检验法。

3.3.4.1 F 检验法

F 检验法是通过比较两组数据的方差 s_1^2、s_2^2，以判断两组数据的精密度是否存在显著性差异的方法。统计量 F 定义为：

$$F=\frac{s_1^2}{s_2^2} \quad (s_1 > s_2) \tag{3.24}$$

式中，s_1^2 和 s_2^2 分别表示方差较大和较小的两组数据的方差。F 检验的基本假设是如果两组数据来自同一总体，就应该具有相同（或差异很小）的方差，即 F 值接近于 1。反之，如果两组数据的 s 存在显著性差异，则两者必定相差很大，F 值也会较大。将 F 值与表 3.6 中 F_{P,f_1,f_2} 值比较，若 $F > F_{P,f_1,f_2}$，则以一定的置信度认为 s_1 和 s_2 之间存在显著性差异，两组数据的精密度存在显著性差异；反之，若 $F < F_{P,f_1,f_2}$，则两者的精密度不存在显著性差异。

使用表 3.6 中的 F 值时，应注意两点：①在制作 F 值表时已预先规定大方差 s_1^2 为分子，小方差 s_2^2 为分母；f_1，f_2 分别为大、小方差的自由度；②表中列出的 F 值是单侧临界值。若检验一组数据的方差是否优于另外一组数据，属于单边检验，应选择置信度为 95%。如果旨在比较两组数据的方差是否存在显著性差异，即不论是甲的结果优于乙，还是乙的结果优于甲，则属于双边检验。这时虽查置信度为 95% 的 F 值（即 $\alpha=0.05$ 的分布值表），但最后做统计推断的置信度为 $1-2\alpha=90\%$。因此，用 F 检验法检验两组数据的精密度是否有显著性差异时，必须首先确定它是属于单边检验还是双边检验。

表 3.6　F_{P, f_1, f_2} 值表（单边，$P=95\%$）

f_2 \ f_1	2	3	4	5	6	7	8	9	10	∞
2	19.00	19.16	19.25	19.30	19.33	19.36	19.37	19.38	19.39	19.50
3	9.55	9.28	9.12	9.01	8.94	8.88	8.84	8.81	8.78	8.53
4	6.94	6.59	6.39	6.26	6.16	6.09	6.04	6.00	5.96	5.63
5	5.79	5.41	5.19	5.05	4.95	4.88	4.82	4.78	4.74	4.36
6	5.14	4.76	4.53	4.39	4.28	4.21	4.15	4.10	4.06	3.67
7	4.74	4.35	4.12	3.97	3.87	3.79	3.73	3.68	3.63	3.23
8	4.46	4.07	3.84	3.69	3.58	3.50	3.44	3.39	3.34	2.93
9	4.26	3.86	3.63	3.48	3.37	3.29	3.23	3.18	3.13	2.71
10	4.10	3.71	3.48	3.33	3.22	3.14	3.07	3.02	2.97	2.54
∞	3.00	2.60	2.37	2.21	2.10	2.01	1.94	1.88	1.83	1.00

【例 3.7】　在使用紫外分光光度法测定某蛋白质溶液时，用一台旧仪器测定吸光度 6 次所得标准偏差 $s_1=0.05\%$；再用一台性能稍好的新仪器测定 4 次所得标准偏差 $s_2=0.02\%$。试问新仪器的精密度是否显著地优于旧仪器的精密度？

解　检验应用新仪器测定的精密度是否优于用旧仪器测定的精密度，属于单边检验问题。

已知
$$n_1=6 \quad s_1=0.05\%$$
$$n_2=4 \quad s_2=0.02\%$$

根据
$$F=\frac{s_{\text{大}}^2}{s_{\text{小}}^2}=\frac{s_1^2}{s_2^2}$$

得
$$F=\frac{(0.05\%)^2}{(0.02\%)^2}=6.25$$

$f_1=6-1=5$，$f_2=4-1=3$，查表 3.6 得 $F_{0.95,5,3}=9.01$

因为 $F<F_{0.95,5,3}$，所以两种仪器的精密度不存在显著性差异，即不能做出新仪器精密度显著优于旧仪器精密度的结论。由表 3.6 给出的置信度可知，做出这种判断的可靠性为 95%。

【例 3.8】　采用两种不同的分析方法测定人体血液中酒精的浓度，用第一种方法测定 11 次得标准偏差 $s_1=0.3\%$；用第二种方法测定 9 次得标准偏差 $s_2=0.6\%$；试判断两种方法的精密度是否有显著性差异？

解　不论是第一种方法的精密度显著地优于或劣于第二种方法的精密度，都认为它们之间存在显著性差异，因此，这属于双边检验问题。

已知
$$n_1=11 \quad s_1=0.3\%$$

$$n_2 = 9 \quad s_2 = 0.6\%$$

根据
$$F = \frac{s_{大}^2}{s_{小}^2} = \frac{s_1^2}{s_2^2}$$

得
$$F = \frac{(0.6\%)^2}{(0.3\%)^2} = 4.00$$

　　表 3.6 为单边检验的 F 值，其置信度为 95%，即显著性水平为 5%。当这些 F 值用于双边检验时，其显著性水平应为单边检验时的 2 倍。即相当于显著性水平由 5% 变为 10%，而置信度则由 95% 变为 90%。

　　$f_1 = 11 - 1 = 10$，$f_2 = 9 - 1 = 8$，查表 3.6 得 $F_{0.95,8,10} = 3.07$

　　因为 $F > F_{0.95,8,10}$，故有 90% 的把握认为两种方法的精密度之间有显著性差异。

3.3.4.2　t 检验法

(1) 平均值与标准值的比较

　　在定量分析中，为了检验分析方法或操作过程中是否存在系统误差，可对标准试样进行 n 次平行测定得到平均值与标准值进行比较。假设消除了系统误差，总体平均值即是标准值（视为真值 x_T），那么是由 $\bar{x} - x_T \neq 0$ 引起的，测定误差应满足 t 分布，则 $|\bar{x} - x_T| = t s_{\bar{x}}$，即确定 t 统计量为：

$$t = \frac{|\bar{x} - x_T|}{s_{\bar{x}}} = \frac{|\bar{x} - x_T|}{s/\sqrt{n}} \tag{3.25}$$

　　由表 3.3 查得 $t_{P,f}$ 值，计算统计量 t 值。若 $t < t_{P,f}$，在一定的置信度下，则判断该组数据的平均值与标准值无显著性差异，该差异是由随机误差引起的；否则认为 $\bar{x}$ 与 x_T 之间存在系统误差。

【例 3.9】 用某新方法测定胆矾中铜的质量分数，7 次测定结果的平均值 $\bar{x} = 25.47\%$，标准偏差 $s = 0.033\%$。已知标准值为 25.46%，若置信度为 95%，试判断这种新方法是否存在系统误差？

解 根据
$$t = \frac{|\bar{x} - x_T|}{s/\sqrt{n}}$$

得
$$t = \frac{|25.47\% - 25.46\%| \times \sqrt{7}}{0.033\%} = 0.802$$

　　当 $P = 95\%$ 时，查表 3.3 得 $t_{0.95,6} = 2.45$。

　　因为 $t < t_{0.95,6}$，故 $\bar{x}$ 与标准值之间没有显著性差异，即不存在系统误差，说明该方法是准确可靠的。

(2) 两组平均值的比较

　　不同分析人员或同一分析人员采用不同的方法测定同一试样，所得到的平均值不一定相等。可采用 t 检验法判断这两组数据之间是否存在系统误差，即两组平均值之间是否有显著性差异。

　　设两组分析数据分别为：
$$n_1 \quad s_1 \quad \bar{x}_1$$
$$n_2 \quad s_2 \quad \bar{x}_2$$

它们的总体平均值分别为 μ_1 和 μ_2。假设两组数据来自同一总体，则 $\mu_1 = \mu_2$，但由于随机误差的存在，$(\overline{x_1} - \overline{x_2})$ 不一定为零。

先用 F 检验法检验 s_1 和 s_2 之间不存在显著性差异，则可以认为 $s_1 \approx s_2 \approx s_合$，按下式计算合并标准偏差，其中总自由度 $f = n_1 + n_2 - 2$。

$$s_合 = \sqrt{\frac{\sum\limits_{i=1}^{n}(x_{1i} - \overline{x_1})^2 + \sum\limits_{i=1}^{n}(x_{2i} - \overline{x_2})^2}{n_1 + n_2 - 2}} \tag{3.26}$$

或者

$$s_合 = \sqrt{\frac{s_1^2(n_1-1) + s_2^2(n_2-1)}{n_1 + n_2 - 2}} \tag{3.27}$$

再计算统计量 t 值

$$t = \frac{|\overline{x_1} - \overline{x_2}|}{s_合}\sqrt{\frac{n_1 n_2}{n_1 + n_2}} \tag{3.28}$$

由表 3.3 查得 $t_{P,f}$ 值，若 $t > t_{P,f}$，可认为 $\mu_1 \neq \mu_2$，两组数据不属于同一总体，即它们之间有显著性差异。反之，$t < t_{P,f}$，可认为 $\mu_1 = \mu_2$，两组数据属于同一总体，即两组数据之间不存在系统误差。

【**例 3.10**】　用两种不同分析方法测定烟道中 SO_2 的质量分数，得到下列两组数据：

	$\overline{x}$	s	n
方法 1	15.34%	0.09%	11
方法 2	15.44%	0.1%	11

置信度为 95% 时，问两种方法之间是否存在显著性差异？

解　（1）先用 F 检验法检验 s_1 和 s_2 之间有无显著性差异：

已知
$$n_1 = 11 \qquad s_1 = 0.09\%$$
$$n_2 = 11 \qquad s_2 = 0.1\%$$

根据
$$F = \frac{s_大^2}{s_小^2} = \frac{s_2^2}{s_1^2}$$

得
$$F = \frac{(0.1\%)^2}{(0.09\%)^2} = 1.23$$

当 $f_1 = 11 - 1 = 10$，$f_2 = 11 - 1 = 10$，$P = 95\%$ 时，查表 3.6 得 $F_{0.95,10,10} = 2.97$。

因为 $F < F_{0.95,10,10}$，说明 s_1 和 s_2 之间无显著性差异。

（2）再用 t 检验法检验 $\overline{x_1}$ 和 $\overline{x_2}$ 有无显著性差异：

根据
$$s_合 = \sqrt{\frac{s_1^2(n_1-1) + s_2^2(n_2-1)}{n_1 + n_2 - 2}}$$

得
$$s_合 = \sqrt{\frac{(0.09\%)^2 \times (11-1) + (0.1\%)^2 \times (11-1)}{11 + 11 - 2}} = 0.1\%$$

根据
$$t = \frac{|\overline{x_1} - \overline{x_2}|}{s_合}\sqrt{\frac{n_1 n_2}{n_1 + n_2}}$$

得
$$t = \frac{|15.34\% - 15.44\%|}{0.1\%} \times \sqrt{\frac{11 \times 11}{11 + 11}} = 2.35$$

在 95% 置信度下，查表 3.3 得 $t_{0.95,20} = 2.09$，$t > t_{0.95,20}$，说明两种方法存在显著性差异。

3.4　提高分析结果准确度的方法

在定量分析测定过程中，误差是不可避免的并具有一定的规律性，因此，可采取适当的措施，减免系统误差，减小随机误差，从而提高分析结果的准确度。

3.4.1　选择适当的分析方法

为了使分析结果达到一定的准确度，满足实际工作的需要，首先要考虑对分析结果准确度的要求选择合适的分析方法。例如重量分析法和滴定分析法测定的准确度高但灵敏度低，适用于常量组分的分析；而仪器分析法具有较高的灵敏度，但其准确度较低，适用于微量或痕量组分含量的测定。另外，还要考虑试样的组成、性质和共存离子的干扰情况等。尽可能在符合所要求的准确度和灵敏度等前提下，选择操作简便快速、选择性好、重现性好和价格低廉等优点的测定方法，制定正确的分析方案。

3.4.2　减小测定误差

仪器和量器的测定误差会传递到分析结果的误差中，应根据具体情况来控制各测定步骤的误差，使测定的准确度与分析方法的准确度相适应，才能保证分析结果的准确度。例如，分析天平的称量误差为万分之一，用减量法称量两次，称样可能引起的绝对误差为 $\pm 0.0002g$，欲使称量的相对误差 $\leqslant \pm 0.1\%$，计算试样称量的最小质量：

$$试样质量=\frac{\pm 0.0002g}{\pm 0.1\%}=0.2g$$

可见试样的质量必须在 0.2g 以上，才能保证称量误差在 $\pm 0.1\%$ 以下。

在滴定分析中，滴定管的读数误差为 $\pm 0.01mL$，一次滴定至少需要读取两次，其绝对误差为 $\pm 0.02mL$。为使读数的相对误差小于 $\pm 0.1\%$，滴定时消耗滴定剂的体积应在 20mL 以上。

称量的准确度还应与分析方法的准确度一致。例如，采用吸光光度法测定某试样中蛋白质的含量时，若方法的相对误差为 2%，称取 0.5g 试样，理论上要求称样的绝对误差小于 $0.5g \times 2\% = 0.01g$ 就可以满足分析的要求，这时可使用千分之一的天平进行称量。

3.4.3　减小随机误差

在消除系统误差的前提下，适当增加平行测定的次数可减小随机误差的影响，提高测定结果的准确度。在常量组分的定量分析中，一般平行测定 3~4 次，如对测定结果的准确度要求较高时，测定次数可增加，通常 10 次左右。

3.4.4　检验和消除系统误差

由于系统误差是由某种确定性的原因造成的，所以要想办法检验和消除系统误差，提高测定结果的准确度。通常采用以下方法。

(1) 对照试验

① 用标准试样对照试验　用待检验的分析方法测定某标准试样或纯物质，并将结果与

标准值或纯物质的理论值进行比较，从而判断两种方法之间是否存在系统误差。若标准试样的数量和品种有限时，采用自制的"管理样"进行对照试验，亦可根据试样的大致组成用纯物质制成"人工合成样"进行对照试验。

② 用标准方法对照试验　采用标准方法或公认的经典方法和被检验的方法同时测定某一试样，并对两种方法的测定结果进行显著性检验，如果判断两种方法之间存在系统误差，则需找出原因并予以校正，亦可采用文献报道的同类方法进行对照试验。

③ 加标回收试验　在待测的试样或试液中加入已知量的待测组分，进行多次平行测定，计算回收率：

$$加标回收率 = \frac{加标试样测定值 - 试样测定值}{加标值} \times 100\%$$

根据回收率是否满足准确度的要求，判断方法是否可靠。例如，要求方法的相对误差小于1%，则回收率应在 99%～101% 范围内；若要求方法的相对误差小于 5%，则回收率应在95%～105% 范围内。

为了检查分析人员之间的操作是否存在系统误差或其他方面的问题，常将一部分试样重复安排给不同的分析者进行测定，这些措施称为"内检"。或将部分试样送交其他单位进行对照实验，称为"外检"。

(2) 空白试验

由试剂、蒸馏水、实验器皿和环境带入的杂质所引起的系统误差，可通过做空白试验来扣除。空白试验是在不加试样的情况下，按照试样的分析步骤和条件进行试验，所得的结果称为空白值，从测定结果中扣除空白值以校正误差得到比较可靠的测定结果。空白试验对于微（痕）量组分的测定具有很重要的作用。

空白值一般比较小，如果较大，则应通过提纯试剂、改用纯度较高的溶剂和采用其他更合适的分析器皿等，才能提高测定的准确度。选取何种纯度的试剂和溶剂，应根据测定的要求而定，不应盲目使用高纯度的试剂，以免造成浪费。

(3) 校准仪器和量器

由于仪器不准确引起的系统误差，可通过校准仪器来减免。对于准确度要求较高的测定，所用天平、滴定管、移液管和容量瓶等仪器或量器都必须进行校准，计算测定结果时应采用校正值，以消除仪器和量器不准确带来的误差。

(4) 校正测定结果

由分析方法引起的系统误差可校正测定结果。例如，在滴定分析中选择更合适的指示剂以减小终点误差；使用有效的掩蔽方法以消除干扰组分的影响等。如果方法误差无法消除，可以辅加其他的测定方法来校正测定结果。例如，重量分析法测定 SiO_2 时，分离硅沉淀后的滤液中含有微量硅，可采用光度法测定后与重量分析结果相加，从而校正了因沉淀不完全而带来的负误差。

3.4.5　正确表示分析结果

分析结果的正确表示是分析过程中的一个重要环节，不仅要表明其数值的大小，还应该反映出测定的准确度、精密度以及测定次数。故通过一组测定数据（随机样本）反映该样本所代表的总体时，样本平均值 $\bar{x}$、样本标准偏差 s 和测定次数 n 三项数据是必不可少的。采用置信区间是表示分析结果的常用方式之一，计算式中不仅包含了 $\bar{x}$、s 和 n 三个基本数据，还指出了置信度。置信区间越窄，表明 $\bar{x}$ 与真值越接近，置信区间的大小直接与测定的精密度和准确度有关。此外，还应注意分析结果的有效数字，其位数必须与测定方法、仪器的准确度一致。

【例 3.11】 测定碱石灰中的总碱量（以 w_{Na_2O} 表示），5 次测定结果分别为：40.10%，40.11%，40.12%，40.12% 和 40.20%。（1）用格鲁布斯法检验 40.20% 是否应该含去；（2）报告分析结果（$P=95\%$）。

解 （1）$\bar{x}=40.13\%$，$s=0.04\%$

根据
$$G=\frac{|x_{疑}-\bar{x}|}{s}$$

得
$$G=\frac{|40.20\%-40.13\%|}{0.04\%}=1.75$$

$P=95\%$，$n=5$ 时，查表 3.5 得，$G_{0.95,5}=1.67$

因为 $G>G_{0.95,5}$，故 40.20% 应含去。

（2）含去 40.20% 后，$\bar{x}=40.11\%$，$s=0.01\%$，$n=4$；查表 3.3 得 $t_{0.95,3}=3.18$

根据
$$\mu=\bar{x}\pm t_{P,f}s_{\bar{x}}=\bar{x}\pm t_{P,f}\frac{s}{\sqrt{n}}$$

得
$$\mu=40.11\%\pm\frac{3.18\times0.01\%}{\sqrt{4}}=(40.11\pm0.02)\%$$

因此，置信度为 95% 时，碱石灰中总碱量的分析结果为 $(40.11\pm0.02)\%$。

3.5 有效数字及其运算规则

在定量分析中，不仅要准确地测定每个数据，而且要正确地记录数据和计算，才能得到准确可靠的分析结果。测定值不仅表示试样中被测组分的含量，而且反映了测定的准确程度，因此，在记录实验数据和计算结果时，保留几位数字不是任意确定的，而应根据测量仪器和分析方法的准确度而决定。

3.5.1 有效数字

有效数字是指在测定中得到的具有实际意义的数字，包括全部能准确读取的数据和最后一位可疑数字，它们共同决定有效数字的位数，有效数字的位数反映了测定的准确度。例如，滴定管中消耗标准溶液体积的读数为 25.50mL，前三位是从滴定管的刻度上读取的准确数据，第四位是估读的数字，此位数字称为不确定数字或可疑数字，因此，25.50 为四位有效数字。

根据分析方法和分析仪器的准确度确定有效数字位数。在测定方法和仪器准确度允许的范围内，数据中有效数字的位数越多，相对误差就越小，测定的准确度就越高。对于可疑数字，一般认为它可能有 ±1 个单位的绝对误差。

记录数据和计算结果应包含有效数字，数据中只有最后一位是可疑的，不应人为地增减数字的位数。例如，对于移液管的体积记为 25.00mL，对于量筒的体积则记为 25mL。因此，若量取 20.00mL 和 20mL 溶液，前者应使用移液管，后者可使用量筒。

有效数字的位数可以按以下原则确定：

① 非 "0" 数字都是有效数字。

② "0" 具有双重意义，是否是有效数字取决于它在数字中的作用和位置。一般第一个非 "0" 数前的数字都不是有效数字，起定位作用；而第一个非 "0" 数后的数字都是有效数字，由测定所得。例如，分析天平称量时读数为 0.2000g，其中数字前面的一个 "0" 仅起定位作用，不是有效数字，后面三个 "0" 是测定所得数字，故其有效数字为四位。单位改变时，有效数字的位数不变。例如，从有效数字的角度来说，$2.0g = 2.0 \times 10^3 mg$，但 $2.0g \neq 2000mg$。若数字后的 "0" 含义不清时，最好采用科学计数法形式表示。例如，2500mg 一般视为四位。根据实际测定的准确度，若是二位、三位或四位有效数字，则分别写成 $2.5 \times 10^3 mg$、$2.50 \times 10^3 mg$、$2.500 \times 10^3 mg$。

③ 对数值，如 pH、pM、lgc、lgK 等，它们的有效数字位数仅取决于小数部分（尾数）数字的位数，因整数部分只代表该数的方次。如 pH＝12.68，换算为 H^+ 浓度时，$c(H^+) = 2.1 \times 10^{-13} mol \cdot L^{-1}$，为两位有效数字，而不是四位。

④ 对于 10^x 或 e^x 等幂指数，其有效数字位数只与指数 x 的小数点后的位数相同。例如，$10^{0.0035}$ 的有效数字位数为四位而不是两位，即 $10^{0.0035} = 1.008$。

⑤ 计算式中的系数、常数（如 π、e 等）、倍数或分数和自然数，其有效数字位数不确定，可视为具有无限多位有效数字，其位数的多少视具体情况而定。因为这些数据不是测量所得到的。

3.5.2　数字修约规则

数据处理时可能涉及使用不同准确度的仪器或量器，所得测定数据的有效数字位数可能不同。因此，计算前必须按照统一的规则，合理确定数据位数，舍去数据后面多余的数字（称尾数），此过程称为 "数字修约"。目前，数字修约多采用 "四舍六入五留双" 规则。

"四舍六入五留双" 规则规定：当尾数≤4 时则将其舍去；当尾数≥6 时则进一位；如果尾数为 "5" 而后面的数为零时，则看 "5" 的前一位，若为奇数就进位，若为偶数则舍去，"0" 以偶数论；当 "5" 后面的数不完全为零时，无论前方是奇数还是偶数，都须向前进一位。例如，将下列数据全部修约为四位有效数字时：

0.54764 ——→ 0.5476；0.38266 ——→ 0.3827；1.02150 ——→ 1.022

5.14250 ——→ 5.142；12.6050 ——→ 12.60；16.08501 ——→ 16.09

修约数字时，只能对原数据一次修约到位，不能分步修约，否则会出错。例如，将 "0.2348" 修约成两位有效数字时，应为 0.2348→0.23；如果按 0.2348→0.235→0.24 修约则是错的。

3.5.3　有效数字的运算规则

(1) 加减法

当几个数据相加或相减时，它们的和或差的有效数字位数取决于其中小数点后位数最少（即绝对误差最大）的那个数据位数。

例如：　　　　　　　　$0.043 + 28.34 + 1.2539 = ?$

　　　　　修约：　　$0.04 + 28.34 + 1.25$

　　　　　计算：　　$0.04 + 28.34 + 1.25 = 29.63$

(2) 乘除法

当几个数据相乘或相除时，它们的积或商的有效数字位数，应以其中有效数字位数最少（即相对误差最大）的那个数为依据。

例如： $0.0121 \times 26.54 \times 1.0275 = ?$

修约： $0.0121 \times 26.5 \times 1.03$

计算： $0.0121 \times 26.5 \times 1.03 = 0.330$

第一个数为三位有效数字，相对误差最大，故求积时计算结果的有效数字应为三位。

在乘除运算中，如果有效数字位数最少的因数的首数是"8"或"9"，则积或商的有效数字位数可比这个因数多取一位。例如，$9.0 \times 0.251 \div 2.53$，其中 9.0 的有效数字位数最少，只有两位，但它的相对误差约为 $\pm 1\%$，与 10.0 三位有效数字的相对误差接近，故最后结果可保留三位，即 $9.0 \times 0.251 \div 2.53 = 0.893$。

关于有效数字运算的几点说明：

① 先修约，后计算，可以使计算简便，但为了避免修约引起的误差累积，修约时最好多保留一位安全数字后计算结果，并对最终结果进行修约，使其符合由运算规则确定的位数。

② 使用计算器进行计算时，一般不对中间步骤的计算结果进行修约，仅对最后的结果按运算规则进行修约。

③ 分析化学中的计算主要有两大类。一类是各种化学平衡中有关浓度的计算。其中使用到有关的平衡常数，如 K_a、K_b、$K_{稳}$、K_{sp} 等（相对误差约为 5%），可按平衡常数的位数来确定计算结果有效数字的位数，一般为 2～3 位。

④ 另一类是计算测定结果，确定其有效数字位数与待测组分在试样中的相对含量有关。一般对于高含量组分（$>10\%$）的测定结果应保留四位有效数字；中含量组分（$1\%～10\%$）的测定结果应为三位有效数字；微量组分（$<1\%$）的测定结果常取两位有效数字。

⑤ 对于各种误差和偏差的计算，一般只需保留 1～2 位有效数字。

3.6   分析化学中的质量保证与质量控制

每种方法获得的一组分析结果中，都存在一定的误差。为了保证分析结果准确可靠，需对可能影响测定结果的各种因素和测定环节进行全面的控制和管理，使之处于受控状态。因此建立一个完善的实验室质量保证体系，对整个分析过程进行质量控制非常重要。

质量保证（QA）是指为了保证产品、生产（测定）过程或服务符合质量要求而采取的有计划和有系统的活动。质量控制（QC）是指为了达到规范或规定的数据和质量要求而采取的作业技术和措施。分析质量控制和质量保证的目的就是通过采取一系列的活动和措施，包括组织人员培训、分析质量监督、检查和审核等，对整个分析过程进行质量控制，使分析结果达到预期可信赖的要求。

实验室质量保证体系主要由四部分组成：完善的组织机构、科学的程序管理、严格的过程控制和合理的资源配置。其中，过程控制在整个质量保证体系中最为重要。所谓过程控制是指采取一定的措施对影响过程质量的所有因素，包括人员、环境条件、设备状态、量值溯源和检测方法等加以控制。过程控制的目的是使分析测试过程始终处于受控状态，一旦发现"失控"，能及时找出原因，予以弥补纠正，从而将质量管理工作置于受检测的过程之中，起到"预防为主"的作用。

质量控制图是实验室经常采用的一种简便而有效的过程控制技术。质量控制图的基本原理是美国休哈特（W. A. Shewhart）在 1920 年首先提出来的，最初用于工业产品的质量控制。20 世纪 40 年代，沃尼蒙特（Wernimont）等人又将它用于分析测试实验室。

绘制质量控制图是依据统计学小概率原理进行的，在实验数据分布接近于正态分布的基础上，把实验数据用图表形式表现出来。质量控制图的基本组成如图 3.6 所示。质量控制图以测定结果为纵坐标，测定顺序为横坐标，纵坐标通常包含中心线和上、下控制限，上、下警告限以及上、下辅助线。预期值为中心线（CL），其值为平均值$\overline{x}$；$\pm 3s$ 为控制限，表示测定结果的可接受范围；$\pm 2s$ 为警告限，表示测定结果目标值区域，超过此范围给予警告，应引起注意；$\pm s$ 为辅助限，表示检查测定结果质量的辅助指标所在区间。

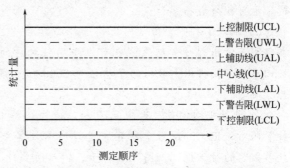

图 3.6　质量控制图的基本组成

质量控制图也称休哈特平均值质量控制图。绘制该图时，应注意：①必须有大量稳定的"控制标准值"，即具有合适的"控制标准物质"，或可用自制的质量控制样或质量可靠的标准溶液所获得的大量数据。②要制定一定的质量控制方案。例如，每分析一批试样，插入一个标准物质；或者在分析大批量试样时，每隔 10～20 个试样插入一个标准物质。标准分析的步骤和试样分析的步骤要求完全相同，并至少独立分析 15～20 次以上。

质量控制图是保证分析质量的有效措施之一，其作用有三：①监视测定系统是否处于统计控制状态之中；②及时发现分析误差的异常变化或变化趋势，判断分析结果的数值是否异常，以便采取必要的措施加以纠正；③获得比较可靠的置信限。

3.7　Excel 软件在分析数据处理中的应用

随着计算机技术的普及，它在实验数据处理中的作用越来越不可缺少，目前有许多计算机分析软件使实验数据处理变得更加简单和准确。常用的统计分析软件有 SAS、SPSS、Matlab、Origin 和 Excel 等。其中前 3 种软件的统计功能非常强大，Matlab 等专业软件提供了丰富的函数资源；Origin 软件的数据分析包括数据的排序、调整、计算、统计、曲线拟合等各种完善的数据处理功能，并具有强大的绘图功能；Excel 是微软公司办公软件 Office 的重要部分，是目前公认的功能最强大、技术最先进和使用最方便的电子表格软件。

运用 Excel 软件处理实验数据，具有简单快捷和数据自动更新等优点，分析化学的所有计算和图表几乎都可使用该软件工具完成。计算前输入每一个测定数据，点击选择合适的函数，即可获得所需的计算结果。

【例 3.12】　测定某水样中 Mg 的含量（单位为 $mg \cdot L^{-1}$），获得 6 个数据：3.01，3.05，2.94，2.98，3.02 和 3.00。试利用 Excel 软件计算该水样中镁测定的平均值、平均偏差、标准偏差、相对标准偏差及正确表示其分析结果（置信度为 95%）。

解 （1）输入以上数据。打开 Excel 软件在所选定的栏目中输入数据 3.01，3.05，2.94，2.98，3.02 和 3.00，如图 3.7 所示。A 列键入汉字，亦可直接将数据输入 A 列中。

（2）计算。

①求和：选中以上 6 个数据，点击工具栏"Σ"中求（sum）函数，即可在数据下方出现计算结果为 18.00，如图 3.7 所示。或在 B8 栏中输入"＝sum（B2：B7）"，按回车键，也可获得数据总和。

②计算算术平均值：同上，选择工具栏"Σ"中平均值（AVERAGE）函数，即可在数据下方出现计算结果。也可在平均值对应的 B9 栏输入"＝AVERAGE（B2：B7）"，按回车键，获得以上数据的平均值为 3.00000，再按有效数字的运算规则，得出计算结果为 3.00。

③计算平均偏差：选中 B10 栏，点击工具栏"Σ"中"其他函数"，出现"插入函数"的对话框，如图 3.7 所示。选择所需计算平均偏差的"AVEDEV"函数，出现"函数参数"的对话框，如图 3.8 所示。输入所要计算数据的地址"B2：B7"，即可在 B10 获得结果；计算平均偏差时也可直接在 B10 栏中输入"＝AVEDEV（B2：B7）"，按回车键，获得以上数据的平均偏差值为 0.027。

图 3.7　选择函数示意图　　　　　图 3.8　选择函数参数示意图

④计算标准偏差：选中 B11 栏，同③所述，选择"STDEV"函数，输入所要计算数据的地址"B2：B7"，即可获得标准偏差为 0.037。

⑤计算相对标准偏差：引用公式 $s_r = \dfrac{s}{\bar{x}} \times 100\%$，通过工作表之间的相互引用，在 B12 输出栏中输入"＝B11/B9＊100"，按回车键，即可获得以上数据的相对标准偏差为 1.2%。

有效数字位数的取舍要根据数字的修约规则进行。由修约规则确定有效数字位数后，可在 Excel 中设定需要的位数，如在 Excel 中计算的平均值结果为"3.00000"，若需修约为三位有效数字，则选中待修约的数字"3.00000"，点击工具栏中的"格式/单元格格式"，选择小数位数为 2，可获得"3.00"的结果，如图 3.9 所示。

⑥可疑数据的取舍：选中以上 6 个数据，点击"MAX"函数，可获得最大值为 $x_6 = 3.05$；点击"MIN"函数，可获得最小值为 $x_1 = 2.94$。

引用公式 $G = \dfrac{|x_{疑} - \bar{x}|}{s}$，计算得 $G_1 = 1.34$，$G_6 = 1.60$。结果如图 3.10 所示。这两

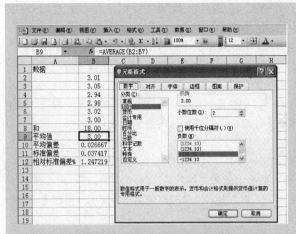
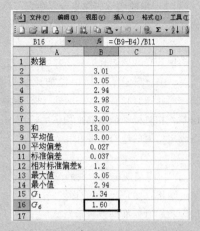

图 3.9　有效数字取舍示意图　　　　图 3.10　例 3.12 计算结果示意图

个值都小于 $G_表$ 值（$G_表=1.82$），表明 2.94 和 3.05 不是异常值，予以保留。

⑦ 置信区间的表示：$n=6$ 时，查表 3.3 得 $t_{0.95,5}=2.57$

根据

$$\mu=\bar{x}\pm t_{P,f}s_{\bar{x}}=\bar{x}\pm t_{P,f}\frac{s}{\sqrt{n}}$$

得

$$\mu=3.00\pm\frac{2.57\times0.037}{\sqrt{6}}\mathrm{mg\cdot L^{-1}}=(3.00\pm0.04)\mathrm{mg\cdot L^{-1}}$$

置信度 95% 时，该水样中 Mg 含量为 $(3.00\pm0.04)\mathrm{mg\cdot L^{-1}}$。

思考题及习题

3-1　分析过程中出现下列情况时，各会引起哪种误差？如果是系统误差，应该采用什么方法减免？

(1) 电子天平未经校准；

(2) 容量瓶与移液管不配套；

(3) 滴定管读数时，最后一位估计不准；

(4) 试剂中含有微量的被测组分；

(5) 用移液管移取溶液后，试液在管中残留量稍有不同；

(6) 滴定时从锥形瓶中溅出一滴溶液；

(7) 标定 HCl 溶液用的 NaOH 标准溶液中吸收了 CO_2；

(8) 读取滴定体积时最后一位数字估计不准。

3-2　滴定管的读数误差为 $\pm0.02\mathrm{mL}$。如果滴定中用去标准溶液的体积分别为 $2.00\mathrm{mL}$ 和 $20.00\mathrm{mL}$，读数的相对误差各是多少？从相对误差的大小说明了什么问题？

3-3　u 分布曲线与 t 分布曲线有何区别与联系？

3-4　什么是 QA 和 QC？怎样绘制质量控制图？

3-5　置信度与置信区间的关系？试解释为什么同一置信度下，一组实验数据中，其中 5 次测定结果的置信区间比单次测定结果的置信区间窄？

3-6　下列数据各包括几位有效数字？

(1) 0.0030；(2) 64.120；(3) 200.0；(4) 4.80×10^{-5}；(5) $pK_a=4.74$；(6) $pH=5.2$

3-7　某试样中含有约 5% 的硫，将其氧化为硫酸根，然后沉淀为 $BaSO_4$，若要求在万分之一的分析天平上称量 $BaSO_4$ 质量的相对误差不超过 0.1%，至少应称取试样的质量为多少？

(0.55g)

3-8 用加热法驱除水分以测定 $CaSO_4 \cdot 1/2H_2O$ 中结晶水的质量分数。称取试样 0.2000g，已知天平的称量误差为 $\pm 0.1mg$，问分析结果应以几位有效数字报出？

3-9 两位分析者同时测定某一合金中铬的质量分数，每次称取试样均为 2.00g，分别报告结果如下：甲：1.02%，1.03%，1.01%；乙：1.018%，1.020%，1.024%。问哪一份报告是合理的，为什么？

3-10 测定某试样中氮的质量分数时，6 次平行测定的结果分别是 20.48%，20.55%，20.58%，20.60%，20.53%，20.50%。试计算这组数据的平均值、中位值、极差、平均偏差、相对平均偏差、标准偏差、相对标准偏差和平均值的标准偏差；若此样品是标准样品，其中氮的质量分数为 20.45%，计算以上测定结果的绝对误差和相对误差。

(20.54%；20.54%；0.12%；0.037%；0.18%；0.046%；0.22%；0.019%；0.090%；0.44%)

3-11 某铁矿石中铁的质量分数为 39.19%，若甲的测定结果（%）是：39.12，39.15，39.18；乙的测定结果（%）为：39.19，39.24，39.28。试比较甲、乙两人测定结果的准确度和精密度（精密度以标准偏差和相对标准偏差表示）。

3-12 9 次测定某试样中蛋白质的质量分数，测定结果的平均值为 0.3500，标准偏差等于 0.0018。(1) 计算平均值的置信区间 ($P=0.95$)；(2) 测定值出现在 0.3480～0.3520 的概率有多大？

$(0.3500\pm0.0014；99\%)$

3-13 平行 5 次测定某含氯试样中氯的含量，结果的平均值为 45.15%，标准偏差为 0.04%，(1) 试计算置信度为 90% 和 95% 时总体平均值的置信区间；比较两次计算结果可得出什么结论？(2) 若测定的精密度为 $s=0.05\%$ 保持不变，当 $P=95\%$ 时，欲使置信区间的置信限 $t_{P,f}s_{\bar{x}}$ 不超过 $\pm0.04\%$，问至少应对试样平行测定多少次？(3) 若平均值 45.15% 是 9 次测定的结果，计算平均值的置信区间，比较 5 次和 9 次测定的计算结果可得出什么结论 ($P=95\%$)，并解释其原因？

$[7；(45.15\pm0.03)\%]$

3-14 测定某水样中砷的含量，4 次测定结果为 ($mg \cdot L^{-1}$)：1.59，1.53，1.57 和 1.80。(1) 用格鲁布斯法判断第 4 次测定结果可否弃去？(2) 如第 5 次测定结果为 1.60，此时情况又如何 ($P=95\%$)？以上结果说明了什么问题？

3-15 为提高光度法测定微量镓的灵敏度，改用一种新的显色剂。设同一溶液用原显色剂测定 4 次，吸光度分别为 0.112，0.128，0.120，0.119。用新显色剂测定 3 次，吸光度分别为 0.190，0.180，0.200。判断两种方法的精密度有无显著性差异？新显色剂测定镓的灵敏度是否有明显提高？

3-16 某药厂生产铁剂，要求每克药剂中含铁 48.00mg，对一批药品测定 5 次，结果为 ($mg \cdot g^{-1}$)：47.44，48.15，47.90，47.93 和 48.03，问这批产品含铁量是否合格 ($P=0.95$)？

3-17 万格（Wang）等人建立了一种新的测定血样中葡萄糖含量的电化学分析方法。利用该方法对血样中的葡萄糖含量进行测定，同时用标准方法作对照实验，得到以下实验数据 ($mmol \cdot L^{-1}$)：

电化学分析方法　3.01，3.15，2.95，2.98，3.15，3.12
标准方法　　　　3.10，3.08，3.22，3.15，3.18，3.05
判断该电化学分析方法测定结果是否可靠 ($P=0.95$)？

3-18 分别用硼砂和碳酸钠两种基准物质标定某 HCl 溶液的浓度 ($mol \cdot L^{-1}$)，结果如下：

用硼砂标定　　　$\bar{x_1}=0.1017mol \cdot L^{-1}$，$s_1=3.9\times10^{-4}mol \cdot L^{-1}$，$n_1=4$
用碳酸钠标定　　$\bar{x_2}=0.1020mol \cdot L^{-1}$，$s_2=2.4\times10^{-4}mol \cdot L^{-1}$，$n_2=5$
试判断：(1) 两组数据的标准偏差是否存在显著性差异？
(2) 在置信度分别为 90% 和 95% 时，这两种基准物质标定的 HCl 溶液浓度是否存在系统误差？

3-19 Willard 等人测定锑的相对原子质量时获得以下三组实验数据：
(a) 121.771，121.787，121.803，121.781
(b) 121.784，121.758，121.765，121.794
(c) 121.752，121.784，121.765
(1) 计算三组数据的平均值、标准偏差和 95% 置信度时的置信区间；

$$(121.785,\ 121.775,\ 121.767;\ 0.013,\ 0.017,\ 0.016;$$
$$121.785\pm0.021,\ 121.775\pm0.027,\ 121.767\pm0.016)$$

（2）以格鲁布斯法和 Q 检验法判断是否可舍去 121.803 这一数据（置信度 P 为 95%）？

（3）使用 t 检验法检验（a）和（c）组数据之间是否存在显著性差异？

（4）测定三个样本平均值的平均值和样本平均值的标准偏差；

$$(121.776;\ 9.0\times10^{-3})$$

（5）目前，锑的相对原子质量为 121.760，试用绝对误差和相对误差表示上述 11 个数据的准确度（可使用 Excel 软件辅助完成）。

$$(0.016;\ 0.013\%)$$

3-20　根据有效数字的运算规则，计算下列各式结果：

（1）$12.469+0.437-0.0356+2.10=$

（2）$0.0325\times5.103\times60.06\div139.8=$

（3）$\dfrac{0.1000\times(25.00-1.52)\times264.47}{1.0000\times1000}=$

（4）pH$=2.10$，$[H^+]=$

$$(14.97;\ 0.0713;\ 0.6210;\ 7.9\times10^{-3})$$

第4章 滴定分析法引论

本章概要：本章将围绕各类滴定分析法的共性问题，构建滴定分析法的知识框架，为后续各类滴定分析法的学习做好相应的知识铺垫。

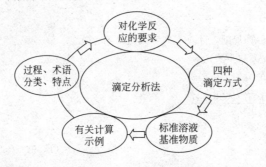

4.1 滴定分析法概述

滴定分析法是将一种已知准确浓度的溶液（标准溶液），通过滴定管滴加到被测物质溶液（试液）中，直至两者按化学计量关系完全反应为止，然后根据化学反应的计量关系、标准溶液以及试液的用量，计算被测组分的含量。滴定装置见图 4.1。依据标准溶液与试液发生化学反应的类型不同，可将滴定分析法分为酸碱滴定法、沉淀滴定法、配位滴定法和氧化还原滴定法。

4.1.1 滴定分析法中的几个常用术语

① 滴定　将标准溶液（滴定剂）通过滴定管滴加到被测物质溶液（试液）中的过程，称为滴定。

② 化学计量点　滴加的标准溶液与待测组分恰好定量反应完全的这一点，称为化学计量点，简称计量点（sp），通过理论计算得到。

③ 滴定终点　终止滴定的这一点，称为滴定终点，简称终点（ep）。在滴定中，可以利用指示剂颜色的变化方法来判断化学计量点的到达，也可以用仪器测量来判断化学计量点的到达，从而终止滴定。在后续的

图 4.1　滴定装置

滴定方法中，主要讨论指示剂指示终点的方法。

④ 终点误差　滴定终点与化学计量点不一定恰好吻合，由此造成的误差，称为终点误差，也可称为滴定误差。可用林邦误差公式进行计算。

⑤ 滴定曲线　滴定曲线是描绘滴定过程中，试液中某一离子浓度随滴定剂加入而变化的曲线。即以溶液中某离子浓度或与该离子浓度相关的参量为纵坐标，加入滴定剂的体积或滴定分数为横坐标作图，得滴定曲线。

4.1.2 滴定分析法的特点

滴定分析法是化学分析中重要的分析方法，其特点是：

① 主要用于常量组分分析，即被测组分的含量一般在 1% 以上；

② 具有较高的准确度，一般情况下，测定的相对误差不大于 0.2%；

③ 具有操作简便、快捷、仪器简单价廉、方法成熟可靠的优势；

④ 可测定许多元素，应用广泛。

4.2　滴定分析法对化学反应的要求和滴定方式

4.2.1　滴定分析法对化学反应的要求

用于滴定的化学反应又称滴定反应，不是任何化学反应都能用于滴定的，它必须满足以下要求。

① 反应必须定量完成。其包含双重含义：一是反应必须具有确定的化学计量关系，即反应按一定的反应方程式进行；二是反应要进行完全，通常要求转化率达到 99.9% 以上。

② 反应速率快，最好瞬间完成。对于反应速率较慢的反应，可通过加热或加入催化剂来加速反应的进行。

③ 有简便、可靠的方法确定滴定终点。如采用指示剂、仪器仪表指示终点到达。

4.2.2　滴定分析法中的四种滴定方式

(1) 直接滴定法

只要标准溶液与待测物质的化学反应满足上述要求，就可以采用直接滴定方式进行测定，即用标准溶液直接滴定被测物质。直接滴定是滴定分析法中最常用和最基本的滴定方式，简单、快速，引入的误差较小。

标准溶液 T 直接滴定被测物质 B，滴定反应的方程式如下：

$$t\mathrm{T} + b\mathrm{B} \Longrightarrow c\mathrm{C} + d\mathrm{D}$$

标准溶液 T 的物质的量 n_{T} 与被滴定物质 B 的物质的量 n_{B} 有下列计量关系：

$$n_{\mathrm{T}} : n_{\mathrm{B}} = t : b$$

故有

$$n_{\mathrm{B}} = \frac{b}{t} n_{\mathrm{T}} \tag{4.1}$$

根据消耗标准溶液物质的量可求得待测物质的含量。直接滴定法只需要一种标准溶液 T。

(2) 返滴定法（回滴法或剩余量滴定法）

返滴定法适用于下列情况：①试液中待测组分与标准溶液反应很慢；②滴定的是固体试样；③滴定的物质不稳定；④滴定没有合适的指示剂。

先准确地加入已知过量的标准溶液 A，使之与被测物质 B 发生下列反应：

$$a\mathrm{A} + b\mathrm{B} \Longrightarrow c\mathrm{C} + d\mathrm{D}$$

待反应完成后，再用另一种标准溶液 T 滴定反应剩余的前一种标准溶液 A，反应如下：

$$t\mathrm{T} + a'\mathrm{A} \Longrightarrow e\mathrm{E} + f\mathrm{F}$$

标准溶液 A 的物质的量 n_{A} 和标准溶液 T 的物质的量 n_{T} 与被测物质 B 的物质的量 n_{B} 的计量关系为：

$$n_B = \frac{b}{a}\left(n_A - \frac{a'}{t}n_T\right) \qquad (4.2)$$

返滴定法需要用到两种标准溶液。

例如，EDTA 与 Al^{3+} 的反应很慢，不能用 EDTA 标准溶液直接滴定试液中的 Al^{3+}，可在试液中先加入已知过量的 EDTA 标准溶液，待 EDTA 与 Al^{3+} 充分反应完全，再用 Zn^{2+} 标准溶液滴定剩余的 EDTA 标准溶液。

$$Al^{3+} + Y^{4-}（已知过量） \Longrightarrow AlY^-$$

$$Zn^{2+} + Y^{4-}（剩余） \Longrightarrow ZnY^{2-}$$

根据反应方程式得：

$$n_{Al} = n_{EDTA} - n_{Zn}$$

根据 EDTA 标准溶液的加入量和由 Zn^{2+} 标准溶液滴定消耗量，可计算试液中 Al 的含量。

(3) 置换滴定法

当待测组分与标准溶液不能按一定的反应方程式进行或有其他副反应发生时，可采用置换滴定方式。

先用适当的试剂 A 与待测组分 B 定量反应，生成另一种物质 C，反应方程式为：

$$aA + bB \Longrightarrow cC + dD$$

再用标准溶液 T，滴定生成的物质 C，反应方程式为：

$$tT + c'C \Longrightarrow eE + fF$$

标准溶液 T 的物质的量 n_T 与被测物质 B 的物质的量 n_B 的计量关系为：

$$n_B : n_C = b : c$$

$$n_T : n_C = t : c'$$

$$n_B = \frac{b}{c}n_C = \frac{b}{c} \times \frac{c'}{t}n_T \qquad (4.3)$$

置换滴定需要用一种标准溶液和至少一种试剂。

例如，Ag^+ 与 EDTA 形成的络合物不稳定，所以不能用 EDTA 标准溶液直接滴定 Ag^+，如果将 Ag^+ 加入到 $[Ni(CN)_4]^{2-}$ 溶液中，定量置换出 Ni^{2+}：

$$2Ag^+ + [Ni(CN)_4]^{2-} \Longrightarrow 2[Ag(CN)_4]^{2-} + Ni^{2+}$$

在适当条件下，可以用 EDTA 标准溶液滴定 Ni^{2+}，根据 $n_{Ag^+} = 2n_{Ni^{2+}} = 2n_{EDTA}$，即可求得 Ag^+ 的含量。

(4) 间接滴定法

当待测组分不能与标准溶液直接起反应时，可以采用间接滴定方式。即通过另外的化学反应定量转化为可被滴定的物质，再用标准溶液进行滴定。标准溶液 T 的物质的量 n_T 与被测物质 B 的物质的量 n_B 的计量关系推算与置换滴定相同，有时，间接滴定与置换滴定不作区别。

例如，$KMnO_4$ 标准溶液与 Ca^{2+} 不能反应，无法直接滴定。但可利用 $Na_2C_2O_4$ 和 Ca^{2+} 的反应，将 Ca^{2+} 完全沉淀为 CaC_2O_4，过滤、洗涤后，用 H_2SO_4 溶解，得到与 Ca^{2+} 等物质的量的 $H_2C_2O_4$，再用 $KMnO_4$ 标准溶液滴定 $C_2O_4^{2-}$，从而间接测定 Ca^{2+}。其反应式如下：

$$Ca^{2+} + C_2O_4^{2-} \Longrightarrow CaC_2O_4(s)$$

$$CaC_2O_4(s) + 2H^+ \Longrightarrow Ca^{2+} + H_2C_2O_4$$

$$2MnO_4^- + 5H_2C_2O_4 + 6H^+ \Longrightarrow 2Mn^{2+} + 10CO_2 + 8H_2O$$

$$n_{Ca^{2+}} = n_{H_2C_2O_4} = \frac{5}{2}n_{MnO_4^-}$$

再如，在酸性溶液中 $K_2Cr_2O_7$ 可将 $S_2O_3^{2-}$ 氧化为 $S_4O_6^{2-}$ 及 SO_4^{2-} 等混合物，反应没有定量关系，因此，不能用 $Na_2S_2O_3$ 直接滴定 $K_2Cr_2O_7$ 试液。通常在 $K_2Cr_2O_7$ 的酸性溶液中加入过量的 KI：

$$Cr_2O_7^{2-} + 6I^- + 14H^+ \Longrightarrow 2Cr^{3+} + 3I_2 + 7H_2O$$

再用 $Na_2S_2O_3$ 标准溶液滴定生成的 I_2：

$$2S_2O_3^{2-} + I_2 \Longrightarrow 2I^- + S_4O_6^{2-}$$

根据反应方程式，得：

$$n_{Cr_2O_7^{2-}} = \frac{1}{3}n_{I_2} = \frac{1}{3} \times \frac{1}{2}n_{Na_2S_2O_3} = \frac{1}{6}n_{Na_2S_2O_3}$$

由此可计算 $K_2Cr_2O_7$ 的含量。

由于不同滴定方式的应用，大大扩展了滴定分析法的应用范围。

4.3　标准溶液

在滴定分析法中，无论采用何种滴定方式进行测定，都离不开标准溶液。标准溶液是已知准确浓度的溶液，常用四位有效数字表示，其浓度准确与否，直接影响测定结果的准确性。因此正确配制标准溶液或准确标定溶液的浓度，对于提高分析的准确性至关重要。

4.3.1　标准溶液浓度的表示方法

(1) 物质的量浓度

物质的量浓度是指单位体积溶液中所含溶质的物质的量。例如，物质 T 的物质的量浓度，可用下式表达：

$$c_T = \frac{n_T}{V} \tag{4.4}$$

式中，n_T 为溶质 T 的物质的量，mol 或 mmol；V 为溶液的体积，L 或 mL；c_T 为物质 T 的物质的量浓度，$mol \cdot L^{-1}$。

(2) 质量浓度

在微量或痕量组分分析中，常用质量浓度表示标准溶液的浓度。质量浓度是指溶质 T 的质量除以溶液的体积，用符号 ρ_T 表示：

$$\rho_T = \frac{m_T}{V} \tag{4.5}$$

式中，m_T 为溶液中溶质 T 的质量，kg、g、mg 或 μg 等；V 为溶液的体积，L、mL 等；ρ_T 为溶质 B 的质量浓度，$kg \cdot L^{-1}$、$g \cdot L^{-1}$、$mg \cdot mL^{-1}$ 或 $\mu g \cdot mL^{-1}$ 等。

例如：浓度为 $0.1000g \cdot L^{-1}$ 的铜标准溶液，可表示为 $\rho_{Cu} = 0.1000g \cdot L^{-1}$。

(3) 滴定度

在生产单位的例行分析中，常用滴定度表示标准溶液的浓度。滴定度是指每毫升标准溶液 T 相当于被测物质 B 的质量。可用下式表达：

$$T_{T/B} = \frac{m_B}{V_T} = \frac{n_B M_B}{V_T} \tag{4.6}$$

式中，m_B 为被测物质 B 的质量，g 或 mg；V_T 为标准溶液 T 的体积，mL；物质 B 的摩尔质量为 M_B，$g \cdot mol^{-1}$；$T_{T/B}$ 为滴定度，$g \cdot mL^{-1}$ 或 $mg \cdot mL^{-1}$。

例如，滴定度为 $T_{K_2Cr_2O_7/Fe} = 0.005000g \cdot mL^{-1}$ 的 $K_2Cr_2O_7$ 标准溶液，表示每毫升 $K_2Cr_2O_7$ 溶液恰好能与 $0.005000g$ Fe^{2+} 反应。如果采用该标准溶液滴定 Fe^{2+}，消耗体积为 23.50mL，则可用下式简单计算被滴定溶液中铁的质量：

$$m_{Fe} = 0.005000g \cdot mL^{-1} \times 23.50mL = 0.1175g$$

(4) 物质的量浓度与滴定度的换算

标准溶液 T 与被测组分 B 的反应方程式为：

$$tT + bB \Longrightarrow cC + dD$$

则有

$$n_B = \frac{b}{t} n_T$$

代入滴定度的定义表达式(4.6)，得：

$$T_{T/B} = \frac{\frac{b}{t} n_T M_B}{V_T}$$

将 $n_T = c_T V_T$ 代入上式，并把体积的单位换算成 mL，得：

$$T_{T/B} = \frac{b}{t} c_T M_B \times 10^{-3} L \cdot mL^{-1} \tag{4.7}$$

或

$$c_T = \frac{t}{b} \times \frac{T_{T/B} \times 10^3 mL \cdot L^{-1}}{M_B} \tag{4.8}$$

4.3.2　标准溶液的配制

标准溶液的配制方法有直接法和间接（标定）法。标准溶液配好后，应视标准溶液的性质来选用在细口玻璃试剂瓶或聚乙烯塑料瓶中保存，防止水分蒸发和灰尘落入。

(1) 直接法

其步骤为：准确称取一定量 m_T（g）基准物质 T，用适当的溶剂溶解后，定量转入一定体积 V（L）的容量瓶中定容、摇匀，已知基准物质 T 的摩尔质量为 M_T（$g \cdot mol^{-1}$），标准溶液的准确浓度 c_T（$mol \cdot L^{-1}$）：

$$c_T = \frac{m_T}{M_T V} \tag{4.9}$$

基准物质：能够直接用于配制或标定标准溶液的物质称为基准物质，它必须具备以下条件：

① 纯度要足够高（质量分数在 99.9% 以上）。

② 组成与它的化学式完全相符（包括结晶水）。

③ 性质稳定。不易与空气中的 O_2 及 CO_2 反应，亦不吸收空气中的水分。

④ 试剂参加滴定反应时，应定量进行，无副反应发生。

⑤ 试剂最好有较大的摩尔质量，以降低称量时的相对误差。

一些最常用的基准物质及其干燥条件和应用范围列于表 4.1。

表 4.1　常用基准物质的干燥条件和应用范围

基准物质		干燥后的组成	干燥条件	标定对象
名称	分子式			
碳酸氢钠	$NaHCO_3$	Na_2CO_3	270～300℃	酸
碳酸钠	$Na_2CO_3 \cdot 10H_2O$	Na_2CO_3	270～300℃	酸
硼砂	$Na_2B_4O_7 \cdot 10H_2O$	$Na_2B_4O_7 \cdot 10H_2O$	放在含 NaCl 和蔗糖饱和溶液的干燥器中	酸
碳酸氢钾	$KHCO_3$	K_2CO_3	270～300℃	酸
草酸	$H_2C_2O_4 \cdot 2H_2O$	$H_2C_2O_4 \cdot 2H_2O$	室温空气干燥	碱或 $KMnO_4$
邻苯二甲酸氢钾	$KHC_8H_4O_4$	$KHC_8H_4O_4$	110～120℃	碱
重铬酸钾	$K_2Cr_2O_7$	$K_2Cr_2O_7$	140～150℃	还原剂
溴酸钾	$KBrO_3$	$KBrO_3$	130℃	还原剂
碘酸钾	KIO_3	KIO_3	130℃	还原剂
铜	Cu	Cu	室温干燥器中保存	还原剂
三氧化二砷	As_2O_3	As_2O_3	室温干燥器中保存	氧化剂
草酸钠	$Na_2C_2O_4$	$Na_2C_2O_4$	130℃	氧化剂
碳酸钙	$CaCO_3$	$CaCO_3$	110℃	EDTA
锌	Zn	Zn	室温干燥器中保存	EDTA
氧化锌	ZnO	ZnO	900～1000℃	EDTA
氯化钠	$NaCl$	$NaCl$	500～600℃	$AgNO_3$
氯化钾	KCl	KCl	500～600℃	$AgNO_3$
硝酸银	$AgNO_3$	$AgNO_3$	280～290℃	氯化物

【**例 4.1**】　$K_2Cr_2O_7$ 标准溶液的配制：用分析天平准确称取基准物质 $K_2Cr_2O_7$ 1.471g，溶解后定量转移到 250mL 容量瓶中。问此 $K_2Cr_2O_7$ 溶液的浓度为多少？

解　根据式(4.9)

$$c_{K_2Cr_2O_7} = \frac{m_{K_2Cr_2O_7}}{V_{K_2Cr_2O_7} M_{K_2Cr_2O_7}}$$

已知

$$M_{K_2Cr_2O_7} = 294.2 \text{g} \cdot \text{mol}^{-1}$$

则

$$c_{K_2Cr_2O_7} = \frac{1.471\text{g}}{0.2500\text{L} \times 294.2\text{g} \cdot \text{mol}^{-1}} = 0.02000\text{mol} \cdot \text{L}^{-1}$$

(2) 间接法（标定法）

当试剂不完全符合基准物质的要求时，就不能用直接法配制标准溶液，而采用间接法配制。其步骤：①先配制成近似于所需浓度的溶液；②然后标定它的准确浓度，即选用合适的基准物质（一级基准）或选用已经用基准物质标定过的标准溶液（二级基准），通过滴定来确定它的准确浓度，至少标定两次；③视标准溶液的性质选择合适的试剂瓶妥善保存，如见光易分解的 $AgNO_3$、$KMnO_4$ 等标准溶液应保存于棕色瓶中，能腐蚀玻璃的强碱溶液应在塑料瓶中保存。对稳定性不好或保存时间过长的标准溶液，使用前一定要重新标定。

① 选用固体基准物质标定　准确称取基准物质 B 的质量 m_B(g)，溶解后，用待标定溶液 T 滴定至终点，消耗体积 V_T(L)。已知基准物质 B 的摩尔质量为 M_B(g·mol^{-1})，基准物质 B 与待标定溶液 T 的反应方程式为：

$$t\text{T} + b\text{B} = c\text{C} + d\text{D}$$

则待标定标准溶液 T 的准确浓度 c_T（mol·L^{-1}）依据下式计算：

$$c_T = \frac{t}{b} \times \frac{m_B}{M_B V_T} \tag{4.10}$$

由式（4.10）也可估算基准物质的称量范围。

② 选用标准溶液标定 准确移取一定体积 V_B（mL）的标准溶液 c_B（mol·L^{-1}），用待标定溶液 T 滴定至终点，消耗体积 V_T（mL）。标准溶液 B 与待标定溶液 T 的反应方程式为：

$$tT + bB = cC + dD$$

则待标定标准溶液 T 的准确浓度 c_T（mol·L^{-1}）依据下式计算：

$$c_T = \frac{\frac{t}{b} c_B V_B}{V_T} \tag{4.11}$$

【例 4.2】 欲配制 0.1mol·L^{-1} HCl 标准溶液：用量筒取浓盐酸 4.2mL，稀释到 500mL 即配成浓度约为 0.1mol·L^{-1} 的 HCl 溶液。准确称取基准物质硼砂（$Na_2B_4O_7 \cdot 10H_2O$）0.4710g，标定 HCl 溶液，用去 HCl 溶液 25.20mL，计算 HCl 溶液的准确浓度。

解 滴定反应方程式为：

$$Na_2B_4O_7 + 2HCl + 5H_2O = 4H_3BO_3 + 2NaCl$$

$$n_{HCl} = 2n_{Na_2B_4O_7}$$

根据公式（4.10），得：

$$c_{HCl} = \frac{2m_{Na_2B_4O_7 \cdot 10H_2O}}{M_{Na_2B_4O_7 \cdot 10H_2O} V_{HCl}} = \frac{2 \times 0.4710g}{381.36g \cdot mol^{-1} \times 25.20 \times 10^{-3}L} = 0.09802mol \cdot L^{-1}$$

4.3.3 浓度、活度与活度系数

离子在化学反应中所表现出的有效浓度称为离子的活度。在电解质溶液中，由于离子间的相互作用，使得各离子表现出的有效浓度与实际浓度有所不同。离子的活度与浓度之间的关系为：

$$a_i = \gamma_i c_i \tag{4.12}$$

式中，c_i 表示离子 i 的浓度；a_i 表示离子 i 的活度；γ_i 为离子 i 的活度系数。

活度系数代表离子间力影响的大小，一般情况下活度系数 $\gamma_i < 1$，即 $a_i < c_i$。强电解质溶液的浓度极稀时，离子之间的相互作用力小到可以忽略不计，这时，活度系数就可以视为 1，即 $a_i = c_i$，称为理想溶液。

活度系数的大小与溶液的离子强度有关。离子强度 I 与溶液中各种离子的浓度及离子所带电荷有关，其计算式为：

$$I = \frac{1}{2} \sum_{i=1}^{n} c_i Z_i^2 \tag{4.13}$$

式中，c_i、Z_i 分别为溶液中第 i 种离子的浓度和电荷数。

离子强度较小时，活度系数可按德拜-休克尔（Debye-Hückel）极限公式计算：

$$-\lg\gamma_i = 0.512 Z_i^2 \sqrt{I} \tag{4.14}$$

显然，溶液中的离子强度越大，活度系数就越小。表 4.2 列出了不同离子强度时各种价

态离子的平均活度系数。

表 4.2　不同离子强度时各种价态离子的平均活度系数

离子强度 $I/\text{mol} \cdot \text{kg}^{-1}$	平均活度系数 γ			
	一价离子	二价离子	三价离子	四价离子
0.001	0.96	0.86	0.72	0.54
0.005	0.95	0.74	0.62	0.43
0.01	0.93	0.65	0.52	0.32
0.05	0.85	0.56	0.28	0.11
0.1	0.80	0.46	0.20	0.06

可见，同样的离子强度对高价离子的活度系数影响要大得多。

对于中性分子的活度系数，当溶液的离子强度改变时，会有所变化，不过这种变化很小，可以认为中性分子的活度系数近似地等于 1。

从上述讨论可知，在讨论溶液中的化学平衡时，如果以有关物质的浓度代入各种平衡常数公式进行计算，所得结果与实验结果就会产生偏差。对于较浓的强电解质溶液，这种偏差更为明显。为了校正离子强度的影响，就必须用活度来进行计算。在实际工作中，要注意离子强度的改变对测定结果准确度和精密度的影响。

4.4　滴定分析法中的计算

滴定分析定量计算的依据是分析过程中的相关化学反应，由化学反应方程式可确定滴定剂与被测组分之间的计量关系。滴定分析的计算一般分为三个步骤：①写出有关化学反应方程式；②找出标准溶液与待测组分之间的计量关系；③选择合适的计算公式，求出最后结果。

4.4.1　标准溶液与待测组分之间的计量关系

根据滴定分析法所涉及的化学反应，找出标准溶液与待测组分之间的计量关系。直接滴定法仅涉及一个滴定反应方程式，计算相对比较简单，而其他三种滴定方式都涉及两个或两个以上的化学反应方程式，计算相对比较复杂一点，具体计算公式见式(4.1)、式(4.2)、式(4.3)。

4.4.2　分析结果的计算

设试样的质量为 m_s，待测组分 B 在试样中的质量分数 w_B 为：

$$w_B = \frac{m_B}{m_s} = \frac{n_B M_B}{m_s} \tag{4.15}$$

质量分数 w_B 可以用分数表示，也可以用百分数表示，即乘以 100%。也可以用两个不相等的质量单位表示，如 $\text{mg} \cdot \text{g}^{-1}$、$\text{ng} \cdot \text{g}^{-1}$、$\text{g} \cdot \text{kg}^{-1}$ 等。

若为直接滴定，滴定反应的方程式为：$t\text{T} + b\text{B} \Longrightarrow c\text{C} + d\text{D}$

则

$$w_B = \frac{\frac{b}{t} n_T M_B}{m_s} = \frac{\frac{b}{t} c_T V_T M_B}{m_s} \tag{4.16}$$

若为其他滴定方式进行测定，根据滴定剂与被滴定物质之间的计量关系求出 n_B，代入式(4.15) 即可。

4.4.3 滴定分析法计算示例

【**例 4.3**】 用邻苯二甲酸氢钾（KHP）作基准物质标定浓度约为 $0.1 mol \cdot L^{-1}$ 的氢氧化钠溶液，现要把所用氢氧化钠溶液的体积控制在 $20 \sim 30 mL$ 之间，问 （1） 应称取 KHP 多少克？(2) 如果改用 $H_2C_2O_4 \cdot 2H_2O$ 作基准物质，则应称取 $H_2C_2O_4 \cdot 2H_2O$ 多少克？

解 （1） 滴定反应方程式：$KHP + NaOH \Longrightarrow KNaP + H_2O$

$$n_{KHP} = n_{NaOH}$$

由式(4.10) 得：$m_{KHP} = c_{NaOH} V_{NaOH} M_{KHP}$

已知：$M_{KHP} = 204.22 g \cdot mol^{-1}$

当 $V_{NaOH} = 20 mL$ 时：$m_{KHP} = 0.1 mol \cdot L^{-1} \times 20 \times 10^{-3} L \times 204 g \cdot mol^{-1} = 0.41 g$

当 $V_{NaOH} = 30 mL$ 时：$m_{KHP} = 0.1 mol \cdot L^{-1} \times 30 \times 10^{-3} L \times 204 g \cdot mol^{-1} = 0.61 g$

（2） 如果改用 $H_2C_2O_4 \cdot 2H_2O$ 作基准物质，滴定反应方程式为：

$$H_2C_2O_4 + 2NaOH \Longrightarrow Na_2C_2O_4 + 2H_2O$$

$$n_{H_2C_2O_4} = \frac{1}{2} n_{NaOH} = n_{Na_2C_2O_4}$$

同理，由式(4.10) 得：$m_{H_2C_2O_4 \cdot 2H_2O} = \frac{1}{2} c_{NaOH} V_{NaOH} M_{H_2C_2O_4 \cdot 2H_2O}$

已知：$M_{H_2C_2O_4 \cdot 2H_2O} = 126.07 g \cdot mol^{-1}$

当 $V_{NaOH} = 20 mL$ 时：$m_{H_2C_2O_4 \cdot 2H_2O} = \frac{1}{2} \times 0.1 mol \cdot L^{-1} \times 20 \times 10^{-3} L \times 126 g \cdot mol^{-1} = 0.13 g$

当 $V_{NaOH} = 30 mL$ 时：$m_{H_2C_2O_4 \cdot 2H_2O} = \frac{1}{2} \times 0.1 mol \cdot L^{-1} \times 30 \times 10^{-3} L \times 126 g \cdot mol^{-1} = 0.19 g$

思考：为什么滴定的体积要求控制在 $20 \sim 30 mL$ 之间？采用什么措施可以使称量误差小于 0.1%？

【**例 4.4**】 已知 $1.00 mL$ 某盐酸标准溶液中含氯化氢 $0.004374 g$，试计算：

（1） 该盐酸标准溶液物质的量浓度？

（2） 该盐酸溶液对氢氧化钠的滴定度 $T_{HCl/NaOH}$。

（3） 该盐酸溶液对碳酸钙的滴定度 $T_{HCl/CaCO_3}$。

（4） 在 $1.000 g$ 碳酸钙试样中，加入上述盐酸溶液 $50.00 mL$ 溶解试样，过量的盐酸用 $0.1000 mol \cdot L^{-1}$ 氢氧化钠溶液回滴，消耗 $20.00 mL$，求试样中碳酸钙的质量分数。

解 （1） 根据公式(4.8)：$c_{HCl} = \dfrac{T_{HCl} \times 10^3 mL \cdot L^{-1}}{M_{HCl}} = \dfrac{0.004374 g \cdot mL^{-1} \times 10^3 mL \cdot L^{-1}}{36.46 g \cdot mol^{-1}} = 0.1200 mol \cdot L^{-1}$

（2） 反应方程式：$HCl + NaOH \Longrightarrow NaCl + H_2O$

由公式(4.6)，得：

$$T_{HCl/NaOH} = \frac{1}{1} \times c_{HCl} M_{NaOH} \times 10^{-3} L \cdot mL^{-1} = 0.1200 mol \cdot L^{-1} \times 40.00 g \cdot mol^{-1} \times$$

$$10^{-3} L \cdot mL^{-1}$$

$$= 0.004800 g \cdot mL^{-1}$$

（3）反应方程式：$CaCO_3 + 2HCl = CaCl_2 + H_2CO_3$

由公式（4.6），得：

$$T_{HCl/CaCO_3} = \frac{1}{2} \times c_{HCl} M_{CaCO_3} \times 10^{-3} L \cdot mol^{-1} = \frac{1}{2} \times 0.1200 mol \cdot L^{-1} \times 100.09 g \cdot$$

$$mol^{-1} \times 10^{-3} L \cdot mol^{-1}$$

$$= 0.006005 g \cdot mL^{-1}$$

（4）根据反应方程式，得：$n_{CaCO_3} = \frac{1}{2} n_{HCl} = \frac{1}{2} n_{NaOH}$

根据返滴定计算公式：$n_{CaCO_3} = \frac{1}{2} \times (n_{HCl} - n_{NaOH})$

$$w_{CaCO_3} = \frac{n_{CaCO_3} M_{CaCO_3}}{m_s} = \frac{\frac{1}{2}(n_{HCl} - n_{NaOH}) \times M_{CaCO_3}}{m_s} = \frac{\frac{1}{2}(c_{HCl} V_{HCl} - c_{NaOH} V_{NaOH}) \times M_{CaCO_3}}{m_s}$$

$$= \frac{\frac{1}{2} \times (0.1200 mol \cdot L^{-1} \times 0.05000 L - 0.1000 mol \cdot L^{-1} \times 0.02000 L) \times 100.09 g \cdot mol^{-1}}{1.000 g}$$

$$= 0.2002$$

【例 4.5】　称取铁矿石试样 0.3348g，将其溶解，加入 $SnCl_2$ 使全部 Fe^{3+} 还原成 Fe^{2+}，用 $0.02000 mol \cdot L^{-1}$ $K_2Cr_2O_7$ 标准溶液滴定至终点时，用去 $K_2Cr_2O_7$ 标准溶液 22.60mL。计算：（1）$0.02000 mol \cdot L^{-1}$ $K_2Cr_2O_7$ 标准溶液对 Fe 和 Fe_2O_3 的滴定度？（2）试样中 Fe 和 Fe_2O_3 的质量分数各为多少？

解　（1）有关反应：　　$Fe_2O_3 + 6H^+ = 2Fe^{3+} + 3H_2O$

$$2Fe^{3+} + Sn^{2+} = 2Fe^{2+} + Sn^{4+}$$

$$6Fe^{2+} + Cr_2O_7^{2-} + 14H^+ = 6Fe^{3+} + 2Cr^{3+} + 7H_2O$$

由以上反应可知：

$$n_{Fe_2O_3} = \frac{1}{2} n_{Fe} = \frac{1}{2} \times 6 n_{K_2Cr_2O_7}$$

由式（4.7）得：$T_{K_2Cr_2O_7/Fe} = \frac{c_{K_2Cr_2O_7} M_{Fe} \times 6}{10^3 mL \cdot L^{-1}} = \frac{0.02000 mol \cdot L^{-1} \times 55.85 g \cdot mol^{-1} \times 6}{10^3 mL \cdot L^{-1}}$

$$= 0.006702 g \cdot mL^{-1}$$

$$T_{K_2Cr_2O_7/Fe_2O_3} = \frac{3 c_{K_2Cr_2O_7} M_{Fe_2O_3}}{10^3 mL \cdot L^{-1}} = \frac{3 \times 0.02000 mol \cdot L^{-1} \times 159.7 g \cdot mol^{-1}}{10^3 mL \cdot L^{-1}}$$

$$= 0.009582 g \cdot mL^{-1}$$

（2）Fe 和 Fe_2O_3 的含量的计算：

$$w_{Fe} = \frac{m_{Fe}}{m_s} = \frac{T_{K_2Cr_2O_7/Fe} V_{K_2Cr_2O_7}}{m_s} = \frac{0.006702 g \cdot mL^{-1} \times 22.60 mL}{0.3348 g} = 0.4524$$

同理　$w_{Fe_2O_3} = \frac{T_{K_2Cr_2O_7/Fe_2O_3} V_{K_2Cr_2O_7}}{m_s} = \frac{0.009582 g \cdot mL^{-1} \times 22.60 mL}{0.3348 g} = 0.6468$

如果已知 w_{Fe}，也可通过换算因数（也称化学因素）F 来求得 $w_{Fe_2O_3}$。按下式计算换算因素：

$$F=\frac{kM_{换算形式}}{M_{已知形式}} \tag{4.17}$$

式中，k 为系数，其大小以使分子和分母中某一主要元素的原子数目相等。

$$F_{Fe_2O_3/Fe}=\frac{M_{Fe_2O_3}}{2M_{Fe}}=\frac{159.2g \cdot mol^{-1}}{2\times55.85g \cdot mol^{-1}}=1.425$$

$$w_{Fe_2O_3}=w_{Fe}F_{Fe_2O_3/Fe}=0.4524\times1.425=0.6447$$

【例 4.6】 称取含铝试样 0.2000g，溶解后调节溶液 pH 为 3.5，加入 0.02802mol·L^{-1} EDTA 标准溶液 30.00mL，控制条件使 Al^{3+} 与 EDTA 定量反应完全。再调节溶液 pH 值为 5.0，以 0.02012mol·L^{-1} Zn^{2+} 标准溶液返滴定剩余的 EDTA，消耗 Zn^{2+} 标准溶液 7.20mL，计算试样中 Al_2O_3 的质量分数。（已知 $M_{Al_2O_3}=101.96g \cdot mol^{-1}$）

解 EDTA（H_2Y^{2-}）滴定 Al^{3+} 的反应式为：

$$Al^{3+}+H_2Y^{2-}=\!=\!=AlY^-+2H^+$$

故有

$$n_{Al_2O_3}=\frac{1}{2}n_{Al}=\frac{1}{2}n_{EDTA}$$

$$w_{Al_2O_3}=\frac{n_{Al_2O_3}M_{Al_2O_3}}{m_s}=\frac{\frac{1}{2}(n_{EDTA}-n_{Zn^{2+}})\times M_{Al_2O_3}}{m_s}$$

$$=\frac{\frac{1}{2}(0.02802mol \cdot L^{-1}\times0.03000L-0.02012mol \cdot L^{-1}\times0.00720L)\times102.0g \cdot mol^{-1}}{0.2000g}$$

$$=0.1774$$

【例 4.7】 称取含磷试样 0.2015g，溶解后转变为 $MgNH_4PO_4$ 沉淀，经过滤、洗净，溶于 50.00mL 盐酸标准溶液（用 0.1712g $CaCO_3$ 作基准物质标定盐酸溶液，用去盐酸溶液 25.00mL），再用 0.05032mol·L^{-1} 的氢氧化钠标准溶液滴定剩余的盐酸至甲基橙变色，用去 23.78mL，求试样中 P_2O_5 的质量分数。

解 盐酸的浓度：$c_{HCl}=\dfrac{2m_{CaCO_3}}{M_{CaCO_3}V_{HCl}}=\dfrac{2}{1}\times\dfrac{0.1712g}{100.09g \cdot mol^{-1}\times25.00\times10^3L}$

$$=0.1368mol \cdot L^{-1}$$

根据反应：$MgNH_4PO_4+2H^+=\!=\!=Mg^{2+}+NH_4^++H_2PO_4^-$

得：$n_{P_2O_5}=\dfrac{1}{2}n_{MgNH_4PO_4}=\dfrac{1}{4}n_{HCl}$ $\qquad n_{HCl}=n_{NaOH}$

$$w_{P_2O_5}=\frac{n_{P_2O_5}M_{P_2O_5}}{m_s}=\frac{\frac{1}{4}(n_{HCl}-n_{NaOH})M_{P_2O_5}}{m_s}$$

$$=\frac{\frac{1}{4}(0.1368mol \cdot L^{-1}\times0.05000L-0.05032mol \cdot L^{-1}\times0.02378L)\times141.94g \cdot mol^{-1}}{0.2015g}$$

$$=0.9938$$

【**例 4.8**】　吸取 25.00mL 钙离子溶液，加入适当过量的 $Na_2C_2O_4$ 溶液，使 Ca^{2+} 完全形成 CaC_2O_4 沉淀。将沉淀过滤洗净后，用 $6mol \cdot L^{-1} H_2SO_4$ 溶解，以 $0.1800mol \cdot L^{-1}$ $KMnO_4$ 标准溶液滴定至终点，耗去 25.50mL。求原始溶液中 Ca^{2+} 的质量浓度。

解　与测量有关的反应有：

$$Ca^{2+} + C_2O_4^{2-} =\!=\!= CaC_2O_4 \downarrow$$

$$CaC_2O_4 + 2H^+ =\!=\!= Ca^{2+} + H_2C_2O_4$$

$$2MnO_4^- + 5H_2C_2O_4 + 6H^+ =\!=\!= 2Mn^{2+} + 10CO_2 \uparrow + 8H_2O$$

由以上反应可知：

$$n_{Ca^{2+}} = n_{CaC_2O_4} = n_{H_2C_2O_4} = \frac{5}{2} n_{KMnO_4}$$

$$\rho_{Ca^{2+}} = \frac{\frac{5}{2} c_{KMnO_4} V_{KMnO_4} M_{Ca^{2+}}}{V_s}$$

$$= \frac{\frac{5}{2} \times 0.1800mol \cdot L^{-1} \times 25.50 \times 10^{-3}L \times 40.08g \cdot mol^{-1}}{25.00mL}$$

$$= 0.01840g \cdot mL^{-1}$$

思考题及习题

4-1　解释下列名词：

(1) 滴定分析法　(2) 标准溶液　(3) 化学计量点　(4) 滴定终点　(5) 基准物质

(6) 标定　(7) 滴定误差　(8) 指示剂　(9) 滴定剂　(10) 试液

4-2　基准物质应具备哪些条件？基准物质应具备的条件之一是要具有较大的摩尔质量，对这个条件如何理解？

4-3　滴定分析法对滴定反应的要求有哪些？滴定方式有哪几种？各在什么情况下应用？

4-4　配制标准溶液的方法有哪几种？下列物质各采用哪种方法配制标准溶液？如何配制？

(1) H_2SO_4　(2) NaOH　(3) $KMnO_4$　(4) $K_2Cr_2O_7$

4-5　标定标准溶液的方法有哪几种？各有何优缺点？

4-6　什么是滴定度？下列滴定度的含义是什么？如何换算成物质的量浓度？

(1) $T_{HCl} = 0.003646g \cdot mL^{-1}$　(2) $T_{NaOH/HCl} = 0.003646g \cdot mL^{-1}$

(3) $T_{HCl/CaO} = 0.005608g \cdot mL^{-1}$

4-7　什么是活度？它和浓度有什么不同？试说明活度与浓度及活度系数三者的关系。

4-8　若将 $H_2C_2O_4 \cdot 2H_2O$ 基准物质不密封，长期置于放有干燥剂的干燥器中，用它标定 NaOH 溶液的浓度时，结果是偏高、偏低，还是无影响？

4-9　标定酸溶液时，无水 Na_2CO_3 和硼砂（$Na_2B_4O_7 \cdot 10H_2O$）都可以作为基准物质，你认为选择哪一种更好？为什么？

4-10　已知浓硫酸的质量密度为 $1.84g \cdot mL^{-1}$，其中 H_2SO_4 含量约为 96%。　(1) 如欲配制 1L $0.20mol \cdot L^{-1} H_2SO_4$ 溶液，应取这种浓硫酸多少毫升？(2) 应称取多少克基准试剂无水 Na_2CO_3 标定该 H_2SO_4 溶液？

$$(V_{H_2SO_4} = 11mL；\ m_{Na_2CO_3} = 0.42 \sim 0.64g)$$

4-11　配制 $c = 0.1mol \cdot L^{-1}$ 的 $KMnO_4$ 溶液 500mL，需要多少克 $KMnO_4$？

$(m = 8\text{g})$

4-12　称取基准物质 $Na_2C_2O_4$ 0.2262g，来标定 $KMnO_4$ 溶液的浓度，结果用去 $KMnO_4$ 溶液 30.50mL。计算此 $KMnO_4$ 标准溶液的物质的量浓度以及对铁的滴定度。

$(c_{KMnO_4} = 0.02214\text{mol} \cdot \text{L}^{-1}; \; T_{KMnO_4/Fe} = 0.006183\text{g} \cdot \text{mL}^{-1})$

4-13　已知在酸性溶液中，Fe^{2+} 与 $KMnO_4$ 反应时，1.00mL $KMnO_4$ 溶液相当于 0.1117g Fe，而 1.00mL $KHC_2O_4 \cdot H_2C_2O_4$ 溶液在酸性介质中恰好与 0.20mL 上述 $KMnO_4$ 溶液完全反应。问需要多少毫升 $0.2000\text{mol} \cdot \text{L}^{-1}$ NaOH 溶液才能与上述 1.00mL $KHC_2O_4 \cdot H_2C_2O_4$ 溶液完全中和？

$(V_{NaOH} = 1.50\text{mL})$

4-14　称取基准试剂 $K_2Cr_2O_7$ 14.709g，配成 500.0mL 溶液，试计算：(1) $c_{K_2Cr_2O_7}$；(2) $T_{K_2Cr_2O_7/Fe_2O_3}$。

$(c_{K_2Cr_2O_7} = 0.1000\text{mol} \cdot \text{L}^{-1}; \; T_{K_2Cr_2O_7/Fe_2O_3} = 0.04791\text{g} \cdot \text{mL}^{-1})$

4-15　称取分析纯试剂 $MgCO_3$ 1.850g 溶解于 48.48mL 过量的 HCl 溶液中，待两者反应完全后，过量的 HCl 需 3.83mL NaOH 溶液返滴定。已知 30.33mL NaOH 溶液可以中和 36.40mL HCl 溶液。计算该 HCl 和 NaOH 溶液的浓度。

$(c_{HCl} = 1.000\text{mol} \cdot \text{L}^{-1}; \; c_{NaOH} = 1.200\text{mol} \cdot \text{L}^{-1})$

4-16　0.2500g 不纯 $CaCO_3$ 试样中不含干扰测定的组分。加入 25.00mL $0.2600\text{mol} \cdot \text{L}^{-1}$ HCl 溶解，煮沸除去 CO_2，用 $0.2450\text{mol} \cdot \text{L}^{-1}$ NaOH 溶液返滴过量的酸，消耗 6.50mL。计算试样中 $CaCO_3$ 的质量分数，并换算成含 CaO 和 Ca 的质量分数。

$(w_{CaCO_3} = 0.9824; \; w_{CaO} = 0.5504; \; w_{Ca} = 0.3934)$

4-17　含 S 有机试样 0.4710g，在氧气中燃烧，使 S 氧化为 SO_2，用预先中和过的 H_2O_2 将 SO_2 吸收，全部转化为 H_2SO_4，以 $0.1080\text{mol} \cdot \text{L}^{-1}$ KOH 标准溶液滴定至化学计量点，消耗 28.20mL，求试样中 S 的质量分数。

$(w_S = 0.1037)$

4-18　测定氮肥中 NH_3 的含量。称取试样 1.6160g，溶解后在 250mL 容量瓶中定容，移取 25.00mL，加入过量 NaOH 溶液，将产生的 NH_3 导入 40.00mL、$0.05010\text{mol} \cdot \text{L}^{-1}$ 的 H_2SO_4 标准溶液中吸收，剩余的 H_2SO_4 需 17.00mL、$0.09600\text{mol} \cdot \text{L}^{-1}$ NaOH 溶液中和。计算氮肥中 NH_3 的质量分数。

$(w_{NH_3} = 0.2504)$

4-19　分析碳酸氢铵肥料，称取试样 0.9876g，溶于水配成 100.0mL 溶液，吸取试液 25.00mL，用 $c_{HCl} = 0.1000\text{mol} \cdot \text{L}^{-1}$ 的盐酸溶液滴定，用去 25.00mL，求该碳酸氢铵肥料中 N、NH_3、NH_4HCO_3 的质量分数。

$(w_{NH_3} = 0.1724; \; w_N = 0.1418; \; w_{NH_4HCO_3} = 0.8003)$

4-20　取 KIO_3 0.3567g 溶于水并稀释至 100mL，移取该溶液 25.00mL，加入 H_2SO_4 和 KI 溶液，以淀粉为指示剂，用 $Na_2S_2O_3$ 溶液滴定析出的 I_2，终点时，消耗 $Na_2S_2O_3$ 溶液 24.98mL，求 $Na_2S_2O_3$ 溶液的浓度。

$(c_{Na_2S_2O_3} = 0.1001\text{mol} \cdot \text{L}^{-1})$

第 5 章　酸碱滴定法

本章概要：本章围绕酸碱滴定的可行性和现实性问题，以酸碱质子理论为基础，讨论水溶液中酸碱平衡的处理、酸碱溶液 pH 值的计算、指示剂的变色原理、酸碱滴定原理及酸碱滴定法的应用等，学会总结滴定分析中的一般规律和处理问题的思路。掌握酸碱平衡的处理方法不仅是酸碱滴定法的基本内容，也为后续的配位滴定、氧化还原滴定和沉淀滴定学习打下基础。

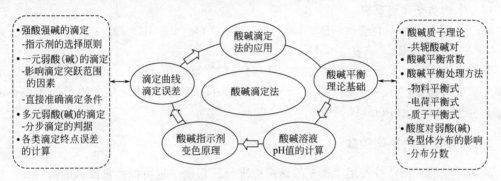

酸碱滴定法（acid-base titration）又称中和滴定，是以酸碱反应为基础的滴定分析方法。可以测定一般的酸、碱以及能与酸、碱发生反应的物质，还能测定一些能与酸、碱间接发生反应的非酸、非碱性的物质，应用十分广泛。无机化学中学习的酸碱平衡及各种酸碱理论，是学习本章的基础。

5.1　水溶液中的酸碱平衡

5.1.1　酸碱质子理论

分析化学中广泛应用 J. N. Bronsted 提出的酸碱质子理论。酸碱质子理论认为：凡是能给出质子的物质是酸，凡是能接受质子的物质是碱。例如：

$$HA(酸) \rightleftharpoons A^-(碱) + H^+(质子)$$

上述反应称为酸碱半反应。HA 和 A^- 是因一个质子得失而相互转变的一对酸碱，称为共轭酸碱对，表示为：$HA\text{-}A^-$。例如：$HAc\text{-}Ac^-$、$NH_4^+\text{-}NH_3$、$H_2O\text{-}OH^-$、$HCO_3^-\text{-}CO_3^{2-}$、$H_6Y^{2+}\text{-}H_5Y^+$。

酸碱质子理论认为：酸碱反应是质子的转移反应，酸给出质子后成为其共轭碱，而碱接受质子后成为其共轭酸，两个共轭酸碱对之间的质子转移过程，可以用以下平衡式表示：

$$HA(酸_1) + B(碱_2) \rightleftharpoons HB(酸_2) + A^-(碱_1)$$
$$\underset{H^+}{\rule{3cm}{0.4pt}}$$

（1）酸的解离反应

$$HAc(酸_1) + H_2O(碱_2) \rightleftharpoons H_3O^+(酸_2) + Ac^-(碱_1)$$
$$\underset{H^+}{\rule{2.5cm}{0.4pt}}$$

（2）盐的水解反应

$$\text{Ac}^-（\text{碱}_1）+\text{H}_2\text{O}（\text{酸}_2）\rightleftharpoons\text{OH}^-（\text{碱}_2）+\text{HAc}（\text{酸}_1）$$
$$\underset{\text{H}^+}{\longleftarrow\!\longrightarrow}$$

（3）水溶液中的酸碱反应

$$\text{HCl}（\text{酸}_1）+\text{Ac}^-（\text{碱}_2）\rightleftharpoons\text{HAc}（\text{酸}_2）+\text{Cl}^-（\text{碱}_1）$$
$$\underset{\text{H}^+}{\longrightarrow\!\longleftarrow}$$

（4）非水溶液中的酸碱反应

$$\text{HCl}（\text{酸}_1）+\text{NH}_3（\text{碱}_2）\rightleftharpoons\text{NH}_4^+（\text{酸}_2）+\text{Cl}^-（\text{碱}_1）$$
$$\underset{\text{H}^+}{\longrightarrow\!\longleftarrow}$$

（5）水的质子自递反应

$$\text{H}_2\text{O}（\text{酸}_1）+\text{H}_2\text{O}（\text{碱}_2）\rightleftharpoons\text{H}_3\text{O}^+（\text{酸}_2）+\text{OH}^-（\text{碱}_1）$$
$$\underset{\text{H}^+}{\longrightarrow\!\longleftarrow}$$

既能提供质子，又能接受质子的物质称为两性物质，如 H_2O、HCO_3^-、H_5Y^+。能提供多个质子的物质，称多元酸，如 H_2S、H_2CO_3、H_3PO_4。能接受多个质子的物质称多元碱，如 S^{2-}、CO_3^{2-}、PO_4^{3-}。

5.1.2 酸碱反应的平衡常数

酸碱反应的平衡常数可用于衡量酸碱反应进行的程度，也可以衡量酸碱的强弱。

根据在无机化学学习的化学平衡原理，我们可以直接写出一元弱酸（HA）在水溶液中的解离平衡及其解离平衡常数表达式：

$$\text{HA}+\text{H}_2\text{O}\rightleftharpoons\text{H}_3\text{O}^++\text{A}^- \qquad K_a=\frac{a_{\text{H}_3\text{O}^+}\,a_{\text{A}^-}}{a_{\text{HA}}} \tag{5.1}$$

一元弱碱（A^-）在水溶液中的解离平衡及其解离平衡常数表达式：

$$\text{A}^-+\text{H}_2\text{O}\rightleftharpoons\text{OH}^-+\text{HA} \qquad K_b=\frac{a_{\text{OH}^-}\,a_{\text{HA}}}{a_{\text{A}^-}} \tag{5.2}$$

水的质子自递反应平衡及水的质子自递平衡常数（水的离子积）表达式：

$$\text{H}_2\text{O}+\text{H}_2\text{O}\rightleftharpoons\text{H}_3\text{O}^++\text{OH}^- \qquad K_w=a_{\text{H}_3\text{O}^+}\,a_{\text{OH}^-}=1.0\times10^{-14}（25℃） \tag{5.3}$$

在水溶液中，酸碱的强弱取决于酸给出质子或碱接受质子能力的强弱，即 K_a 值或 K_b 值的大小。由于分析化学中的反应通常在较稀的溶液中进行，因此一般忽略离子强度的影响，以平衡浓度 [ ] 代替活度 a 作近似计算。一些弱酸、弱碱在水中的解离常数（25℃，$I=0$）见附录3。

共轭酸碱对 HA-A 的 K_a、K_b 间的关系可由式(5.1)～式(5.3) 导出：

$$K_aK_b=a_{\text{H}_3\text{O}^+}\,a_{\text{OH}^-}=K_w=1.0\times10^{-14} \qquad （25℃） \tag{5.4}$$

或 $$\text{p}K_a+\text{p}K_b=\text{p}K_w=14.00 \qquad （25℃） \tag{5.5}$$

说明在共轭酸碱对中，若酸 HA 的酸性强（K_a 大），其共轭碱 A^- 的碱性必弱（K_b 小）。

同理，对于多元弱酸（碱），存在多步解离和多个共轭酸碱对，例如 H_3PO_4 溶液中存在三个共轭酸碱对：

$$\text{H}_3\text{PO}_4 \underset{+\text{H}^+,K_{b_3}}{\overset{-\text{H}^+,K_{a_1}}{\rightleftharpoons}} \text{H}_2\text{PO}_4^- \underset{+\text{H}^+,K_{b_2}}{\overset{-\text{H}^+,K_{a_2}}{\rightleftharpoons}} \text{HPO}_4^{2-} \underset{+\text{H}^+,K_{b_1}}{\overset{-\text{H}^+,K_{a_3}}{\rightleftharpoons}} \text{PO}_4^{3-}$$

每一对共轭酸碱对的 K_a、K_b 间的关系都符合式(5.4)，即：

$$K_{a_1}K_{b_3}=K_{a_2}K_{b_2}=K_{a_3}K_{b_1}=K_w \tag{5.6}$$

【例 5.1】 计算：①NH_3 的共轭酸的 K_a；②HS^- 的 K_b。

解　① 查附录 3 得：$K_{b,NH_3} = 1.8 \times 10^{-5}$

NH_3 的共轭酸为 NH_4^+，其 K_a 在附录 3 中查不到，可根据共轭酸碱对 NH_4^+-NH_3 的 K_a 和 K_b 关系求得。

根据式（5.4）得：$K_{a,NH_4^+} = \dfrac{K_w}{K_{b,NH_3}} = \dfrac{1.0 \times 10^{-14}}{1.8 \times 10^{-5}} = 5.6 \times 10^{-10}$

② S^{2-} 是二元碱，其 K_b 在附录 3 中查不到，可根据共轭酸碱对 K_a 和 K_b 间的关系求得。

HS^- 的共轭酸为 H_2S：$HS^- \underset{-H^+, K_{a_1}}{\overset{+H^+, K_{b_2}}{\rightleftharpoons}} H_2S$，$HS^-$ 的 K_b 即 S^{2-} 的 K_{b_2} 查附录 3 得：$K_{a_1,H_2S} = 5.7 \times 10^{-8}$

根据：$$K_{b_2,S^{2-}} K_{a_1,H_2S} = K_w$$

得：$$K_{b_2,HS^-} = \frac{K_w}{K_{a_1,H_2S}} = \frac{1.0 \times 10^{-14}}{5.7 \times 10^{-8}} = 1.8 \times 10^{-7}$$

5.1.3　溶液中酸碱平衡处理的方法

分析化学中常利用物料平衡式、电荷平衡式和质子平衡式来处理酸碱平衡，使处理的方法变得简单、容易且准确。

(1) 物料平衡式（mass balance equation，MBE）

在一个化学平衡体系中，某一组分的总浓度（即分析浓度，c）等于该组分各有关型体的平衡浓度之和，其数学表达式称为物料平衡式。

例如，$0.1 mol \cdot L^{-1}$ H_2CO_3 溶液的物料平衡式为：
$$0.1 mol \cdot L^{-1} = [H_2CO_3] + [HCO_3^-] + [CO_3^{2-}]$$

浓度为 c 的 NH_4Cl 溶液的物料平衡式为：
$$c = [NH_3] + [NH_4^+]$$
$$c = [Cl^-]$$

(2) 电荷平衡式（charge balance equation，CBE）

在一个化学平衡体系中，溶液是电中性的，即溶液中阳离子所带正电荷的量与阴离子所带负电荷的量相等，其数学表达式称为电荷平衡式。

例如，$0.1 mol \cdot L^{-1}$ $NaAc$ 溶液的电荷平衡式为：
$$[Na^+] + [H^+] = [Ac^-] + [OH^-]$$
或　　$$0.1 mol \cdot L^{-1} + [H^+] = [Ac^-] + [OH^-]$$

浓度为 c 的 $MgSO_4$ 溶液的电荷平衡式为：
$$2[Mg^{2+}] + [H^+] = 2[SO_4^{2-}] + [HSO_4^-] + [OH^-]$$
或　　$$2c + [H^+] = 2[SO_4^{2-}] + [HSO_4^-] + [OH^-]$$

(3) 质子平衡式（proton balance equation，PBE）

酸碱反应达到平衡时，酸给出质子的量与碱所接受质子的量相等，其数学表达式称为质子平衡式，也称质子条件式。

质子平衡式可以由物料平衡式和电荷平衡式推出，也可以由酸碱组分得失质子关系直接求得。后者也称为参考水平法，方法要点是：

① 选取在水溶液中大量存在并直接参与质子转移的原始酸碱组分为参考水平。

② 根据参考水平判断其得质子后的产物及物质的量（写在左边），以及其失去质子后的产物及物质的量（写在右边）。

③ 根据得失质子物质的量相等原则，写出质子平衡式。

④ 质子平衡式中不出现参考水平和未参加质子传递的物质。

【例 5.2】 写出 $0.1 mol \cdot L^{-1}$ $H_2C_2O_4$ 溶液的质子平衡式。

解 （1）根据参考水平法，选取 H_2O 和 $H_2C_2O_4$ 为参考水平。

（2）判断其得失质子后的产物及物质的量，如图所示：

得质子产物　　　参考水平　　　失质子产物

$$H^+ \xleftarrow{+H^+} H_2O \xrightarrow{-H^+} OH^-$$

$$H_2C_2O_4 \begin{cases} \xrightarrow{-H^+} HC_2O_4^- \\ \xrightarrow{-2H^+} C_2O_4^{2-} \end{cases}$$

（3）根据得失质子物质的量相等原则，写出 $H_2C_2O_4$ 溶液的质子平衡式：

$$[H^+] = [OH^-] + [HC_2O_4^-] + 2[C_2O_4^{2-}]$$

【例 5.3】 写出 $0.1 mol \cdot L^{-1}$ $NaNH_4HPO_4$ 溶液的质子平衡式。

解 （1）根据参考水平法，选取 H_2O、NH_4^+ 和 HPO_4^{2-} 为参考水平。

（2）判断其得失质子后的产物及物质的量，如图所示：

得质子产物　　　参考水平　　　失质子产物

$$H^+ \xleftarrow{+H^+} H_2O \xrightarrow{-H^+} OH^-$$

$$NH_4^+ \xrightarrow{-H^+} NH_3$$

$$\begin{matrix} H_2PO_4^- \\ H_3PO_4 \end{matrix} \begin{cases} \xleftarrow{+H^+} \\ \xleftarrow{+2H^+} \end{cases} HPO_4^{2-} \xrightarrow{-H^+} PO_4^{3-}$$

（3）根据得失质子物质的量相等原则，写出 $NaNH_4HPO_4$ 溶液的质子平衡式：

$$[H^+] + [H_2PO_4^-] + 2[H_3PO_4] = [OH^-] + [NH_3] + [PO_4^{3-}]$$

5.1.4　酸度对弱酸（碱）各型体分布的影响

在弱酸（碱）平衡体系中，弱酸（碱）组分常以多种型体存在于溶液中。这些型体的浓度随溶液酸度的变化而变化。酸度对弱酸（碱）各型体分布的影响可用该型体的分布分数或分布曲线来描述。了解酸度对弱酸（碱）各型体分布的影响，对于控制反应条件有重要的指导意义。

溶液中某酸（或碱）型体的平衡浓度占酸（或碱）总浓度的分数，称为该型体的分布分数，以 δ_i 表示。

5.1.4.1　一元弱酸溶液

分析浓度为 c 的一元弱酸（HA）在溶液中以 HA 和 A^- 两种型体存在，其平衡浓度与分析浓度的关系符合物料平衡式：$c = [HA] + [A^-]$。

根据分布分数的定义和 K_a 的表达式，HA 和 A^- 的分布分数分别为：

$$\delta_{HA}=\frac{[HA]}{c}=\frac{[HA]}{[HA]+[A^-]}=\frac{[H^+]}{K_a+[H^+]} \tag{5.7}$$

$$\delta_{A^-}=\frac{[A^-]}{c}=\frac{[A^-]}{[HA]+[A^-]}=\frac{K_a}{K_a+[H^+]} \tag{5.8}$$

$$\delta_{HA}+\delta_{A^-}=1 \tag{5.9}$$

【例 5.4】　计算 pH 值为 2.00、3.00、4.00、5.00、6.00、7.00 的 $0.10\text{mol}\cdot\text{L}^{-1}$ HAc 溶液中各型体的分布分数和平衡浓度，并以 pH 值为横坐标，各型体的分布分数为纵坐标绘制相应的分布曲线，由分布曲线找出酸度影响各型体分布的规律。

解　查附录 3：$K_{a,HAc}=1.8\times10^{-5}$

根据：
$$\delta_{HAc}=\frac{[H^+]}{K_a+[H^+]},\quad [HAc]=c\delta_{HAc}$$

$$\delta_{Ac^-}=\frac{K_a}{K_a+[H^+]},\quad [Ac^-]=c\delta_{Ac^-}$$

将不同的 pH 值代入公式，计算出不同 pH 值溶液中 δ_{HAc}、δ_{Ac^-} 以及相应的平衡浓度，结果见表 5.1。

表 5.1　不同 pH 值溶液中的 δ_{HAc}、δ_{Ac^-} 和平衡浓度

pH 值	δ_{HAc}	δ_{Ac^-}	[HAc]	[Ac$^-$]
2.00	1	0	0.10	0
3.00	0.98	0.02	0.098	0.002
4.00	0.85	0.15	0.085	0.015
5.00	0.36	0.64	0.036	0.064
6.00	0.05	0.95	0.005	0.095
7.00	0.005	0.995	0.0005	0.0995

以 pH 值为横坐标，各型体的分布分数为纵坐标，得如图 5.1 所示的分布曲线。

由图 5.1 可见，酸度对 HAc 各型体分布的影响有以下规律：

① δ_{HAc} 随 pH 值增大而减小；δ_{Ac^-} 随 pH 值增大而增大。

② 两曲线相交处：pH=pK_a=4.75，δ_{HAc}=δ_{Ac^-}=0.5，[HAc]=[Ac$^-$]。

③ pH<pK_a 时：δ_{HAc}>δ_{Ac^-}，溶液中主要存在型体为 HAc。

pH≤pK_a-2 时：δ_{HAc}≈1，[HAc]≈c= $0.1\text{mol}\cdot\text{L}^{-1}$

④ pH>pK_a 时：δ_{HAc}<δ_{Ac^-}，溶液中主要存在型体为 Ac$^-$。

pH≥pK_a+2 时：δ_{Ac^-}≈1，[Ac$^-$]≈c=$0.1\text{mol}\cdot\text{L}^{-1}$

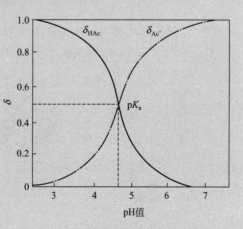

图 5.1　HAc 溶液中各型体的分布曲线

5.1.4.2 多元弱酸溶液

以二元弱酸 H_2A 为例，它在溶液中以 H_2A、HA^- 和 A^{2-} 三种型体存在。若分析浓度为 c，则有：$c=[H_2A]+[HA^-]+[A^{2-}]$。

根据分布分数的定义和 K_a 的表达式，H_2A、HA^- 和 A^{2-} 三种型体的分布分数分别为：

$$\delta_{H_2A}=\frac{[H_2A]}{c}=\frac{[H_2A]}{[H_2A]+[HA^-]+[A^{2-}]}=\frac{[H^+]^2}{[H^+]^2+K_{a_1}[H^+]+K_{a_1}K_{a_2}} \tag{5.10}$$

$$\delta_{HA^-}=\frac{[HA^-]}{c}=\frac{[HA^-]}{[H_2A]+[HA^-]+[A^{2-}]}=\frac{K_{a_1}[H^+]}{[H^+]^2+K_{a_1}[H^+]+K_{a_1}K_{a_2}} \tag{5.11}$$

$$\delta_{A^{2-}}=\frac{[A^{2-}]}{c}=\frac{[A^{2-}]}{[H_2A]+[HA^-]+[A^{2-}]}=\frac{K_{a_1}K_{a_2}}{[H^+]^2+K_{a_1}[H^+]+K_{a_1}K_{a_2}} \tag{5.12}$$

$$\delta_{H_2A}+\delta_{HA^-}+\delta_{A^{2-}}=1 \tag{5.13}$$

例如，在 $H_2C_2O_4$ 溶液中有 $H_2C_2O_4$、$HC_2O_4^-$ 和 $C_2O_4^{2-}$ 三种型体存在，由式(5.10)～式(5.12) 可分别计算不同 pH 值的 $\delta_{H_2C_2O_4}$、$\delta_{HC_2O_4^-}$、$\delta_{C_2O_4^{2-}}$。以 δ 对 pH 值作图，得 $H_2C_2O_4$ 的分布曲线，如图 5.2 所示。

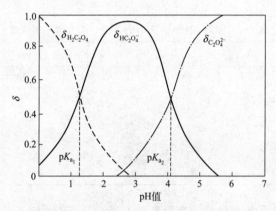

图 5.2 $H_2C_2O_4$ 溶液中各型体的分布曲线

【例 5.5】 通过图 5.2 找出酸度对 $H_2C_2O_4$ 溶液中各型体分布影响的规律。

解 分析图 5.2，总结酸度对 $H_2C_2O_4$ 溶液中各型体分布影响的规律为

① $\delta_{H_2C_2O_4}$ 随 pH 值增大而减小；$\delta_{HC_2O_4^-}$ 随 pH 值增大而不断增大，在 $pH=\frac{1}{2}(pK_{a_1}+pK_{a_2})$ 达最大，随后不断减小；$\delta_{C_2O_4^{2-}}$ 随 pH 值增大而增大。

② $pH=pK_{a_1}=1.22$ 时：$\delta_{H_2C_2O_4}$ 和 $\delta_{HC_2O_4^-}$ 两曲线相交，$\delta_{H_2C_2O_4}=\delta_{HC_2O_4^-}=0.5$，$[H_2C_2O_4]=[HC_2O_4^-]$。

③ $pH=pK_{a_2}=4.19$ 时：$\delta_{HC_2O_4^-}$ 和 $\delta_{C_2O_4^{2-}}$ 两曲线相交，$\delta_{HC_2O_4^-}=\delta_{C_2O_4^{2-}}=0.5$，$[HC_2O_4^-]=[C_2O_4^{2-}]$。

④ $pH=\frac{1}{2}(pK_{a_1}+pK_{a_2})=2.70$ 时：$\delta_{H_2C_2O_4}$ 和 $\delta_{C_2O_4^{2-}}$ 两曲线相交，$\delta_{H_2C_2O_4}=\delta_{C_2O_4^{2-}}=0.031$，$\delta_{HC_2O_4^-}=0.938$，$[H_2C_2O_4]=[C_2O_4^{2-}]$。

⑤ pH<1.22 时：溶液中主要存在型体为 $H_2C_2O_4$。

⑥ 4.19>pH>1.22 时：溶液中主要存在型体为 $HC_2O_4^-$。

⑦ pH>4.19 时：溶液中主要存在型体为 $C_2O_4^{2-}$。

同理，可以写出三元弱酸溶液中各型体的分布分数计算公式。如 H_3PO_4 溶液中 H_3PO_4、$H_2PO_4^-$、HPO_4^{2-} 和 PO_4^{3-} 四种型体的分布分数分别为：

$$\delta_{H_3PO_4} = \frac{[H_3PO_4]}{c} = \frac{[H^+]^3}{[H^+]^3 + K_{a_1}[H^+]^2 + K_{a_1}K_{a_2}[H^+] + K_{a_1}K_{a_2}K_{a_3}}$$

$$\delta_{H_2PO_4^-} = \frac{[H_2PO_4^-]}{c} = \frac{K_{a_1}[H^+]^2}{[H^+]^3 + K_{a_1}[H^+]^2 + K_{a_1}K_{a_2}[H^+] + K_{a_1}K_{a_2}K_{a_3}}$$

$$\delta_{HPO_4^{2-}} = \frac{[HPO_4^{2-}]}{c} = \frac{K_{a_1}K_{a_2}[H^+]}{[H^+]^3 + K_{a_1}[H^+]^2 + K_{a_1}K_{a_2}[H^+] + K_{a_1}K_{a_2}K_{a_3}}$$

$$\delta_{PO_4^{3-}} = \frac{[PO_4^{3-}]}{c} = \frac{K_{a_1}K_{a_2}K_{a_3}}{[H^+]^3 + K_{a_1}[H^+]^2 + K_{a_1}K_{a_2}[H^+] + K_{a_1}K_{a_2}K_{a_3}}$$

$$\delta_{H_3PO_4} + \delta_{H_2PO_4^-} + \delta_{HPO_4^{2-}} + \delta_{PO_4^{3-}} = 1$$

若以 δ 对 pH 值作图，得到 H_3PO_4 的分布曲线，如图 5.3 所示。

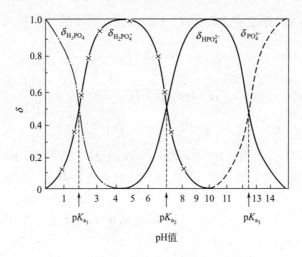

图 5.3　H_3PO_4 溶液中各型体的分布曲线

讨论：根据图 5.3，讨论酸度对 H_3PO_4 各型体分布影响的规律，并找出 $H_2C_2O_4$ 和 H_3PO_4 分布曲线存在的差异性。

思考：弱酸（碱）溶液中各型体的浓度和分布分数受什么因素影响？

5.1.5　酸碱溶液中氢离子浓度的计算

根据酸碱溶液的质子平衡式和有关平衡常数表达式，可推导出氢离子浓度的精确计算式，然后再根据具体情况合理地进行近似处理，可推导出氢离子浓度的近似计算式或最简式。下面分别讨论各类酸碱溶液氢离子浓度的计算。

5.1.5.1 一元酸（碱）溶液氢离子浓度的计算

(1) 一元强酸（碱）溶液

以浓度为 c 的 HCl 溶液为例，其质子平衡式为：$[H^+]=[OH^-]+c$。

① 当 $c \geqslant 10^{-6} \, mol \cdot L^{-1}$，可以忽略上式中的 $[OH^-]$，得到计算氢离子浓度的最简式为：

$$[H^+] \approx c \quad 或 \quad pH = -lg[H^+] = -lgc \tag{5.14}$$

② 若 $c < 10^{-6} \, mol \cdot L^{-1}$，不可忽略 $[OH^-]$，则计算氢离子浓度的精确式为：

$$[H^+] = \frac{K_w}{[H^+]} + c$$

即

$$[H^+]^2 - c[H^+] - K_w = 0$$

解方程，得：

$$[H^+] = \frac{c + \sqrt{c^2 + 4K_w}}{2} \tag{5.15}$$

同理，对于浓度为 c 的一元强碱，可推导出 $[OH^-]$ 的计算公式：

当 $c \geqslant 10^{-6} \, mol \cdot L^{-1}$ 时

$$[OH^-] \approx c \tag{5.16}$$

当 $c < 10^{-6} \, mol \cdot L^{-1}$ 时

$$[OH^-] = \frac{c + \sqrt{c^2 + 4K_w}}{2} \tag{5.17}$$

(2) 一元弱酸（碱）溶液

以浓度为 c 的 HA 溶液为例，其质子平衡式为：$[H^+]=[A^-]+[OH^-]$。

利用平衡常数表达式将各项变成 $[H^+]$ 的函数，则得到计算一元弱酸溶液 $[H^+]$ 的精确式：

$$[H^+] = \frac{K_a[HA]}{[H^+]} + \frac{K_w}{[H^+]} \tag{5.18a}$$

或

$$[H^+] = \sqrt{K_a[HA] + K_w} \tag{5.18b}$$

若将 $[HA] = c\delta_{HA} = c \times \dfrac{[H^+]}{[H^+] + K_a}$ 代入上式，得：

$$[H^+]^3 + K_a[H^+]^2 - (cK_a + K_w)[H^+] - K_aK_w = 0 \tag{5.18c}$$

解一元三次方程繁琐在计算 $[H^+]$ 浓度时，如果允许有 $\pm 5\%$ 误差，可合理地进行近似处理。

① 若 $cK_a \geqslant 20K_w$，且 $c/K_a < 500$，可忽略水的解离，将式(5.18b)简化，得到计算一元弱酸溶液 $[H^+]$ 的近似式：

$$[H^+] = \sqrt{K_a[HA]} = \sqrt{K_a(c - [H^+])} \tag{5.19a}$$

即

$$[H^+]^2 + K_a[H^+] - cK_a = 0 \tag{5.19b}$$

解此一元二次方程，得：

$$[H^+] = \frac{-K_a + \sqrt{K_a^2 + 4cK_a}}{2} \tag{5.19c}$$

② 若 $cK_a < 20K_w$，且 $c/K_a \geqslant 500$，可忽略弱酸的解离，将式(5.18b)简化，得到计算一元弱酸溶液 $[H^+]$ 的近似式：

$$[H^+] = \sqrt{K_ac + K_w} \tag{5.20}$$

③ 若 $cK_a \geqslant 20K_w$，且 $c/K_a \geqslant 500$，式(5.18b)可进一步简化，得到计算一元弱酸溶液 $[H^+]$ 的最简式：

$$[H^+] = \sqrt{K_ac} \tag{5.21}$$

思考：推导浓度为 c 的一元弱碱溶液 $[OH^-]$ 计算的精确式、近似式和最简式。

【例 5.6】 计算：①$0.010mol \cdot L^{-1}$ HCl 溶液；②$5.0 \times 10^{-8} mol \cdot L^{-1}$ HCl 溶液的 pH 值。

解　① $c=0.010>10^{-6} mol \cdot L^{-1}$，可忽略 $[OH^-]$，按式(5.14)计算：

$$pH=-\lg[H^+]=-\lg 0.01=2.0$$

② $c=5.0 \times 10^{-8}<10^{-6} mol \cdot L^{-1}$，不可忽略 $[OH^-]$，按式(5.15)计算：

$$[H^+]=\frac{c+\sqrt{c^2+4K_w}}{2}=\frac{5.0 \times 10^{-8}+\sqrt{(5.0 \times 10^{-8})^2+4 \times 1.0 \times 10^{-14}}}{2}$$

$$=1.3 \times 10^{-7} \ (mol \cdot L^{-1})$$

$$pH=6.9$$

【例 5.7】 计算下列溶液的 pH 值：①$0.10mol \cdot L^{-1}$ NH_4Cl 溶液；②$0.10mol \cdot L^{-1}$ NaAc 溶液；③$1.0 \times 10^{-4} mol \cdot L^{-1}$ H_3BO_3 溶液；④$0.010mol \cdot L^{-1}$ 甲胺（CH_3NH_2）溶液。

解　① NH_4^+ 为一元弱酸，$K_{a,NH_4^+}=5.6 \times 10^{-10}$（$K_a$ 的计算见例 5.1）

由于 $c/K_a \geqslant 500$，$cK_a \geqslant 20K_w$，按(5.21)计算：

$$[H^+]=\sqrt{K_a c}=\sqrt{0.1 \times 5.6 \times 10^{-10}}=7.5 \times 10^{-6} \ (mol \cdot L^{-1})$$

$$pH=5.13$$

② NaAc 为一元弱碱，查附录 3 得：$K_{a,HAc}=1.8 \times 10^{-5}$

Ac^- 为 HAc 的共轭碱，其 K_b 为：

$$K_{b,Ac^-}=\frac{K_w}{K_{a,HAc}}=\frac{1.0 \times 10^{-14}}{1.8 \times 10^{-5}}=5.6 \times 10^{-10}$$

由于 $c/K_b \geqslant 500$，$cK_b \geqslant 20K_w$，按一元弱碱的最简式计算：

$$[OH^-]=\sqrt{K_b c}=\sqrt{0.1 \times 5.6 \times 10^{-10}}=7.5 \times 10^{-6} \ (mol \cdot L^{-1})$$

$$pH=14.00-pOH=14-5.13=8.87$$

③ H_3BO_3 为一元弱酸，查附录 3 得：$K_{a,H_3BO_3}=5.8 \times 10^{-10}$

由于 $cK_a<20K_w$，且 $c/K_a \geqslant 500$，按一元弱酸的近似式(5.20)计算：

$$[H^+]=\sqrt{K_a c+K_w}=\sqrt{1.0 \times 10^{-4} \times 5.8 \times 10^{-10}+1.0 \times 10^{-14}}=2.6 \times 10^{-7} \ (mol \cdot L^{-1})$$

$$pH=6.58$$

④ 甲胺为一元弱碱，查附录 3 得：$K_{b,CH_3NH_2}=4.2 \times 10^{-4}$

由于 $c/K_b<500$，$cK_b \geqslant 20K_w$，按一元弱碱的近似式计算：

$$[OH^-]=\frac{-K_b+\sqrt{K_b^2+4cK_b}}{2}=\frac{-4.2 \times 10^{-4}+\sqrt{(4.2 \times 10^{-4})^2+4 \times 0.01 \times 4.2 \times 10^{-4}}}{2}$$

$$=1.85 \times 10^{-3} \ (mol \cdot L^{-1})$$

$$pH=14-pOH=14-2.73=11.27$$

5.1.5.2 多元弱酸（碱）溶液氢离子浓度的计算

(1) 多元弱酸溶液

以浓度为 c 的 H_2A 溶液为例，其质子平衡式为：

$$[H^+]=[HA^-]+2[A^{2-}]+[OH^-]$$

若 $cK_{a_1} \geqslant 20K_w$，H_2A 溶液呈酸性，可忽略水的解离，$[OH^-]$ 项可忽略，质子平衡式简化为：

$$[H^+]=[HA^-]+2[A^{2-}]$$

利用 H_2A 的 K_{a_1} 和 K_{a_2} 的表达式将质子平衡式中各项转化成 $[H_2A]$ 和 $[H^+]$ 的函数，得到计算二元弱酸溶液 $[H^+]$ 的精确式：

$$[H^+]=\frac{K_{a_1}[H_2A]}{[H^+]}\left(1+\frac{2K_{a_2}}{[H^+]}\right) \tag{5.22}$$

当 $\dfrac{2K_{a_2}}{\sqrt{cK_{a_1}}}<0.05$ 时，可以忽略第二级解离。实际上，大多数多元酸的第一级解离是主要的，第二级解离弱于第一级解离，第三级解离弱于第二级解离……故常将其作为一元弱酸处理，即：

① 若 $cK_{a_1} \geqslant 20K_w$，且 $c/K_{a_1}<500$，按近似式计算多元弱酸溶液的 $[H^+]$：

$$[H^+]=\frac{-K_{a_1}+\sqrt{K_{a_1}^2+4cK_{a_1}}}{2} \tag{5.23}$$

② 若 $cK_{a_1} \geqslant 20K_w$，且 $c/K_{a_1} \geqslant 500$，按最简式计算多元弱酸溶液的 $[H^+]$：

$$[H^+]=\sqrt{K_{a_1}c} \tag{5.24}$$

(2) 多元弱碱溶液

对于多元弱碱溶液，处理的方法以及计算公式、使用条件等与多元弱酸相似，只需将多元弱酸中氢离子浓度计算公式中的 K_{a_1} 用 K_{b_1} 替换，以 $[OH^-]$ 代替 $[H^+]$，即可得到相应的计算多元弱碱溶液 $[OH^-]$ 的公式，同学们可以自己总结。

5.1.5.3 两性物质溶液氢离子浓度的计算

两性物质指在水溶液中既可给出质子，又可接受质子的物质，如 $NaHCO_3$、K_2HPO_4、NH_4Ac 等。下面以浓度为 c 的 NaHA 溶液为例，列出其质子平衡式：

$$[H^+]+[H_2A]=[A^{2-}]+[OH^-]$$

利用 H_2A 的 K_{a_1}、K_{a_2} 和 K_w 的表达式将质子平衡式中各项转化成 $[HA^-]$ 和 $[H^+]$ 的函数，得到计算两性物质溶液 $[H^+]$ 的精确式：

$$[H^+]+\frac{[H^+][HA^-]}{K_{a_1}}=\frac{K_{a_2}[HA^-]}{[H^+]}+\frac{K_w}{[H^+]}$$

$$[H^+]=\sqrt{\frac{K_{a_2}[HA^-]+K_w}{1+[HA^-]/K_{a_1}}} \tag{5.25}$$

式中，$[HA^-]$ 未知，直接计算有困难，可做以下近似处理：

① 若 K_{a_2} 和 K_{b_2} 都比较小，HA^- 给出质子和接受质子的能力都比较弱，$[HA^-] \approx c$，将式(5.25)简化得到计算两性物质溶液 $[H^+]$ 的近似式：

$$[H^+]=\sqrt{\frac{K_{a_1}(cK_{a_2}+K_w)}{c+K_{a_1}}} \tag{5.26}$$

② 若 $cK_{a_2} \geqslant 20K_w$，且 $c/K_{a_1} < 20$，将式(5.26)简化得到近似式：

$$[H^+] = \sqrt{\frac{K_{a_1} K_{a_2} c}{c + K_{a_1}}} \qquad (5.27)$$

③ 若 $cK_{a_2} < 20K_w$，且 $c/K_{a_1} \geqslant 20$，将式(5.26)简化得到近似式：

$$[H^+] = \sqrt{\frac{K_{a_1}(K_{a_2} c + K_w)}{c}} \qquad (5.28)$$

④ 若 $cK_{a_2} \geqslant 20K_w$，且 $c/K_{a_1} \geqslant 20$，将式(5.28)进一步简化得到最简式：

$$[H^+] = \sqrt{K_{a_1} K_{a_2}} \qquad (5.29)$$

【例 5.8】 计算下列溶液的 pH 值：①$0.10\,mol \cdot L^{-1}$ Na_2CO_3 溶液；②饱和 H_2CO_3 水溶液（浓度约为 $0.040\,mol \cdot L^{-1}$）；③$0.10\,mol \cdot L^{-1}$ H_3PO_4 溶液。

解 ① 查附录3：H_2CO_3 的 $K_{a_1} = 4.2 \times 10^{-7}$，$K_{a_2} = 5.6 \times 10^{-11}$。

Na_2CO_3 为二元弱碱：

$$K_{b_1} = \frac{K_w}{K_{a_2}} = \frac{1.0 \times 10^{-14}}{5.6 \times 10^{-11}} = 1.8 \times 10^{-4}, \quad K_{b_2} = \frac{K_w}{K_{a_1}} = \frac{1.0 \times 10^{-14}}{4.2 \times 10^{-7}} = 2.4 \times 10^{-8}$$

$\frac{2K_{b_2}}{\sqrt{cK_{b_1}}} < 0.05$，第一级解离是主要的，将其作为一元弱碱处理。

由于 $cK_{b_1} \geqslant 20K_w$，$c/K_{b_1} \geqslant 500$，按一元弱碱的最简式计算：

$$[OH^-] = \sqrt{cK_{b_1}} = \sqrt{0.10 \times 1.8 \times 10^{-4}} = 4.24 \times 10^{-3} \ (mol \cdot L^{-1})$$

$$pOH = 2.37$$
$$pH = 14 - pOH = 11.63$$

② H_2CO_3 为二元弱酸，H_2CO_3 的 $K_{a_1} = 4.2 \times 10^{-7}$，$K_{a_2} = 5.6 \times 10^{-11}$

$\frac{2K_{a_2}}{\sqrt{cK_{a_1}}} < 0.05$，第一级解离是主要的，将其作为一元弱酸处理。

由于 $cK_{a_1} \geqslant 20K_w$，$c/K_{a_1} \geqslant 500$，按一元弱酸的最简式(5.25)计算：

$$[H^+] = \sqrt{cK_{a_1}} = \sqrt{0.040 \times 4.2 \times 10^{-7}} = 1.3 \times 10^{-4} \ (mol \cdot L^{-1})$$

$$pH = 3.89$$

③ H_3PO_4 为三元弱酸，查附录3：H_3PO_4 的 $K_{a_1} = 7.6 \times 10^{-3}$，$K_{a_2} = 6.3 \times 10^{-8}$，$K_{a_3} = 4.4 \times 10^{-13}$。

$\frac{2K_{a_2}}{\sqrt{cK_{a_1}}} < 0.05$，第一级解离是主要的，将其作为一元弱酸处理。

由于 $cK_{a_1} \geqslant 20K_w$，$c/K_{a_1} < 500$，按一元弱酸的近似式(5.23)计算：

$$[H^+] = \frac{-K_{a_1} + \sqrt{K_{a_1}^2 + 4cK_{a_1}}}{2} = \frac{-7.6 \times 10^{-3} + \sqrt{(7.6 \times 10^{-3})^2 + 4 \times 0.1 \times 7.6 \times 10^{-3}}}{2}$$

$$= 2.4 \times 10^{-2} \ (mol \cdot L^{-1})$$

$$pH = 1.62$$

【例 5.9】 分别计算：① $0.050\,\text{mol} \cdot \text{L}^{-1}$ NaH_2PO_4 溶液；② $0.033\,\text{mol} \cdot \text{L}^{-1}$ Na_2HPO_4 溶液的 pH 值。

解
$$H_3PO_4 \underset{+H^+, \; K_{b_3}}{\overset{-H^+, \; K_{a_1}}{\rightleftharpoons}} H_2PO_4^- \underset{+H^+, \; K_{b_2}}{\overset{-H^+, \; K_{a_2}}{\rightleftharpoons}} HPO_4^{2-} \underset{+H^+, \; K_{b_1}}{\overset{-H^+, \; K_{a_3}}{\rightleftharpoons}} PO_4^{3-}$$

查附录 3：H_3PO_4 的 $K_{a_1} = 7.6 \times 10^{-3}$，$K_{a_2} = 6.3 \times 10^{-8}$，$K_{a_3} = 4.4 \times 10^{-13}$

① NaH_2PO_4 为两性物质，由于 $cK_{a_2} > 20K_w$，$c/K_{a_1} < 20$，按式（5.28）计算：

$$[H^+] = \sqrt{\frac{K_{a_1}K_{a_2}c}{c + K_{a_1}}} = \sqrt{\frac{0.05 \times 7.6 \times 10^{-3} \times 6.3 \times 10^{-8}}{0.05 + 7.6 \times 10^{-3}}} = 2.0 \times 10^{-5} \; (\text{mol} \cdot \text{L}^{-1})$$

$$pH = 4.70$$

② Na_2HPO_4 为两性物质，由于 $cK_{a_3} < 20K_w$，且 $c/K_{a_2} > 20$，按式（5.29）计算：

$$[H^+] = \sqrt{\frac{K_{a_2}(cK_{a_3} + K_w)}{c}} = \sqrt{\frac{6.3 \times 10^{-8} \times (0.033 \times 4.4 \times 10^{-13} + 1.0 \times 10^{14})}{0.033}}$$

$$= 2.2 \times 10^{-10} \; (\text{mol} \cdot \text{L}^{-1})$$

$$pH = 9.66$$

5.1.5.4 酸碱缓冲溶液

酸碱缓冲溶液能把溶液的 pH 值控制在一定范围内，使溶液的 pH 值不因外加少量酸、碱或溶液适度稀释而发生太大的变化。酸碱缓冲溶液一般由弱酸及其共轭碱组成，如 HAc-NaAc、NH_4Cl-NH_3、NaH_2PO_4-Na_2HPO_4 等，而浓度较大的强酸、强碱也是缓冲溶液。

(1) 缓冲溶液氢离子浓度的计算

我们在无机化学已经学习过酸碱缓冲溶液的缓冲原理及缓冲溶液的 pH 值计算，这里我们主要用质子平衡式的方法推导缓冲溶液 pH 值的计算公式。

浓度为 c_a 的弱酸 HA 及其浓度为 c_b 的共轭碱 NaA 组成的缓冲溶液，其质子平衡式：

$$[A^-] = c_b + [H^+] - [OH^-]$$

$$[HA] = c_a - [H^+] + [OH^-]$$

将其代入弱酸（HA）的解离常数表达式，得到计算缓冲溶液氢离子浓度的精确式：

$$[H^+] = K_a \frac{[HA]}{[A^-]} = K_a \frac{c_a - [H^+] + [OH^-]}{c_b + [H^+] - [OH^-]} \tag{5.30}$$

① 当溶液为酸性（pH < 6）时，可忽略 $[OH^-]$，得到计算缓冲溶液氢离子浓度的近似式：

$$[H^+] = K_a \frac{c_a - [H^+]}{c_b + [H^+]} \tag{5.31}$$

② 当溶液为碱性（pH > 8）时，可忽略 $[H^+]$，得到计算缓冲溶液氢离子浓度的近似式：

$$[H^+] = K_a \frac{c_a + [OH^-]}{c_b - [OH^-]} \tag{5.32}$$

③ 若 c_a、c_b 较大，且均大于溶液中 $[H^+]$ 和 $[OH^-]$ 浓度的 20 倍以上，得到计算缓冲溶液氢离子浓度的最简式：

$$[H^+]=K_a\frac{c_a}{c_b} \tag{5.33}$$

或

$$pH=pK_a+lg\frac{c_b}{c_a} \tag{5.34}$$

通常，计算缓冲溶液氢离子浓度时先按最简式计算，然后将 $[H^+]$ 或 $[OH^-]$ 与 c_a、c_b 比较，判断用最简式计算是否合理。若不合理，再用近似式计算。

【例5.10】　在 100mL 0.10mol·L^{-1} HAc-0.20mol·L^{-1} NaAc 缓冲溶液中加入 25mL 0.10mol·L^{-1} HCl 溶液，溶液的 pH 值改变了多少？（已知 HAc 的 $K_a=1.8\times10^{-5}$）

解　用最简式(5.34)计算：

$$pH=pK_a+lg\frac{c_b}{c_a}=4.75+lg\frac{0.2}{0.1}=5.04$$

溶液呈酸性，由于 c_a、c_b 远大于溶液中 $[H^+]$ 的浓度，因此用最简式计算合理。加入 25mL 0.10mol·L^{-1} HCl 溶液后：

$$c_a=\frac{100mL\times0.10mol·L^{-1}+25mL\times0.1mol·L^{-1}}{100mL+25mL}=0.10mol·L^{-1}$$

$$c_b=\frac{100mL\times0.20mol·L^{-1}-25mL\times0.1mol·L^{-1}}{100mL+25mL}=0.14mol·L^{-1}$$

$$pH=pK_a+lg\frac{c_b}{c_a}=4.75+lg\frac{0.14}{0.1}=4.89$$

溶液的 pH 值从 5.04 变为 4.89，减小了 0.15 个 pH 单位。

(2) 缓冲容量和缓冲范围

缓冲容量是指缓冲溶液的缓冲能力，以 β 表示，定义为：

$$\beta=\frac{db}{dpH}=-\frac{da}{dpH} \tag{5.35}$$

其物理意义是使 1L 溶液的 pH 值增加 dpH 单位所需强碱的量 db（mol）或使 1L 溶液的 pH 值减小 dpH 单位所需强酸的量 da（mol）。显然，β 越大，溶液的缓冲能力越强。

在 HA-NaA 缓冲体系中，假设缓冲溶液的总浓度为 c，可以证明：

$$\beta=\frac{db}{dpH}=2.3c\delta_{HA}\delta_{NaA} \tag{5.36}$$

不难得出以下结论：

① 缓冲容量 β 与缓冲溶液的总浓度 c 成正比。总浓度越大，缓冲容量越大。过度稀释会导致缓冲溶液的缓冲能力显著下降。

② 总浓度一定时，缓冲容量 β 随 δ_{HA}、δ_{NaA}（$[HA]$ 与 $[A^-]$ 的比值）变化而变化。当 $[HA]/[A^-]=1$，$\delta_{HA}=\delta_{NaA}=0.5$，pH=p$K_a$ 时，缓冲容量达最大，此时：

$$\beta_{max}=2.3c\times0.5\times0.5=0.58c$$

当 $[HA]/[A^-]=1/10$ 或 10/1，pH=pK_a±1 时，$\beta=0.19c$。

任何缓冲溶液的缓冲容量都有一定的限度。若 $[HA]$ 与 $[A^-]$ 的比值进一步减小，则 $\beta=0$，缓冲溶液将失去缓冲能力。因此，缓冲溶液的有效缓冲范围约在 pH=pK_a±1。

实际工作中，有时需要缓冲溶液有较宽的 pH 缓冲范围。这种情况可选择多元弱酸和弱碱组成缓冲体系。例如，将柠檬酸（$pK_{a_1}=3.13$，$pK_{a_2}=4.76$，$pK_{a_3}=6.40$）和磷酸氢二钠（H_3PO_4 的 $pK_{a_1}=2.12$，$pK_{a_2}=7.20$，$pK_{a_3}=12.36$）两种溶液按一定比例混合可得到 pH 值为 2～8 的一系列缓冲溶液。附录 13 列出了几种常用的缓冲溶液的配制方法供选择和使用。

【例 5.11】 如何配制 1.0L、总浓度为 $0.50mol \cdot L^{-1}$ pH＝10 的 NH_4Cl-NH_3 缓冲溶液？若浓氨水的密度 $\rho=0.88g \cdot mL^{-1}$，含 NH_3 为 35%，则需要浓氨水多少毫升和 NH_4Cl 多少克？（已知 NH_4^+ 的 $K_a=5.6\times10^{-10}$）

解 根据最简式计算：

$$pH = pK_a + \lg \frac{c_b}{c_a}$$

$$10 = 9.26 + \lg \frac{0.5 - c_a}{c_a}$$

解得 $c_a = 0.076 mol \cdot L^{-1}$，$c_b = 0.424 mol \cdot L^{-1}$

因此，配制 1.0L 该缓冲溶液需要

NH_4Cl：$m = c_a V M_{NH_4Cl} = 0.076 mol \cdot L^{-1} \times 1.0L \times 53.49 g \cdot mol^{-1} = 4.1g$

NH_3：$m = c_b V M_{NH_3} = 0.424 mol \cdot L^{-1} \times 1.0L \times 17.03 g \cdot mol^{-1} = 7.2g$

若浓氨水的密度 $\rho=0.88g \cdot mL^{-1}$，含 NH_3 为 35%，则需要浓氨水的体积为

$$V = \frac{m}{\rho \times 35\%} = \frac{7.2g}{0.88g \cdot mL^{-1} \times 35\%} = 23.4mL$$

5.2 酸碱指示剂

5.2.1 指示剂的变色原理

酸碱指示剂多是一些有机弱酸或有机弱碱，它们的酸式和碱式具有不同的颜色。当溶液的 pH 值改变时，指示剂因获得质子或失去质子发生结构变化，从而引起颜色的变化。

例如，甲基橙是一种有机弱碱，在水溶液中有以下解离平衡：

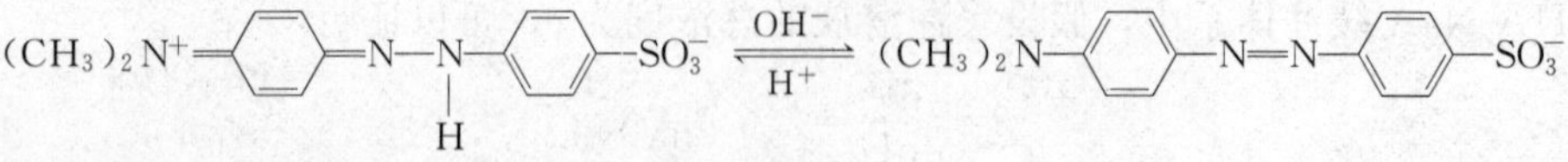

酸式,红色 　　　　　　　　　　　　碱式,黄色

当溶液中氢离子的浓度减小，平衡向右移动，甲基橙因失去质子，由酸式结构变为碱式结构，溶液由红色变为黄色。

酚酞是一种有机弱酸，在溶液中的解离平衡为：

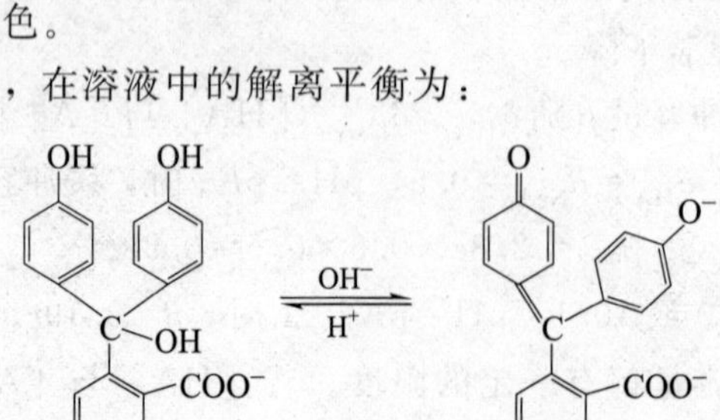

酸式，无色 　　　　　　　　　　　碱式，红色

酚酞在酸性溶液中呈无色。当溶液的 pH 值不断升高，平衡向右移动，酚酞因失去质子，由酸式结构变为碱式结构，溶液由无色变为红色。

5.2.2　指示剂变色的 pH 范围

以有机弱酸型指示剂 HIn 为例，其在水溶液中的解离平衡和解离常数为：

$$HIn \rightleftharpoons H^+ + In^- \qquad K_{HIn} = \frac{[H^+][In^-]}{[HIn]}$$

整理：

$$\frac{[In^-]}{[HIn]} = \frac{K_{HIn}}{[H^+]}$$

溶液的颜色取决于 $\frac{[In^-]}{[HIn]}$ 的比值。对一定的指示剂，在一定的条件下，K_{HIn} 为一常数。由上述公式可以知道，氢离子浓度的改变，必定引起 $\frac{[In^-]}{[HIn]}$ 比值的变化，因而影响指示剂颜色的改变。需要指出的是，并非 $\frac{[In^-]}{[HIn]}$ 比值的微小改变都能使人观察到溶液颜色的变化。一般来说，若两种形式的浓度相差 10 倍以上，人眼可能观察到的就是浓度较大的那种型体的颜色。因此溶液的 pH 值与指示剂呈现的颜色有如下关系：

① 当 $[In^-] = [HIn]$ 时，$pH = pK_{HIn}$，呈碱式和酸式各占一半的混合色。

② 当 $\frac{[In^-]}{[HIn]} \geqslant 10$ 时，$pH \geqslant pK_{HIn} + 1$，呈碱式（$In^-$）的颜色。

③ 当 $\frac{[In^-]}{[HIn]} \leqslant \frac{1}{10}$ 时，$pH \leqslant pK_{HIn} - 1$，呈酸式（HIn）的颜色。

④ 当 $\frac{1}{10} < \frac{[In^-]}{[HIn]} < 10$ 时，pH 在 $pK_{HIn} \pm 1$ 之间，呈酸式和碱式的逐渐变化的混合色。

$pH = pK_{HIn}$ 称为指示剂的理论变色点。$pH = pK_{HIn} \pm 1$ 称为指示剂的理论变色范围。指示剂的实际变色范围是依靠人的眼睛观测出来的，与理论变色范围不完全一致，原因是人的眼睛对各种颜色的敏感程度不同。常用的酸碱指示剂的变色范围和颜色变化见表 5.2。

表 5.2　常用的酸碱指示剂的变色范围和颜色变化

指示剂	变色范围	颜色		pK_{HIn}	浓　　度	用量 /(滴/10mL)
		酸	碱			
百里酚蓝	1.2～2.8	红	黄	1.7	0.1%的 20%乙醇溶液	1～2
甲基黄	2.9～4.0	红	黄	3.3	0.1%的 90%乙醇溶液	1
甲基橙	3.1～4.4	红	黄	3.4	0.05%的水溶液	1
溴酚蓝	3.0～4.6	黄	紫	4.1	0.1%的 20%乙醇溶液或其钠盐的水溶液	1
溴甲酚绿	4.0～5.6	黄	蓝	4.9	0.1%的 20%乙醇溶液或其钠盐的水溶液	1～2
甲基红	4.4～6.2	红	黄	5.0	0.1%的 60%乙醇溶液或其钠盐的水溶液	1
溴百里酚蓝	6.2～7.6	黄	蓝	7.3	0.1%的 20%乙醇溶液或其钠盐的水溶液	1
中性红	6.8～8.0	红	橙黄	7.4	0.1%的 60%乙醇溶液	1
苯酚红	6.8～8.4	黄	红	8.0	0.1%的 60%乙醇溶液或其钠盐的水溶液	1
百里酚蓝	8.0～9.6	黄	蓝	8.9	0.1%的 20%乙醇溶液	1～4
酚酞	8.0～10.0	无	红	9.1	0.1%的 90%乙醇溶液	1～3
百里酚酞	9.4～10.6	无	蓝	10.0	0.1%的 90%乙醇溶液	1～2

5.2.3　影响指示剂变色范围的因素

（1）指示剂的用量

指示剂用量过多或过少会使溶液的颜色太深或太浅，影响终点颜色的观察。而且由于指示剂多是弱酸或弱碱，用量过多也会消耗滴定剂，从而影响测定结果的准确度。

例如，在 $50\sim100\text{mL}$ 溶液中加入 $2\sim3$ 滴 0.1% 酚酞溶液，$pH\approx9.0$ 时出现微红色，而在相同条件下，加入 $10\sim15$ 滴酚酞溶液，则在 $pH\approx8.0$ 时出现微红色。因此，指示剂的用量要适当，不宜多加。

思考：为什么酚酞指示剂的用量增加，其变色范围向 pH 值减小的方向移动？

（2）温度

温度影响 K_{HIn} 值，从而影响指示剂的变色范围。例如，甲基橙在室温的变色范围为 $3.1\sim4.4$，而在 100℃ 时变色范围为 $2.3\sim3.7$。因此，要注意指示剂的使用温度。

（3）溶剂

由于不同溶剂的介电常数、酸碱性不同，因此 K_{HIn} 值和变色范围随溶剂不同而不同。例如，甲基橙在水溶液中的 $pK_{HIn}=3.4$，在甲醇中 $pK_{HIn}=3.8$。

（4）中性盐

中性盐的存在会增大溶液的离子强度，使 K_{HIn} 值发生改变，从而影响指示剂的变色范围。此外，某些中性盐的存在还影响指示剂对光的吸收，使指示剂颜色的深度和色调发生改变，因此，在滴定中不宜有大量中性盐存在。

5.2.4　混合指示剂

表 5.2 中所列都是单一指示剂，其变色范围一般比较宽，有些指示剂颜色的变化也不很明显。当使用单一指示剂指示终点因颜色变化不敏锐难以达到所要求的准确度时，可采用混合指示剂代替。混合指示剂利用颜色之间的互补作用，能使变色范围变窄，变色敏锐。常用的混合指示剂见表 5.3。

表 5.3　常用的酸碱混合指示剂

指示剂的组成	变色点 pH 值	颜色		备　注
		酸色	碱色	
一份 0.1%甲基黄乙醇溶液 一份 0.1%亚甲基蓝乙醇溶液	3.25	蓝紫	绿	pH=3.2 蓝紫色 pH=3.4 绿色
一份 0.1%甲基橙水溶液 一份 0.25%靛蓝二磺酸钠水溶液	4.1	紫	黄绿	pH=4.1 灰色
一份 0.1%溴甲酚绿钠盐溶液 一份 0.2%甲基橙水溶液	4.3	橙	蓝绿	pH=3.5 黄色 pH=4.05 绿色 pH=4.3 浅绿色
三份 0.1%溴甲酚绿乙醇溶液 一份 0.2%甲基红乙醇溶液	5.1	酒红	绿	pH=5.1 灰色
一份 0.1%溴甲酚绿钠盐溶液 一份 0.1%氯酚红钠盐水溶液	6.1	蓝绿	蓝紫	pH=5.4 蓝绿色 pH=5.8 蓝色 pH=4.3 蓝带紫 pH=5.1 蓝紫
一份 0.1%中性红乙醇溶液 一份 0.1%亚甲基蓝乙醇溶液	7.0	紫蓝	绿	pH=7.0 紫蓝色

续表

指示剂的组成	变色点 pH 值	颜色		备　注
		酸色	碱色	
一份 0.1％甲酚红钠盐水溶液 三份 0.1％百里酚蓝钠盐水溶液	8.3	黄	紫	pH＝8.2 玫瑰红 pH＝8.4 清晰的紫色
一份 0.1％百里酚蓝 50％乙醇溶液 三份 0.1％酚酞 50％乙醇溶液	9.0	黄	紫	从黄到绿,再到紫色
两份 0.1％百里酚酞乙醇溶液 一份 0.1％茜素黄 R 乙醇溶液	10.2	黄	紫	

由表 5.3 可见,混合指示剂的配制方法有两种。一种是由一种指示剂和一种惰性染料配制而成,如表中 0.1％甲基橙水溶液和 0.25％靛蓝二磺酸钠水溶液按 1:1 配成混合指示剂;另一种是由两种或两种以上的指示剂按一定比例混合而成。

5.3　酸碱滴定法的基本原理

酸碱滴定法是以酸碱反应为基础的分析法。在滴定过程中关键是如何正确选择指示剂确定滴定终点,提高测定结果的准确度。这就需要了解滴定过程中溶液 pH 值的变化规律,特别是化学计量点附近 pH 值的变化。下面分别就不同类型酸碱滴定进行讨论。

5.3.1　强酸强碱的滴定

强酸强碱滴定的反应为:

$$H^+ + OH^- \Longrightarrow H_2O$$

现以 0.1000mol·L^{-1} NaOH 滴定 20.00mL 0.1000mol·L^{-1} HCl 溶液为例,讨论滴定过程中,溶液 pH 值的变化及指示剂的选择。整个滴定过程可分为以下 4 个阶段。

(1) 滴定前

溶液中仅有 0.1000mol·L^{-1} HCl,此时:

$$[H^+] = 0.1000 mol·L^{-1} \qquad pH = 1.00$$

(2) 滴定开始至化学计量点前

溶液的组成为 HCl＋NaCl,pH 值取决于溶液中剩余 HCl 的浓度。

例如,当滴入 10.00mL NaOH 溶液时,

$$[H^+] = \frac{20.00mL - 10.00mL}{20.00mL + 10.00mL} \times 0.1000 mol·L^{-1} = 3.3 \times 10^{-2} mol·L^{-1}$$

$$pH = 1.48$$

同理,当滴入 19.98mL NaOH 溶液时,

$$[H^+] = \frac{20.00mL - 19.98mL}{20.00mL + 19.98mL} \times 0.1000 mol·L^{-1} = 5.0 \times 10^{-5} mol·L^{-1}$$

$$pH = 4.30$$

(3) 化学计量点时

HCl 和 NaOH 完全反应,溶液的组成为 NaCl＋H_2O,呈中性。

$$[H^+]=[OH^-]=\sqrt{K_w}=1.0\times10^{-7}\,mol\cdot L^{-1} \qquad pH=7.00$$

(4) 化学计量点后

溶液的组成为 NaCl＋NaOH，pH 值取决于过量 NaOH 的浓度。

例如，当滴入 20.02mL NaOH 溶液时，

$$[OH^-]=\frac{20.02mL-20.00mL}{20.02mL+20.00mL}\times0.1000\,mol\cdot L^{-1}=5.0\times10^{-5}\,mol\cdot L^{-1}$$

$$pOH=4.30 \qquad pH=14.00-pOH=9.70$$

用上述方法逐一计算出滴定过程中溶液的 pH 值，见表 5.4。

表 5.4　$0.1000\,mol\cdot L^{-1}$ NaOH 滴定 $0.1000\,mol\cdot L^{-1}$ HCl 时溶液的 pH 值

滴入 NaOH 溶液的体积/mL	滴定分数/%	$[H^+]/mol\cdot L^{-1}$	pH 值	
0.00	0.00	1.0×10^{-1}	1.00	
10.00	50.00	3.3×10^{-2}	1.48	
18.00	90.00	5.3×10^{-3}	2.28	
19.80	99.00	5.0×10^{-4}	3.30	
19.98	99.90	5.0×10^{-5}	**4.30**	突
20.00	100.0	1.0×10^{-7}	**7.00**	跃范
20.02	100.1	2.0×10^{-10}	**9.70**	围
20.20	101.0	2.0×10^{-11}	10.70	
22.00	110.0	2.1×10^{-12}	11.70	
40.00	200.0	5.0×10^{-13}	12.50	

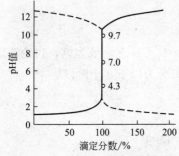

图 5.4　$0.1000\,mol\cdot L^{-1}$ NaOH 与
$0.1000\,mol\cdot L^{-1}$ HCl 的滴定曲线

若将滴定过程中溶液的 pH 值为纵坐标，NaOH 滴入体积或滴定分数（所加滴定剂与被滴定组分的物质的量之比）为横坐标作图，即得到 NaOH 滴定 HCl 的滴定曲线，如图 5.4 所示。由表 5.4 和图 5.4 可见，在化学计量点前后 ±0.1% 相对误差范围内，即从剩余 0.02mL HCl 到过量 0.02mL NaOH 之间，溶液的 pH 值从 4.30 急剧升到 9.70，改变了 5.4 个 pH 单位。我们将化学计量点前后 ±0.1% 的 pH 值的急剧变化称为滴定突跃，对应的 pH 值变化范围称为滴定突跃范围。

滴定突跃范围是选择指示剂的依据。理想的指示剂是恰好在化学计量点变色，此时滴定终点误差为 0。在实际工作中，只要保证终点误差 $|E_t|\leqslant0.1\%$，就可以满足滴定准确度的要求。因此选择指示剂的原则是：指示剂的变色范围全部或大部分落在滴定突跃范围内。

$0.1000\,mol\cdot L^{-1}$ NaOH 滴定 $0.1000\,mol\cdot L^{-1}$ HCl 溶液的突跃范围为 pH＝4.30～9.70。根据指示剂选择的原则，可选择甲基橙（3.1～4.4）、甲基红（4.4～6.2）、酚酞（8.0～10.0）等为指示剂。

如果用 $0.1000\,mol\cdot L^{-1}$ HCl 滴定同浓度的 NaOH 溶液，其滴定曲线的形状与同浓度的强碱滴定强酸相似，但 pH 值变化方向相反，如图 5.4 中虚线所示。滴定突跃范围为 pH＝9.70～4.30，可选择甲基红（4.4～6.2）、酚酞（8.0～10.0）为指示剂。如果选择甲基橙（3.1～4.4）为指示剂，从黄色滴至橙色（pH 4.0），变色点的 pH 值落在滴定突跃范围

外，终点误差达 +0.2%。

突跃范围的大小受溶液浓度的影响，如图 5.5 所示。浓度越大，滴定突跃范围越大，可供选择的指示剂越多。例如，以 $1.0 mol \cdot L^{-1}$ NaOH 滴定同浓度的 HCl 溶液，滴定突跃范围为 pH＝3.3～10.7，可选择甲基橙（3.1～4.4）、甲基红（4.4～6.2）、酚酞（8.0～10.0）等为指示剂。若以 $0.010 mol \cdot L^{-1}$ NaOH 滴定同浓度的 HCl 溶液，滴定突跃范围为 pH 5.3～8.7。由于滴定突跃范围较小，指示剂的选择受到限制，此时选择甲基红为指示剂较合适。

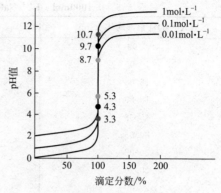

图 5.5 不同浓度 NaOH 滴定相同浓度 HCl 溶液的滴定曲线

5.3.2 一元弱酸（碱）的滴定

5.3.2.1 滴定曲线

以 $0.1000 mol \cdot L^{-1}$ NaOH 溶液滴定 20.00mL $0.1000 mol \cdot L^{-1}$ HAc 溶液为例，讨论滴定过程中溶液 pH 值的变化及指示剂的选择。

滴定反应为：NaOH＋HAc ══ NaAc＋H_2O，滴定分以下 4 个阶段。

(1) 滴定前

溶液中仅有 $0.1000 mol \cdot L^{-1}$ HAc，其 $K_a = 1.8 \times 10^{-5}$（$pK_a = 4.74$）。

由于 $$c/K_a \geqslant 500, \quad cK_a \geqslant 20K_w$$

则 $$[H^+] = \sqrt{cK_a} = \sqrt{0.1000 \times 1.8 \times 10^{-5}} mol \cdot L^{-1} = 1.34 \times 10^{-3} mol \cdot L^{-1}$$

$$pH = 2.87$$

(2) 滴定开始至化学计量点前

溶液组成为 HAc＋NaAc，组成 HAc-NaAc 缓冲溶液，pH 值通常按式（5.35）计算。当滴入 19.98mL NaOH 溶液时，溶液的 pH 值为：

$$pH = pK_a + \lg \frac{c_b}{c_a} = 4.75 + \lg \frac{19.98mL}{20.00mL - 19.98mL} = 7.75$$

(3) 化学计量点时

HAc 和 NaOH 完全反应，溶液组成为 $0.05000 mol \cdot L^{-1}$ NaAc，其 pH 值的计算见例 5.7。

$$[OH^-] = \sqrt{cK_b} = \sqrt{\frac{0.1000}{2} \times 5.6 \times 10^{-10}} mol \cdot L^{-1} = 5.3 \times 10^{-6} mol \cdot L^{-1}$$

$$pOH = 5.28, \quad pH = 14.00 - pOH = 8.72$$

(4) 化学计量点后

溶液组成为 NaAc＋NaOH，由于 NaOH 过量，抑制了 NaAc 的解离，溶液的 pH 值取决于过量 NaOH 的浓度。

例如，当滴入 20.02mL NaOH 溶液时，

$$[OH^-] = \frac{20.02mL - 20.00mL}{20.02mL + 20.00mL} \times 0.1000 mol \cdot L^{-1} = 5.0 \times 10^{-5} mol \cdot L^{-1}$$

$$pOH = 4.30, pH = 14.00 - pOH = 9.70$$

用类似的方法逐一计算出滴定过程中溶液的 pH 值，结果列于表 5.5，滴定曲线如图 5.6 所示。

表 5.5　0.1000mol·L⁻¹ NaOH 滴定 0.1000mol·L⁻¹ HAc 溶液的 pH 值

滴入 NaOH 溶液的体积/mL	滴定分数/%	pH 值
0.00	0.00	2.87
10.00	50.00	4.74
18.00	90.00	5.70
19.80	99.00	6.74
19.98	99.90	**7.74**
20.00	100.0	**8.72**　}突跃范围
20.02	100.1	**9.70**
20.20	101.0	10.70
22.00	110.0	11.70
40.00	200.0	12.50

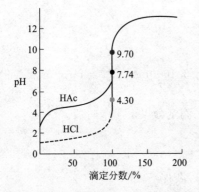

图 5.6　NaOH 滴定 HAc 的滴定曲线

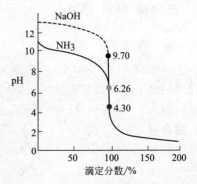

图 5.7　HCl 滴定 NH₃ 的滴定曲线

由图 5.6 可见，NaOH 滴定 HAc 的滴定曲线起点的 pH 值为 2.87，较 NaOH 滴定 HCl 的滴定曲线起点的 pH 值 1.00 高。滴定开始后，随着 NaOH 的滴入，溶液的 pH 值增加较快；此后随着滴定的不断进行，溶液的 pH 值缓慢增加；滴定接近化学计量点时，溶液的 pH 值又增加得比较快；当滴定到化学计量点前后±0.1% 时，溶液的 pH 值由 7.74 变为 9.70，突跃范围较 NaOH 滴定同浓度 HCl 溶液的突跃范围（4.30～9.70）小 3 个 pH 单位。滴定至化学计量点后，溶液 pH 值的变化规律与 NaOH 滴定同浓度的 HCl 溶液相一致。

思考：NaOH 滴定 HAc 的滴定曲线与 NaOH 滴定同浓度 HCl 的滴定曲线不一致的原因是什么？

根据指示剂的选择原则，由 NaOH 滴定 HAc 溶液的突跃范围 7.74～9.70，可选择在碱性溶液变色的指示剂，如酚酞（8.0～10.0）、百里酚蓝（8.0～9.6）为指示剂。

对强酸滴定一元弱碱，其滴定曲线的形状与强碱滴定一元弱酸相类似，所不同的是 pH 值的变化方向相反。如用 0.1000mol·L⁻¹ HCl 溶液滴定 20.00mL 0.1000mol·L⁻¹ NH₃ 水溶液，其滴定曲线如图 5.7 所示。由于化学计量点的产物为 NH₄Cl，溶液呈酸性（pH＝5.28），突跃范围为 6.26～4.30，可选择甲基红（4.4～6.2）、溴甲酚绿（4.0～5.6）为指示剂。若选择甲基橙（3.1～4.4）为指示剂，滴定至橙色（pH＝4.0），变色点的 pH 值落在滴定突跃范围外，将产生＋0.2% 的误差。

通过上述讨论不难发现，酸碱的强弱影响滴定突跃的大小。由图 5.8 可见，当一元弱酸的浓度一定时，酸的 K_a 越小，滴定突跃范围越小。当 $K_a \leqslant 10^{-9}$ 时，滴定曲线已无明显的突跃，无法利用指示剂确定滴定终点。此外，当 K_a 一定时，弱酸的浓度也影响突跃的大小（见图 5.9）。浓度越小，滴定突跃范围越小。

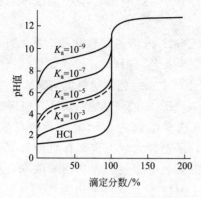

图 5.8　K_a 对滴定突跃的影响

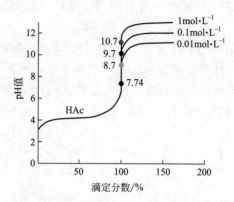

图 5.9　不同浓度 HAc 对滴定突跃的影响

5.3.2.2　直接准确滴定一元弱酸（碱）的可行性判据

若采用指示剂确定终点，即使所选的指示剂恰好在计量点变色，由于人们对指示剂变色点的判断通常有 $\pm 0.2 \sim \pm 0.3$ 个 pH 单位的误差，因此要求滴定突跃范围至少要 $\geqslant 0.4$ 个 pH 单位（即 $\Delta pH = \pm 0.2$，终点误差 $|E_t| \leqslant 0.1\%$）。综合溶液浓度与弱酸（碱）强度两因素对滴定突跃大小的影响，得到直接准确滴定一元弱酸（碱）的可行性判据：

$$c_{sp}K_a \geqslant 10^{-8} \text{ 或 } c_{sp}K_b \geqslant 10^{-8}$$

对于 $cK_a < 10^{-8}$ 的弱酸，可采用其他方法进行测定。比如用仪器来检测滴定终点、利用适当的化学反应使弱酸强化，或在酸性比水更弱的非水介质中进行滴定等。

5.3.3　多元酸（碱）的滴定

5.3.3.1　多元酸的滴定

多元酸一般为弱酸，存在多步解离，每一步解离的 H^+ 能否被准确滴定？滴定能否分步进行？如何选择指示剂确定滴定终点？这是多元酸滴定中需要考虑的问题。

每一步解离的 H^+ 能否被准确滴定？利用判据 $c_{sp}K_{a_i} \geqslant 10^{-8}$ 判断多元酸中各步解离的 H^+ 可否被准确滴定。

滴定能否分步进行？若分步滴定允许误差 $|E_t| \leqslant 0.5\%$，$\Delta pH = \pm 0.2$，则多元酸能否分步滴定可按下列原则大致判断：

①　$K_{a_1}/K_{a_2} \geqslant 10^5$，且 $c_{sp_1}K_{a_1} \geqslant 10^{-8}$，$c_{sp_2}K_{a_2} \geqslant 10^{-8}$，可分步准确滴定，形成两个明显的滴定突跃。

②　$K_{a_1}/K_{a_2} \geqslant 10^5$，且 $c_{sp_1}K_{a_1} \geqslant 10^{-8}$，$c_{sp_2}K_{a_2} < 10^{-8}$，可分步准确滴定第一步解离的 H^+，形成一个明显的滴定突跃。

计算多元酸滴定过程中溶液 pH 值的变化比较复杂。实际工作中，为了选择指示剂，通常只需计算出各化学计量点的 pH 值，然后选择在计量点附近变色的指示剂来确定滴定终点。

例如，$0.10 mol \cdot L^{-1}$ NaOH 滴定 $20.00 mL$ $0.10 mol \cdot L^{-1}$ H_3PO_4（$K_{a_1} = 7.6 \times 10^{-3}$，

$K_{a_2} = 6.3 \times 10^{-8}$, $K_{a_3} = 4.4 \times 10^{-13}$）。因为 $c_{sp_1}K_{a_1} \geqslant 10^{-8}$，$c_{sp_2}K_{a_2} = 0.033 \times 6.3 \times 10^{-8} = 0.21 \times 10^{-8}$，$c_{sp_3}K_{a_3} < 10^{-8}$，所以可准确滴定第一步、第二步解离的 H^+，但不能直接准确滴定第三步解离的 H^+（可间接滴定）。又因为 $K_{a_1}/K_{a_2} \geqslant 10^5$，$K_{a_2}/K_{a_3} \geqslant 10^5$，所以可以形成两个明显的滴定突跃，且第三步解离的 H^+ 不影响第二步解离的 H^+ 的准确滴定。

第一化学计量点时，滴定产物为 $0.050\,mol \cdot L^{-1}$ NaH_2PO_4 的两性物质，溶液 pH = 4.70（计算见例 5.9①）。可选择甲基橙为指示剂，滴定至黄色（pH = 4.4）。如果选择溴甲酚绿和甲基橙混合指示剂（变色点 pH = 4.3），终点由橙色变为绿色，变色更明显。

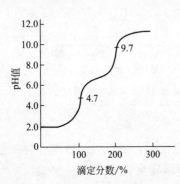

图 5.10　NaOH 滴定 H_3PO_4 的滴定曲线

第二化学计量点时，滴定产物为 $0.033\,mol \cdot L^{-1}$ Na_2HPO_4 的两性物质，溶液 pH = 9.66（计算见例 5.9②）。若选择酚酞为指示剂（变色点 pH = 9.0），终点出现过早，误差较大。可选择百里酚酞（变色点 pH = 10.0），终点由无色变蓝色。若选用酚酞和百里酚酞混合指示剂（变色点 pH = 9.9），终点由无色变紫色，终点变色明显。

若采用电位滴定法记录滴定过程中溶液 pH 值的变化，可绘制出 NaOH 滴定 H_3PO_4 的滴定曲线，如图 5.10 所示。

多数多元有机弱酸，如草酸（$K_{a_1} = 5.9 \times 10^{-2}$，$K_{a_2} = 6.4 \times 10^{-5}$），酒石酸（$K_{a_1} = 9.1 \times 10^{-4}$，$K_{a_2} = 4.3 \times 10^{-5}$），柠檬酸（$K_{a_1} = 7.4 \times 10^{-4}$，$K_{a_2} = 1.7 \times 10^{-5}$，$K_{a_3} = 4.0 \times 10^{-7}$），其各级解离常数相差都较小，且最后一级解离常数都较大，满足 $c_{sp}K_{a_n} > 10^{-8}$，都能用 NaOH 一步滴定全部解离的 H^+，形成一个滴定突跃。例如用 NaOH 滴定草酸溶液，滴定产物为 $Na_2C_2O_4$，溶液呈弱碱性，可选择酚酞为指示剂。

5.3.3.2　多元碱的滴定

多元碱的滴定与多元酸的滴定相类似。

若分步滴定允许误差 $|E_t| \leqslant 0.5\%$，$\Delta pH = \pm 0.2$，则多元碱能否分步滴定可按下列原则大致判断：

① $K_{b_1}/K_{b_2} \geqslant 10^5$，且 $c_{sp_1}K_{b_1} \geqslant 10^{-8}$，$c_{sp_2}K_{b_2} \geqslant 10^{-8}$，可分步准确滴定，形成两个明显的滴定突跃。

② $K_{b_1}/K_{b_2} \geqslant 10^5$，且 $c_{sp_1}K_{b_1} \geqslant 10^{-8}$，$c_{sp_2}K_{b_2} < 10^{-8}$，可分步准确滴定第一步解离的 OH^-，形成一个明显的滴定突跃。

现以 $0.10\,mol \cdot L^{-1}$ HCl 溶液滴定 20.0mL $0.10\,mol \cdot L^{-1}$ Na_2CO_3 溶液为例。滴定反应为：

$$HCl + Na_2CO_3 =\!\!= NaHCO_3 + NaCl$$

$$HCl + NaHCO_3 =\!\!= H_2CO_3 + H_2O$$

$$K_{b_1} = \frac{K_w}{K_{a_2}} = \frac{1.0 \times 10^{-14}}{5.6 \times 10^{-11}} = 1.8 \times 10^{-4}, \quad K_{b_2} = \frac{K_w}{K_{a_1}} = \frac{1.0 \times 10^{-14}}{4.2 \times 10^{-7}} = 2.4 \times 10^{-8}$$

因为 $c_{sp_1}K_{b_1} \geqslant 10^{-8}$，$c_{sp_2}K_{b_2} = 0.033 \times 2.4 \times 10^{-8} = 0.08 \times 10^{-8}$，$K_{b_1}/K_{b_2} \approx 10^4$，所以 Na_2CO_3 溶液尚未被定量滴定至 $NaHCO_3$，就有部分 $NaHCO_3$ 被滴定成 H_2CO_3，加上

$NaHCO_3$ 溶液的缓冲作用，第一化学计量点突跃不明显。
滴定曲线如图 5.11 所示。

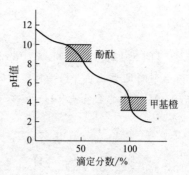

第一计量点时，滴定产物为 $0.050 mol \cdot L^{-1}$ $NaHCO_3$
的两性物质，可按最简式计算：

$$[H^+] = \sqrt{K_{a_1} K_{a_2}} = \sqrt{4.2 \times 10^{-7} \times 5.6 \times 10^{-11}}$$
$$= 4.8 \times 10^{-9} \ (mol \cdot L^{-1})$$
$$pH = 8.32$$

若选择酚酞为指示剂，终点由红色变浅红色，较难辨
别，误差较大。如果选择甲酚红和百里酚蓝混合指示剂
（变色点 $pH = 8.3$），终点由浅红色变为紫色，变色明显，
同时用同浓度 $NaHCO_3$ 溶液作对照。

图 5.11 HCl 滴定 Na_2CO_3
的滴定曲线

第二计量点时，滴定产物为 H_2CO_3，其饱和溶液的浓度约为 $0.040 mol \cdot L^{-1}$。

$$[H^+] = \sqrt{cK_{a_1}} = \sqrt{0.040 \times 4.2 \times 10^{-7}} = 1.3 \times 10^{-4} \ (mol \cdot L^{-1})$$
$$pH = 3.89$$

可选择甲基橙为指示剂，滴定至溶液由黄色变为橙色（$pH = 4.0$）。但由于接近第二化学
计量点时容易形成 CO_2 过饱和溶液，使溶液酸度稍偏高，终点提前出现。为提高滴定的准确
度，在临近终点时应剧烈振摇溶液以除去 CO_2，最好将溶液加热煮沸以除去 CO_2，待溶液变
黄、冷却后再继续滴定至橙色。重复此操作直到加热溶液后颜色不变为止，一般需加热 2~3 次。

5.3.4 终点误差

终点误差（E_t）是由于滴定终点和化学计量点不一致而产生的误差。酸碱滴定法中主
要讨论一元酸碱滴定的终点误差。

5.3.4.1 强酸（碱）滴定的终点误差

以 NaOH 滴定 HCl 为例。假设以浓度为 c 的 NaOH 溶液滴定浓度为 c_0、体积为 V_0 的
HCl 溶液，滴定至终点消耗 NaOH 溶液的体积为 V，终点的体积 $V_{ep} = V_0 + V$。根据终点误
差定义，得：

$$E_t = \frac{cV - c_0 V_0}{c_0 V_0} \times 100\% \tag{5.37}$$

滴定至终点时溶液中的电荷平衡式为：

$$[H^+]_{ep} + [Na^+]_{ep} = [OH^-]_{ep} + [Cl^-]_{ep}$$

即：

$$[Na^+]_{ep} - [Cl^-]_{ep} = [OH^-]_{ep} - [H^+]_{ep}$$

其中：$[Na^+]_{ep} = \dfrac{cV}{V_{ep}}$，$[Cl^-]_{ep} = \dfrac{c_0 V_0}{V_{ep}}$

整理得：

$$cV - c_0 V_0 = ([OH^-]_{ep} - [H^+]_{ep}) \times V_{ep} \tag{5.38}$$

将式(5.38) 代入式(5.37)，得：

$$E_t = \frac{[OH^-]_{ep} - [H^+]_{ep}}{\dfrac{c_0 V_0}{V_{ep}}} \times 100\% = \frac{[OH^-]_{ep} - [H^+]_{ep}}{c_{HCl,ep}} \times 100\% \tag{5.39}$$

同理，推导强酸滴定强碱时的终点误差计算公式为：

$$E_t = \frac{[H^+]_{ep} - [OH^-]_{ep}}{c_{NaOH,ep}} \times 100\% \qquad (5.40)$$

【例 5.12】 计算用 $0.10 mol \cdot L^{-1}$ NaOH 滴定 $0.10 mol \cdot L^{-1}$ HCl 溶液，以甲基橙为指示剂滴定至橙色 pH=4.0 时的终点误差。

解 滴定至终点 pH=4.0 时，$[H^+]_{ep} = 1.0 \times 10^{-4} mol \cdot L^{-1}$，$[OH^-]_{ep} = 1.0 \times 10^{-10} mol \cdot L^{-1}$，$c_{HCl,ep} = \frac{c_0}{2} = 0.050 mol \cdot L^{-1}$

$$E_t = \frac{[OH^-]_{ep} - [H^+]_{ep}}{c_{HCl,ep}} \times 100\% = \frac{1.0 \times 10^{-10} - 1.0 \times 10^{-4}}{0.05} \times 100\% = -0.2\%$$

思考： 本题中，如果以酚酞（变色点 pH=9.0）为指示剂，终点误差是多少？从中得出什么结论？

5.3.4.2 弱酸（碱）滴定的终点误差

以 NaOH 滴定一元弱酸 HA 为例。假设以浓度为 c 的 NaOH 溶液滴定浓度为 c_0、体积为 V_0 的 HA 溶液，消耗 NaOH 溶液的体积为 V，滴定终点的体积 $V_{ep} = V_0 + V$。终点误差符合公式(5.37) 即：

$$E_t = \frac{cV - c_0 V_0}{c_0 V_0} \times 100\% \qquad (5.37)$$

滴定至终点时溶液中的电荷平衡式为：

$$[H^+]_{ep} + [Na^+]_{ep} = [OH^-]_{ep} + [A^-]_{ep}$$

即：
$$[Na^+]_{ep} = [OH^-]_{ep} + [A^-]_{ep} - [H^+]_{ep}$$

其中：$[Na^+]_{ep} = \frac{cV}{V_{ep}}$，$[A^-]_{ep} = \frac{c_0 V_0}{V_{ep}} \times \delta_{A^-,ep}$

整理得：
$$cV = ([OH^-]_{ep} - [H^+]_{ep}) V_{ep} + c_0 V_0 - c_0 V_0 \delta_{HA,ep} \qquad (5.41)$$

将式(5.41) 代入式(5.37)，得：

$$E_t = \left(\frac{[OH^-]_{ep} - [H^+]_{ep}}{c_{HA,ep}} - \delta_{HA,ep} \right) \times 100\% \qquad (5.42)$$

其中：$c_{HA,ep} = \frac{c_0 V_0}{V_{ep}}$，$\delta_{HA} = \frac{[H^+]_{ep}}{[H^+]_{ep} + K_a}$，$K_a$ 为 HA 的解离常数。

同理可推导，用 HCl 溶液滴定一元弱碱 B 溶液的终点误差计算公式为：

$$E_t = \left(\frac{[H^+]_{ep} - [OH^-]_{ep}}{c_{B,ep}} - \delta_{B,ep} \right) \times 100\% \qquad (5.43)$$

其中：$c_{B,ep} = \frac{c_0 V_0}{V_{ep}}$，$\delta_B = \frac{K_a}{[H^+]_{ep} + K_a}$，$K_a$ 为 HB^+ 的解离常数。

【例 5.13】 用 $0.10 mol \cdot L^{-1}$ NaOH 滴定 $0.10 mol \cdot L^{-1}$ HAc 溶液，以酚酞为指示剂滴定至浅红色时，终点的 pH=9.0，计算终点误差。

解 由于终点的 pH=9.0，因此 $[H^+]_{ep} = 1.0 \times 10^{-9} mol \cdot L^{-1}$，$[OH^-]_{ep} = 1.0 \times 10^{-5} mol \cdot L^{-1}$，

$$c_{HAc,ep} = \frac{c_0}{2} = 0.050 mol \cdot L^{-1}$$

$$\delta_{HA,ep} = \frac{[H^+]_{ep}}{[H^+]_{ep} + K_a} = \frac{1.0 \times 10^{-9}}{1.0 \times 10^{-9} + 1.8 \times 10^{-5}} = 5.6 \times 10^{-5}$$

$$E_t = \left(\frac{[OH^-]_{ep} - [H^+]_{ep}}{c_{HAc,ep}} - \delta_{HA,ep} \right) \times 100\% = \left(\frac{1.0 \times 10^{-5} - 1.0 \times 10^{-9}}{0.05} - 5.6 \times 10^{-5} \right) \times 100\%$$

$$= 0.02\%$$

滴定一元弱酸（碱）终点误差公式也可用林邦（Ringbom）误差公式的形式表示为：

$$E_t = \frac{10^{\Delta pH} - 10^{-\Delta pH}}{\sqrt{c_{sp} K_t}} \times 100\% \tag{5.44}$$

式中，$\Delta pH = pH_{eq} - pH_{sp}$；$K_t$ 为滴定反应常数。

5.4　酸碱滴定法的应用

酸碱滴定法以酸碱反应为基础，滴定剂多采用 NaOH 或 HCl 标准溶液，被测物是各种具有酸碱性的物质。酸碱滴定法具有操作简单、计量关系易于确定，分析速度较快，测定结果准确等特点，因而应用广泛。

5.4.1　酸碱标准溶液的配制和标定

酸碱滴定法中常用的标准溶液是 HCl 和 NaOH，溶液的浓度常配成 $0.1 mol \cdot L^{-1}$，有时也需要用到 $1 mol \cdot L^{-1}$ 或 $0.01 mol \cdot L^{-1}$，但太浓易造成试剂浪费，太稀滴定突跃小，影响测定结果的准确度。

5.4.1.1　酸标准溶液

由于浓盐酸的挥发性，HCl 标准溶液通常用市售分析纯的浓盐酸（$\rho = 1.18 g \cdot mL^{-1}$，$w = 36\% \sim 38\%$，$c \approx 12 mol \cdot L^{-1}$）经稀释配制成近似所需浓度的溶液，然后用基准物质标定。常用于标定 HCl 溶液的基准物有无水碳酸钠和硼砂。

（1）无水碳酸钠

无水碳酸钠（Na_2CO_3）易得到纯品，价格便宜。但其易吸收空气中的水分，因此使用前必须在 $270 \sim 300 ℃$ 干燥 1h，冷却后放在干燥器中保存备用。称量时动作要快，以防吸收空气中的水分。

用 Na_2CO_3 标定 HCl 溶液的反应为：

$$Na_2CO_3 + 2HCl \Longrightarrow 2NaCl + H_2CO_3$$
$$\qquad\qquad\qquad\qquad \longrightarrow H_2O + CO_2$$

可选择甲基橙或甲基红作指示剂。由于计量点附近易形成 CO_2 的过饱和溶液，滴定终点过早出现，因此滴定临近终点时应用力摇动溶液，最好加热溶液，以使 CO_2 逸出。

Na_2CO_3 与盐酸反应的摩尔比为 1:2，其摩尔质量较小（$105.99 g \cdot mol^{-1}$），若盐酸的浓度不是太大，为减少称量误差，应多称一些配在容量瓶中，然后移取部分溶液作标定，计算公式为：

$$(cV)_{HCl} = 2 \left(\frac{m}{M} \right)_{Na_2CO_3} \times \frac{V_1}{V_0}$$

式中，V 为消耗的 HCl 的体积；V_1 为移取的 Na_2CO_3 的体积；V_0 为配制的 Na_2CO_3 的体积（容量瓶的体积）；m 为称取的 Na_2CO_3 的质量。

（2）硼砂

硼砂（$Na_2B_4O_7 \cdot 10H_2O$）易得到纯品，不易吸收空气中的水，摩尔质量大，称量误差小。但当空气中相对湿度小于 39% 时易风化失去结晶水，因此需要将其保存在装有饱和 NaCl 和蔗糖溶液的恒湿器中。

用 $Na_2B_4O_7 \cdot 10H_2O$ 标定 HCl 溶液的反应为：

$$Na_2B_4O_7 + 5H_2O + 2HCl \Longrightarrow 4H_3BO_3 + 2NaCl$$

可选择甲基红作指示剂，计算公式为：

$$(cV)_{HCl} = 2\left(\frac{m}{M}\right)_{Na_2B_4O_7 \cdot 10H_2O}$$

思考：用 $0.05mol \cdot L^{-1}$ $Na_2B_4O_7$ 标定 $0.1mol \cdot L^{-1}$ HCl 溶液，化学计量点的 pH 值是多少？

5.4.1.2 碱标准溶液

市售分析纯的氢氧化钠固体易吸潮、易吸收空气中的二氧化碳，因此不能采用直接法配制标准溶液，而是先配成近似所需浓度，然后再标定。用于标定 NaOH 溶液最常用的基准物有：草酸和邻苯二甲酸氢钾。

（1）配制不含 CO_3^{2-} 的 NaOH 溶液

可采用以下三种方法配制：

① 配制 50% 的浓 NaOH 溶液，待 Na_2CO_3 沉降后，吸取上层清液，用煮沸除去 CO_2 的蒸馏水稀释至所需浓度。

② 配制较浓的 NaOH 溶液，加入少量 $BaCl_2$ 或 $Ba(OH)_2$ 溶液以沉淀 CO_3^{2-}。吸取上层清液，用不含 CO_2 的蒸馏水稀释至所需浓度。

③ 称取较理论量稍多的 NaOH 固体，用不含 CO_2 的蒸馏水迅速冲洗 1~2 次，以除去 NaOH 固体表面少量的 Na_2CO_3，用不含 CO_2 的蒸馏水溶解至所需浓度。

配制好的 NaOH 溶液需保存在装有虹吸管和含 $Ca(OH)_2$ 溶液的石棉管的瓶中，防止吸收空气中的 CO_2。

（2）NaOH 溶液的标定

常用草酸或邻苯二甲酸氢钾基准物质标定 NaOH 溶液。

① 草酸（$H_2C_2O_4 \cdot 2H_2O$）　草酸稳定，在相对湿度 5%~95% 时不会风化失去结晶水，可保存在干燥器中备用。

草酸是二元酸，其 $K_{a_1} = 5.9 \times 10^{-2}$，$K_{a_2} = 6.4 \times 10^{-5}$，不能分步滴定，只能滴定总酸度，产生一个突跃。标定反应为：

$$H_2C_2O_4 + 2NaOH \Longrightarrow Na_2C_2O_4 + 2H_2O$$

反应产物为 $Na_2C_2O_4$，溶液呈微碱性，可选择酚酞作指示剂，计算公式为：

$$(cV)_{NaOH} = 2\left(\frac{m}{M}\right)_{H_2C_2O_4 \cdot 2H_2O}$$

② 邻苯二甲酸氢钾　邻苯二甲酸氢钾（$KHC_8H_4O_4$）为两性物质，易制得纯品，在空气中不吸水，容易保存，摩尔质量大，是标定碱较好的基准物。使用前通常在 105~110℃ 干燥 2h，冷却后放在干燥器中保存备用。标定反应为：

$$KHC_8H_4O_4 + NaOH =\!=\!= KNaC_8H_4O_4 + H_2O$$

反应产物为二元弱碱，溶液呈微碱性，可选择酚酞作指示剂，计算公式为：

$$(cV)_{NaOH} = \left(\frac{m}{M}\right)_{KHC_8H_4O_4}$$

思考：若酸碱标准溶液的浓度约 $0.1\,mol \cdot L^{-1}$，如何计算称取基准物硼砂或草酸的质量范围？

5.4.2　应用示例

5.4.2.1　混合碱的分析

(1) 烧碱中 NaOH 和 Na_2CO_3 的测定

烧碱，即 NaOH，在生产和储存过程中因吸收空气中的 CO_2，不可避免地含少量 Na_2CO_3 而成为混合碱。因此在对烧碱进行质量分析时，通常也需要测定其中 Na_2CO_3 的含量，其分析方法有两种。

① 双指示剂法　准确称取一定量试样 m_s，溶解后以酚酞为指示剂，用 HCl 标准溶液滴定至红色刚好消失，用去 HCl 体积为 V_1，此时 NaOH 全部被中和，Na_2CO_3 被中和至 $NaHCO_3$。然后向溶液中加入甲基橙，继续用 HCl 标准溶液滴定至溶液由黄色变为橙红色，又用去 HCl 体积为 V_2。如下图所示：

| $NaOH, Na_2CO_3$ | 加入酚酞 $\xrightarrow{\quad}$ V_1, HCl | $NaCl, NaHCO_3$ | 酚酞变色加入甲基橙 $\xrightarrow{\quad}$ V_2, HCl | $NaCl, H_2O, CO_2$ | 甲基橙变色 |

若 $V_1 > V_2$，混合碱的组成为 NaOH 和 Na_2CO_3。

由于滴定 $NaHCO_3$ 消耗 HCl 的体积为 V_2，可推出滴定 Na_2CO_3 消耗 HCl 的体积为 $2V_2$，所以滴定 NaOH 消耗 HCl 的体积为 $V_1 - V_2$，则混合碱中 NaOH 和 Na_2CO_3 的含量分别为：

$$w_{NaOH} = \frac{c_{HCl}(V_1 - V_2) \times M_{NaOH}}{m_s}$$

$$w_{Na_2CO_3} = \frac{c_{HCl}V_2 \times M_{Na_2CO_3}}{m_s}$$

双指示剂法操作简单，分析速度快。但因在第一化学计量点时酚酞由浅红变为无色，变色不明显，误差较大。为此可采用氯化钡法，以提高测定的准确度。

② 氯化钡法（标准编号：GB/T 4348.1—2013《工业用氢氧化钠中氢氧化钠和碳酸钠含量的测定》）　取 2 份相同量的试样溶液，其中一份以甲基橙为指示剂，用 HCl 标准溶液滴定至橙色，设用去 HCl 体积为 V_1；另一份加入 $BaCl_2$ 溶液，待 $BaCO_3$ 沉淀析出后，以酚酞为指示剂，用 HCl 标准溶液滴定至终点，用去 V_2 HCl 溶液，相关反应为：

$$BaCl_2 + Na_2CO_3 =\!=\!= BaCO_3 + 2NaCl$$

$$NaOH + HCl =\!=\!= NaCl + H_2O$$

由反应式可知，滴定 NaOH 消耗 HCl 的体积为 V_2，则滴定 Na_2CO_3 消耗 HCl 的体积为 $V_1 - V_2$，因此混合碱中 NaOH 和 Na_2CO_3 的含量分别为：

$$w_{NaOH} = \frac{c_{HCl}V_2 M_{NaOH}}{m_s}$$

$$w_{Na_2CO_3} = \frac{\frac{1}{2}c_{HCl}(V_1 - V_2)M_{Na_2CO_3}}{m_s}$$

(2) 工业纯碱中 Na₂CO₃ 和 NaHCO₃ 的测定

纯碱中 Na_2CO_3 和 $NaHCO_3$ 的测定方法与烧碱中 NaOH 和 Na_2CO_3 的测定方法相类似，可以采用双指示剂法和氯化钡法。

① 双指示剂法准确称取一定量试样 m_s，溶解后以酚酞为指示剂，用 HCl 标准溶液滴定至红色刚好消失，用去 HCl 体积为 V_1。此时 Na_2CO_3 被中和至 $NaHCO_3$。然后向溶液中加入甲基橙，继续用 HCl 标准溶液滴定至溶液由黄色变为橙红色，又用去 HCl 体积为 V_2。如下图所示：

$$\boxed{NaHCO_3, Na_2CO_3} \xrightarrow[V_1, HCl]{\text{加入酚酞}} \boxed{NaHCO_3, NaHCO_3} \xrightarrow[V_2, HCl]{\text{酚酞变色加入甲基橙}} \boxed{NaCl, H_2O, CO_2} \text{甲基橙变色}$$

若 $V_1 < V_2$，混合碱的组成为 $NaHCO_3$ 和 Na_2CO_3。

混合碱中 Na_2CO_3 和 $NaHCO_3$ 的含量计算见例题 5.14。

② 氯化钡法 取 2 份相同量的试样溶液，其中一份以甲基橙为指示剂，用 HCl 标准溶液滴定至橙色，用去 HCl 体积为 V_1；另一份加入过量的 NaOH，使 $NaHCO_3$ 转化为 Na_2CO_3，然后加入 $BaCl_2$ 溶液沉淀 Na_2CO_3，再以酚酞为指示剂，用 HCl 标准溶液返滴定过量的 NaOH，用去 HCl 体积为 V_2。相关的反应为：

$$NaOH + NaHCO_3 = Na_2CO_3 + H_2O$$

$$BaCl_2 + Na_2CO_3 = BaCO_3 + 2NaCl$$

$$NaOH + HCl = NaCl + H_2O$$

由反应式可知，$NaHCO_3$ 消耗 NaOH 的物质的量为 $(c_{NaOH}V_{NaOH} - c_{HCl}V_2)$，而滴定 Na_2CO_3 消耗的 HCl 的物质的量为 $c_{HCl}V_1 - (c_{NaOH}V_{NaOH} - c_{HCl}V_2)$，因此混合碱中 $NaHCO_3$ 和 Na_2CO_3 的含量分别为：

$$w_{NaHCO_3} = \frac{(c_{NaOH}V_{NaOH} - c_{HCl}V_2) \times M_{NaHCO_3}}{m_s}$$

$$w_{Na_2CO_3} = \frac{\frac{1}{2}[c_{HCl}V_1 - (c_{NaOH}V_{NaOH} - c_{HCl}V_2)] \times M_{Na_2CO_3}}{m_s}$$

氯化钡法比双指示剂法烦琐，但由于是以 HCl 溶液滴定 NaOH 溶液，避免了 HCl 溶液滴定 Na_2CO_3 至 $NaHCO_3$ 酚酞指示剂变色不明显的缺点，提高了测定的准确度。

5.4.2.2 铵盐中氮的测定

铵盐，如 $(NH_4)_2SO_4$、NH_4Cl，由于 NH_4^+ 的 $K_a = 5.6 \times 10^{-10}$，为极弱酸，不能用 NaOH 标准溶液直接准确滴定，可采用甲醛法或蒸馏法测定。

(1) 甲醛法 (标准编号：GB 535—1995 硫酸铵；GB/T 2946—2008 氯化铵；氮含量的测定 甲醛法)

甲醛法测定铵盐的原理主要是基于铵盐和甲醛可定量反应生成 H^+ 和质子化的六亚甲基四胺 ($K_a = 7.1 \times 10^{-6}$)，可以用 NaOH 标准溶液直接准确滴定，相关的反应为：

$$4NH_4^+ + 6HCHO = (CH_2)_6N_4H^+ + 3H^+ + 6H_2O$$

$$(CH_2)_6N_4H^+ + 3H^+ + 4OH^- = (CH_2)_6N_4 + 4H_2O$$

反应产物为六亚甲基四胺，使溶液呈弱碱性（pH＝8.7），可选择酚酞为指示剂。铵盐中氮的含量的计算见例题 5.18。

如果试样中含有游离酸，如（NH$_4$）$_2$SO$_4$ 中含 H$_2$SO$_4$，则需预先用 NaOH 标准溶液将其中和。由于中和的产物为（NH$_4$）$_2$SO$_4$，故应选择甲基红为指示剂。

(2) 蒸馏法（标准编号：GB 535—1995 硫酸铵；GB/T 2946—2008 氯化铵；氮含量的测定　蒸馏后滴定法）

将铵盐试样和过量的浓 NaOH 一起加热蒸馏，蒸馏出的 NH$_3$ 用过量的硼酸溶液吸收，然后用 HCl 标准溶液滴定硼酸吸收液，相关的反应为：

$$OH^- + NH_4^+ === NH_3 + H_2O$$
$$H_3BO_3 + NH_3 === H_2BO_3^- + NH_4^+$$
$$H^+ + H_2BO_3^- === H_3BO_3$$

滴定的终点产物为 NH$_4^+$ 和 H$_3$BO$_3$，为混合弱酸，pH≈5，可选择甲基红为指示剂。铵盐中氮的含量计算见例题 5.19。

蒸馏出的 NH$_3$ 也可以用过量的 H$_2$SO$_4$ 标准溶液吸收，过量的 H$_2$SO$_4$ 溶液再用 NaOH 标准溶液返滴定，相关的反应为：

$$OH^- + NH_4^+ === NH_3 + H_2O$$
$$H_2SO_4 + 2NH_3 === (NH_4)_2SO_4$$
$$H_2SO_4 + 2NaOH === 2H_2O + Na_2SO_4$$

滴定的终点产物为 NH$_4$Cl，可选择甲基红为指示剂。铵盐中氮的含量为：

$$w_N = \frac{2(c_{H_2SO_4} V_{H_2SO_4} - \frac{1}{2} c_{NaOH} V_{NaOH}) M_N}{m_s}$$

思考：蒸馏法测定铵盐中氮的含量，用硼酸作吸收剂和用 H$_2$SO$_4$ 标准溶液作吸收剂，哪种方法简便、应用更广泛，为什么？

5.4.2.3　含氮有机物中氮的测定

标准编号：GB 7173—87《土壤全氮测定法》

标准编号：GB/T 8572—2010《复混肥料中总氮含量的测定》

标准编号：GB/T 5009.5—2003《食品中蛋白质的测定》

标准编号：GB/T 9695.11—2008《肉与肉制品　氮含量测定》

标准编号：GB/T 6432—1994《饲料中粗蛋白测定方法》

标准编号：GB/T 5511—2008《谷物和豆类　氮含量测定和粗蛋白质含量计算》

含氮的有机化合物，如土壤、肥料、生物碱、肉类中蛋白质、饲料、谷物等，其含氮量的测定，通常采用克氏（J. Kieldahl）定氮法测定。即在试样中加入浓硫酸和硫酸钾，加热，同时加入硫酸铜或汞盐作催化剂，以促进消化分解过程，使有机物中氮定量转化为铵盐。

$$C_m H_n N \xrightarrow[CuSO_4\ 或汞盐]{H_2SO_4, K_2SO_4} CO_2 + H_2O + NH_4^+$$

然后加入过量 NaOH 碱化、蒸馏，蒸馏出的 NH$_3$ 用过量的硼酸溶液吸收，然后用 HCl 标准溶液滴定。由总氮量乘以蛋白质换算系数可计算蛋白质的含量，见例题 5.19。如果有其他的氮存在，必须预先分离再进行测定。

5.4.2.4　食品中硼酸的测定（标准编号：GB/T 12684—2006 工业硼化物分析方法）

H$_3$BO$_3$ 的 K_a＝5.8×10^{-10}，为极弱酸，不能用 NaOH 标准溶液直接准确滴定。基于硼酸和某些多元醇（如乙二醇、甘油、甘露醇等）定量反应生成一种配位酸（$K_a \approx 10^{-6}$），可用 NaOH 标准溶液直接准确滴定，从而测出硼酸的含量。

$$2\ \begin{array}{c} R{-}C{-}OH \\ | \\ R{-}C{-}OH \end{array} + H_3BO_3 = \left[\ \begin{array}{c} R{-}C{-}O \\ \quad \quad \searrow B \swarrow \\ R{-}C{-}O \end{array} \begin{array}{c} O{-}C{-}R \\ \\ O{-}C{-}R \end{array}\ \right] H + 3H_2O$$

$$\left[\ \begin{array}{c} R{-}C{-}O \\ \quad \quad \searrow B \swarrow \\ R{-}C{-}O \end{array} \begin{array}{c} O{-}C{-}R \\ \\ O{-}C{-}R \end{array}\ \right] H + NaOH = \left[\ \begin{array}{c} R{-}C{-}O \\ \quad \quad \searrow B \swarrow \\ R{-}C{-}O \end{array} \begin{array}{c} O{-}C{-}R \\ \\ O{-}C{-}R \end{array}\ \right] Na + H_2O$$

滴定终点溶液为弱碱性，可选择酚酞为指示剂。硼酸的含量为：

$$w_{H_3BO_3} = \frac{c_{NaOH} V_{NaOH} M_{H_3BO_3}}{m_s}$$

5.4.2.5　硅酸盐中 SiO_2 含量的测定（标准编号：GB/T 176—2008）

硅酸盐是生产水泥、玻璃、陶瓷等的原料，其主要成分有 SiO_2、Fe_2O_3、Al_2O_3、CaO、MgO、TiO_2 等。硅酸盐试样多采用碱熔法分解，然后采用重量法或氟硅酸钾法测定 SiO_2 的含量。重量法测定硅，准确度高，但烦琐、费时，不适于生产过程的控制分析；氟硅酸钾法测定硅，简单、快速，结果的准确度也能满足要求。

首先硅试样用 KOH 熔融分解，转化为可溶性的 K_2SiO_3，然后在强酸介质中，加入过量的 KF 使 K_2SiO_3 沉淀为 K_2SiF_6：

$$2KOH + SiO_2 = K_2SiO_3 + H_2O$$
$$KF + HCl = HF + KCl$$
$$K_2SiO_3 + 6HF = K_2SiF_6 + 3H_2O$$

由于 K_2SiF_6 沉淀的溶解度大，沉淀时需加入固体 KCl 以降低沉淀的溶解度。沉淀过滤后，用 KCl-乙醇溶液洗涤，再以酚酞为指示剂，用 NaOH 溶液中和未洗净的游离酸至浅红色，然后加入沸水使 K_2SiF_6 水解：

$$K_2SiF_6 + 3H_2O = 2KF + 4HF + H_2SiO_3$$

水解生成的 HF（$K_a = 7.2 \times 10^{-4}$）可用 NaOH 标准溶液直接滴定。根据消耗的 NaOH 溶液的体积和反应的计量关系可计算出试样中 SiO_2 的含量，见例题 5.17。

5.4.2.6　磷钼酸铵容量法测定磷量（标准编号：GB/T 223.61—1988）

含磷的矿石、土壤、钢铁等试样，经浓 HNO_3 和浓 H_2SO_4 溶解后，将磷转化为 H_3PO_4，然后在 HNO_3 介质中加入钼酸铵使之沉淀为磷钼酸铵：

$$H_3PO_4 + 12MoO_4^{2-} + 2NH_4^+ + 22H^+ = (NH_4)_2HPO_4 \cdot 12MoO_3 \cdot H_2O + 11H_2O$$

沉淀经过滤并用水洗涤至中性后，溶于一定量过量的 NaOH 标准溶液中：

$$(NH_4)_2HPO_4 \cdot 12MoO_3 \cdot H_2O + 24OH^- = HPO_4^{2-} + 12MoO_4^{2-} + 2NH_4^+ + 13H_2O$$

过量的 NaOH 标准溶液用 HNO_3 标准溶液返滴定，以酚酞为指示剂，滴定至红色刚消失。根据反应的计量关系，可计算出试样中磷的含量，见例题 5.16。

5.4.2.7　醛、酮、酯、酸酐的测定

一些含羰基、羟基的有机化合物，通过某些化学反应可用酸碱滴定法测定，例如醛、酮、酯、酸酐等。

(1) 醛、酮的测定

醛、酮的测定方法有以下两种。

① 盐酸羟胺法（标准编号：GB/T 14074.16—93《木材胶黏剂及其树脂检验方法——游离甲醛含量测定法》）

醛、酮和过量的盐酸羟胺反应生成肟和盐酸：

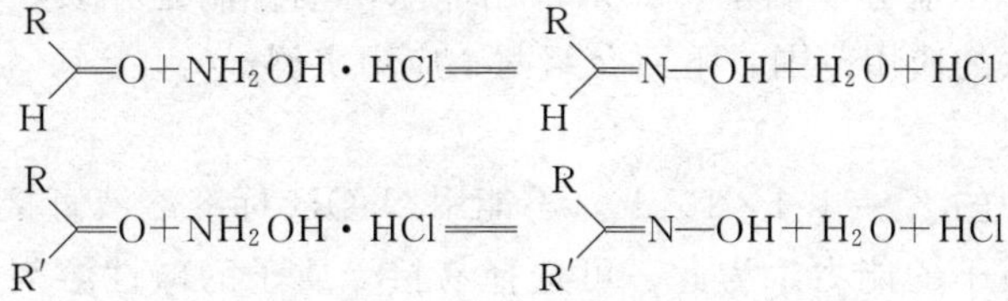

生成的盐酸可用 NaOH 标准溶液滴定。由于溶液中存在过量的盐酸羟胺，故选择甲基橙或溴酚蓝为指示剂。根据反应的计量关系，可计算出醛、酮的含量：

$$w_{醛或酮} = \frac{c_{NaOH}V_{NaOH}M_{醛或酮}}{m_s}$$

② 亚硫酸钠法（标准编号：GB/T 9009—1998《工业甲醛溶液》）

醛、酮和过量的亚硫酸钠反应生成加成物和 NaOH：

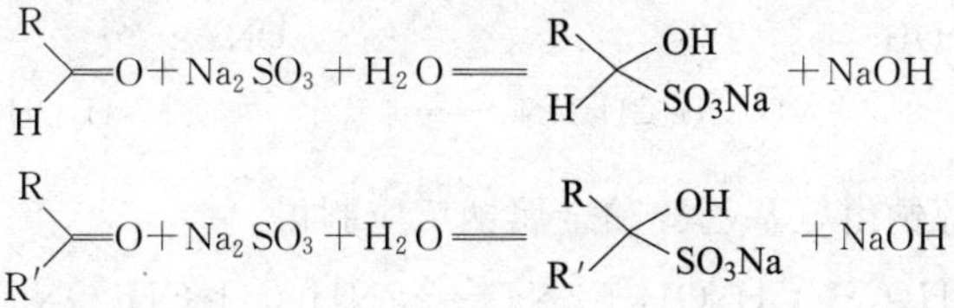

生成的 NaOH 可用 HCl 标准溶液滴定，以百里酚酞为指示剂。根据反应的计量关系，可计算出醛、酮的含量：

$$w_{醛或酮} = \frac{c_{HCl}V_{HCl}M_{醛或酮}}{m_s}$$

(2) 增塑剂皂化值及酯含量的测定（标准编号：GB/T 1665—2008）

由于酯和碱可发生皂化反应，因此测定时可向酯的试样中加入一定量过量的 NaOH 溶液，加热使其发生皂化反应：

$$CH_3COOC_2H_5 + NaOH \xrightarrow{\quad\quad} CH_3COONa + C_2H_5OH$$

反应完全后，过量的 NaOH 用 HCl 标准溶液滴定，以酚酞为指示剂。根据反应的计量关系，可计算出酯的含量：

$$w_{酯} = \frac{(c_{NaOH}V_{NaOH} - c_{HCl}V_{HCl}) \times M_{酯}}{m_s}$$

(3) 酸酐的测定（标准编号：GB/T 15336—2006《邻苯二甲酸酐》）

由于酸酐水解生成酸，而碱的存在可加速水解反应。

$$(RCO)_2O + H_2O \xrightarrow{\quad\quad} 2RCOOH$$

$$RCOOH + NaOH \xrightarrow{\quad\quad} RCOONa + H_2O$$

因此在测定时可向酸酐的试样中加入一定量过量的 NaOH 标准溶液，加热回流使其完

全水解，然后用 HCl 标准溶液返滴定过量的 NaOH，以酚酞为指示剂。根据反应的计量关系，可计算出酸酐的含量：

$$w_{酸酐}=\frac{\frac{1}{2}(c_{NaOH}V_{NaOH}-c_{HCl}V_{HCl})\times M_{酸酐}}{m_s}$$

5.4.2.8　非水溶液中的酸碱滴定

酸碱滴定大多在水溶液中进行，但有些有机酸碱物质难溶于水，有些酸碱物质在水中的解离常数很小，在水溶液中均不能直接测定。此外，有些混合酸（碱）因其 $K_a(K_b)$ 值相差较小，在水溶液中不能分步滴定。如果采用非水溶剂作滴定介质，则有可能解决以上问题，扩大酸碱滴定法的应用范围。下面介绍两个应用实例。

(1) 苯酚的测定

苯酚在水溶液中的 $K_a=1.1\times10^{-10}$，不能用 NaOH 标准溶液直接滴定，需要增强其酸性，即增大其给出质子的能力。为此，可选择易接受质子的碱性溶剂为滴定介质，如乙二胺、丁胺、二甲基甲酰胺等。在非水溶剂中，滴定酸常用的标准溶液为甲醇钠或氨基乙醇钠，常用的指示剂为百里酚蓝（碱式色为蓝色，酸式色为黄色，适用于在水中 $pK_a\leqslant9$ 的酸碱的滴定）、偶氮紫（碱式色为蓝色，酸式色为红色，适用于在水中 $pK_a=9\sim10.5$ 的酸碱的滴定）。

苯酚的测定方法为：准确称取一定量试样，加乙二胺溶解后，加 $1\sim2$ 滴偶氮紫，用 $0.1mol\cdot L^{-1}$ 氨基乙醇钠标准溶液滴定至溶液由红色变为蓝色。滴定反应为：

$$\text{C}_6\text{H}_5\text{OH}+\text{NH}_2\text{CH}_2\text{CH}_2\text{ONa}=\!=\!=\text{C}_6\text{H}_5\text{ONa}+\text{NH}_2\text{CH}_2\text{CH}_2\text{OH}$$

标准溶液氨基乙醇钠由氨基乙醇和金属钠反应制得：

$$2\text{NH}_2\text{CH}_2\text{CH}_2\text{OH}+2\text{Na}=\!=\!=2\text{NH}_2\text{CH}_2\text{CH}_2\text{ONa}+\text{H}_2$$

常用于标定氨基乙醇钠标准溶液的基准物为苯甲酸，其反应式为：

$$\text{C}_6\text{H}_5\text{COOH}+\text{NH}_2\text{CH}_2\text{CH}_2\text{ONa}=\!=\!=\text{C}_6\text{H}_5\text{COONa}+\text{NH}_2\text{CH}_2\text{CH}_2\text{OH}$$

以偶氮紫为指示剂，滴定终点颜色由红色变为蓝色。

根据反应的计量关系可计算出苯酚的含量为：

$$w_{苯酚}=\frac{(cV)_{氨基乙醇钠}M_{苯酚}}{m_s}$$

(2) 食品添加剂咖啡因的测定（标准编号：GB/T 14758—1993）

咖啡因，学名 1,3,7-三甲基黄嘌呤，是广泛存在于茶叶、咖啡豆中的一种生物碱。咖啡因在水溶液中的 $K_b=4.0\times10^{-14}$，为极弱碱，不能用 HCl 标准溶液直接滴定，需要增强其碱性，即增大其接受质子的能力。为此，可选择易给出质子的酸性溶剂为滴定介质，如冰醋酸、甲酸。在非水溶剂中，滴定碱常用的标准溶液为高氯酸，常用的指示剂为结晶紫（碱式色为紫色，酸式色随碱的强度不同而不同，滴定较强碱时，酸式色为蓝色或蓝绿色；滴定极弱碱时，酸式色为蓝绿色或绿色）、α-苯酚苯甲醇（碱式色为黄色，酸式色为绿色）、喹哪啶红（碱式色为红色，酸式色为无色）。

由于市售的冰醋酸和高氯酸含少量水，为避免水分对测定的影响，一般需要加一定量的醋酸酐到滴定介质冰醋酸中或加到配制好的高氯酸-冰醋酸标准溶液中，使其与水反应生成醋酸：

$$(CH_3CO)_2O + H_2O \Longrightarrow 2CH_3COOH$$

咖啡因的测定方法为：准确称取一定量试样，加冰醋酸-醋酸酐（$V:V=1:1$）溶解后，加 $1\sim 2$ 滴结晶紫，用 $0.1 mol \cdot L^{-1}$ 高氯酸-冰醋酸标准溶液滴定至溶液由紫色变为绿色。滴定反应为：

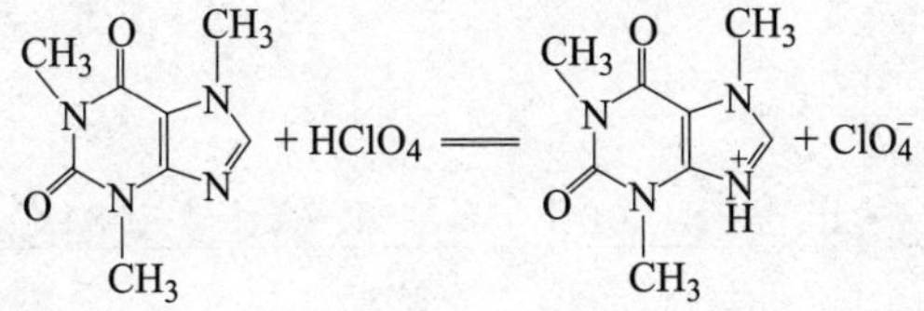

常用于标定高氯酸标准溶液的基准物为邻苯二甲酸氢钾，其反应式为：

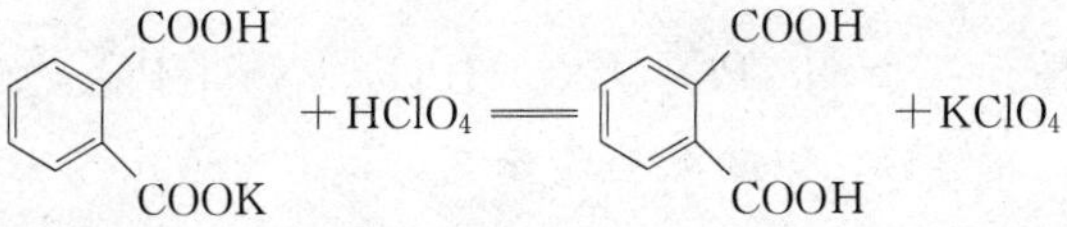

以结晶紫为指示剂，滴定终点颜色由紫色变为蓝绿色。

根据反应的计量关系可计算出咖啡因的含量为：

$$w_{咖啡因} = \frac{c_{HClO_4} V_{HClO_4} M_{咖啡因}}{m_s}$$

5.5　酸碱滴定结果计算示例

【例 5.14】　某混合碱试样可能含 $NaOH$、Na_2CO_3、$NaHCO_3$、酸不溶物或它们的混合物。称取试样 $0.5000g$，以酚酞为指示剂，以 $0.1100 mol \cdot L^{-1}$ HCl 溶液滴定，消耗 $20.00mL$，然后加入甲基橙指示剂，继续用 HCl 溶液滴至橙色，共用去 HCl 溶液 $48.60mL$，试分析试样含有哪些组分，它们的百分含量各是多少？

解　滴定过程可用以下图示表示：

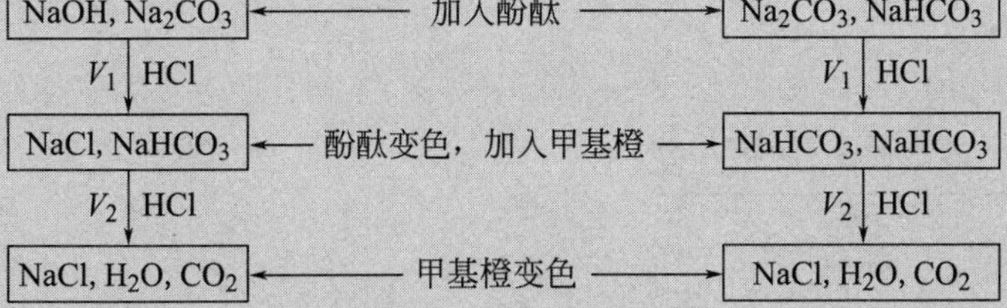

若 $V_1 > V_2$，混合碱的组成为 $NaOH$ 和 Na_2CO_3，若 $V_2 > V_1$，混合碱的组成为 Na_2CO_3 和 $NaHCO_3$。根据题意，以酚酞为指示剂，消耗 HCl 的体积 $V_1 = 20.00mL$；以甲基橙为指示剂，又消耗 HCl 的体积 $V_2 = 48.60mL - 20.00mL = 28.60mL$。由于 $V_2 > V_1$，所以混合碱的组成为 Na_2CO_3 和 $NaHCO_3$。混合碱中 Na_2CO_3 消耗 HCl 的体积为 $2V_1$，$NaHCO_3$ 消耗 HCl 的体积为 $V_2 - V_1 = 28.60mL - 20.00mL = 8.60mL$。

由反应的计量关系：$n_{Na_2CO_3} = \frac{1}{2} n_{HCl}$，$n_{NaHCO_3} = n_{HCl}$，得：

$$w_{Na_2CO_3} = \frac{\frac{1}{2}c_{HCl}(2V_1)\times M_{Na_2CO_3}}{m_s}\times100\%$$

$$= \frac{\frac{1}{2}\times0.1100\text{mol}\cdot\text{L}^{-1}\times2\times20.00\text{mL}\times10^{-3}\text{L}\cdot\text{mL}^{-1}\times105.99\text{g}\cdot\text{mol}^{-1}}{0.5000\text{g}}\times100\%$$

$$=46.64\%$$

$$w_{NaHCO_3} = \frac{c_{HCl}(V_2-V_1)\times M_{NaHCO_3}}{m_s}\times100\%$$

$$= \frac{0.1100\text{mol}\cdot\text{L}^{-1}\times8.60\text{mL}\times10^{-3}\text{L}\cdot\text{mL}^{-1}\times84.01\text{g}\cdot\text{mol}^{-1}}{0.5000\text{g}}\times100\%$$

$$=15.89\%$$

【例 5.15】　某试样可能含 Na_3PO_4、Na_2HPO_4、NaH_2PO_4、酸不溶物或它们的混合物。称取试样 1.000g，溶解后，以酚酞为指示剂，以 $0.2000\text{mol}\cdot\text{L}^{-1}$ HCl 溶液滴定，消耗 12.00mL。若以甲基橙为指示剂，用 HCl 溶液滴至橙色，需消耗 HCl 溶液 32.00mL，试分析试样含有哪些组分，它们的百分含量各是多少？

解　滴定过程可用以下图示表示：

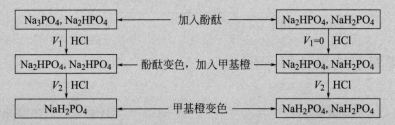

根据题意，以酚酞为指示剂，消耗 HCl 的体积为 $V_1=12.00\text{mL}>0$，所以混合碱的组成为 Na_3PO_4 和 Na_2HPO_4。以甲基橙为指示剂，消耗 HCl 的体积为 $V=V_1+V_2=32.00\text{mL}$，因此 $V_2=V-V_1=20.00\text{mL}$，其中 Na_3PO_4 消耗 HCl 的体积为 $2V_1$，Na_2HPO_4 消耗 HCl 的体积为 $V_2-V_1=8.00\text{mL}$。

由反应的计量关系：$n_{Na_3PO_4}=\frac{1}{2}n_{HCl}$，$n_{Na_2HPO_4}=n_{HCl}$，得：

$$w_{Na_3PO_4} = \frac{\frac{1}{2}c_{HCl}(2V_1)\times M_{Na_3PO_4}}{m_s}\times100\%$$

$$= \frac{\frac{1}{2}\times0.2000\text{mol}\cdot\text{L}^{-1}\times2\times12.00\text{mL}\times10^{-3}\text{L}\cdot\text{mL}^{-1}\times163.94\text{g}\cdot\text{mol}^{-1}}{1.000\text{g}}\times100\%$$

$$=39.35\%$$

$$w_{Na_2HPO_4} = \frac{c_{HCl}(V_2-V_1)\times M_{Na_2HPO_4}}{m_s}\times100\%$$

$$= \frac{0.2000\text{mol}\cdot\text{L}^{-1}\times8.00\text{mL}\times10^{-3}\text{L}\cdot\text{mL}^{-1}\times141.96\text{g}\cdot\text{mol}^{-1}}{1.000\text{g}}\times100\%$$

$$=22.71\%$$

【例 5.16】 用酸碱滴定法测定某试样中磷的含量。称取试样 1.000g，经处理后将 P 转化为 H_3PO_4，然后在 HNO_3 介质中加入钼酸铵，生成磷钼酸铵沉淀：

$$H_3PO_4 + 12MoO_4^{2-} + 2NH_4^+ + 22H^+ \Longrightarrow (NH_4)_2HPO_4 \cdot 12MoO_3 \cdot H_2O + 11H_2O$$

沉淀经过滤并用水洗涤至中性后，溶于 $30.00mL$ $0.2000mol \cdot L^{-1}$ NaOH 标准溶液：

$$(NH_4)_2HPO_4 \cdot 12MoO_3 \cdot H_2O + 24OH^- \Longrightarrow HPO_4^{2-} + 12MoO_4^{2-} + 2NH_4^+ + 13H_2O$$

过量的 NaOH 标准溶液用 $0.1500mol \cdot L^{-1}$ HNO_3 标准溶液返滴定至酚酞变色，消耗 HNO_3 标准溶液 $20.00mL$。计算试样中磷的百分含量？

解　反应的计量关系为：$n_P = \dfrac{1}{24} n_{NaOH}$，则试样中磷的含量：

$$w_P = \frac{\frac{1}{24}(c_{NaOH} V_{NaOH} - c_{HNO_3} V_{HNO_3}) \times M_P}{m_s}$$

$$= \frac{\frac{1}{24}(0.2000mol \cdot L^{-1} \times 30.00mL - 0.1500mol \cdot L^{-1} \times 20.00mL) \times 10^{-3}L \cdot mL^{-1} \times 30.97g \cdot mol^{-1}}{1.000g} \times 100\%$$

$$= 0.39\%$$

【例 5.17】 称取硅酸盐试样 0.2000g，经碱熔融分解，沉淀为 K_2SiF_6，然后过滤、洗净，水解产生的 HF 用 $0.2000mol \cdot L^{-1}$ NaOH 标准溶液滴定至酚酞变色，消耗 NaOH 标准溶液 $22.80mL$，计算试样中 SiO_2 的百分含量？

解
$$2KOH + SiO_2 \Longrightarrow K_2SiO_3 + H_2O$$
$$K_2SiO_3 + 6HF \Longrightarrow K_2SiF_6 + 3H_2O$$
$$K_2SiF_6 + 3H_2O \Longrightarrow 2KF + 4HF + H_2SiO_3$$
$$NaOH + HF \Longrightarrow NaF + H_2O$$

反应的计量关系为：
$$n_{SiO_2} = n_{K_2SiO_3} = \frac{1}{4} n_{HF} = \frac{1}{4} n_{NaOH}$$

$$w_{SiO_2} = \frac{\frac{1}{4} c_{NaOH} V_{NaOH} M_{SiO_2}}{m_s}$$

$$= \frac{\frac{1}{4} \times 0.2000mol \cdot L^{-1} \times 22.80mL \times 10^{-3}L \cdot mL^{-1} \times 60.08g \cdot mol^{-1}}{0.2000g} \times 100\%$$

$$= 34.25\%$$

【例 5.18】 称取不纯的硫酸铵试样 0.2300g，以甲醛法分析。加入已中和至中性的甲醛，反应 1min 后，以酚酞为指示剂，用 $0.1020mol \cdot L^{-1}$ NaOH 标准溶液滴定至浅红色，消耗 NaOH 标准溶液 $32.80mL$，计算试样中氮的百分含量？

解
$$4NH_4^+ + 6HCHO \Longrightarrow (CH_2)_6N_4H^+ + 3H^+ + 6H_2O$$
$$(CH_2)_6N_4H^+ + 3H^+ + 4OH^- \Longrightarrow (CH_2)_6N_4 + 4H_2O$$

反应的计量关系为：$n_N = n_{NH_4^+} = n_{NaOH}$

$$w_N = \frac{c_{NaOH} V_{NaOH} M_N}{m_s}$$

$$= \frac{0.1020\text{mol} \cdot \text{L}^{-1} \times 32.80\text{mL} \times 10^{-3}\text{L} \cdot \text{mL}^{-1} \times 14.00\text{g} \cdot \text{mol}^{-1}}{0.2300\text{g}} \times 100\%$$

$$= 20.36\%$$

【例 5.19】　食用肉中蛋白质的含量是将氮的含量乘以 6.25 而得到。称取 0.3000g 肉制食品试样，采用克氏定氮法测定蛋白质的含量。样品经消解后，用 NaOH 处理，蒸馏出的 NH_3 用过量的饱和硼酸吸收。以 $0.1000\text{mol} \cdot \text{L}^{-1}$ HCl 溶液滴定硼酸吸收液至甲基红变色，消耗 HCl 溶液 25.00mL，计算肉制食品中蛋白质的含量。

解

$$C_m H_n N \xrightarrow[\text{CuSO}_4 \text{ 或汞盐}]{H_2SO_4, K_2SO_4} CO_2 + H_2O + NH_4^+$$

$$OH^- + NH_4^+ = NH_3 + H_2O$$

$$H_3BO_3 + NH_3 = H_2BO_3^- + NH_4^+$$

$$H^+ + H_2BO_3^- = H_3BO_3$$

反应的计量关系为：　　　　$n_N = n_{NH_4^+} = n_{NH_3} = n_{HCl}$

$$w_{\text{蛋白质}} = \frac{6.25 \times c_{HCl} V_{HCl} M_N}{m_s}$$

$$= \frac{6.25 \times 0.1000\text{mol} \cdot \text{L}^{-1} \times 25.00\text{mL} \times 10^{-3}\text{L} \cdot \text{mL}^{-1} \times 14.00\text{g} \cdot \text{mol}^{-1}}{0.3000\text{g}} \times 100\%$$

$$= 72.92\%$$

思考题及习题

5-1　下列各组酸碱物质中，哪些是共轭酸碱对？

(1) $OH^- \text{-} H_3O^+$　　　(2) $H_2SO_4 \text{-} SO_4^{2-}$　　　(3) $C_2H_5OH \text{-} C_2H_5OH_2^+$

(4) $NH_3 \text{-} NH_4^+$　　　(5) $H_2C_2O_4 \text{-} C_2O_4^{2-}$　　　(6) $Na_2CO_3 \text{-} CO_3^{2-}$

(7) $HS^- \text{-} S^{2-}$　　　(8) $H_2PO_4^- \text{-} H_3PO_4$　　　(9) $(CH_2)_6N_4H^+ \text{-} (CH_2)_6N_4$

(10) $HAc \text{-} Ac^-$

5-2　写出下列溶液的质子条件式。

(1) $0.1\text{mol} \cdot \text{L}^{-1} NH_3 \cdot H_2O$　　　(2) $0.1\text{mol} \cdot \text{L}^{-1} H_2C_2O_4$　　　(3) $0.1\text{mol} \cdot \text{L}^{-1} (NH_4)_2HPO_4$

(4) $0.1\text{mol} \cdot \text{L}^{-1} Na_2S$　　　(5) $0.1\text{mol} \cdot \text{L}^{-1} (NH_4)_2CO_3$　　　(6) $0.1\text{mol} \cdot \text{L}^{-1} NaOH$

(7) $0.1\text{mol} \cdot \text{L}^{-1} H_2SO_4$　　　(8) $0.1\text{mol} \cdot \text{L}^{-1} H_3BO_3$

5-3　欲配制 pH 值为 5 的缓冲溶液，应选下列何种酸及其共轭碱体系？

(1) 一氯乙酸 ($pK_a = 2.86$)　　　(2) 邻苯二甲酸氢钾 KHP ($pK_{a_2} = 5.41$)

(3) 甲酸 ($pK_a = 3.74$)　　　(4) HAc ($pK_a = 4.74$)

(5) 苯甲酸 ($pK_a = 4.21$)　　　(6) HF ($pK_a = 3.14$)

5-4　以 NaOH 或 HCl 溶液滴定下列溶液时，在滴定曲线上出现几个滴定突跃？分别采用何种指示剂确定终点？

(1) H_2SO_4　　　(2) $HCl + NH_4Cl$　　　(3) $NH_3 \cdot H_2O + NaOH$

(4) $H_2C_2O_4$　　　(5) $HF+HAc$　　　　　(6) Na_2HPO_4+NaOH

(7) H_3PO_4　　　(8) $Na_2CO_3+Na_3PO_4$　　(9) $HCl+H_3PO_4$

5-5　下列各物质的浓度均为 $0.1mol \cdot L^{-1}$，能否用等浓度的强酸、强碱标准溶液直接滴定？如果能够，应选用哪种指示剂确定终点？

(1) 苯酚（$pK_a=9.95$）　　　　　(2) NaHS（$pK_{a_2}=14.92$，$pK_{b_2}=6.76$）

(3) 吡啶（$pK_b=8.77$）　　　　　(4) NaF（HF 的 $pK_a=3.14$）

(5) 苯甲酸（$pK_a=4.21$）　　　　(6) HAc（$pK_a=4.74$）

5-6　一元弱酸（碱）直接准确滴定的条件是 $c_{sp}K_a \geqslant 10^{-8}$ 或 $c_{sp}K_b \geqslant 10^{-8}$。如果以 K_t 表示滴定反应的平衡常数，则一元弱酸（碱）滴定反应的 $c_{sp}K_t$ 应是多少？

5-7　酸碱滴定中选择指示剂的原则是什么？

5-8　某酸碱指示剂的 $K_{HIn}=10^{-5}$，则该指示剂的理论变色点和变色范围是多少？

5-9　判断下列情况对测定结果的影响。

(1) 用吸收了 CO_2 的 NaOH 标准溶液测定某一元强酸的浓度，分别用甲基橙或酚酞指示终点。

(2) 用吸收了 CO_2 的 NaOH 标准溶液测定某一元弱酸的浓度。

(3) 标定 NaOH 溶液的浓度采用部分风化的 $H_2C_2O_4 \cdot 2H_2O$。

(4) 用在 110℃ 烘过的 Na_2CO_3 标定 HCl 溶液的浓度。

(5) 标定 NaOH 溶液时所用的基准物邻苯二甲酸氢钾中混有邻苯二甲酸。

(6) 用在相对湿度为 30% 的容器中保存的硼砂标定 HCl 溶液的浓度。

5-10　有一碱液可能含 NaOH、Na_2CO_3、$NaHCO_3$ 或它们的混合物。若用 HCl 溶液滴定至酚酞变色，消耗 HCl 溶液的体积为 V_1（mL），继续以甲基橙为指示剂滴定至橙色，又用去 V_2（mL），根据以下 V_1 与 V_2 的关系判断该碱液的组成。

(1) $V_1=V_2$　　　　(2) $V_1=0$，$V_2>0$　　　　(3) $V_1>0$，$V_2=0$

(4) $V_1>V_2$　　　　(5) $V_1<V_2$

5-11　用非水滴定法测定下列物质时，哪些宜选择碱性溶剂，哪些宜选择酸性溶剂？

(1) 吡啶（$pK_b=8.77$）　　　　(2) NaAc（$pK_b=9.26$）

(3) 氢氰酸（$pK_a=9.14$）　　　(4) NH_4Cl（$pK_a=9.26$）

(5) 硼酸（$pK_a=9.24$）　　　　(6) 喹啉（$pK_b=9.2$）

5-12　设计方案测定下列混合液中各组分的含量（包括测定原理、标准溶液、指示剂和含量计算公式，以 $g \cdot L^{-1}$ 表示）。

(1) $HCl+H_3BO_3$　　　(2) $HCl+H_3PO_4$　　　(3) $NH_3 \cdot H_2O+NH_4Cl$

(4) $HAc+NaAc$　　　(5) $NaOH+Na_3PO_4$　　(6) 硼砂$+H_3BO_3$

5-13　已知 H_3PO_4 的总浓度为 $0.1mol \cdot L^{-1}$，计算 pH=5.0 时，H_3PO_4、$H_2PO_4^-$、HPO_4^{2-}、PO_4^{3-} 型体对应的分布系数及其平衡浓度。

（$\delta_{H_3PO_4}=0.0013$；$\delta_{H_2PO_4^-}=0.9924$；$\delta_{HPO_4^{2-}}=0.0023$；$\delta_{PO_4^{3-}}=0$；$[H_3PO_4]=1.3\times10^{-4}mol \cdot L^{-1}$；$[H_2PO_4^-]=0.09924mol \cdot L^{-1}$；$[HPO_4^{2-}]=6.3\times10^{-4}mol \cdot L^{-1}$；$[PO_4^{3-}]=0mol \cdot L^{-1}$）

5-14　计算下列各溶液的 pH 值。

(1) $2.0\times10^{-7}mol \cdot L^{-1}$ NaOH　　(2) $0.10mol \cdot L^{-1}$ HCN

(3) $0.10mol \cdot L^{-1}$ H_3BO_3　　　　(4) $0.10mol \cdot L^{-1}$ $H_2C_2O_4$

(5) $0.010mol \cdot L^{-1}$ Na_2S　　　　(6) $0.05mol \cdot L^{-1}$ K_2HPO_4

(7) $0.15mol \cdot L^{-1}$ NH_4Ac

(8) $0.10mol \cdot L^{-1}$ $NH_3 \cdot H_2O$-$0.25mol \cdot L^{-1}$ NH_4Cl 混合溶液

(9) $0.10mol \cdot L^{-1}$ 乳酸-$0.05mol \cdot L^{-1}$ 乳酸钠混合溶液

　[(1) pH=7.38；(2) pH=5.07；(3) pH=5.12；(4) pH=1.28；(5) pH=12.00；(6) pH=9.70；

(7) pH=7.0；(8) pH=8.85；(9) pH=3.55]

5-15 计算 pH=8.0 时，$0.20 \text{mol} \cdot \text{L}^{-1}$ NaHCO$_3$ 溶液中各型体的平衡浓度。

（$[H_2CO_3]=4.66 \times 10^{-3} \text{mol} \cdot \text{L}^{-1}$；$[HCO_3^-]=0.194 \text{mol} \cdot \text{L}^{-1}$；$[CO_3^{2-}]=1.09 \times 10^{-3} \text{mol} \cdot \text{L}^{-1}$）

5-16 配制 pH=10.0、总浓度 $1.00 \text{mol} \cdot \text{L}^{-1}$ 的 NH$_3$-NH$_4$Cl 缓冲溶液 1L，需要用 $13.5 \text{mol} \cdot \text{L}^{-1}$ 的浓氨水多少毫升，NH$_4$Cl 多少克？

(63.0mL；8.03g)

5-17 配制 pH=5.0、总浓度 $0.20 \text{mol} \cdot \text{L}^{-1}$ 的 HAc-NaAc 缓冲溶液 500mL，需要用 $17.5 \text{mol} \cdot \text{L}^{-1}$ 的冰醋酸多少毫升，NaAc 多少克？

(2.0mL；5.33g)

5-18 在 100mL、$0.50 \text{mol} \cdot \text{L}^{-1}$ HAc-$1.0 \text{mol} \cdot \text{L}^{-1}$ NaAc 缓冲溶液中加入 1mL $12 \text{mol} \cdot \text{L}^{-1}$ HCl 溶液后，pH 值改变了多少？

(ΔpH=0.15)

5-19 计算用 $0.1000 \text{mol} \cdot \text{L}^{-1}$ HCl 标准溶液滴定 20.00mL 同浓度的氨水溶液至化学计量点的 pH 值及滴定突跃范围。若以甲基红为指示剂（变色点 pH=5.0），终点误差是多少？

($pH_{sp}=5.28$；4.3～6.26；0.01%)

5-20 用 $0.1000 \text{mol} \cdot \text{L}^{-1}$ NaOH 标准溶液滴定 20.00mL 同浓度的甲酸溶液，计算化学计量点的 pH 值及滴定突跃范围。若以酚酞为指示剂（变色点 pH=9.0），终点误差是多少？

($pH_{sp}=8.22$；6.74～9.70；0.02%)

5-21 在 $0.1000 \text{mol} \cdot \text{L}^{-1}$ H$_3$BO$_3$ 溶液中加入一定量的甘油，反应生成的配位酸（$K_a=4.0 \times 10^{-6}$）用 $0.1000 \text{mol} \cdot \text{L}^{-1}$ NaOH 标准溶液滴定到酚酞变色（变色点 pH=9.0），计算化学计量点的 pH 值和终点误差。

($pH_{sp}=9.05$；-0.005%)

5-22 某二元弱酸 H$_2$A，在 pH=2.00 时，$\delta_{H_2A}=\delta_{HA^-}$；pH=7.20 时，$\delta_{HA^-}=\delta_{A^{2-}}$；求（1）H$_2$A 的 pK_{a_1} 和 pK_{a_2}；（2）此二元弱酸能否分步滴定，其第一、第二化学计量点 pH 值各是多少？（3）各选择何种指示剂确定终点？

（$pK_{a_1}=10^{-2}$；$pK_{a_2}=10^{-7.2}$；可以分步滴定；pH=4.60；pH=7.26）

5-23 称取 1.000g 某一元弱酸试样，溶于 50.00mL 水。以酚酞为指示剂，用 $0.1000 \text{mol} \cdot \text{L}^{-1}$ NaOH 标准溶液滴定至终点，消耗 NaOH 标准溶液 26.50mL。当加入 10.00mL NaOH 标准溶液时，pH=5.00。求该弱酸的摩尔质量和解离常数 K_a。

($M_{HB}=377.36 \text{g} \cdot \text{mol}^{-1}$；$K_a=10^{-5.22}$)

5-24 称取 2.000g 面粉试样，经浓硫酸消解后，用浓 NaOH 碱化并加热蒸馏，蒸出的 NH$_3$ 以过量的饱和硼酸溶液吸收，吸收液用 $0.1200 \text{mol} \cdot \text{L}^{-1}$ HCl 溶液滴定至终点，消耗 45.50mL，计算面粉中粗蛋白质的质量分数。（已知面粉中粗蛋白质含量是将氮含量乘以 5.7 而得到）

(21.79%)

5-25 称取 0.500g 石灰石，用少量水润湿后加入 25.00mL $0.1500 \text{mol} \cdot \text{L}^{-1}$ HCl 溶液溶解，过量的盐酸用 10.00mL NaOH 溶液返滴。求石灰石中 CaCO$_3$ 的百分含量。（已知 1mL NaOH 溶液相当于 1.10mL HCl 溶液）

(21.00%)

5-26 称取 1.000g 混合碱（可能含 NaOH 或 Na$_2$CO$_3$、NaHCO$_3$ 或它们的混合物）试样，以酚酞为指示剂，用 $0.2500 \text{mol} \cdot \text{L}^{-1}$ HCl 溶液滴定至终点，用去盐酸溶液 38.10mL，加入甲基橙指示剂，继续用 HCl 溶液滴定至橙色，又用去盐酸溶液 25.40mL。判断混合碱的组成并计算试样中各组分的百分含量。

($w_{Na_2CO_3}=67.31\%$；$w_{NaOH}=12.70\%$)

5-27 称取 0.7500g 混合碱（可能含 NaOH 或 Na$_2$CO$_3$、NaHCO$_3$ 或它们的混合物）试样，以酚酞为

指示剂，用 $0.2000mol \cdot L^{-1}$ HCl 标准溶液滴定至终点，用去盐酸溶液 28.70mL。加入甲基橙指示剂后，继续用 HCl 溶液滴定至橙色，又用去盐酸溶液 32.10mL。判断混合碱的组成并计算试样中各组分的百分含量。

$$(w_{Na_2CO_3} = 78.30\%; \ w_{NaHCO_3} = 7.62\%)$$

5-28　有一混合碱试样，可能含 Na_3PO_4、Na_2HPO_4、NaH_2PO_4 或它们的混合物。称取 2.000g 试样，溶解后以酚酞为指示剂，用 $0.3000mol \cdot L^{-1}$ HCl 溶液滴定至终点，用去 18.90mL；加入甲基橙指示剂后，继续用 HCl 溶液滴定至橙色，又用去 28.30mL。判断混合碱的组成并计算试样中各组分的百分含量。

$$(w_{Na_3PO_4} = 46.49\%; \ w_{Na_2HPO_4} = 20.02\%)$$

5-29　称取钢样 1.000g，溶解后，将其中的磷转化为磷酸，然后在 HNO_3 介质中加入钼酸铵沉淀为磷钼酸铵。沉淀经过滤并用水洗涤至中性后，用 25.00mL $0.1100mol \cdot L^{-1}$ NaOH 溶液溶解，过量的 NaOH 溶液用 HNO_3 返滴定至酚酞刚好褪色，耗去 $0.2500mol \cdot L^{-1}$ HNO_3 溶液 5.00mL。计算钢中磷的百分含量。

$$(0.19\%)$$

5-30　某试液含甲醛。移取 20.00mL 于锥形瓶中，加入过量的盐酸羟胺让其充分反应后，用 $0.1200mol \cdot L^{-1}$ NaOH 溶液滴定反应生成的 HCl，以甲基红为指示剂，滴定至终点时消耗 NaOH 溶液 36.80mL，计算试液中甲醛的含量（以 $mg \cdot mL^{-1}$ 表示）。

$$(6.6mg \cdot mL^{-1})$$

5-31　阿司匹林的有效成分为乙酰水杨酸，其含量可用酸碱滴定法测定。现称取试样 0.2500g，准确加入 50.00mL $0.1020mol \cdot L^{-1}$ NaOH 溶液，煮沸 10min，冷却后，以酚酞为指示剂，过量的 NaOH 用 $0.05050mol \cdot L^{-1}$ H_2SO_4 溶液返滴定，消耗 H_2SO_4 溶液 25.00mL，求试样中乙酰水杨酸的百分含量。［已知乙酰水杨酸（$HOOCC_6H_4OCOCH_3$）的摩尔质量为 $180.16g \cdot mol^{-1}$］

$$(92.82\%)$$

5-32　欲测定盐酸和硼酸的混合试液中各组分。移取 25.00mL 试液，以甲基红-溴甲酚绿为指示剂，用 $0.2000mol \cdot L^{-1}$ NaOH 标准溶液滴定至终点，消耗 NaOH 标准溶液 20.20mL。另取 25.00mL 试液，加入甘露醇反应完全后，以酚酞为指示剂，用 $0.2000mol \cdot L^{-1}$ NaOH 标准溶液滴定至终点需消耗 38.80mL，求混合试液中 HCl 与 H_3BO_3 的含量各为多少（以 $mg \cdot mL^{-1}$ 表示）。

$$(\rho_{HCl} = 5.9mg \cdot mL^{-1}; \ \rho_{H_3BO_3} = 9.2mg \cdot mL^{-1})$$

第 6 章 配位滴定法

本章概要：本章以 EDTA 配位滴定为主线，讨论处理复杂配位平衡关系的方法、配位滴定的金属指示剂、配位滴定的基本原理及应用。掌握处理配位平衡问题不仅是配位滴定法的基本内容，也为配位反应在分析化学中的其他应用奠定基础。

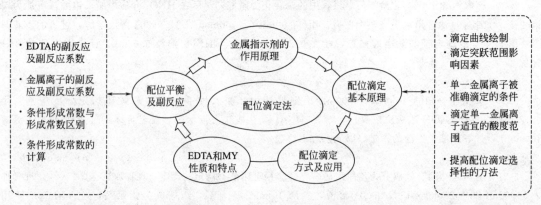

配位滴定法（complex-formation titration）又称络合滴定法，是以配位反应为基础的滴定分析方法。配位反应很多，但不是所有的配位反应都可用于滴定分析，必须满足滴定分析法对化学反应的要求：

① 配位反应必须完全，即生成的配合物的形成常数足够大；

② 反应需按一定的反应式定量完成，即金属离子与配位剂的配位比要恒定；

③ 反应速率快；

④ 要有适当的方法确定滴定终点。

与金属离子配位的配位剂可以分为无机配位剂和有机配位剂两大类。由于多数的无机配位剂与金属离子逐级形成配合物，且形成常数较小，难以满足滴定分析法对化学反应的要求。所以目前用于配位滴定的配位剂大多为有机配位剂，特别是分子中含有两个或两个以上配位原子的氨羧类配位剂。氨羧类配位剂是分子中含有 $N(CH_2COOH)_2$ 活性基团的有机化合物，其分子中含有氨基氮和羧基氧两种配位原子。

常用的氨羧类配位剂主要有：EDTA（乙二胺四乙酸）、CyDTA（或 DCTA，环己烷二胺基四乙酸）、EDTP（乙二胺四丙酸）、TTHA（三乙基四胺六乙酸），其中 EDTA 是目前应用最为广泛的一种，用 EDTA 标准溶液可以滴定几十种金属离子。通常所谓的配位滴定法，主要是指 EDTA 滴定法。

6.1 乙二胺四乙酸及其与金属离子的配合物

6.1.1 EDTA 的性质

乙二胺四乙酸（简称 EDTA），它是一种多元酸，可用 H_4Y 表示。在水溶液中，分子中两个羧基上的 H^+ 转移到 N 原子上形成双偶极离子，其结构式为：

$$\underset{\text{HOOCH}_2\text{C}}{\overset{^-\text{OOCH}_2\text{C}}{\Large>}}\text{N}\overset{\text{H}^+}{\underset{}{|}}\text{—CH}_2\text{—CH}_2\text{—N}\overset{}{\underset{\text{H}^+}{|}}\underset{\text{CH}_2\text{COO}^-}{\overset{\text{CH}_2\text{COOH}}{\Large<}}$$

（1）相当于质子化的六元酸

溶液酸度较高时，EDTA 中的两个羧基可再接受两个 H^+ 而形成 H_6Y^{2+}，相当于一个六元酸。它在水溶液中存在六级解离平衡，有 7 种型体存在，见表 6.1。

表 6.1　水溶液中 EDTA 的各级解离平衡常数

各级解离平衡	各级解离平衡常数
$H_6Y^{2+} \rightleftharpoons H^+ + H_5Y^+$	$K_{a_1} = 10^{-0.90}$
$H_5Y^+ \rightleftharpoons H^+ + H_4Y$	$K_{a_2} = 10^{-1.60}$
$H_4Y \rightleftharpoons H^+ + H_3Y^-$	$K_{a_3} = 10^{-2.00}$
$H_3Y^- \rightleftharpoons H^+ + H_2Y^{2-}$	$K_{a_4} = 10^{-2.67}$
$H_2Y^{2-} \rightleftharpoons H^+ + HY^{3-}$	$K_{a_5} = 10^{-6.16}$
$HY^{3-} \rightleftharpoons H^+ + Y^{4-}$	$K_{a_6} = 10^{-10.26}$

EDTA 各种型体的分布分数与溶液的 pH 值有关（分布分数的具体计算公式参见第 5 章），各种型体的分布曲线如图 6.1 所示。

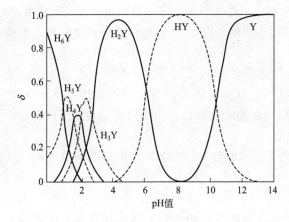

图 6.1　EDTA 各种型体的分布曲线

（为了书写简便，本章 EDTA 的各种型体及其配合物常略去电荷）

由图 6.1 可见，在一定的 pH 值下，EDTA 存在的型体可能不止一种，但常有一种型体是主要的，在 pH<1 的强酸溶液中，EDTA 主要以 H_6Y^{2+} 型体存在；在 pH 值为 $2.67\sim$ 6.16 时，主要以 H_2Y^{2-} 型体存在；在 pH>10.26 时，主要以 Y^{4-} 型体存在，Y 型体是与金属离子形成最稳定配合物的型体。

思考：EDTA 在水溶液中各型体的分布分数与溶液 pH 值的关系式是什么？

（2）溶解度较小

乙二胺四乙酸是一种无毒、无臭、具有酸味的白色结晶粉末，微溶于水，22℃时每 100mL 水仅能溶解 0.02g。因此实际使用时，通常将其制成二钠盐，以 $Na_2H_2Y \cdot 2H_2O$ 表示，其二钠盐在水中溶解度较大，22℃时，每 100mL 水中能溶解 11.1g，浓度约为 0.3mol·L^{-1}，其主要存在的型体为 H_2Y^{2-}，pH 值约为 4.4。

6.1.2 EDTA 与金属离子的配合物特点

（1）普遍性

EDTA 几乎能与周期表中绝大多数金属离子形成具有多个五元环结构（见图 6.2）的螯合物，其稳定性高。因此，配位滴定法应用很广泛，同时如何提高滴定的选择性成为配位滴定中的一个重要问题。

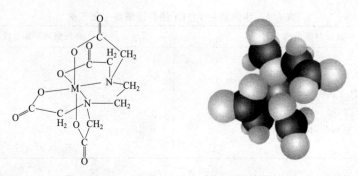

图 6.2 M-EDTA 配合物结构图

（2）配位比简单

因 EDTA 分子中含有 6 个配位原子，而多数金属离子的配位数不超过 6，因此，在一般情况下，EDTA 与大多数金属离子以 1∶1 的配位比形成螯合物。配位反应可以写为：

$$M^{n+} + Y^{4-} \Longrightarrow MY^{n-4}$$

只有极少数高价金属离子与 EDTA 配位时，配位比不是 1∶1。例如，五价钼与 EDTA 形成 Mo(V)∶Y=2∶1 的螯合物 $(MoO_2)_2Y^{2-}$。在中性或碱性溶液中 Zr(IV) 与 EDTA 也形成 2∶1 的螯合物。EDTA 螯合物配位比简单的特点为定量计算提供了极大的方便。

（3）水溶性好

因 EDTA 与金属离子形成的螯合物大多带有电荷而易溶于水，从而使得 EDTA 滴定能在水溶液中进行。

（4）颜色

EDTA 与金属离子形成的配合物的颜色，取决于金属离子本身的颜色。EDTA 与无色金属离子配位时，则形成无色的配合物，有利于用指示剂确定终点；而与有色金属离子配位时，一般形成颜色更深的配合物。如：

NiY^{2-}	CuY^{2-}	CoY^{2-}	MnY^{2-}	CrY^-	FeY^-
蓝绿色	深蓝	玫瑰红	紫红	深紫	黄

在滴定这些金属离子时，若其浓度过大，则配合物的颜色很深，将会对指示剂确定终点带来一定的困难。

6.2 配位平衡

6.2.1 EDTA 配合物的形成常数

对于金属离子与 EDTA 的配位反应方程式：$M + Y \Longrightarrow MY$，其平衡常数可以用配合物

的形成常数 K_{MY} 表示：

$$K_{MY} = \frac{[MY]}{[M][Y]} \tag{6.1}$$

K_{MY} 越大，反应进行的程度越大，形成的配合物越稳定。配合物形成常数的倒数即为配合物的解离常数。

$$K_{形成} = \frac{1}{K_{解离}} \tag{6.2}$$

一些常见金属离子与 EDTA 形成配合物的形成常数见附录 5。

6.2.2　ML_n 型配合物的逐级形成常数和累积形成常数

金属离子 M 与配位剂 L 形成 ML_n 型配合物，是逐级形成的，其逐级形成反应与相应的形成常数 $K_{形_n}$ 为：

$$M + L \Longleftrightarrow ML \qquad K_{形_1} = \frac{[ML]}{[M][L]}$$

$$ML + L \Longleftrightarrow ML_2 \qquad K_{形_2} = \frac{[ML_2]}{[ML][L]}$$

$$\vdots$$

$$ML_{n-1} + L \Longleftrightarrow ML_n \qquad K_{形_n} = \frac{[ML_n]}{[ML_{n-1}][L]} \tag{6.3}$$

若将逐级形成常数渐次相乘，就得到各级累积形成常数 β_n：

第一级累积形成常数　$\beta_1 = K_{形_1} = \dfrac{[ML]}{[M][L]}$

第二级累积形成常数　$\beta_2 = K_{形_1} K_{形_2} = \dfrac{[ML_2]}{[M][L]^2}$

$$\vdots$$

第 n 级累积形成常数　$\beta_n = K_{形_1} K_{形_2} K_{形_3} \cdots K_{形_n} = \dfrac{[ML_n]}{[M][L]^n} \tag{6.4}$

β_n 即为各级配合物总的形成常数。

根据配位化合物的各级累积形成常数表达式可得到各级配合物的平衡浓度：

$$[ML] = \beta_1 [M][L]$$

$$[ML_2] = \beta_2 [M][L]^2$$

$$\vdots$$

$$[ML_n] = \beta_n [M][L]^n \tag{6.5}$$

部分金属配合物的各级累积形成常数见附录 4。

6.2.3　EDTA 的质子化常数和累积质子化常数

将 Y 与溶液中 H^+ 逐级质子化的反应可视为 Y 与 H^+ 逐级形成配合物的反应，其质子化常数 K^H 和累积质子化常数 β^H 表示为：

$$Y + H^+ \Longleftrightarrow HY \qquad K_1^H = \frac{1}{K_{a_6}} \qquad \beta_1^H = K_1^H = \frac{[HY]}{[Y][H^+]}$$

$$HY + H^+ \Longleftrightarrow H_2Y \qquad K_2^H = \frac{1}{K_{a_5}} \qquad \beta_2^H = K_1^H K_2^H = \frac{[H_2Y]}{[Y][H^+]^2}$$

$$\vdots$$

$$\mathrm{H_5Y + H^+ \rightleftharpoons H_6Y} \qquad K_6^H = \frac{1}{K_{a_1}} \qquad \beta_6^H = K_1^H K_2^H K_3^H K_4^H K_5^H K_6^H = \frac{[\mathrm{H_6Y}]}{[\mathrm{Y}][\mathrm{H^+}]^6}$$

EDTA 各型体的平衡浓度与相应的累积质子化常数的关系可以表示为：

$$[\mathrm{HY}] = \beta_1^H [\mathrm{Y}][\mathrm{H^+}]$$

$$[\mathrm{H_2Y}] = \beta_2^H [\mathrm{Y}][\mathrm{H^+}]^2$$

$$\vdots$$

$$[\mathrm{H_6Y}] = \beta_6^H [\mathrm{Y}][\mathrm{H^+}]^6 \tag{6.6}$$

6.2.4　配位滴定中的副反应与副反应系数

配位滴定中所涉及的化学平衡比较复杂，除了被测金属离子 M 与配位剂 Y 之间的主反应外，溶液的酸度、其他配位剂及共存离子等，都会影响 M 与 Y 的主反应进行。我们把主反应以外的其他反应统称为副反应。其平衡关系如下：

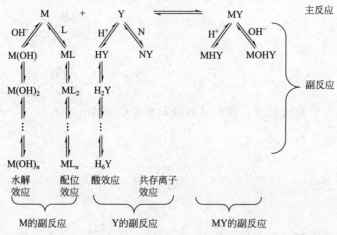

显然，反应物 M 及 Y 的各种副反应都不利于主反应的进行，而生成物 MY 的各种副反应则有利于主反应的进行。M、Y 及 MY 的各种副反应进行的程度，可用相应的副反应系数 α 表示。由于 MY 的副反应进行的程度很小，故下面着重讨论滴定剂 Y 和金属离子 M 的副反应。

6.2.4.1　配位剂 Y 的副反应和副反应系数 α_Y

（1）酸效应及酸效应系数

由于 Y 与 $\mathrm{H^+}$ 结合的副反应发生而使配位剂 Y 参加主反应能力降低的现象，称为该配位剂的酸效应。酸效应对主反应影响的程度用酸效应系数 $\alpha_{Y(H)}$ 大小来衡量，$\alpha_{Y(H)}$ 定义为：

$$\alpha_{Y(H)} = \frac{[\mathrm{Y'}]}{[\mathrm{Y}]} \tag{6.7}$$

$[\mathrm{Y'}]$ 表示没有参加主反应的 EDTA 总浓度，即未与 M 配位的 EDTA 各种型体浓度之和；$[\mathrm{Y}]$ 表示 Y 型体的平衡浓度。

当溶液中不存在与 Y 配位的其他金属离子时，Y 仅与 $\mathrm{H^+}$ 发生副反应，此时：

$$\alpha_{Y(H)} = \frac{[\mathrm{Y'}]}{[\mathrm{Y}]} = \frac{[\mathrm{Y}] + [\mathrm{HY}] + [\mathrm{H_2Y}] + \cdots + [\mathrm{H_6Y}]}{[\mathrm{Y}]}$$

将 EDTA 各型体的平衡浓度与相应的累积质子化常数的关系式(6.6)代入，得：

$$\alpha_{Y(H)} = \frac{[Y] + \beta_1^H [H^+][Y] + \beta_2^H [H^+]^2 [Y] + \cdots + \beta_6^H [H^+]^6 [Y]}{[Y]}$$

$$= 1 + \beta_1^H [H^+] + \beta_2^H [H^+]^2 + \cdots + \beta_6^H [H^+]^6 \qquad (6.8)$$

从式(6.8) 可知，$\alpha_{Y(H)}$ 随溶液 $[H^+]$ 增大而增大，而 $\alpha_{Y(H)}$ 值越大，表明酸效应越严重，对主反应影响程度越大，因此酸度是影响配位滴定的主要因素之一。由式(6.8) 可计算不同 pH 值的 $\alpha_{Y(H)}$。为了应用方便，将不同 pH 值下计算出来的 $\lg\alpha_{Y(H)}$ 值列于表 6.2 中。按表中数据绘制 pH-$\lg\alpha_{Y(H)}$ 关系曲线，如图 6.6 所示，该曲线称为 EDTA 酸效应曲线。当 pH＞12 时，$\alpha_{Y(H)}$ 近似等于 1，表示未配位的 EDTA 全部以 Y 型体存在，未发生酸效应。

表 6.2　EDTA 在不同 pH 值时的 $\lg\alpha_{Y(H)}$

pH 值	$\lg\alpha_{Y(H)}$	pH 值	$\lg\alpha_{Y(H)}$	pH 值	$\lg\alpha_{Y(H)}$	pH 值	$\lg\alpha_{Y(H)}$
0.0	23.64	3.2	10.14	6.6	3.79	9.8	0.59
0.2	22.47	3.4	9.70	6.8	3.55	10.0	0.45
0.4	21.32	3.8	8.85	7.0	3.32	10.2	0.33
0.6	20.18	4.0	8.44	7.2	3.10	10.4	0.24
0.8	19.08	4.2	8.04	7.4	2.88	10.6	0.16
1.0	18.01	4.4	7.64	7.6	2.68	10.8	0.11
1.2	16.98	4.6	7.24	7.8	2.47	11.0	0.07
1.4	16.02	4.8	6.84	8.0	2.27	11.2	0.05
1.6	15.11	5.0	6.45	8.2	2.07	11.4	0.03
1.8	14.27	5.2	6.07	8.4	1.87	11.6	0.02
2.0	13.51	5.4	5.69	8.6	1.67	11.8	0.01
2.2	12.82	5.6	5.33	8.8	1.48	12.0	0.01
2.4	12.19	5.8	4.98	9.0	1.28	12.1	0.01
2.6	11.62	6.0	4.65	9.2	1.10	12.2	0.005
2.8	11.09	6.2	4.34	9.4	0.92	13.0	0.0008
3.0	10.60	6.4	4.06	9.6	0.75	13.9	0.0001

(2) 共存离子效应及共存离子效应系数

因共存离子 N 与 Y 发生的副反应而使配位剂参加主反应能力降低的现象，称为共存离子效应。共存离子效应对主反应影响的程度用共存离子效应系数 $\alpha_{Y(N)}$ 大小来衡量。若仅考虑共存离子 N 的影响，$\alpha_{Y(N)}$ 为：

$$\alpha_{Y(N)} = \frac{[Y']}{[Y]} = \frac{[Y] + [NY]}{[Y]} = 1 + K_{NY}[N] \qquad (6.9)$$

K_{NY} 为 NY 的形成常数，$[N]$ 为游离 N 的平衡浓度。K_{NY} 越大或 $[N]$ 越大，$\alpha_{Y(N)}$ 值越大，表示共存离子的副反应越严重。

思考： 若溶液中有多种能与 Y 发生配位反应的共存离子存在，其共存离子效应系数如何计算？

(3) Y 的总副反应系数 α_Y

当溶液中既有共存离子效应，又有酸效应时，Y 的总副反应系数为：

$$\alpha_Y = \frac{[Y']}{[Y]} = \frac{[Y] + [HY] + \cdots + [H_6Y] + [NY]}{[Y]}$$

$$= \frac{[Y] + [HY] + \cdots + [H_6Y]}{[Y]} + \frac{[Y] + [NY]}{[Y]} - \frac{[Y]}{[Y]}$$

$$= \alpha_{Y(H)} + \alpha_{Y(N)} - 1 \qquad (6.10)$$

可见，只要求出各个副反应系数，就可以得到配位剂 Y 的总副反应系数 α_Y。一般情况下，在滴定剂 Y 的副反应中，酸效应的影响最大，因此 $\alpha_{Y(H)}$ 是重要的副反应系数。

【例 6.1】　在 pH＝8.0 的溶液中含有浓度均为 0.010mol·L^{-1} 的 EDTA、Zn^{2+} 及 Ca^{2+}，对于 EDTA 与 Zn^{2+} 的主反应，α_Y 应当是多少？

解　根据题意，相关的配位反应为：

$$Zn + Y \rightleftharpoons ZnY$$

$$\underset{\alpha_{Y(H)}}{H^+} \quad \underset{\alpha_{Y(Ca)}}{Ca}$$

EDTA 发生了酸效应和共存离子效应两种副反应。

查表 6.2，当 pH＝8.0 时，$\alpha_{Y(H)}=10^{2.27}$

查附录 5，$K_{CaY}=10^{10.69}$

由式(6.9)，得：$\alpha_{Y(Ca)}=1+K_{CaY}[Ca^{2+}]=1+10^{10.69}\times0.010=10^{8.69}$

根据式(6.10)　　　　　$\alpha_Y=\alpha_{Y(H)}+\alpha_{Y(Ca)}-1$

得　　　　　　　　　$\alpha_Y=10^{2.27}+10^{8.69}-1\approx10^{8.69}$

6.2.4.2　金属离子 M 的副反应和副反应系数 α_M

(1) 配位效应与配位效应系数

由于其他配位剂 L 与 M 形成配合物使金属离子参加主反应能力降低的现象，称为该金属离子的配位效应。配位效应对主反应影响的程度用配位效应系数 $\alpha_{M(L)}$ 大小来衡量。$\alpha_{M(L)}$ 定义为：

$$\alpha_{M(L)}=\frac{[M']}{[M]} \tag{6.11}$$

式中，$[M']$ 表示没有参加主反应的金属离子总浓度；$[M]$ 表示游离金属离子的平衡浓度。

若仅考虑其他配位剂 L 的影响，此时：

$$\alpha_{M(L)}=\frac{[M']}{[M]}=\frac{[M]+[ML]+\cdots+[ML_n]}{[M]}$$

根据 ML_n 各级配合物平衡浓度的计算公式(6.5)，得：

$$\alpha_{M(L)}=\frac{[M]+\beta_1[M][L]+\cdots+\beta_n[M][L]^n}{[M]}=1+\beta_1[L]+\beta_2[L]^2+\cdots+\beta_n[L]^n \tag{6.12}$$

配位剂 L 的平衡浓度 $[L]$ 越大，$\alpha_{M(L)}$ 越大，表示配位效应副反应越严重。配位剂 L 一般是滴定时所加入的缓冲剂或为防止金属离子水解所加的辅助配位剂，也可能是为消除干扰而加的掩蔽剂。

在酸度较低的溶液中，金属离子可能水解生成羟基配合物使金属离子参加主反应能力降低，引起水解效应（羟基配位效应）。水解效应对主反应影响的程度用水解效应系数 $\alpha_{M(OH)}$ 大小来衡量。常见金属离子的 $\lg\alpha_{M(OH)}$ 值可查表 6.3。由表中数据可见，酸度越低，金属离子的水解效应越严重。因此，在配位滴定时要选择合适的酸度或加入辅助配位剂防止金属离子水解。

表 6.3　常见金属离子的 $\lg\alpha_{M(OH)}$ 值

金属离子	离子强度	pH 值													
		1	2	3	4	5	6	7	8	9	10	11	12	13	14
Al^{3+}	2				0.4	1.3	5.3	9.3	13.3	17.3	21.3	25.3	29.3	33.3	
Bi^{3+}	3	0.1	0.5	1.4	2.4	3.4	4.4	5.4							

金属离子	离子强度	pH 值													
		1	2	3	4	5	6	7	8	9	10	11	12	13	14
Ca^{2+}	0.1													0.3	1.0
Cd^{2+}	3									0.1	0.5	2.0	4.5	8.1	12.0
Co^{2+}	0.1							0.1	0.4	1.1	2.2	4.2	7.2	10.2
Cu^{2+}	0.1								0.2	0.8	1.7	2.7	3.7	4.7	5.7
Fe^{2+}	1									0.1	0.6	1.5	2.5	3.5	4.5
Fe^{3+}	3			0.4	1.8	3.7	5.7	7.7	9.7	11.7	13.7	15.7	17.7	19.7	21.7
Hg^{2+}	0.1			0.5	1.9	3.9	5.9	7.9	9.9	11.9	13.9	15.9	17.9	19.9	21.9
La^{3+}	3									0.3	1.0	1.9	2.9	3.9
Mg^{2+}	0.1										0.1	0.5	1.3	2.3
Mn^{2+}	0.1									0.1	0.5	1.4	2.4	3.4
Ni^{2+}	0.1									0.1	0.7	1.6		
Pb^{2+}	0.1							0.1	0.5	1.4	2.7	4.7	7.4	10.4	13.4
Th^{4+}	1				0.2	0.8	1.7	2.7	3.7	4.7	5.7	6.7	7.7	8.7	9.7
Zn^{2+}	0.1									0.2	2.4	5.4	8.5	11.8	15.5

（2）金属离子的总副反应系数 α_M

若溶液中有两种配位剂 L 和 A 同时与金属离子 M 发生副反应，则其影响可用金属离子的总副反应系数 α_M 表示：

$$\alpha_M = \frac{[M']}{[M]} = \alpha_{M(L)} + \alpha_{M(A)} - 1 \tag{6.13}$$

思考：公式（6.13）的推导过程。

【**例 6.2**】　当 $c_{NH_3} = 0.1 \, mol \cdot L^{-1}$，pH = 11.0 时，计算 Zn^{2+} 的总副反应系数。

解　根据题意，Zn^{2+} 发生了以下副反应：

$$Zn \; + \; Y \Longrightarrow ZnY$$

$$OH^- \| \qquad \| NH_3$$

$$\alpha_{Zn(OH)} \quad \alpha_{Zn(NH_3)}$$

查附录 4，$[Zn(NH_3)_4]^{2+}$ 的各级累积形成常数为：$\lg\beta_1 = 2.37$、$\lg\beta_2 = 4.81$、$\lg\beta_3 = 7.31$、$\lg\beta_4 = 9.46$。根据式（6.12），得：

$$\alpha_{Zn(NH_3)} = 1 + \beta_1[NH_3] + \beta_2[NH_3]^2 + \beta_3[NH_3]^3 + \beta_4[NH_3]^4$$

$$= 1 + 10^{2.37} \times 0.10 + 10^{4.81} \times 0.10^2 + 10^{7.31} \times 0.10^3 + 10^{9.46} \times 0.10^4 = 10^{5.49}$$

查表 6.3，得 pH = 11.0 时，$\alpha_{Zn(OH)} = 10^{5.4}$。

根据公式（6.13），得：

$$\alpha_{Zn} = \alpha_{Zn(NH_3)} + \alpha_{Zn(OH)} - 1 = 10^{5.49} + 10^{5.40} - 1 = 10^{5.75}$$

6.2.5　EDTA 配合物的条件形成常数

对于配位反应：

$$M + Y \Longrightarrow MY$$

当没有副反应发生时，用绝对形成常数 K_{MY} 衡量此配位反应进行的程度。如果有副反应发生，该配位反应将受到 M、Y 及 MY 的副反应的影响，此时继续用 K_{MY} 衡量此配位反应进行的程度显然是不符合实际情况。因此,在有副反应发生的情况下,配位反应进行的程度引入条件形成常数——K'_{MY}来衡量。若仅考虑 M、Y 的副反应,当达到平衡时,用$[M']$、$[Y']$及$[MY]$表示配合物的条件形成常数:

$$K'_{MY} = \frac{[MY]}{[M'][Y']} \tag{6.14}$$

由副反应系数定义可知:$[M'] = \alpha_M[M]$, $[Y'] = \alpha_Y[Y]$,将 $[M']$、$[Y']$ 代入式(6.14),得:

$$K'_{MY} = \frac{[MY]}{\alpha_M[M]\alpha_Y[Y]} = K_{MY}\frac{1}{\alpha_M\alpha_Y} \tag{6.15}$$

在一定的外界条件下,α_Y、α_M 均为定值,K'_{MY} 即为常数;当外界条件改变时,α_M 和 α_Y 亦发生相应的变化,K'_{MY}也随之改变。条件形成常数是利用副反应系数进行校正后的实际形成常数,简称条件常数。

若将式(6.15)两边取对数,得:

$$\lg K'_{MY} = \lg K_{MY} - \lg\alpha_M - \lg\alpha_Y \tag{6.16}$$

式(6.16)可视具体情况简化:

① 若溶液中只有 M 发生副反应,$\alpha_Y = 1$,则:

$$\lg K'_{MY} = \lg K_{MY} - \lg\alpha_M \tag{6.17}$$

② 若溶液中只有 Y 发生副反应,$\alpha_M = 1$,则:

$$\lg K'_{MY} = \lg K_{MY} - \lg\alpha_Y \tag{6.18}$$

【例 6.3】 计算 pH = 5.0,溶液中游离 F^- 的浓度为 $0.010\,mol \cdot L^{-1}$ 时,EDTA 与 Al^{3+} 形成配合物的条件形成常数 K'_{AlY}。

解 根据题意,Al^{3+} 与 EDTA 的配位反应平衡体系为:

$$Al + Y \rightleftharpoons AlY$$

$$\Updownarrow F^- \qquad \Updownarrow H^+$$

$$\alpha_{Al(F)} \qquad \alpha_{Y(H)}$$

只考虑 Al^{3+} 发生配位效应和 Y 发生酸效应,故 $\alpha_{Al} = \alpha_{Al(F)}$ 、$\alpha_Y = \alpha_{Y(H)}$

查表 6.2,pH = 5.0 时:$\lg\alpha_{Y(H)} = 6.45$

查附录 4,得:Al^{3+} 和 F^- 的逐级累积形成常数 $\beta_1 = 10^{6.13}$、$\beta_2 = 10^{11.15}$、$\beta_3 = 10^{15.00}$、$\beta_4 = 10^{17.75}$、$\beta_5 = 10^{19.37}$、$\beta_6 = 10^{19.84}$

查附录 5,得 $\lg K_{AlY} = 16.3$

根据公式(6.12),得:

$$\alpha_{Al(F)} = 1 + \beta_1[F^-] + \beta_2[F^-]^2 + \beta_3[F^-]^3 + \beta_4[F^-]^4 + \beta_5[F^-]^5 + \beta_6[F^-]^6$$

$$= 1 + 10^{6.13} \times 0.010 + 10^{11.15} \times 0.010^2 + 10^{15.00} \times 0.010^3 + 10^{17.75} \times 0.010^4 + 10^{19.37} \times 0.010^5 + 10^{19.84} \times 0.010^6 = 10^{9.93}$$

根据公式(6.16),得:

$$\lg K'_{AlY} = \lg K_{AlY} - \lg\alpha_{Al} - \lg\alpha_Y = \lg K_{AlY} - \lg\alpha_{Al(F)} - \lg\alpha_{Y(H)} = 16.3 - 9.93 - 6.45 = -0.08$$

可见,此时条件形成常数很小,说明 AlY^- 已被 F^- 破坏,用 EDTA 滴定 Al^{3+} 已不可能。

【例 6.4】　计算 pH＝2.0、pH＝6.0 时的 $\lg K'_{ZnY}$。

解　按题意，溶液中 Zn 与 EDTA 的配位反应平衡体系为：

$$Zn+\;\;Y \Longrightarrow ZnY$$
$$\Big\Uparrow H^+$$
$$\alpha_{Y(H)}$$

查附录 5，得 $\lg K_{ZnY}=16.50$

查表 6.2，得 pH＝2.0 时，$\lg\alpha_{Y(H)}=13.51$；pH＝6.0 时，$\lg\alpha_{Y(H)}=4.65$

根据式(6.18)，当 pH＝2.0 时：

$$\lg K'_{ZnY}=\lg K_{ZnY}-\lg\alpha_{Y(H)}=16.50-13.51=2.99$$

同理，pH＝6.0 时：

$$\lg K'_{ZnY}=16.50-4.65=11.85$$

思考： 如何理解溶液酸度对条件形成常数的影响？

6.3　金属指示剂

配位滴定中，所用的指示剂通常是能与金属离子配位形成有色配合物的配位剂，这种指示剂称为金属离子指示剂，简称金属指示剂。

6.3.1　金属指示剂的作用原理

在滴定开始之前，将少量指示剂 In 加入待测金属离子 M 溶液中，发生如下反应：

$$M+In \Longrightarrow MIn$$
$$\text{甲色}\qquad\text{乙色}$$

这时溶液呈 MIn（乙色）的颜色。当滴入 EDTA 溶液后，加入的 EDTA 首先与未和指示剂反应的游离金属离子反应。随着滴定的进行，溶液中的游离金属离子的浓度在不断地下降。当反应快达计量点时，游离的金属离子已消耗殆尽，再加入的 EDTA 就会夺取 MIn 中的金属离子，释放出指示剂，溶液由乙色变为甲色，表示终点到达。反应如下：

$$MIn+Y \Longrightarrow MY+In$$
$$\text{乙色}\qquad\qquad\text{甲色}$$

考虑指示剂的酸效应，金属离子 M 与指示剂 In 的反应平衡为：

$$M+In \Longrightarrow MIn$$
$$\Big\Uparrow H^+$$
$$HIn \overset{H^+}{\Longrightarrow} H_2In\cdots$$

其条件形成常数为：

$$K'_{MIn}=\frac{[MIn]}{[M][In']}$$

$$\lg K'_{MIn}=pM+\lg\frac{[MIn]}{[In']}$$

当 $[MIn]=[In']$ 时，为指示剂颜色转变点，称为指示剂的理论变色点，以此时金属离子 $[M]_t$ 的负对数表示：

$$pM_t=\lg K'_{MIn}=\lg K_{MIn}-\lg\alpha_{In(H)} \tag{6.19}$$

指示剂的变色点也是滴定的终点，即 $pM_{ep}=pM_t$。式（6.19）说明对一定的指示剂，指示剂变色点的 pM_t 值随溶液 pH 值变化而变化。因此，选择金属指示剂的原则是：必须考虑体系的酸度，使指示剂的变色点与滴定的化学计量点尽可能一致，至少变色点应在滴定的 pM 突跃范围内，以减少终点误差。

思考：若同时考虑 M、In 的副反应，如何计算指示剂的变色点 pM_t'？

【例 6.5】 用 EDTA 标准溶液滴定 Mg^{2+}（pH≈10），若用铬黑 T（EBT）作指示剂，说明滴定终点溶液颜色的变化，并计算滴定终点的 pM_{ep} 值。（已知 $lg\alpha_{In(H)}=1.6$，$lgK_{MIn}=7.0$）。

解 滴定前：
$$Mg+EBT \Longleftrightarrow Mg\text{-}EBT$$
$$\qquad\qquad 蓝色\qquad\quad 红色$$

滴定至化学计量点前：
$$Mg+Y \Longleftrightarrow MgY$$

滴定至终点：
$$Mg\text{-}EBT+Y \Longleftrightarrow MgY+EBT$$
$$\quad 红色\qquad\qquad\qquad\qquad 蓝色$$

当溶液从红色变为蓝色指示滴定终点到达。

已知：$lgK_{MIn}=7.0$；pH≈10 时，铬黑 T 的酸效应系数为 $lg\alpha_{In(H)}=1.6$

代入公式（6.19），得：

$$pM_{ep}=lgK'_{MIn}=lgK_{MIn}-lg\alpha_{In(H)}=7.0-1.6=5.4$$

由此可以计算以铬黑 T 为指示剂在不同 pH 值溶液中，滴定不同金属离子的理论变色点，见表 6.4。

表 6.4 铬黑 T 指示剂在不同 pH 值溶液中的 $lg\alpha_{In(H)}$ 及变色点

pH 值	6.0	7.0	8.0	9.0	10.0	11.0
$lg\alpha_{In(H)}$	6.0	4.6	3.6	2.6	1.6	0.7
pCa_{ep}			1.8	2.8	3.8	4.7
pMg_{ep}	1.0	2.4	3.4	4.4	5.4	6.3
pMn_{ep}	3.6	5.0	6.2	7.8	9.7	11.5
pZn_{ep}	6.9	8.3	9.3	10.5	12.2	13.9

由于金属指示剂的有关常数很不齐全，所以在实际工作中大多采用实验方法来选择指示剂。

6.3.2 金属指示剂应具备的条件

从上述指示剂的变色原理可知，金属指示剂应具备以下条件：

① 金属指示剂与金属离子形成配合物的颜色应与金属指示剂本身的颜色有明显的不同。

由于金属指示剂不仅具有配位剂的性质，而且本身大都是有机弱酸或弱碱，在不同的 pH 值溶液中存在的主要型体不同，因而溶液具有不同的颜色，因此金属指示剂必须要求在一定的酸度范围内使用。

例如铬黑 T，它是一个三元酸，在溶液中存在下列平衡：

$$H_2In^- \underset{+H^+}{\overset{-H^+}{\Longleftrightarrow}} HIn^{2-} \underset{+H^+}{\overset{-H^+}{\Longleftrightarrow}} In^{3-}$$
$$紫红色\qquad\quad 蓝色\qquad\quad 橙色$$
$$pH<6.3\qquad 8\sim10\qquad pH>11.6$$

当 pH＜6.3 和 pH＞11.6 时，分别呈紫红色和橙色，均与铬黑 T 和金属离子（如 Ca^{2+}、Mg^{2+}、Zn^{2+}、Cd^{2+} 等）形成的配合物红色接近，不易判断滴定终点。为使终点颜色变化明显，在使用铬黑 T 时理论上应控制溶液的 pH 值为 6.3～11.6，实际控制为 8～10 较为适宜，终点颜色由红色变为蓝色。

又如，二甲酚橙指示剂存在六级酸式解离。pH＜6.3 时溶液呈现黄色，pH＞6.3 时呈现红色，而二甲酚橙与金属离子形成的配合物通常是紫红色。所以，二甲酚橙只适宜在 pH＜6.3 的酸性溶液中使用。

② 金属指示剂与金属离子形成的配合物 MIn 要有适当的稳定性。

如果 MIn 稳定性过高（K_{MIn} 太大），则在化学计量点附近，EDTA 不易与 MIn 中的 M 结合，终点推迟，甚至不变色，得不到终点。如果 MIn 稳定性过低，则未到达化学计量点时，MIn 就会分解，变色不敏锐，影响滴定的准确度。

有的指示剂与某些金属离子生成很稳定的配合物（MIn），其稳定性超过相应的金属离子与 EDTA 的配合物（MY），即 $\lg K_{MIn} > \lg K_{MY}$，以至到达化学计量点时滴入过量 EDTA，也不能夺取 MIn 中的金属离子，使终点看不到颜色的变化，这种现象称为指示剂的封闭现象。例如以铬黑 T 作指示剂，pH＝10，EDTA 滴定 Ca^{2+}、Mg^{2+} 时，Al^{3+}、Fe^{3+}、Ni^{2+} 和 Co^{2+} 对铬黑 T 有封闭作用，这时可加入少量三乙醇胺（掩蔽 Al^{3+} 和 Fe^{3+}）和 KCN（掩蔽 Co^{2+} 和 Ni^{2+}）以消除干扰。

③ 金属指示剂与金属离子之间的显色反应要灵敏、迅速并具有良好的变色可逆性。

如果指示剂与金属离子形成的配合物在水中的溶解度太小，使得滴定剂 EDTA 与 MIn 置换作用缓慢而使终点拖长，这种现象称为指示剂的僵化现象。解决的办法是加入有机溶剂或加热，以增大其溶解度。例如用 1-(2-吡啶偶氮)-2-萘酚（PAN）作指示剂时，经常在溶液中加入少量乙醇或适当加热溶液，使 PAN 指示剂在滴定终点时变色灵敏。

④ 金属指示剂应比较稳定，便于使用和保存。

金属指示剂大多含双键，易被日光、氧化剂、空气所分解，在水溶液中多不稳定，日久会发生氧化还原变质现象。因此常与盐混合以固体形式保存使用，若配成溶液，最好是现用现配。

6.3.3　常用的金属指示剂

常用的金属指示剂使用 pH 值条件、可直接滴定的金属离子、颜色变化及配制方法见表 6.5。

表 6.5　常用的金属指示剂

指示剂	使用 pH 值范围	滴定元素	颜色变化		配制方法	对指示剂封闭的离子
			MIn	In		
2-羟基-1-(2-羟基-4-磺酸基-1-萘偶氮基)-3-萘甲酸（钙指示剂，NN）	12～13	Ca^{2+}	红	蓝	与 NaCl 按 1：100 的质量比混合	Co^{2+}、Ni^{2+}、Fe^{3+}、Al^{3+}、Mn^{2+}、Ti^{4+} 等
1-(1-羟基-2-萘偶氮基)-6-硝基-2-萘酚-4-磺酸钠（铬黑 T，EBT）	8～10	Cd^{2+}、Mg^{2+}、Pb^{2+}、Zn^{2+}、Mn^{2+}、稀土	红	蓝	与 NaCl 按 1：100 的质量比混合	Co^{2+}、Ni^{2+}、Cu^{2+}、Fe^{3+}、Al^{3+} 等

指示剂	使用 pH 值范围	滴定元素	颜色变化		配制方法	对指示剂封闭的离子
			MIn	In		
酸性铬蓝 K	8～13	pH＝10,Mg^{2+}、Zn^{2+} pH＝13,Ca^{2+}	红	蓝	与 NaCl 按 1：100 的质量比混合	Co^{2+}、Ni^{2+}、Cu^{2+}、Fe^{3+}、Al^{3+} 等
3,3'-双(二羧甲基氨甲基)-邻甲酚磺酞(二甲酚橙,XO)	<6	pH<1,ZrO^{2+} pH＝1～3,Bi^{3+}、Th^{4+} pH＝5～6,Zn^{2+}、Pb^{2+}、Cd^{2+}、Hg^{2+}、稀土	紫红	黄	与 NaCl 按 1：100 的质量比混合	Co^{2+}、Ni^{2+}、Cu^{2+}、Fe^{3+}、Al^{3+}、Ti^{4+} 等
磺基水杨酸(ssal)	1.5～2.5	Fe^{3+}	紫红	黄	10～20g·L^{-1} 水溶液	
1-(2-吡啶偶氮)-2-萘酚(PAN)	2～12	pH＝2～3,Bi^{3+}、Th^{4+} pH＝4～5,Zn^{2+}、Pb^{2+}、Mn^{2+}、Cu^{2+}、Cd^{2+}、Fe^{2+}	红	黄	1g·L^{-1} 乙醇溶液	
CuY-PAN	2～12	条件形成常数大于 CuY 的金属离子	黄绿	紫红	CuY 与 PAN 混合水溶液	Ni^{2+}

6.4　配位滴定法的基本原理

6.4.1　配位滴定曲线

配位滴定中，常以 EDTA 配位剂为滴定剂滴定金属离子，发生以下反应：

$$M+Y \rightleftharpoons MY$$

随着滴定剂的加入，金属离子浓度将不断减少。当滴定到达化学计量点时，金属离子浓度发生突变，可用适当的方法确定滴定终点。和酸碱滴定相类似，整个滴定过程中金属离子的变化规律，可用配位滴定曲线表述。即以滴定剂的加入量或滴定分数为横坐标，以 pM 值为纵坐标绘制曲线。

以 0.01000mol·L^{-1}EDTA 标准溶液滴定等浓度 20.00mL Ca^{2+} 溶液（在 pH＝10.0 的 NH_3-NH_4Cl 缓冲溶液）为例绘制滴定曲线：

$$Ca+Y \rightleftharpoons CaY$$

(1) 计算 CaY 的条件形成常数 K'_{CaY}

在 pH＝10.0 时，Ca^{2+} 不易水解，也不与 NH_3 配位，无副反应发生，故仅考虑 EDTA 的酸效应。

查附录 5 和表 6.2，得 $\lg K_{CaY}＝10.69$；pH＝10.00 时　$\lg \alpha_{Y(H)}＝0.45$

根据式(6.18)，得：

$$\lg K'_{CaY}＝\lg K_{CaY}-\lg \alpha_{Y(H)}＝10.69-0.45＝10.24$$

(2) 绘制配位滴定曲线

方法同酸碱滴定曲线的绘制，分为以下四个阶段进行。

① 滴定前：$[Ca^{2+}]＝0.01000mol·L^{-1}$，$pCa＝-\lg[Ca^{2+}]＝-\lg 0.01000＝2.00$。

② 滴定开始至化学计量点之前：溶液中有剩余的 Ca^{2+} 和产物 CaY，由于 $\lg K'_{CaY}$ 较大，剩余的 Ca^{2+} 对 CaY 的解离又有一定的抑制作用，CaY 的解离可以忽略。剩余的 $[Ca^{2+}]$ 为：

$$[Ca^{2+}]＝\frac{V_{Ca}-V_Y}{V_{Ca}+V_Y}\times c_{Ca}$$

$$pCa = pc_{Ca} - lg\frac{V_{Ca} - V_Y}{(V_Y + V_{Ca})} \tag{6.20}$$

若 EDTA 加入体积为 19.98mL（距离化学计量点 sp 产生相对误差为 -0.1%，即滴定百分数为 99.9%），则有：

$$pCa = -lg0.0100 - lg\frac{20.00mL - 19.98mL}{20.00mL + 19.98mL} = 5.30$$

③ 化学计量点时：Ca^{2+} 与 EDTA 按计量关系定量反应，即滴定分数为 100.0%，有：

$$[CaY]_{sp} \approx c_{Ca,sp} = \frac{c_{Ca}}{2} = \frac{0.01000mol \cdot L^{-1} \times 20.00mL}{20.00mL + 20.00mL} = 5.0 \times 10^{-3}mol \cdot L^{-1}$$

$$[Ca]_{sp} = [Y']_{sp}$$

代入 CaY 条件形成常数的表达式，得：

$$K'_{CaY} = \frac{[CaY]_{sp}}{[Ca]_{sp}[Y']_{sp}} = \frac{c_{Ca,sp}}{[Ca]_{sp}^2}$$

$$[Ca]_{sp} = \sqrt{\frac{c_{Ca,sp}}{K'_{CaY}}}$$

$$pCa_{sp} = \frac{1}{2}(pc_{Ca,sp} + lgK'_{CaY}) \tag{6.21}$$

代入有关数据，得：

$$pCa_{sp} = \frac{1}{2}(-lg5.0 \times 10^{-3} + 10.24) = 6.26$$

④ 化学计量点后：按过量 EDTA 浓度计算 $[Ca^{2+}]$，有：

$$[CaY] = \frac{V_{Ca}}{V_{Ca} + V_Y} \times c_{Ca}; \quad [Y'] = \frac{V_Y - V_{Ca}}{V_{Ca} + V_Y} \times c_Y$$

代入 CaY 条件形成常数的表达式 $K'_{CaY} = \dfrac{[CaY]}{[Ca][Y']}$，得：

$$[Ca] = \frac{[CaY]}{[Y']K'_{CaY}} = \frac{V_{Ca}}{(V_Y - V_{Ca})K'_{CaY}}$$

$$pCa = lgK'_{CaY} - lg\frac{V_{Ca}}{V_Y - V_{Ca}} \tag{6.22}$$

若加入 EDTA 20.02mL（即距离化学计量点 sp 产生相对误差为 $+0.1\%$，滴定分数为 100.1%），则有：

$$pCa = 10.24 - lg\frac{20.00mL}{20.02mL - 20.00mL} = 7.24$$

用上述方法逐一计算出滴定过程中溶液的 pCa 值，见表 6.6。

表 6.6 $pH = 10.0$ 的 NH_3-NH_4Cl 缓冲溶液中，$0.01000mol \cdot L^{-1}$ EDTA
滴定 $0.01000mol \cdot L^{-1} Ca^{2+}$ 的 pCa 值

滴入 EDTA 溶液的体积/mL	滴定分数/%	pCa
0.00	0.00	2.00
18.00	90.00	3.28
19.80	99.00	4.30
19.98	99.90	**5.30**
20.00	100.0	**6.26** 突跃范围
20.02	100.1	**7.24**
20.20	101.0	8.24
22.00	110.0	9.24
40.00	200.0	10.06

以 pCa 值为纵坐标，加入 EDTA 的体积或滴定分数为横坐标作图，即得滴定曲线，如图 6.3 所示。

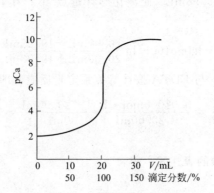

图 6.3 pH＝10.0 的 NH_3-NH_4Cl 缓冲溶液中，
0.01000mol·L^{-1}EDTA 滴定 0.01000mol·$L^{-1}Ca^{2+}$ 的滴定曲线

在 pH＝10.0 的 NH_3-NH_4Cl 缓冲溶液中，用 0.01000mol·L^{-1}EDTA 标准溶液滴定等浓度 20.00mL Ca^{2+} 溶液，滴定的突跃范围为 5.30～7.24，化学计量点为 6.26。滴定的突跃和计量点是我们关注的重点，它可以为我们选择适宜的指示剂提供帮助。

思考：推导配位滴定化学计量点 pM_{sp} 值的计算通式？

6.4.2 影响滴定突跃范围的因素

由上可知，影响配位滴定突跃范围的因素主要有两个：配合物的条件形成常数 K'_{MY} 和被滴定金属离子的浓度 c_M。

（1）条件形成常数 K'_{MY}

由式(6.22)可知，配合物的条件形成常数 K'_{MY} 越大，滴定突跃的上限越高，滴定突跃范围也越大，滴定反应进行的程度越高，如图 6.4 所示。

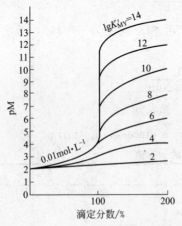

图 6.4 不同 $\lg K'_{MY}$ 的滴定曲线

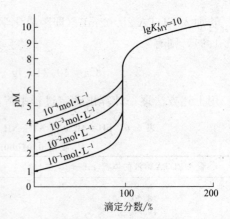

图 6.5 不同 c_M 的滴定曲线

K'_{MY} 的大小与 K_{MY}、α_Y 和 α_M 均有关，因此 K_{MY}、α_Y 和 α_M 的大小均影响滴定突跃的大小。

思考：酸度和其他配位剂的存在如何影响配位滴定的突跃范围？

(2) 金属离子的浓度 c_M

由式（6.20）可知，金属离子 c_M 越大，滴定突跃的起点越低，滴定突跃范围也越大，滴定反应进行的程度越高。反之则相反，如图 6.5 所示。

6.4.3　单一金属离子准确滴定条件

配位滴定的终点误差是由于滴定终点 pM_{ep} 和化学计量点 pM_{sp} 不一致而引起的。以 EDTA 滴定同浓度的金属离子，终点误差的大小可用林邦（Ringbom）误差公式计算：

$$E_t = \frac{10^{\Delta pM} - 10^{-\Delta pM}}{\sqrt{c_{M,sp} K'_{MY}}} \times 100\% \tag{6.23}$$

若 $\Delta pM = \pm 0.2$（$\Delta pM = pM_{ep} - pM_{sp}$），滴定要求终点误差 $|E_t| \leqslant 0.1\%$，代入式（6.23），得直接准确滴定单一金属离子的判别式：

$$c_{M,sp} K'_{MY} \geqslant 10^6 \quad 或 \quad \lg(c_{M,sp} K'_{MY}) \geqslant 6 \tag{6.24}$$

当 $c_M = 0.02 mol \cdot L^{-1}$，即 $c_{M,sp} = 0.01 mol \cdot L^{-1}$ 时，直接准确滴定单一金属离子的判别式为：

$$K'_{MY} \geqslant 10^8 \quad 或 \quad \lg K'_{MY} \geqslant 8 \tag{6.25}$$

与酸碱滴定相似，若降低分析准确度的要求，或改变检测终点的准确度，则滴定要求的 $\lg(c_{M,sp} K'_{MY})$ 也会发生改变，例如：

$|E_t| \leqslant 0.3\%$，$\Delta pM = \pm 0.2$，$\lg(c_{M,sp} K'_{MY}) \geqslant 5$ 时即可准确滴定；

$|E_t| \leqslant 0.3\%$，$\Delta pM = \pm 0.5$，$\lg(c_{M,sp} K'_{MY}) \geqslant 6$ 时即可准确滴定。

【例 6.6】　在 pH=3.00 和 6.00 的介质中（$\alpha_{Zn} = 1$），能否用 0.020mol·L⁻¹EDTA 准确滴定相同浓度的 Zn^{2+}？

解　依据题意，溶液中只存在 EDTA 的酸效应。

查附录 5 和表 6.2，得：$\lg K_{ZnY} = 16.50$；pH=3.00 时，$\lg \alpha_{Y(H)} = 10.60$；pH=6.00 时，$\lg \alpha_{Y(H)} = 4.65$。

pH=3.00 时：$\lg K'_{ZnY} = \lg K_{ZnY} - \lg \alpha_{Y(H)} = 16.50 - 10.60 = 5.90$

$$\lg(c_{Zn,sp} K'_{ZnY}) = -2 + 5.90 = 3.90 < 6$$

pH=6.00 时：$\lg K'_{ZnY} = \lg K_{ZnY} - \lg \alpha_{Y(H)} = 16.50 - 4.65 = 11.85$

$$\lg(c_{Zn,sp} K'_{ZnY}) = -2 + 11.85 = 9.85 > 6$$

所以，当 pH=3.00 时，Zn^{2+} 不能被 EDTA 准确滴定；而 pH=6.00 时可以被 EDTA 准确滴定。

6.4.4　单一金属离子滴定的适宜酸度范围

6.4.4.1　滴定允许的最高酸度（最低 pH 值）

若滴定反应中仅存在 EDTA 酸效应，在被测金属离子浓度为 0.020mol·L⁻¹ 时，根据直接准确滴定单一金属离子的判别式（6.25），有：

$$\lg K'_{MY} = \lg K_{MY} - \lg \alpha_{Y(H)} \geqslant 8$$

即要求　　　　　　　　　　　　　$\lg \alpha_{Y(H)} \leqslant \lg K_{MY} - 8 \tag{6.26}$

将各种金属离子的 $\lg K_{MY}$ 代入式(6.26)，求出对应的 $\lg \alpha_{Y(H)}$ 值，再从表 6.2 查得与其对应的 pH 值，即为直接准确滴定单一金属离子允许的最高酸度或最低 pH 值。若滴定溶液超过此酸度或低于此 pH 值时，$\lg K'_{MY}$ 变小，滴定误差增加。

【例 6.7】　若 ΔpM 为 ± 0.2，要求终点误差 $|E_t| \leqslant 0.1\%$，计算用 $0.02000 mol \cdot L^{-1}$ EDTA 滴定同浓度的 Ca^{2+} 溶液时允许的最低 pH 值。

解　查附录 5 得 $\lg K_{CaY} = 10.69$，代入式(6.26)，得：

$$\lg \alpha_{Y(H)} \leqslant 2.69$$

查表 6.2 得到与其对应的 pH = 7.6，即滴定 Ca^{2+} 允许的最低 pH 值为 7.6。

不同金属离子的 $\lg K_{MY}$ 值不同，所以滴定不同金属离子的最低 pH 值也不相同，将部分金属离子允许的最低 pH 值标在 EDTA 酸效应曲线（林邦曲线）上，如图 6.6 所示。

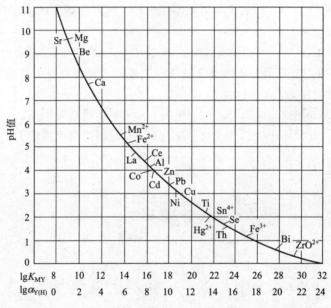

图 6.6　EDTA 酸效应曲线（$c_{M,sp} = 0.010 mol \cdot L^{-1}$）

① 由图可查得直接准确滴定某一金属离子的最低 pH 值，即最高酸度。稳定性高的配合物，在溶液酸度略为高些亦能准确滴定。而对于稳定性较低的，则需在溶液酸度较低的条件下滴定。例如，对很稳定的配合物如 BiY($\lg K_{BiY} = 27.9$)，可以在高酸度（pH ≈ 1）下滴定；而对不稳定的配合物如 MgY($\lg K_{MgY} = 8.7$)，则必须在弱碱性（pH ≈ 10）溶液中滴定。

② 由图可判断，在一定 pH 值范围内，哪些离子可被准确滴定，哪些离子对滴定有干扰。例如，从曲线上可知，在 pH = 8.0 附近滴定 Ca^{2+} 时，溶液中若存在 Fe^{2+} 或 Al^{3+} 等位于 Ca^{2+} 下方的离子都会对滴定有干扰，因为它们均可以同时被滴定。那么位于 Ca^{2+} 上方的离子是否会对滴定干扰呢？我们将在后面讨论。

③ 由图可初步判断，同一溶液中的几种金属离子能否分别滴定。例如，当溶液中含有 Bi^{3+}、Zn^{2+} 及 Mg^{2+} 时，可以用甲基百里酚蓝作指示剂，在 pH = 1.0 时，用 EDTA 测定 Bi^{3+}，然后在 pH = 5.0～6.0 时，连续滴定 Zn^{2+}，最后在 pH = 10.0～11.0 时滴定 Mg^{2+}。如果几种金属离子相隔很近，即形成常数相差不大，能否采用调节溶液酸度的方法连续测定

呢？我们将在后面讨论。

必须注意，使用酸效应曲线查得单独滴定某种金属离子的最低 pH 值的前提是：金属离子在化学计量点时浓度为 $0.010 \mathrm{mol \cdot L^{-1}}$；$|E_t| \leqslant 0.1\%$；溶液中除 EDTA 酸效应外，金属离子未发生其他副反应。

6.4.4.2　滴定允许的最低酸度（最高 pH 值）

为了保证待测金属离子的准确滴定，要求酸度一般都大于所允许的最低 pH 值，但溶液的酸度不能过低，因为酸度太低，金属离子将会发生水解，甚至生成 $M(OH)_n$ 沉淀。如果金属离子发生水解，除影响反应速率使终点难以判断之外，还会影响配位反应的完全程度，因此需要考虑滴定时金属离子不水解的最低酸度（最高 pH 值）。

在没有其他配位剂存在下，金属离子不发生水解的最低酸度可由 $M(OH)_n$ 的溶度积 K_{sp} 求得，即：

$$[OH^-] \leqslant \sqrt[n]{\frac{K_{sp}}{c_M}}$$

从滴定反应本身考虑，单一金属离子滴定的适宜酸度是处于滴定的最高酸度与最低酸度之间，即在这区间，有足够大的条件形成常数 K'_{MY}。

【例 6.8】　计算 $0.020 \mathrm{mol \cdot L^{-1}}$ EDTA 滴定 $0.020 \mathrm{mol \cdot L^{-1}}$ Cu^{2+} 的适宜酸度范围（$\Delta pM = \pm 0.2$、$|E_t| \leqslant 0.1\%$）。

解　允许的最低 pH 值（最高酸度）：

查附录 5 得 $\lg K_{CuY} = 18.80$，代入式(6.26)，得：

$$\lg \alpha_{Y(H)} \leqslant 18.80 - 8.0 = 10.80$$

查表 6.2 得到与其对应的 pH = 2.9，即滴定 Cu^{2+} 允许的最低 pH 值为 2.9。

滴定允许最高 pH 值（最低酸度）：

$$[Cu^{2+}][OH^-]^2 = K_{sp} = 10^{-19.66}$$

$$[OH^-] = \sqrt{\frac{10^{-19.66}}{0.02}} = 10^{-8.98} (\mathrm{mol \cdot L^{-1}})$$

$$pH = 5.0$$

用 $0.020 \mathrm{mol \cdot L^{-1}}$ EDTA 滴定相同浓度 Cu^{2+} 的适宜酸度范围为 pH = 2.9～5.0。

由于 EDTA 在滴定过程中，随着 MY 的形成会不断释放出 H^+，使溶液的酸度逐渐增大，影响滴定的进行。因此，在配位滴定中需加入一定量的缓冲溶液来控制溶液的酸度，保持溶液酸度基本不变。

6.5　提高配位滴定选择性的途径

以上讨论的是单一金属离子配位滴定的情况。实际工作中，经常遇到多种金属离子共存于同一溶液中，而 EDTA 与很多金属离子都能生成稳定的配合物。因此，如何提高配位滴定的选择性是配位滴定中必须要解决的重要问题。目前，常采用下述措施来提高配位滴定的选择性。

6.5.1　控制溶液酸度

现以仅有 M 和 N 两种金属离子共存的简单体系为例讨论，若 $K_{MY} > K_{NY}$，且 K_{MY} 与 K_{NY}

相差足够大，此时可准确滴定 M 离子（有合适的指示剂），而 N 离子不干扰。滴定 M 离子后，若 N 离子满足单一离子准确滴定的条件，则又可继续滴定 N 离子，即可分别滴定 M 和 N 金属离子。问题是 K_{MY} 与 K_{NY} 相差多大才能分别滴定？滴定控制溶液的酸度范围为多少？

用 EDTA 滴定含有 M 和 N 两种离子共存的溶液，若 M 未发生副反应，溶液中的平衡关系如下：

$$
\begin{array}{c}
M + Y \rightleftharpoons MY \\
{\scriptstyle H^+}\diagdown\!\!\diagup\ {\scriptstyle N}\diagdown\!\!\diagup \\
HY \quad\ \ NY \\
\vdots \\
\diagdown\!\!\diagup \\
H_6Y
\end{array}
$$

① 在较高的酸度下滴定 M 金属离子时，$\alpha_{Y(H)} \gg \alpha_{Y(N)}$，即共存离子效应可以忽略，酸效应是主要的，则有：

$$\lg K'_{MY} = \lg K_{MY} - \lg \alpha_{Y(H)}$$

此时可认为 N 的存在对 M 的滴定反应没有影响，与单独滴定 M 离子时的情况相同。

② 在较低的酸度下滴定 M 离子，若 $\alpha_{Y(N)} \gg \alpha_{Y(H)}$，即酸效应可以忽略，共存离子效应是主要的，则有：

$$\alpha_Y \approx \alpha_{Y(N)} = 1 + K_{NY}[N] \approx c_{N,sp} K_{NY}$$

代入式(6.18)，得：$\lg K'_{MY} = \lg K_{MY} - \lg \alpha_{Y(N)}$

$$\approx \lg K_{MY} - \lg c_{N,sp} K_{NY}$$

$$\approx \lg K_{MY} - \lg K_{NY} - \lg c_{N,sp} \approx \Delta \lg K - \lg c_{N,sp}$$

$$\lg c_{M,sp} + \lg K'_{MY} \approx \Delta \lg K - \lg c_{N,sp} + \lg c_{M,sp}$$

$$\lg c_{M,sp} K'_{MY} \approx \Delta \lg K + \lg(c_{M,sp}/c_{N,sp}) = \Delta \lg K + \lg(c_M/c_N) \tag{6.27}$$

上式说明，两种金属离子配合物的稳定常数相差越大，被测离子浓度（c_M）越大，干扰离子浓度（c_N）越小，则在 N 离子存在下滴定 M 离子的可能性越大。至于两种金属离子配合物的形成常数要相差多大才能准确滴定 M 离子而 N 离子不干扰，这就取决于所要求的分析准确度和两种金属离子的浓度比 c_M/c_N 及终点和化学计量点 pM 差值（ΔpM）等因素。

如果 ΔpM $= \pm 0.2$、$|E_t| \leqslant 0.5\%$ 时（当被测溶液有多种金属离子共存时，滴定误差可以允许大一些），要准确滴定 M 离子，而 N 离子不干扰，必须使 $\lg(c_{M,sp} K'_{MY}) \geqslant 5$，即：

$$\Delta \lg K + \lg(c_M/c_N) \geqslant 5 \tag{6.28}$$

当 $c_M = c_N$ 时：$\Delta \lg K \geqslant 5$ $\tag{6.29}$

式(6.29)是判断 M、N 金属离子是否能够分别滴定的判别式。若 $\Delta \lg K \geqslant 5$（$c_M = c_N$），M、N 金属离子能够分别滴定，可采用控制溶液酸度方法进行。

【例 6.9】 如果 ΔpM $= \pm 0.2$、$|E_t| \leqslant 0.5\%$ 时，能否用 EDTA 选择滴定浓度均为 $0.020\text{mol} \cdot L^{-1}$ 的 Fe^{3+} 和 Al^{3+} 溶液？

解 查附录 5 得：$\lg K_{FeY} = 25.1$；$\lg K_{AlY} = 16.3$

$$\Delta \lg K = \lg K_{FeY} - \lg K_{AlY} = 25.1 - 16.3 = 8.8 > 5$$

可通过控制溶液的酸度方法选择滴定 Fe^{3+}，而 Al^{3+} 不干扰。也可以利用图 6.6 的 EDTA 酸效应曲线直接判断。

【例 6.10】 欲用 $0.02000\,mol \cdot L^{-1}$ EDTA 标准溶液滴定混合液中的 Bi^{3+} 和 Pb^{2+}（浓度均为 $0.020\,mol \cdot L^{-1}$），试问：(1) 能否分别进行滴定？(2) 若能，能否在 pH＝1.0 时准确滴定 Bi^{3+}？(3) 应在什么酸度范围内滴定 Pb^{2+}？

解　查附录 5，得：$\lg K_{BiY}=27.94$；$\lg K_{PbY}=18.04$

(1) 根据题意：$\Delta\lg K=\lg K_{BiY}-\lg K_{PbY}=27.94-18.04=9.9>5$

可通过控制溶液的酸度方法对 Bi^{3+} 和 Pb^{2+} 分别进行滴定。

(2) 查酸效应曲线，准确滴定 Bi^{3+} 的最低 pH 值约为 0.7，所以在 pH＝1.0 时可以准确滴定 Bi^{3+}。

此时 $\lg\alpha_{Y(H)}=18.01$，$\lg\alpha_{Bi(OH)}=0.1$，$c_{Bi,sp}=c_{Pb,sp}=0.010\,mol \cdot L^{-1}$，$[Pb^{2+}]\approx c_{Pb,sp}$。

$$\alpha_{Y(Pb)}=1+K_{PbY}[Pb^{2+}]=1+10^{18.04}\times0.010=10^{16.04}$$

可见：$\alpha_{Y(H)}\gg\alpha_{Y(Pb)}$，在 pH＝1 时酸效应是主要的，$\alpha_Y=\alpha_{Y(H)}$，$\alpha_{Bi}=\alpha_{Bi(OH)}$。

根据
$$\lg K'_{BiY}=\lg K_{BiY}-\lg\alpha_Y-\lg\alpha_{Bi}$$
$$=27.94-18.01-0.1=9.83$$
$$\lg(c_{Bi,sp}\,K'_{BiY})=-2.00+9.83=7.83>6$$

因此在 pH＝1.0 时可以准确滴定 Bi^{3+}。采用二甲酚橙作指示剂，终点时，溶液颜色由紫红色变为亮黄色。

(3) 查酸效应曲线，准确滴定 Pb^{2+} 的最低 pH 值约为 3.3。

滴定至 Bi^{3+} 的计量点时，$[Pb^{2+}]\approx c_{Pb,sp}=0.010\,mol \cdot L^{-1}$，最高 pH 值为：

$$[OH^-]=\sqrt{\frac{K_{sp}}{[Pb^{2+}]}}=\sqrt{\frac{10^{-14.93}}{10^{-2.00}}}\,mol \cdot L^{-1}=10^{-6.46}\,mol \cdot L^{-1}$$
$$pOH=6.46,\quad pH=7.54$$

滴定 Pb^{2+} 适宜酸度范围为 pH＝3.3～7.5，实际滴定时选取的 pH 值范围一般比理论求得的适宜 pH 值范围要狭窄一些，可在 pH＝4～7 范围内滴定。通常用六亚甲基四胺溶液控制溶液 pH＝5.0，以二甲酚橙为指示剂，用 EDTA 直接滴定 Pb^{2+} 含量，终点时，溶液颜色由紫红色变为亮黄色。

思考：控制溶液的 pH 值范围是混合离子进行选择性滴定的方法之一，滴定的 pH 值范围需综合考虑哪些因素才能确定？

6.5.2　使用掩蔽剂

当 $\Delta\lg K<5$（$c_M=c_N$）时，无法采用控制酸度进行分别滴定。这时可利用加入掩蔽剂来降低干扰离子的浓度以消除干扰，根据掩蔽反应类型不同分为配位掩蔽法、氧化还原掩蔽法和沉淀掩蔽法等。

(1) 配位掩蔽法

配位掩蔽法在化学分析中应用最广泛，它是通过加入能与干扰离子形成更稳定配合物的配位剂（通称掩蔽剂）掩蔽干扰离子，从而能够更准确滴定待测离子。例如测定 Al^{3+} 和 Zn^{2+} 共存溶液中的 Zn^{2+} 时，可加入 NH_4F 与干扰离子 Al^{3+} 形成稳定的 $[AlF_6]^{3-}$，从而消除 Al^{3+} 的干扰。又如测定水中 Ca^{2+}、Mg^{2+} 总量时，Fe^{3+}、Al^{3+} 的存在干扰测定，可加入

三乙醇胺掩蔽 Fe^{3+} 和 Al^{3+}，消除其干扰。

采用配位掩蔽法，选择掩蔽剂时应注意如下几个问题：

① 掩蔽剂 L 与干扰离子 N 形成的配合物应远比 EDTA 与干扰离子 N 形成的配合物稳定（即 $lgK'_{NL} \gg lgK'_{NY}$），而且所形成的配合物应为无色或浅色；

② 掩蔽剂与待测离子不发生配位反应或形成的配合物稳定性要远小于待测离子与 EDTA配合物的稳定性；

③ 掩蔽作用与滴定反应的 pH 值条件大致相同。例如，在 pH＝10 时测定 Ca^{2+}、Mg^{2+} 总量，少量 Fe^{3+}、Al^{3+} 的干扰可使用三乙醇胺来掩蔽；但若在 pH＝1 时测定 Bi^{3+} 就不能再使用三乙醇胺掩蔽，因为 pH＝1 时三乙醇胺不再具有掩蔽作用。

在实际工作中常使用的配位掩蔽剂见表 6.7。

表 6.7 常用的配位掩蔽剂

掩蔽剂	被掩蔽的金属离子	pH 值
三乙醇胺	Al^{3+}，Fe^{3+}，Sn^{4+}，TiO^{2+}	10
柠檬酸	Bi^{3+}，Fe^{3+}，Cr^{3+}，Sn^{4+}，TiO^{2+}，ZrO^{2+}	中性
乙酰丙酮	Al^{3+}，Fe^{3+}	5～6
邻二氮菲	Cu^{2+}，Co^{2+}，Ni^{2+}，Cd^{2+}，Hg^{2+}	5～6
氟化物	Al^{3+}，Sn^{4+}，TiO^{2+}，Zr^{4+}	＞4
硫脲	Hg^{2+}，Cu^{2+}	弱酸性
氰化物	Zn^{2+}，Cu^{2+}，Co^{2+}，Ni^{2+}，Cd^{2+}，Hg^{2+}，Fe^{2+}	10

【例 6.11】 含有 Al^{3+} 和 Zn^{2+} 的某溶液，两者浓度均为 $2.0 \times 10^{-2} mol \cdot L^{-1}$。若用 KF 掩蔽 Al^{3+}，并调节溶液 pH＝5.0。已知终点时 $[F^-]=0.10 mol \cdot L^{-1}$，问可否掩蔽 Al^{3+} 而准确滴定 Zn^{2+}（EDTA 浓度为 $2.0 \times 10^{-2} mol \cdot L^{-1}$）？

解 根据题意，相关的配位反应为：

$$\begin{array}{c} Zn \; + \; Y \rightleftharpoons ZnY \\ H^+ \;\diagdown\diagup\; Al+6F \rightleftharpoons AlF_6 \\ \alpha_{Y(H)} \quad \alpha_{Y(Al)} \end{array}$$

查附录 4、5 和表 6.2，得：$lgK_{ZnY}=16.50$，$lgK_{AlY}=16.3$。Al^{3+} 与 F^- 配合物的各累积形成常数为：$lg\beta_1=6.13$、$lg\beta_2=11.15$、$lg\beta_3=15.00$、$lg\beta_4=17.75$、$lg\beta_5=19.37$、$lg\beta_6=19.84$。pH＝5.0 时，$lg\alpha_{Y(H)}=6.45$。

$[F^-]=0.10 mol \cdot L^{-1}$，$c_{Zn,sp}=c_{Al,sp}=0.01 mol \cdot L^{-1}$。根据式（6.12），得：

$$\alpha_{Al(F)}=1+\beta_1[F^-]+\beta_2[F^-]^2+\cdots+\beta_6[F^-]^6$$
$$=1+10^{6.13} \times 0.10+10^{11.15} \times 0.10^2+\cdots+10^{19.84} \times 0.10^6=10^{14.56}$$

忽略在终点时 Al^{3+} 与 Y 的配位反应，有：

$$[Al^{3+}]=\frac{c_{Al,sp}}{\alpha_{Al(F)}}=\frac{0.01 mol \cdot L^{-1}}{10^{14.56}}=10^{-16.56} mol \cdot L^{-1}$$

$$\alpha_{Y(Al)}=1+K_{AlY}[Al^{3+}]=1+10^{16.3} \times 10^{-16.56}=1.6$$

当 pH＝5.0 时，$\alpha_{Y(H)}=10^{6.45} \gg \alpha_{Y(Al)}$，说明此时 Al^{3+} 已被掩蔽完全，对 Zn^{2+} 的滴定不干扰，$\alpha_Y=\alpha_{Y(H)}$。

$$lgK'_{ZnY}=lgK_{ZnY}-lg\alpha_Y=16.50-6.45=10.05$$

$$lg(c_{Zn,sp}K'_{ZnY})=-2.00+10.05=8.05>6$$

此时 Zn^{2+} 能被准确滴定。

（2）氧化还原掩蔽法

利用氧化还原反应来改变干扰离子的价态以消除干扰的方法，称为氧化还原掩蔽法，掩蔽剂为氧化剂或还原剂。例如，锆铁矿中锆的滴定，由于 Zr^{4+} 和 Fe^{3+} 与 EDTA 配合物的形成常数相差不够大（$\Delta lgK = 29.9-25.1 = 4.8$），$Fe^{3+}$ 会干扰 Zr^{4+} 的滴定，此时可加入抗坏血酸或盐酸羟胺使 Fe^{3+} 还原为 Fe^{2+}，由于 $lgK_{FeY^{2-}} = 14.3$，比 lgK_{FeY^-} 小得多，因而避免了 Fe^{3+} 的干扰。又如前面提到，pH$=1$ 时测定 Bi^{3+} 不能使用三乙醇胺掩蔽 Fe^{3+}，此时同样可采用抗坏血酸或盐酸羟胺使 Fe^{3+} 还原为 Fe^{2+} 以消除干扰。其他如滴定 Th^{4+}、In^{3+}、Hg^{2+} 时，也可采用相同方法消除 Fe^{3+} 干扰。

（3）沉淀掩蔽法

沉淀掩蔽法是利用沉淀反应降低干扰离子的浓度，以消除干扰的一种方法。例如，欲选择滴定 Ca^{2+}、Mg^{2+} 混合溶液中的 Ca^{2+}（$lgK_{CaY} = 10.7$，$lgK_{MgY} = 8.7$）。加入 NaOH 调节 pH 值为 $12\sim13$ 时，Mg^{2+} 与 OH^- 生成 $Mg(OH)_2$ 沉淀，可消除 Mg^{2+} 对 Ca^{2+} 测定的干扰。

由于某些沉淀反应进行得不够完全，造成掩蔽效率有时不高，加上沉淀的吸附现象，既影响滴定准确度又影响终点观察。因此，沉淀掩蔽法不是一种理想的掩蔽方法，在实际工作中应用不多。

6.5.3　使用解蔽剂

使用一种试剂将被掩蔽的离子从相应的配合物中释放出来，这种作用称为解蔽，所用的试剂称为解蔽剂。

例如，用配位滴定法测定铜合金中的 Pb^{2+}、Zn^{2+} 含量。先用氨水中和试液，加 KCN 掩蔽 Zn^{2+} 和 Cu^{2+}（Zn^{2+} 和 Cu^{2+} 对 Pb^{2+} 的测定有干扰）。在 pH$=10.0$ 时，以铬黑 T 作指示剂，用 EDTA 可准确滴定 Pb^{2+}。然后加入甲醛，破坏 $[Zn(CN)_4]^{2-}$，其反应如下：

$$[Zn(CN)_4]^{2-} + 4HCHO \Longrightarrow Zn^{2+} + 4H_2C\overset{\overset{\textstyle OH}{|}}{}{-}CN + 4OH^-$$

羟基乙腈

使 Zn^{2+} 解蔽，再用 EDTA 继续滴定 Zn^{2+}。能被甲醛解蔽的还有 $[Cd(CN)_4]^{2-}$。

6.5.4　选用其他滴定剂

氨羧配位剂的种类很多，除 EDTA 外，其他氨羧配位剂也能与金属离子形成稳定的配合物（形成常数见附录 5），但其稳定性与 MY 稳定性有差别。因此可以根据形成配合物稳定性的差异，选用不同的氨羧配位剂作为滴定剂，提高滴定金属离子的选择性。如 EGTA（乙二醇二乙醚二胺四乙酸），EGTA 和 EDTA 与 Mg^{2+}、Ca^{2+} 所形成的配合物的 lgK 值分别为：$lgK_{Mg-EGTA} = 5.2$，$lgK_{Ca-EGTA} = 11.0$，而 $lgK_{Mg-EDTA} = 8.7$，$lgK_{Ca-EDTA} = 10.7$。可见，如果在大量 Mg^{2+} 存在下滴定，采用 EDTA 为滴定剂进行滴定，则 Mg^{2+} 的干扰严重。若用 EGTA 为滴定剂滴定，Mg^{2+} 的干扰就很小。因为 Mg^{2+} 与 EGTA 配合物的稳定性差，而 Ca^{2+} 与 EGTA 配合物的稳定性却很高。因此，选用 EGTA 作滴定剂选择性高于 EDTA。

6.5.5　预先分离

若采用上述控制酸度、掩蔽干扰离子或选用其他滴定剂等方法仍不能消除干扰离子的影响，可采用预先分离的方法除去干扰离子。

6.6 配位滴定方式及其应用

配位滴定中，同样可以根据具体情况，选用不同的滴定方式进行滴定。这样既可扩大配位滴定的应用范围，又可提高配位滴定的选择性。下面讨论滴定分析法中的四种滴定方式在配位滴定中的具体应用。

6.6.1 直接滴定法

直接滴定是配位滴定中最常用和最基本的滴定方式，但采用直接滴定法，必须符合以下条件：

① 被测离子的浓度 c_M 及 K'_{MY} 应满足 $\lg(c_{M,sp}K'_{MY}) \geqslant 6$ 的要求；

② 配位反应速率应很快；

③ 应有变色敏锐的指示剂，且没有封闭现象；

④ 在选用的滴定条件下，待测离子不发生水解和沉淀反应。

例如，水的总硬度的测定（标准编号：GB/T 5750.4—2006）。取适量体积水样 V_s，加 NH_3-NH_4Cl 缓冲溶液控制溶液 pH=10.0，以铬黑 T 为指示剂，用 EDTA 标准溶液滴定至溶液由酒红色变为蓝色即为终点。水样中若有 Fe^{3+}、Al^{3+} 等干扰离子时，可用三乙醇胺掩蔽。如有 Cu^{2+}、Pb^{2+}、Zn^{2+}、Co^{2+}、Ni^{2+} 等干扰离子，可用 Na_2S、KCN 等掩蔽。水的总硬度的表示方法是将所测得的钙、镁折算成 $CaCO_3$ 的质量，即每升水中含有 $CaCO_3$ 的毫克数表示，单位为 $mg \cdot L^{-1}$。

$$总硬度 = \frac{c_{EDTA}V_{EDTA}M_{CaCO_3}}{V_s}$$

当水样中 Mg^{2+} 极少时，往往得不到敏锐的终点。这是因为铬黑 T 与 Mg^{2+} 显色很灵敏，而与 Ca^{2+} 显色的灵敏性较差。为此，可在 EDTA 标准溶液中加入适量的 Mg^{2+}（注意，要在 EDTA 标定前加入，这样就不影响 EDTA 与被测离子之间的滴定定量关系），或在缓冲溶液中加入一定量的 MgY。

如果在溶液中先加入少量 MgY，此时发生下列置换反应：

$$MgY + Ca^{2+} \Longleftrightarrow CaY + Mg^{2+}$$

置换出来的 Mg^{2+} 与铬黑 T 显灵敏的红色。滴定时，EDTA 先与 Ca^{2+} 配位，当到达滴定终点时，EDTA 夺取 Mg-EBT 中的 Mg^{2+}，形成 MgY，游离出指示剂，显蓝色，颜色变化明显。因为滴定前加入的少量 MgY 和最后生成的 MgY 的量相等，故加入的 MgY 不影响滴定结果。

其他金属离子的直接滴定法应用示例见表 6.8。

表 6.8 直接滴定法应用示例

金属离子	pH 值	指示剂	其他主要滴定条件	终点颜色变化
Bi^{3+}	1	二甲酚橙	HNO_3	紫红→黄
Ca^{2+}	12~13	钙指示剂	NaOH 溶液	红→蓝
Cd^{2+}、Fe^{2+}、Pb^{2+}、Zn^{2+}	5~6	二甲酚橙	六亚甲基四胺	紫红→黄
Co^{2+}	5~6	二甲酚橙	六亚甲基四胺，加热至80℃	紫红→黄
Cd^{2+}、Mg^{2+}、Zn^{2+}	9~10	铬黑 T	氨性缓冲液	红→蓝
Cu^{2+}	2.5~10	PAN	加热或加乙醇	红→黄绿

续表

金属离子	pH 值	指示剂	其他主要滴定条件	终点颜色变化
Fe^{3+}	1.5~2.5	磺基水杨酸	加热	紫红→黄
Mn^{2+}	9~10	铬黑 T	氨性缓冲溶液,抗坏血酸或 $NH_2OH \cdot HCl$ 或酒石酸	红→蓝
Ni^{2+}	9~10	紫脲酸铵	加热至 50~60℃	黄绿→紫红
Pb^{2+}	9~10	铬黑 T	氨性缓冲溶液,加酒石酸,并加热至于 40~70℃	红蓝
Th^{4+}	2.5~3.5	二甲酚橙	一氯乙酸-NaOH	紫红→黄

6.6.2 返滴定法

返滴定法适用于以下情况:

① 采用直接滴定法时,缺乏适宜的指示剂,或者待测离子对指示剂有封闭作用;

② 待测离子与 EDTA 的配位速度很慢;

③ 待测离子发生水解等副反应,影响测定。

例如,明矾、复方氢氧化铝片等试样中的 Al^{3+} 的测定(《中华人民共和国药典》2005 年版二部复方氢氧化铝片 Al^{3+} 的测定)。由于:①Al^{3+} 与 EDTA 配位速度缓慢,需在过量的 EDTA 存在下,煮沸才能配位完全;②Al^{3+} 易水解形成多核羟基配合物,如$[Al_2(H_2O)_6(OH)_3]^{3+}$、$[Al_3(H_2O)_6(OH)_6]^{3+}$ 等;③酸性介质中,Al^{3+} 对常用的指示剂二甲酚橙有封闭作用。所以不能用 EDTA 直接滴定法测定 Al^{3+},一般采用返滴定法进行测定,即在 Al^{3+} 的试液中先加入一定量过量的 EDTA 标准溶液,在 pH≈3.5 时煮沸 2~3min,使配位完全(此时溶液的酸度较高,又有过量 EDTA 存在,Al^{3+} 不易形成羟基配合物)。冷至室温,pH=5~6,在 HAc-NaAc 缓冲溶液中,以二甲酚橙作指示剂,用 Zn^{2+} 标准溶液返滴定。根据加入的 EDTA 的物质的量和 Zn^{2+} 标准溶液用去的物质的量可得到与 Al^{3+} 反应的 EDTA 的物质的量,即可求出 Al^{3+} 的含量。

用作返滴定剂的金属离子(如 Zn^{2+})要求与 EDTA 的配合物具有足够的稳定性,以保证测定的准确度,但其稳定性又不能比待测离子与 EDTA 的配合物稳定性高,否则将使测定结果偏低。

返滴定法的其他应用示例见表 6.9。

表 6.9 返滴定法的应用示例

待测金属离子	pH 值	返滴定剂	指示剂	终点颜色变化
Al^{3+},Ni^{2+}	5~6	Zn^{2+}	二甲酚橙	黄→紫红
Al^{3+}	5~6	Cu^{2+}	PAN	黄→蓝紫(或紫红)
Fe^{2+}	9	Zn^{2+}	铬黑 T	蓝→红
Hg^{2+}	10	Mg^2,Zn^{2+}	铬黑 T	蓝→红
Sn^{4+}	2	Th^{4+}	二甲酚橙	黄→紫红

6.6.3 置换滴定法

置换滴定法有两类:①利用置换反应,置换出相应数量的金属离子,然后用 EDTA 标准溶液滴定被置换出的金属离子;②置换出相应数量的 EDTA,然后用金属离子标准溶液滴定被置换出的 EDTA。

(1) 合质金中银含量的测定(标准编号:GB/T 15249.2—2009)

由于 Ag^+ 与 EDTA 的配合物不稳定($lgK_{AgY}=7.8$),不能用 EDTA 直接滴定。可采用置换滴定法，即在含 Ag^+ 试液中加入过量 $Ni(CN)_4^{2-}$，使之发生置换反应：

$$2Ag^+ + Ni(CN)_4^{2-} \Longrightarrow 2Ag(CN)_2^- + Ni^{2+}$$

在 pH＝10 的氨性缓冲溶液中，以紫脲酸铵作指示剂，用 EDTA 标准溶液滴定被置换出的 Ni^{2+}，根据反应式中 Ag^+ 与 Ni^{2+} 的化学计量关系，便可求得 Ag^+ 的含量。

(2) 铝合金、硅酸盐、炉渣和水泥等试样中铝的测定（标准编号：GB/T 223.8—2000《钢铁及合金化学分析方法　氟化钠分离-EDTA 滴定法测定铝含量》；GB/T 14506.4—2010《硅酸盐岩石化学分析方法第四部分：三氧化二铝量测定》；GB/T 176—1996《水泥化学分析方法》；国家机械行业标准号：JB/T 9220.5—1999《铸造化铁炉酸性炉渣化学分析方法　氟化钠-EDTA 容量法测定三氧化二铝含量》）

由于返滴定法选择性不高，所有与 EDTA 形成稳定配合物的金属离子都干扰测定，因此，返滴定法仅适用于简单试样（如明矾、复方氢氧化铝片等）中的 Al^{3+} 的测定。对于铝合金、硅酸盐、炉渣和水泥等复杂试样中铝的测定，需在返滴定法的基础上，再结合置换滴定法进行测定。

先调节溶液 pH 值为 3.5，加入过量的 EDTA 煮沸，使 Al^{3+} 与 EDTA 配位，冷却后再调节溶液 pH 值为 5～6，以二甲酚橙为指示剂，用 Zn^{2+} 标准溶液滴定过量的 EDTA。再利用 F^- 与 Al^{3+} 生成更稳定的 AlF_6^{3-} 的性质，加入 NH_4F 以置换出与 Al^{3+} 等量配合的 EDTA，再用 Zn^{2+} 标准溶液滴定之，从而精确计算 Al^{3+} 的含量。置换滴定法测定 Al^{3+} 时，Ti^{4+}、Zr^{4+}、Sn^{4+} 发生与 Al^{3+} 相同的置换反应而干扰 Al^{3+} 的测定，这时就要加入配位掩蔽剂将它们掩蔽，例如用苦杏仁酸掩蔽 Ti^{4+} 等。

思考：锡青铜试样中含有多种金属离子，如 Sn^{4+}、Pb^{2+}、Cu^{2+}、Zn^{2+} 等。如何用配位滴定法测定锡青铜中 Sn 的含量？（提示：F^- 与 Sn^{4+} 能生成更稳定的配合物 SnF_6^{2-}）

6.6.4　间接滴定法

有些金属离子（如 Li^+、Na^+、K^+、W^{5+} 等）和一些非金属离子（如 SO_4^{2-}、PO_4^{3-} 等），由于不能与 EDTA 配位，或与 EDTA 生成的配合物不稳定，不可用 EDTA 直接滴定，这时可采用间接滴定法进行测定。间接滴定法应用示例见表 6.10。

表 6.10　间接滴定法应用示例

待测离子	主　要　步　骤
K^+	沉淀为 $K_2Na[Co(NO_2)_6] \cdot 6H_2O$，经过滤、洗涤、溶解后测出其中的 Co^{3+}
Na^+	沉淀为 $NaZn(UO_2)_3Ac_9 \cdot 9H_2O$，经过滤、洗涤、溶解后测出其中的 Zn^{2+}
PO_4^{3-}	沉淀为 $MgNH_4PO_4 \cdot 6H_2O$，沉淀经过滤、洗涤、溶解，测定其中的 Mg^{2+}，或测定滤液中过量的 Mg^{2+}
S^{2-}	沉淀为 CuS，测定滤液中过量的 Cu^{2+}
SO_4^{2-}	沉淀为 $BaSO_4$，测定滤液中过量的 Ba^{2+}，用 Mg-Y 铬黑 T 作指示剂
CN^-	加一定量并过量的 Ni^{2+}，使形成 $Ni(CN)_4^{2-}$，测定过量的 Ni^{2+}
Cl^-、Br^-、I^-	沉淀为卤化银，过滤，滤液中过量的 Ag^+ 与 $Ni(CN)_4^{2-}$ 置换，测定置换出的 Ni^{2+}

间接滴定法操作较烦琐，引入误差的机会多，不是一种好的分析测定方法。

综合以上滴定方式，分别设计测定溶液试样中的 Mg、Pb、Zn 和 Cu 含量的实验方案，以下步骤供参考：

① Pb、Zn 和 Cu 含量的测定　取一定量试液，以 PAN 作指示剂，用 EDTA 标准溶液滴定溶液由紫色变为黄色，记录消耗 EDTA 的体积 V_1。

② Mg、Pb 含量的测定　另取一定量试液，调节 pH=10，再加 KCN 以掩蔽 Cu 和 Zn，以铬黑 T 为指示剂，用 EDTA 滴定溶液由酒红色变为纯蓝色，记录消耗 EDTA 的体积 V_2。

③ Zn 含量的测定　取②滴定后的溶液，加甲醛对 $[Zn(CN)_4]^{2-}$ 解蔽，溶液由蓝色变为酒红色，再用 EDTA 滴定溶液由酒红色变为纯蓝色，记录消耗 EDTA 的体积 V_3。

④ Pb、Zn 含量的测定　另取一定量试液，调节 pH=5，加 $Na_2S_2O_3$ 至无色掩蔽 Cu，加 NH_3 至 pH=6.5，再加乙醇，以 PAN 作指示剂，用 EDTA 标准溶液滴定溶液由紫色变为黄色，记录消耗 EDTA 的体积 V_4。

根据 EDTA 标准溶液的浓度和体积即可计算试液中的 Mg、Pb、Zn 和 Cu 含量。

思考题及习题

6-1　用于配位滴定的配位反应必须具备的条件是什么？

6-2　EDTA 和金属离子形成的配合物有哪些特点？

6-3　在 EDTA 配位滴定中有哪些副反应？其副反应进行的程度用什么表示？

6-4　什么是配合物的形成常数？什么是条件形成常数？为什么要引入条件形成常数？

6-5　作为金属指示剂必须具备什么条件？试举几种常用的金属指示剂，并说明其应用的酸度范围。

6-6　什么是金属指示剂的封闭现象和僵化现象？怎样消除？

6-7　单一金属离子能够被 EDTA 标准溶液直接准确滴定的条件是什么？如何确定单一金属离子滴定适宜的酸度范围？（$\Delta pM=\pm0.2$，$|E_t|\leqslant0.1\%$）

6-8　设溶液中有 M 和 N 两种金属离子，且 $c_M=c_N$，要想采用控制溶液酸度的方法实现二者分别滴定，必须符合什么条件？（$\Delta pM=\pm0.2$，$|E_t|\leqslant0.5\%$）

6-9　提高配位滴定选择性有几种方法？常用的掩蔽干扰离子的办法有哪些？

6-10　配位滴定方式有几种？各举一例。

6-11　计算 pH=5.00 和 pH=12.00 时 EDTA 的酸效应系数及其对数值。从计算结果中得出什么结论？

$(10^{6.45}，6.45；1.02，0.01)$

6-12　今有 pH=5.5 的某溶液，其中 Cd^{2+}、Mg^{2+} 和 EDTA 的浓度均为 $1.0\times10^{-2}mol\cdot L^{-1}$。对于 EDTA 与 Cd^{2+} 的主反应，计算其 α_Y 值。

$(10^{6.73})$

6-13　若溶液的 pH=11.00，游离 CN^- 的浓度为 $1.0\times10^{-2}mol\cdot L^{-1}$，计算 lgK'_{HgY}。

(-11.81)

6-14　在 pH=5.0 的 HAc-Ac$^-$ 缓冲溶液中，乙酸总浓度为 $0.2mol\cdot L^{-1}$，计算 K'_{PbY}。（已知 Pb^{2+} 和 Ac$^-$ 的逐级累积形成常数分别为：$\beta_1=10^{2.52}$，$\beta_2=10^{4.0}$，$\beta_3=10^{6.4}$，$\beta_4=10^{8.5}$）

$(10^{6.63})$

6-15　在 $0.1mol\cdot L^{-1}$ 的 AlF_6^{3-} 溶液中，游离 F^- 的浓度为 $0.010mol\cdot L^{-1}$，计算溶液中游离的 Al^{3+} 浓度并指出溶液中配合物的主要存在型体。

$(1.0\times10^{-11}mol\cdot L^{-1}，AlF_4^-、AlF_5^{2-}、AlF_3)$

6-16　在 pH=2.0 时，用 20.00mL $0.02000mol\cdot L^{-1}$ EDTA 标准溶液滴定 20.00mL $2.0\times10^{-2}mol\cdot L^{-1}$ Fe^{3+}。问当 EDTA 加入 19.98mL，20.00mL，20.02mL 和 40.00mL 时，溶液中的 pFe（Ⅲ）如何变化？

$(5.00，6.80，8.59，11.59)$

6-17　假设 Mg^{2+} 和 EDTA 的浓度皆为 $0.020mol\cdot L^{-1}$，在 pH=6.0 时，lgK'_{MgY} 是多少（不考虑羟基配位等副反应）？并说明在此 pH 条件下能否用 EDTA 标准溶液滴定 Mg^{2+}。如不能滴定，求其允许的最小 pH。

$(4.04，9.7)$

6-18 计算用 $0.02000mol \cdot L^{-1}$ EDTA 标准溶液滴定同浓度的 Fe^{3+} 离子溶液时的适宜酸度范围。

($1.2 \sim 2.1$)

6-19 溶液中有 Al^{3+}、Mg^{2+}、Zn^{2+} 三种离子（浓度均为 $2.0 \times 10^{-2}mol \cdot L^{-1}$），加入 NH_4F 使在终点时氟离子的浓度 $[F^-] = 0.10mol \cdot L^{-1}$。问能否在 $pH = 6.0$ 时选择滴定 Zn^{2+}？

($\lg K'_{ZnY} = 10.05$，可以)

6-20 用 $CaCO_3$ 基准物质标定 EDTA 溶液的浓度，称取 $0.1005g$ $CaCO_3$ 基准试剂溶解后定容为 $100.0mL$。移取 $25.00mL$ 钙溶液，在 $pH = 12$ 时用钙指示剂指示终点，以待标定的 EDTA 滴定之，用去 $24.90mL$。①计算 EDTA 的浓度；②计算 EDTA 对 ZnO 和 Fe_2O_3 的滴定度。

(①$0.01008mol \cdot L^{-1}$；②$8.202 \times 10^{-4}g \cdot mL^{-1}$，$8.048$)

6-21 称取含 Fe_2O_3 和 Al_2O_3 的试样 $0.2015g$，溶解后，在 $pH = 2.0$ 以磺基水杨酸作指示剂，以 $0.02008mol \cdot L^{-1}$ EDTA 标准溶液滴定至终点，消耗 $15.20mL$。然后加入上述 EDTA 溶液 $25.00mL$，加热煮沸使其完全配位，调 $pH = 4.5$，以 PAN 作指示剂，趁热用 $0.02112mol \cdot L^{-1}$ Cu^{2+} 标准溶液返滴，用去 $8.16mL$，试计算试样中 Fe_2O_3 和 Al_2O_3 的百分含量。

(12.09%；8.34%)

6-22 用 $0.01060mol \cdot L^{-1}$ EDTA 标准溶液测定水中钙和镁的含量，取 $100.0mL$ 水样，以铬黑 T 为指示剂，在 $pH = 10$ 时滴定，消耗 EDTA $31.30mL$。另取一份 $100.0mL$ 水样，加 NaOH 使呈强碱性，使 Mg^{2+} 成 $Mg(OH)_2$ 沉淀，用钙指示剂指示终点，继续用 EDTA 滴定，消耗 $19.20mL$。计算：①水的总硬度（以 $CaCO_3$ $mg \cdot L^{-1}$ 表示）；②水中钙和镁的含量（以 $CaCO_3$ $mg \cdot L^{-1}$ 和 $MgCO_3$ $mg \cdot L^{-1}$ 表示）。

(①$332.1mg \cdot L^{-1}$；②$203.7mg \cdot L^{-1}$，$108.1mg \cdot L^{-1}$)

6-23 分析含铜、锌、镁合金时，称取 $0.5000g$ 试样，溶解后用容量瓶配成 $100mL$ 试液，吸取 $25.00mL$，调至 $pH = 6$，用 PAN 作指示剂，用 $0.05000mol \cdot L^{-1}$ EDTA 标准溶液滴定铜和锌，用去 $37.30mL$。另外又吸取 $25.00mL$ 试液，调至 $pH = 10$，加 KCN 以掩蔽铜和锌，用同浓度 EDTA 溶液滴定 Mg^{2+}，用去 $4.10mL$，然后再滴加甲醛以解蔽锌，又用同浓度 EDTA 溶液滴定，用去 $13.40mL$。计算试样中铜、锌、镁的质量分数。

(60.75%，35.05%，3.99%)

6-24 称取含锌、铝的试样 $0.1200g$，溶解后调至 pH 值为 3.5，加入 $50.00mL$ $0.02500mol \cdot L^{-1}$ EDTA 溶液，加热煮沸，冷却后，加醋酸缓冲溶液，此时 pH 值为 5.5，以二甲酚橙为指示剂，用 $0.02000mol \cdot L^{-1}$ 标准锌溶液滴定至红色，用去 $5.70mL$。加足量 NH_4F，煮沸，再用上述锌标准溶液滴定，用去 $22.10mL$。计算试样中锌、铝的质量分数。

(37.82%，9.94%)

6-25 分析含铅、铋和镉的合金试样时，称取试样 $1.936g$，溶于 HNO_3 溶液后，用容量瓶配成 $100.0mL$ 试液。吸取该试液 $25.00mL$，调至 pH 值为 1，以二甲酚橙为指示剂，用 $0.02479mol \cdot L^{-1}$ EDTA 溶液滴定，消耗 $25.67mL$，然后加六亚甲基四胺缓冲溶液调节 $pH = 5$，继续用上述 EDTA 滴定，又消耗 EDTA $24.76mL$。加入邻二氮菲，置换出 EDTA 配合物中的 Cd^{2+}，然后用 $0.02174mol \cdot L^{-1}$ $Pb(NO_3)_2$ 标准溶液滴定游离 EDTA，消耗 $6.76mL$。计算合金中铅、铋和镉的质量分数。

(19.98%，27.48%，3.41%)

第7章 氧化还原滴定法

本章概要： 本章在《无机化学》氧化还原平衡的基础上，讨论学习氧化还原滴定的指示剂、氧化还原滴定曲线、常用的氧化还原滴定方法和氧化还原滴定结果的计算等问题，以掌握氧化还原滴定方法的原理和应用。

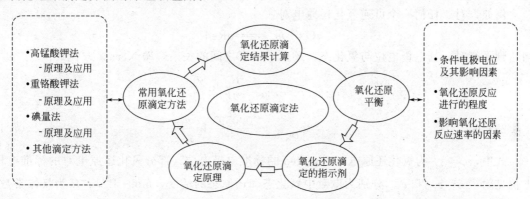

氧化还原滴定法（oxidation-reduction titration or redox titration）是以氧化还原反应为基础的滴定分析方法。可以采用不同的滴定方式测定许多具有氧化还原性或不具有氧化还原性的有机物和无机物，是一种应用广泛的滴定分析方法。

氧化还原反应是一类涉及电子转移的反应，其反应机理复杂，反应速率较慢且常伴有副反应发生，难以满足滴定分析对滴定反应的要求。因此，如何选择合适的条件保证滴定反应能定量、快速地进行是氧化还原滴定法的关键之一。

7.1 氧化还原平衡

7.1.1 可逆电对和不可逆电对

氧化还原电对常粗略地分为可逆电对和不可逆电对两大类。在氧化还原反应的任一瞬间能迅速建立起平衡，且实际显示或通过实验测得的电极电位与通过 Nernst 公式计算的结果基本一致的电对称为可逆电对。不能在氧化还原反应的任一瞬间建立起真正的平衡，且其实际电极电位与按 Nernst 方程计算所得值相差较大的电对称为不可逆电对。但是对于不可逆电对，现在还没有较为简便的公式可计算其电极电位，虽然按 Nernst 方程计算所得的值与实测值有一定的差距，但仍有相当的参考价值，故一般情况下不可逆电对的电极电位仍按照 Nernst 方程来进行计算。

与此同时，在处理氧化还原平衡时，还应注意到电对有对称和不对称的区别。在电对的半反应方程式中，其氧化态与还原态的系数相等的电对，称为对称电对，如 Fe^{3+}/Fe^{2+}、Ce^{4+}/Ce^{3+}、MnO_4^-/Mn^{2+}、Sn^{4+}/Sn^{2+} 等电对；而在电对的半反应方程式中，其氧化态与还原态的系数不相等的电对，则称为不对称电对，如 I_2/I^-、$Cr_2O_7^{2-}/Cr^{3+}$、$S_4O_6^{2-}/S_2O_3^{2-}$ 等电对。

7.1.2 条件电极电位

不同的氧化剂（或还原剂）其氧化（或还原）能力不同。通常使用与之相关的氧化还原电对的电极电位值来衡量氧化还原能力的大小。即电对的电极电位越高（即数值越正），其氧化态（Ox）的氧化能力越强；电对的电极电位越低（即数值越负），其还原态（Red）的还原能力越强。而氧化还原反应自发进行的方向，总是电极电位高的电对中的氧化态物质氧化电极电位低的电对中的还原态物质，其反应进行的完全程度则由相关反应电对的电极电位差来决定。因此，电对的电极电位是讨论氧化还原反应的重要参数。

例如，对于任何一个可逆氧化还原电对：

$$a\mathrm{Ox} + ne^- \rightleftharpoons b\mathrm{Red}$$

当达到平衡时，其电极电位与氧化态、还原态活度之间的关系遵循 Nernst 方程式：

$$\varphi_{\mathrm{Ox/Red}} = \varphi_{\mathrm{Ox/Red}}^{\ominus} + \frac{RT}{nF} \ln \frac{a_{\mathrm{Ox}}^a}{a_{\mathrm{Red}}^b}$$

25℃时，

$$\varphi_{\mathrm{Ox/Red}} = \varphi_{\mathrm{Ox/Red}}^{\ominus} + \frac{0.059\mathrm{V}}{n} \lg \frac{a_{\mathrm{Ox}}^a}{a_{\mathrm{Red}}^b} \tag{7.1}$$

式中，$\varphi_{\mathrm{Ox/Red}}^{\ominus}$ 为氧化还原电对 Ox/Red 的标准电极电位，部分氧化还原电对的标准电极电位见附录 6；a_{Ox} 和 a_{Red} 分别为电对中氧化态和还原态的活度，$\mathrm{mol \cdot L^{-1}}$；$R$ 为气体常数，$8.314\mathrm{J \cdot K^{-1} \cdot mol^{-1}}$；$T$ 为热力学温度，K；F 为法拉第常数，$96485\mathrm{C \cdot mol^{-1}}$；$n$ 为电极反应中转移的电子数。

实际应用中，通常知道的是物质在溶液中的浓度，而不是其活度。若以浓度代替活度，必须引入相应的活度系数 γ_{Ox} 及 γ_{Red}，即：

$$a_{\mathrm{Ox}} = \gamma_{\mathrm{Ox}}[\mathrm{Ox}] \qquad a_{\mathrm{Red}} = \gamma_{\mathrm{Red}}[\mathrm{Red}]$$

对于上述半反应，令 $a = b = 1$，引入活度系数后，有：

$$\varphi_{\mathrm{Ox/Red}} = \varphi_{\mathrm{Ox/Red}}^{\ominus} + \frac{0.059\mathrm{V}}{n} \lg \frac{\gamma_{\mathrm{Ox}}[\mathrm{Ox}]}{\gamma_{\mathrm{Red}}[\mathrm{Red}]} \tag{7.2}$$

通常知道的是 Ox 和 Red 的分析浓度 c_{Ox} 和 c_{Red}，而不是游离态 Ox 和 Red 的平衡浓度 [Ox] 和 [Red]。如果要使用分析浓度 c_{Ox} 和 c_{Red} 来表示电对的电极电位，则必须考虑在该介质条件下氧化态（或还原态）发生的副反应，如酸效应、沉淀反应、配位效应等，即在方程式中必须引入相应的副反应系数 α_{Ox} 和 α_{Red}，根据副反应系数 α 的定义则有：

$$[\mathrm{Ox}] = \frac{[\mathrm{Ox'}]}{\alpha_{\mathrm{Ox}}} = \frac{c_{\mathrm{Ox}}}{\alpha_{\mathrm{Ox}}}, \ [\mathrm{Red}] = \frac{[\mathrm{Red'}]}{\alpha_{\mathrm{Red}}} = \frac{c_{\mathrm{Red}}}{\alpha_{\mathrm{Red}}}$$

于是，将 [Ox] 和 [Red] 代入式(7.2)，得：

$$\begin{aligned}
\varphi_{\mathrm{Ox/Red}} &= \varphi_{\mathrm{Ox/Red}}^{\ominus} + \frac{0.059\mathrm{V}}{n} \lg \frac{\gamma_{\mathrm{Ox}} c_{\mathrm{Ox}}}{\alpha_{\mathrm{Ox}}} \times \frac{\alpha_{\mathrm{Red}}}{\gamma_{\mathrm{Red}} c_{\mathrm{Red}}} \\
&= \left(\varphi_{\mathrm{Ox/Red}}^{\ominus} + \frac{0.059\mathrm{V}}{n} \lg \frac{\gamma_{\mathrm{Ox}} \alpha_{\mathrm{Red}}}{\gamma_{\mathrm{Red}} \alpha_{\mathrm{Ox}}} \right) + \frac{0.059\mathrm{V}}{n} \lg \frac{c_{\mathrm{Ox}}}{c_{\mathrm{Red}}} \\
&= \varphi_{\mathrm{Ox/Red}}^{\ominus\prime} + \frac{0.059\mathrm{V}}{n} \lg \frac{c_{\mathrm{Ox}}}{c_{\mathrm{Red}}}
\end{aligned} \tag{7.3a}$$

其中

$$\varphi_{\mathrm{Ox/Red}}^{\ominus\prime} = \varphi_{\mathrm{Ox/Red}}^{\ominus} + \frac{0.059\mathrm{V}}{n} \lg \frac{\gamma_{\mathrm{Ox}} \alpha_{\mathrm{Red}}}{\gamma_{\mathrm{Red}} \alpha_{\mathrm{Ox}}} \tag{7.3b}$$

式中，$\varphi_{\text{Ox/Red}}^{\ominus\prime}$ 称为条件电极电位，简称条件电位。它是在一定的介质条件下，该电对的氧化态和还原态的分析浓度均为 $1\text{mol} \cdot \text{L}^{-1}$。附录 7 给出了部分氧化还原电对的条件电位。条件电位是校正了各种外界因素后得到的实际电极电位，其大小反映了该电对在该条件下的实际氧化还原能力，引入条件电位来处理问题更符合实际情况。因此，在实际计算中应尽量采用相应条件下的条件电位，若查不到符合条件的条件电位，可采用条件相近的条件电位代替；对于没有条件电极电位的氧化还原电对，则只能采用标准电极电位。

【例 7.1】　在 $1\text{mol} \cdot \text{L}^{-1}$ HCl 溶液中，$c_{\text{Ce}^{4+}}$ 和 $c_{\text{Ce}^{3+}}$ 分别为 $1.00 \times 10^{-2}\text{mol} \cdot \text{L}^{-1}$ 和 $1.00 \times 10^{-4}\text{mol} \cdot \text{L}^{-1}$ 时，计算 $\text{Ce}^{4+}/\text{Ce}^{3+}$ 电对的电极电位。

解　查附录 7，在 $1\text{mol} \cdot \text{L}^{-1}$ HCl 介质中，$\varphi_{\text{Ce}^{4+}/\text{Ce}^{3+}}^{\ominus\prime} = 1.28\text{V}$

$$\varphi_{\text{Ce}^{4+}/\text{Ce}^{3+}} = \varphi_{\text{Ce}^{4+}/\text{Ce}^{3+}}^{\ominus\prime} + 0.059\text{Vlg} \frac{c_{\text{Ce}^{4+}}}{c_{\text{Ce}^{3+}}} = 1.28\text{V} + 0.059\text{Vlg} \frac{1.00 \times 10^{-2}}{1.00 \times 10^{-4}} = 1.40\text{V}$$

【例 7.2】　计算在 $2.5\text{mol} \cdot \text{L}^{-1}$ HCl 溶液中用固体硫酸亚铁盐将 $0.100\text{mol} \cdot \text{L}^{-1}$ $K_2Cr_2O_7$ 溶液中的溶质还原 75% 时溶液的电极电位。

解　溶液的电极电位是 $Cr_2O_7^{2-}/Cr^{3+}$ 电对的电极电位，其半反应为：

$$Cr_2O_7^{2-} + 14H^+ + 6e^- \Longrightarrow 2Cr^{3+} + 7H_2O$$

附录 7 中查不到 $2.5\text{mol} \cdot \text{L}^{-1}$ HCl 介质中该电对的条件电极电位，可采用条件相近的 $3\text{mol} \cdot \text{L}^{-1}$ HCl 介质中的 $\varphi^{\ominus\prime} = 1.08\text{V}$ 代替。

$0.100\text{mol} \cdot \text{L}^{-1}$ $K_2Cr_2O_7$ 还原 75% 时，溶液中：

$$c_{Cr_2O_7^{2-}} = 0.0250\text{mol} \cdot \text{L}^{-1}, \quad c_{Cr^{3+}} = 2 \times 0.100\text{mol} \cdot \text{L}^{-1} \times 75\% = 0.150\text{mol} \cdot \text{L}^{-1}$$

故　　　$$\varphi = \varphi^{\ominus\prime} + \frac{0.059\text{V}}{6}\text{lg}\frac{c_{Cr_2O_7^{2-}}}{c_{Cr^{3+}}^2} = 1.08\text{V} + \frac{0.059\text{V}}{6}\text{lg}\frac{0.0250}{0.150^2} = 1.08\text{V}$$

7.1.3　影响条件电位的因素

条件电位一般都是由实验直接测定，对于某些较简单的情况，也可以由式（7.3b）计算求得，由此也可以更为深刻地理解影响条件电位的因素。条件电位除受温度的影响外，还受溶液的离子强度、酸度和配位剂浓度等其他因素的影响。

7.1.3.1　离子强度的影响

由式（7.3b）可以看出，当离子强度不同时，同一电对的条件电位也不相同。在氧化还原反应中，溶液的离子强度一般较大，当电对的氧化态或还原态为离子且其氧化数较高时，它们的活度系数就越小，由此使得条件电极电位与标准电极电位之间存在一定的差异。由于在一般情况下，离子活度系数的精确值不易得到，更主要的是各种副反应及其他因素的影响远比离子强度的影响大，所以在下面的讨论中忽略离子强度的影响，即近似认为各组分或型体的活度系数均等于 1，此时式（7.2）和式（7.3b）可简化为：

$$\varphi_{\text{Ox/Red}} = \varphi_{\text{Ox/Red}}^{\ominus} + \frac{0.059\text{V}}{n}\text{lg}\frac{[\text{Ox}]}{[\text{Red}]} \tag{7.4}$$

$$\varphi_{\text{Ox/Red}}^{\ominus\prime} = \varphi_{\text{Ox/Red}}^{\ominus} + \frac{0.059\text{V}}{n}\text{lg}\frac{\alpha_{\text{Red}}}{\alpha_{\text{Ox}}} \tag{7.5}$$

上述两式是忽略离子强度后得到的电极电位及条件电极电位的近似表达式。

7.1.3.2 生成沉淀的影响

若体系中有能与氧化型或还原型生成沉淀的试剂存在，则相应游离氧化态或还原态的浓度将降低，由 Nernst 方程可知，该电对的电极电位也将发生改变。

【例 7.3】 计算当 $[I^-]=1.0\,mol \cdot L^{-1}$ 时，电对 Cu^{2+}/Cu^+ 的条件电极电位（忽略离子强度的影响）。

解 查附录 6 和附录 8，得：$\varphi^{\ominus}_{Cu^{2+}/Cu^+}=0.159V$，$K_{sp,CuI}=1.1\times10^{-12}$

根据 Nernst 方程：

$$\varphi_{Cu^{2+}/Cu^+}=\varphi^{\ominus}_{Cu^{2+}/Cu^+}+0.059Vlg\frac{[Cu^{2+}]}{[Cu^+]}=\varphi^{\ominus}_{Cu^{2+}/Cu^+}+0.059Vlg\frac{[I^-]}{K_{sp,CuI}}+0.059Vlg[Cu^{2+}]$$

因 Cu^{2+} 未发生副反应，故 $[Cu^{2+}]=c_{Cu^{2+}}$，当 $c_{Cu^{2+}}=1.0\,mol \cdot L^{-1}$ 时体系的实际电极电位即为此条件下 Cu^{2+}/Cu^+ 电对的条件电极电位，即：

$$\varphi^{\ominus\prime}_{Cu^{2+}/CuI}=\varphi^{\ominus}_{Cu^{2+}/Cu^+}+0.059Vlg\frac{[I^-]}{K_{sp,CuI}}=0.159V-0.059Vlg(1.1\times10^{-12})=0.87V$$

由此可见，因为还原态 Cu^+ 与 I^- 反应生成了溶解度很小的 CuI 沉淀，大大降低了溶液中 Cu^+ 的浓度，使电对 Cu^{2+}/Cu^+ 电极电位由 0.159V 提高到 0.87V，氧化能力大大提高。

由此可知：往体系中加入一种沉淀剂后，若氧化态生成沉淀将会使电对的电极电位降低；若还原态生成沉淀则使电极电位升高。

思考： 为什么反应：$2Cu^{2+}+4I^-\Longrightarrow2CuI\downarrow+I_2$ 能够发生？

7.1.3.3 形成配合物的影响

若体系中有能与氧化型或还原型生成稳定配合物的试剂存在，则其副反应系数必定发生改变，由式(7.5)可知，其电对的条件电极电位随之变化。一般规律是若氧化态形成的配合物更稳定，则条件电极电位降低；相反，还原态形成的配合物更稳定，则条件电极电位升高。

【例 7.4】 计算 $pH=3.00$，$[HF]+[F^-]=0.10\,mol \cdot L^{-1}$ 时 Fe^{3+}/Fe^{2+} 电对的条件电极电位 $\varphi^{\ominus\prime}$。

解 查附录 3、4、6，得，$Fe^{3+}-F^-$ 配合物的 $lg\beta_1 \sim lg\beta_3$ 分别为 5.28，9.30，12.06；HF 的 $pK_a=3.14$；$\varphi^{\ominus}_{Fe^{3+}/Fe^{2+}}=0.77V$

$pH=3.00$ 时，由分布系数定义式求得 $[F^-]$：

$$[F^-]=([HF]+[F^-])\times\frac{K_a}{[H^+]+K_a}=0.10\times\frac{10^{-3.14}}{10^{-3.00}+10^{-3.14}}\,mol \cdot L^{-1}=10^{-1.38}\,mol \cdot L^{-1}$$

Fe^{3+} 的副反应系数：

$$\alpha_{Fe^{3+}(F)}=1+\beta_1[F^-]+\beta_2[F^-]^2+\beta_3[F^-]^3$$
$$=1+10^{5.28}\times10^{-1.38}+10^{9.30}\times10^{-1.38\times2}+10^{12.06}\times10^{-1.38\times3}=10^{7.94}$$

Fe^{2+} 几乎不与 F^- 形成配合物，故：$\alpha_{Fe^{2+}(F)}\approx1$

Fe^{3+}/Fe^{2+} 电对的条件电极电位：

$$\varphi^{\ominus\prime}_{Fe^{3+}/Fe^{2+}}=\varphi^{\ominus}_{Fe^{3+}/Fe^{2+}}+0.059Vlg\frac{\alpha_{Fe^{2+}}}{\alpha_{Fe^{3+}}}=0.77V+0.059Vlg\frac{1}{10^{7.94}}=0.30V$$

在分析化学中，常加入配位掩蔽剂消除干扰。如碘量法测定 Cu^{2+} 时，共存的 Fe^{3+} 干扰测定。若加入 NaF 或 NH_4F，使 Fe^{3+} 与 F^- 形成稳定的配合物，从而使 Fe^{3+} 浓度大大降低，$\varphi^{\ominus\prime}_{Fe^{3+}/Fe^{2+}}$ 随之降低。若使 $\varphi^{\ominus\prime}_{Fe^{3+}/Fe^{2+}} < \varphi^{\ominus\prime}_{I_2/I^-}$ 时，则 Fe^{3+} 将失去氧化 I^- 的能力，也就不再干扰 Cu^{2+} 的测定。

7.1.3.4　酸效应的影响

有些氧化还原半反应中有 H^+ 或 OH^- 参加，此时溶液的酸度将直接影响其电极电位；若一些电对的氧化态或还原态是弱酸或弱碱，溶液的酸度会影响其存在的型体，因而也将影响电极电位的大小。

【例 7.5】　$K_2Cr_2O_7$ 是一种常见的氧化剂，其电极反应为：

$$Cr_2O_7^{2-} + 14H^+ + 6e^- \rightleftharpoons 2Cr^{3+} + 7H_2O$$

分别计算 $[H^+] = 1.0\ mol \cdot L^{-1}$ 和 $[H^+] = 1.0 \times 10^{-3}\ mol \cdot L^{-1}$ 介质下的条件电极电位。

解　查附录 6，得 $\varphi^{\ominus}_{Cr_2O_7^{2-}/Cr^{3+}} = 1.33V$

根据 Nernst 方程：

$$\varphi_{Cr_2O_7^{2-}/Cr^{3+}} = \varphi^{\ominus}_{Cr_2O_7^{2-}/Cr^{3+}} + \frac{0.059V}{6}\lg\frac{[Cr_2O_7^{2-}][H^+]^{14}}{[Cr^{3+}]^2}$$

若 $[Cr_2O_7^{2-}] = [Cr^{3+}] = 1\ mol \cdot L^{-1}$ 时，则：

$$\varphi^{\ominus\prime}_{Cr_2O_7^{2-}/Cr^{3+}} = \varphi^{\ominus}_{Cr_2O_7^{2-}/Cr^{3+}} + \frac{0.059V}{6}\lg[H^+]^{14} = 1.33V + \frac{0.059V \times 14}{6}\lg[H^+]$$

当 $[H^+] = 1.0\ mol \cdot L^{-1}$ 时，则：

$$\varphi^{\ominus\prime}_{Cr_2O_7^{2-}/Cr^{3+}} = \varphi^{\ominus}_{Cr_2O_7^{2-}/Cr^{3+}} = 1.33V$$

当 $[H^+] = 1.0 \times 10^{-3}\ mol \cdot L^{-1}$ 时，则：

$$\varphi^{\ominus\prime}_{Cr_2O_7^{2-}/Cr^{3+}} = 1.33V + \frac{0.059V \times 14}{6}\lg(1.0 \times 10^{-3}) = 0.92V$$

由此可以看出，$K_2Cr_2O_7$ 在强酸性溶液中的氧化性比在弱酸性溶液中强。故在实验室或工业生产中，总是在较强的酸性溶液中使用 $K_2Cr_2O_7$ 作为氧化剂。

【例 7.6】　分别计算 $pH = 1.00$ 和 $pH = 8.00$ 时，$As(V)/As(III)$ 电对的条件电极电位（忽略离子强度的影响，已知 $\varphi^{\ominus}_{As(V)/As(III)} = 0.559V$，$H_3AsO_4$ 的 $pK_{a_1} \sim pK_{a_3}$ 分别为 2.20、7.00、11.50，$HAsO_2$ 的 pK_a 为 9.22）。

解　已知电极反应为：

$$H_3AsO_4 + 2H^+ + 2e^- \rightleftharpoons HAsO_2 + 2H_2O$$

忽略离子强度的影响，则有：

$$\varphi_{H_3AsO_4/HAsO_2} = \varphi^{\ominus}_{H_3AsO_4/HAsO_2} + \frac{0.059V}{2}\lg\frac{[H_3AsO_4][H^+]^2}{[HAsO_2]}$$

$$= \varphi^{\ominus}_{H_3AsO_4/HAsO_2} + \frac{0.059V}{2}\lg\frac{\delta_{H_3AsO_4}c_{H_3AsO_4}[H^+]^2}{\delta_{HAsO_2}c_{HAsO_2}}$$

$$= \varphi^{\ominus}_{H_3AsO_4/HAsO_2} + \frac{0.059V}{2}\lg\frac{\delta_{H_3AsO_4}[H^+]^2}{\delta_{HAsO_2}} + \frac{0.059V}{2}\lg\frac{c_{H_3AsO_4}}{c_{HAsO_2}}$$

当 $c_{H_3AsO_4} = c_{HAsO_2} = 1 mol \cdot L^{-1}$ 时，$\varphi_{H_3AsO_4/HAsO_2} = \varphi^{\ominus\prime}_{H_3AsO_4/HAsO_2}$，故：

$$\varphi^{\ominus\prime}_{H_3AsO_4/HAsO_2} = \varphi^{\ominus}_{H_3AsO_4/HAsO_2} + \frac{0.059V}{2}\lg\frac{\delta_{H_3AsO_4}[H^+]^2}{\delta_{HAsO_2}}$$

当 pH=1.00 时：As(V)和 As(Ⅲ)分别以 H_3AsO_4 和 $HAsO_2$ 为主要存在型体，即 $\delta_{H_3AsO_4} = \delta_{HAsO_2} \approx 1$。

$$\varphi^{\ominus\prime}_{H_3AsO_4/HAsO_2} = 0.559V + \frac{0.059V}{2}\lg\frac{1 \times (10^{-1.00})^2}{1} = 0.50V$$

当 pH=8.00 时：

$$\delta_{H_3AsO_4} = \frac{[H^+]^3}{[H^+]^3 + [H^+]^2 K_{a_1} + [H^+]K_{a_1}K_{a_2} + K_{a_1}K_{a_2}K_{a_3}}$$

$$= \frac{10^{-24.00}}{10^{-24.00} + 10^{-18.20} + 10^{-17.20} + 10^{-20.70}} = 10^{-6.80}$$

$$\delta_{HAsO_2} = \frac{[H^+]}{[H^+] + K_a} = \frac{10^{-8.00}}{10^{-8.00} + 10^{-9.22}} = 10^{-0.03}$$

$$\varphi^{\ominus\prime}_{H_3AsO_4/HAsO_2} = \varphi^{\ominus}_{H_3AsO_4/HAsO_2} + \frac{0.059V}{2}\lg\frac{\delta_{H_3AsO_4}[H^+]^2}{\delta_{HAsO_2}}$$

$$= 0.559V + \frac{0.059V}{2}\lg\frac{10^{-6.80} \times 10^{-8.00 \times 2}}{10^{-0.03}} = -0.11V$$

思考：在 pH=8.00 时，反应 $H_3AsO_4 + 2H^+ + 2I^- \Longrightarrow HAsO_2 + I_2 + 2H_2O$ 进行的方向？

在例 7.6 中用 $\varphi^{\ominus\prime}$ 进行计算时，应选择与实际 pH 值相应的 $\varphi^{\ominus\prime}$。由于 $[H^+]$ 的影响已包括在 $\varphi^{\ominus\prime}$ 之中，因此在 Nernst 方程的浓度项中，只包括氧化型和还原型的分析浓度，即：

$$\varphi_{H_3AsO_4/HAsO_2} = \varphi^{\ominus\prime}_{H_3AsO_4/HAsO_2} + \frac{0.059V}{2}\lg\frac{c_{H_3AsO_4}}{c_{HAsO_2}}$$

而用 $\varphi^{\ominus}$ 进行计算时，在 Nernst 方程的浓度项中，除采用氧化型和还原型中某一型体的平衡浓度外，还应包括 $[H^+]$，即：

$$\varphi_{H_3AsO_4/HAsO_2} = \varphi^{\ominus}_{H_3AsO_4/HAsO_2} + \frac{0.059V}{2}\lg\frac{[H_3AsO_4][H^+]^2}{[HAsO_2]}$$

在实际情况中，往往是几种作用（如酸效应、配位效应、沉淀作用等）同时存在于一个体系中，此时应综合考虑各种因素的影响，才符合实际情况。

7.1.4　氧化还原反应进行的程度

滴定分析要求化学反应必须定量地进行，并尽可能地进行完全。氧化还原反应进行的完全程度可用条件平衡常数 K' 来衡量，K' 越大，反应进行得越完全。根据 Nernst 方程式，从有关电对的条件电位即可求出 K'。如由对称电对组成的氧化还原反应：

$$a Ox_1 + b Red_2 \Longrightarrow a Red_1 + b Ox_2 \tag{7.6}$$

电对的电极反应及电极电位分别为：

$$Ox_1 + n_1 e^- \rightleftharpoons Red_1 \qquad\qquad \varphi_1 = \varphi_1^{\ominus\prime} + \frac{0.059}{n_1}\lg\frac{c_{Ox_1}}{c_{Red_1}}$$

$$Ox_2 + n_2 e^- \rightleftharpoons Red_2 \qquad\qquad \varphi_2 = \varphi_2^{\ominus\prime} + \frac{0.059}{n_2}\lg\frac{c_{Ox_2}}{c_{Red_2}}$$

反应达到平衡时，$\varphi_1 = \varphi_2$，即：

$$\varphi_1^{\ominus\prime} + \frac{0.059\text{V}}{n_1}\lg\frac{c_{Ox_1}}{c_{Red_1}} = \varphi_2^{\ominus\prime} + \frac{0.059\text{V}}{n_2}\lg\frac{c_{Ox_2}}{c_{Red_2}}$$

两边同乘以 n_1 和 n_2 的最小公倍数 n，则 $n = an_1 = bn_2$，整理后得：

$$\frac{n(\varphi_1^{\ominus\prime} - \varphi_2^{\ominus\prime})}{0.059\text{V}} = \frac{n\Delta\varphi^{\ominus\prime}}{0.059\text{V}} = \lg\frac{c_{Red_1}^a c_{Ox_2}^b}{c_{Ox_1}^a c_{Red_2}^b} = \lg K' \qquad (7.7)$$

式(7.7) 为氧化还原反应的条件平衡常数的计算公式。对于某一氧化还原反应，n 为定值，故两电对的条件电位之差 $\Delta\varphi^{\ominus\prime}$ 越大，K' 也就越大，表明反应进行得越完全。由此可见，欲判断氧化还原反应进行的完全程度，既可以通过计算反应的条件平衡常数 K'，也可以直接比较两个有关电对的条件电位 $\varphi^{\ominus\prime}$。

氧化还原反应方程式(7.6) 能否用于滴定分析？可以直接由氧化还原反应中两电对条件电位的差值 $\Delta\varphi^{\ominus\prime}$ 来判断。

滴定分析要求化学反应完全程度要达到 99.9% 以上，即化学计量点时有：

$$\frac{c_{Red_1}}{c_{Ox_1}} \geqslant \frac{99.9}{0.1} \approx 10^3 \qquad\qquad \frac{c_{Ox_2}}{c_{Red_2}} \geqslant \frac{99.9}{0.1} \approx 10^3$$

此时
$$\lg K' = \lg\left(\frac{c_{Red_1}}{c_{Ox_1}}\right)^a\left(\frac{c_{Ox_2}}{c_{Red_2}}\right)^b \geqslant \lg(10^3)^{a+b} = 3(a+b) \qquad (7.8)$$

即
$$\frac{n\Delta\varphi^{\ominus\prime}}{0.059\text{V}} \geqslant 3(a+b) \qquad (7.9)$$

故
$$\Delta\varphi^{\ominus\prime} \geqslant \frac{0.059\text{V}\times 3(a+b)}{n} \qquad (7.10)$$

若 $n_1 = n_2 = 1$，则 $a = b = 1$，$n = 1$，$\Delta\varphi^{\ominus\prime} \geqslant (0.059\times 6)\text{V} = 0.35\text{V}$

若 $n_1 = n_2 = 2$，则 $a = b = 1$，$n = 2$，$\Delta\varphi^{\ominus\prime} \geqslant (0.059\times 3)\text{V} = 0.18\text{V}$

若 $n_1 = 2$，$n_2 = 1$，则 $a = 1$，$b = 2$，$n = 2$，$\Delta\varphi^{\ominus\prime} \geqslant (0.059\times 9/2)\text{V} = 0.27\text{V}$

由此表明，如果仅考虑反应的完全程度，通常认为 $\Delta\varphi^{\ominus\prime} \geqslant 0.4\text{V}$ 的氧化还原反应就能满足滴定分析的要求。

【例 7.7】　在 $1\text{mol}\cdot\text{L}^{-1}$ $HClO_4$ 溶液中用 $Ce(SO_4)_2$ 标准溶液滴定 Fe^{2+} 溶液，计算体系的条件平衡常数，并求化学计量点时反应进行的程度。（已知在 $1\text{mol}\cdot\text{L}^{-1}$ $HClO_4$ 介质中，$\varphi_{Ce^{4+}/Ce^{3+}}^{\ominus\prime} = 1.74\text{V}$，$\varphi_{Fe^{3+}/Fe^{2+}}^{\ominus\prime} = 0.767\text{V}$）

解　Ce^{4+} 与 Fe^{2+} 的反应为：

$$Ce^{4+} + Fe^{2+} \rightleftharpoons Ce^{3+} + Fe^{3+}$$

因　$n_1 = n_2 = 1$，$a = b = 1$，且 $n = 1$

则　$\Delta\varphi^{\ominus\prime} = \varphi_{Ce^{4+}/Ce^{3+}}^{\ominus\prime} - \varphi_{Fe^{3+}/Fe^{2+}}^{\ominus\prime} = 1.74\text{V} - 0.767\text{V} = 0.97\text{V}$

根据公式(7.7)：　$\lg K' = \dfrac{n\Delta\varphi^{\ominus\prime}}{0.059\text{V}} = \dfrac{1\times 0.97\text{V}}{0.059\text{V}} = 16.44$

$$K' = 2.8 \times 10^{16}$$

当仅考虑条件平衡常数，上述反应表明在化学计量点时进行得相当完全。

由于在化学计量点时有：

$$c_{Ce^{3+}} = c_{Fe^{3+}} \qquad c_{Ce^{4+}} = c_{Fe^{2+}}$$

$$K' = \frac{c_{Ce^{3+}} \cdot c_{Fe^{3+}}}{c_{Ce^{4+}} \cdot c_{Fe^{2+}}} = \left(\frac{c_{Fe^{3+}}}{c_{Fe^{2+}}}\right)^2$$

则

$$\frac{c_{Fe^{3+}}}{c_{Fe^{2+}}} = \sqrt{K'} = \sqrt{2.8 \times 10^{16}} = 1.7 \times 10^{8}$$

表明溶液中的 Fe^{2+} 有 99.9999% 被氧化为 Fe^{3+}，所以在此条件下反应进行得很完全。

7.1.5 氧化还原反应速率及影响因素

对于氧化还原反应，可以根据有关电对的条件电极电位判断反应进行的方向和程度，这只能说明反应发生的可能性。反应能否实现，还要看反应进行的速率。某些氧化还原反应的条件平衡常数足够大，但因反应速率慢，仍无法满足滴定分析的要求。

例如半反应：

$$O_2 + 4H^+ + 4e^- \rightleftharpoons 2H_2O \qquad \varphi^{\ominus} = 1.23V$$

$$Sn^{4+} + 2e^- \rightleftharpoons Sn^{2+} \qquad \varphi^{\ominus} = 0.154V$$

$$Ce^{4+} + e^- \rightleftharpoons Ce^{3+} \qquad \varphi^{\ominus} = 1.61V$$

从热力学角度看，水中的溶解氧能够氧化溶液中的 Sn^{2+} 成 Sn^{4+}，Ce^{4+} 能够氧化水产生 O_2。实际上，Sn^{2+} 与溶解氧、Ce^{4+} 与 H_2O 均能共存于水溶液中。因为从动力学角度来看，它们之间的反应速率极慢，以至于现实中上述反应无法实现。

究其反应速率缓慢的原因可认为是由于电子在氧化剂和还原剂之间转移时，受到来自溶剂分子、各种配体及静电排斥等各方面的阻力所致。此外，还与氧化数的改变所引起电子层结构、化学键及组成的变化有关，如带负电荷的含氧酸根（$Cr_2O_7^{2-}$ 或 MnO_4^-）被还原为水合离子（Cr^{3+} 或 Mn^{2+}）时，结构发生了很大的改变，结果导致反应速率变慢。

氧化还原反应的速率除与氧化剂和还原剂的本性有关外，在相当程度上还与外部因素有关。因此，有必要了解影响反应速率的外部因素，以便控制条件加快反应速率，适应滴定分析的要求。

(1) 反应物的浓度

对于反应机理较复杂，且分步进行的反应来说，决定整个反应速率的是最慢的一步，所以反应物浓度对反应速率的影响程度不能由总的氧化还原反应方程式来判断。但通常情况下，增加反应物的浓度可以加快反应速率。例如 $Cr_2O_7^{2-}$ 在酸性介质中与 I^- 的反应：

$$Cr_2O_7^{2-} + 6I^- + 14H^+ \rightleftharpoons 2Cr^{3+} + 3I_2 + 7H_2O$$

该反应的速率较慢，如果增大 I^- 浓度或提高溶液酸度，均可以加快该反应速率。实验证明，在 H^+ 浓度为 $0.4mol \cdot L^{-1}$，KI 过量约 5 倍时，放置 5min，反应即进行完全。

(2) 温度

一般来说，化学反应速率都随温度升高而加快。由实验发现，当反应物浓度恒定时，温度每升高 10℃，反应速率约增大 2～3 倍。可以认为，升高温度时分子运动速度加快，分子间碰撞频率增加，反应速率加快。例如在酸性溶液中，MnO_4^- 与 $C_2O_4^{2-}$ 的反应：

$$2MnO_4^- + 5C_2O_4^{2-} + 16H^+ \Longrightarrow 2Mn^{2+} + 10CO_2 \uparrow + 8H_2O$$

室温下此反应速率缓慢，如果将溶液加热至 $75 \sim 85^\circ C$，反应速率大大加快，滴定便可顺利进行。草酸溶液加热的温度不能超过 $90^\circ C$，否则草酸会分解，使滴定结果产生误差。

值得注意的是，对那些因加热而引起挥发，或因加热易被空气中 O_2 氧化的反应不能用提高温度的方法来加速反应，必须寻求其他方法。例如，$K_2Cr_2O_7$ 与 KI 的反应，因生成的 I_2 会挥发而损失；Fe^{2+}、Sn^{2+} 等一些还原性物质因加热更容易被空气中的 O_2 氧化，均不能用加热的方法来加快反应速率。

(3) 催化剂

催化剂是一种能改变化学反应速率，其本身在反应前后质量和化学组成均不改变的物质。然而，催化剂有正负之分，正催化剂能加快反应速率，负催化剂（又称阻化剂）却是减慢反应速率。通常所说的催化剂是指正催化剂。在分析化学中，经常用催化剂来改变反应速率。

如 Ce^{4+} 氧化 AsO_2^- 的反应速率很慢，但若有少量 I^- 存在，反应便迅速进行。

对于用 $H_2C_2O_4$ 标定 $KMnO_4$ 的反应：

$$2MnO_4^- + 5H_2C_2O_4 + 6H^+ \Longrightarrow 2Mn^{2+} + 10CO_2 \uparrow + 8H_2O$$

即使加热反应速率仍然较慢，若有少量 Mn^{2+} 存在，则反应速率加快。但该反应本身能产生催化剂 Mn^{2+}，像这种由生成物本身起催化作用的反应，称为自身催化或自动催化反应。自身催化反应的特点是：开始时反应速率较慢，随着生成物逐渐增多，反应速率也逐渐加快，经过一个最高点后，由于反应的浓度愈来愈低，反应速率又逐渐降低。

(4) 诱导作用

一个氧化还原反应的进行，能够诱发或促进另一个氧化还原反应进行的现象，称为诱导作用。例如 $KMnO_4$ 氧化 Cl^- 的速率很慢，但是，当溶液中同时存在 Fe^{2+} 时，$KMnO_4$ 与 Fe^{2+} 的反应可以加速 $KMnO_4$ 与 Cl^- 的反应。此时：

$$MnO_4^- + 5Fe^{2+} + 8H^+ \Longrightarrow Mn^{2+} + 5Fe^{3+} + 4H_2O \text{（诱导反应或初级反应）}$$

$$2MnO_4^- + 10Cl^- + 16H^+ \Longrightarrow 2Mn^{2+} + 5Cl_2 + 8H_2O \text{（受诱反应）}$$

反应中 $KMnO_4$ 称为作用体，Fe^{2+} 称为诱导体，Cl^- 称为受诱体。

因此，在酸性溶液中用 $KMnO_4$ 滴定 Fe^{2+} 时，如存在 Cl^-，由于诱导作用必将引起较大的误差，所以高锰酸钾法测铁不能在盐酸介质中进行。亦即说明：诱导作用在氧化还原滴定中往往是有害的。

但任何事物都是一分为二的，如在 Bi^{3+} 的定性分析中，当没有 Bi^{3+} 存在时，Pb^{2+} 被 Na_2SnO_2 还原为 Pb 的反应速率很慢，但只要有很少量的 Bi^{3+} 存在，Pb^{2+} 将迅速被还原，可立即观察到明显的黑色沉淀。利用这一诱导作用鉴定 Bi^{3+}，比直接用 Na_2SnO_2 还原法鉴定 Bi^{3+} 要灵敏 250 倍。这说明诱导作用也并不都是消极因素。所以 Bi^{3+} 与 Na_2SnO_2 的反应为诱导反应，Pb^{2+} 与 Na_2SnO_2 的反应为受诱反应，Na_2SnO_2 为作用体，Bi^{3+} 为诱导体，Pb^{2+} 为受诱体。

受诱反应与一般的副反应有所不同。一般副反应的反应速率不受主反应的影响，而受诱反应则由于初级反应（主反应）的影响而大大加快。

思考：催化反应和诱导反应有什么不同？

7.2 氧化还原滴定的指示剂

在氧化还原滴定中，除了可用电位法（仪器分析法）外，通常用指示剂指示滴定终点。常用的指示剂有以下几种类型。

7.2.1 自身指示剂

在滴定中无需另加指示剂，而是利用滴定剂或被测物质本身在计量点前后的颜色明显变化来指示终点。例如，在高锰酸钾法中，$KMnO_4$ 为紫红色，当用它来滴定酸性介质中的一些无色或浅色的还原剂时，$KMnO_4$ 本身就是指示剂。因为在计量点前，滴加的 $KMnO_4$ 都被还原为近于无色的 Mn^{2+}，滴定到化学计量点时，稍微过量 $KMnO_4$ 可使溶液呈浅粉红色，指示滴定终点到达。实验表明，$KMnO_4$ 的浓度约为 $2\times10^{-6} mol\cdot L^{-1}$ 时，就可以看到溶液呈浅粉红色。

7.2.2 特殊指示剂

这类指示剂本身不具有氧化还原性，但能与滴定剂或被测物质发生显色反应而指示滴定终点，我们称其为特殊指示剂或专属指示剂。如可溶性淀粉溶液与 I_2（或 I_3^-）生成蓝色结合物，可利用滴定中蓝色的出现或消失指示终点。在碘量法中，当淀粉加到浓度为 $1\times10^{-5} mol\cdot L^{-1} I_2$ 溶液中时，即可看到蓝色，反应特效且灵敏。

此外，KSCN 也可作为特殊指示剂用于 Fe^{3+} 对 Sn^{2+} 的滴定中，当溶液出现红色（Fe^{3+} 与 SCN^- 形成的配合物的颜色），即为终点。

7.2.3 氧化还原指示剂

7.2.3.1 指示剂的变色原理

氧化还原指示剂本身是一类氧化剂或还原剂，其氧化态和还原态具有不同的颜色。当溶液的电位改变时，指示剂因获得电子被还原或失去电子被氧化，从而引起颜色发生变化。

例如二苯胺磺酸钠指示剂，在溶液中有以下平衡：

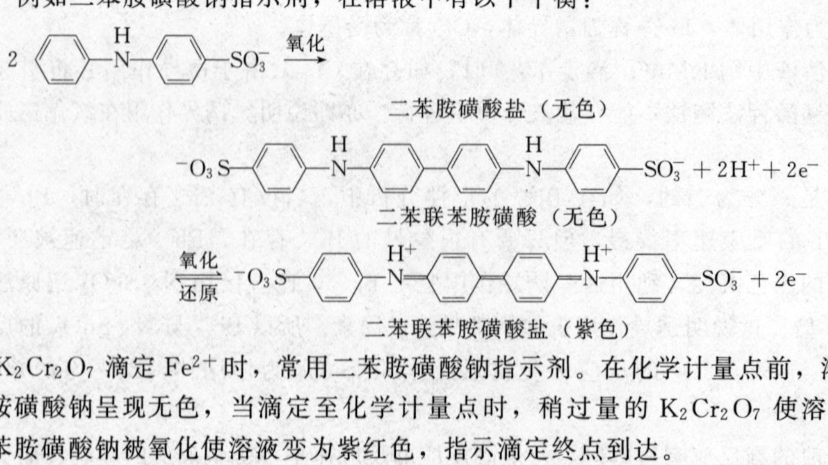

用 $K_2Cr_2O_7$ 滴定 Fe^{2+} 时，常用二苯胺磺酸钠指示剂。在化学计量点前，溶液的电位低，二苯胺磺酸钠呈现无色，当滴定至化学计量点时，稍过量的 $K_2Cr_2O_7$ 使溶液电位突然变高，二苯胺磺酸钠被氧化使溶液变为紫红色，指示滴定终点到达。

7.2.3.2 指示剂的变色范围

如果用 In(Ox) 和 In(Red) 分别表示指示剂的氧化态和还原态，则这一电对的半反应为：

$$In(Ox) + ne^- \rightleftharpoons In(Red)$$

25℃时，其电极电位为：

$$\varphi_{In} = \varphi_{In(Ox)/In(Red)}^{\ominus\prime} + \frac{0.059V}{n} lg \frac{c_{In(Ox)}}{c_{In(Red)}}$$

在滴定过程中，当滴定体系的电极电位 φ 发生变化时，指示剂的氧化态与还原态的浓度比 $c_{In(OX)}/c_{In(Red)}$ 随之变化，指示剂呈现的颜色也随之变化。

当 $c_{In(OX)}/c_{In(Red)} = 1$ 时，溶液呈现氧化态和还原态各占一半的混合色，此时 $\varphi = \varphi_{In(Ox)/In(Red)}^{\ominus\prime}$，该点称为氧化还原指示剂的理论变色点。

当 $c_{In(OX)}/c_{In(Red)} > 10$ 时，溶液呈现氧化态的颜色，此时 $\varphi > \varphi_{In(Ox)/In(Red)}^{\ominus\prime} + \frac{0.059V}{n}$；

当 $c_{In(OX)}/c_{In(Red)} < 0.1$ 时，溶液呈现还原态的颜色，此时 $\varphi < \varphi_{In(Ox)/In(Red)}^{\ominus\prime} - \frac{0.059V}{n}$；

当 $10 \geqslant c_{In(OX)}/c_{In(Red)} \geqslant 0.1$ 时，指示剂从氧化态的颜色变为还原态的颜色或从还原态的颜色变为氧化态的颜色，有明显的颜色变化。所以，氧化还原指示剂的理论变色范围是：

$$\varphi_{In(Ox)/In(Red)}^{\ominus\prime} \pm \frac{0.059V}{n} \tag{7.11}$$

表 7.1 列出了一些常用氧化还原指示剂的条件电位及颜色变化。滴定时选择指示剂的原则是：指示剂的变色范围全部或大部分落在滴定的突跃范围内，或指示剂的条件电位与滴定的计量点电位尽可能一致。同时要注意指示剂的用量和使用温度等。

例如，邻二氮菲-Fe（Ⅱ）是一种常用的氧化还原指示剂。它与 Fe^{2+} 形成红色的 $[Fe(C_{12}H_8N_2)_3]^{2+}$，但其氧化态 $[Fe(C_{12}H_8N_2)_3]^{3+}$ 显极浅的蓝色，半反应为：

$$[Fe(C_{12}H_8N_2)_3]^{3+} + e^- \rightleftharpoons [Fe(C_{12}H_8N_2)_3]^{2+}$$

因邻二氮菲-Fe（Ⅱ）的 $\varphi^{\ominus\prime} = 1.06V$，基本上与在 $1mol \cdot L^{-1} H_2SO_4$ 介质中，以 Ce^{4+} 滴定 Fe^{2+} 时的化学计量点的电位相同，故可用邻二氮菲-Fe（Ⅱ）作指示剂指示滴定终点，终点时溶液由红色突变为浅蓝色。

表 7.1　一些常用的氧化还原指示剂的条件电位及颜色变化

指示剂	颜色变化		$\varphi_{In(Ox)/In(Red)}^{\ominus\prime}/V$
	氧化态	还原态	
酚藏花红	红色	无色	0.28
四磺酸基靛蓝	蓝色	无色	0.36
亚甲基蓝	蓝色	无色	0.53
二苯胺	紫色	无色	0.75
乙氧基苯胺	黄色	红色	0.76
二苯胺磺酸钠	紫红色	无色	0.85
磺酸二苯基联苯胺	紫色	无色	0.87
羊毛罂红	绿色	红色	1.00
嘧啶合铁	浅蓝色	红色	1.147
邻二氮菲-亚铁	浅蓝色	红色	1.06
邻苯氨基苯甲酸	紫红色	无色	1.08
硝基邻二氮菲-亚铁	浅蓝色	紫红色	1.25
嘧啶合钌	浅蓝色	黄色	1.29

7.3 氧化还原滴定的基本原理

在氧化还原滴定中，随着滴定剂的加入，被滴定物质的氧化态和还原态的浓度逐渐改变，电对的电极电位也随之不断改变，可用氧化还原滴定曲线来表示，即以加入滴定剂的体积或滴定分数为横坐标，以电对的电极电位为纵坐标作图。

滴定过程中各点的电极电位可用实验方法测得，对于一些简单滴定体系，也可根据 Nernst 方程计算得到。

7.3.1 可逆氧化还原滴定曲线

现以 $0.1000\,mol \cdot L^{-1}\,Ce(SO_4)_2$ 标准溶液滴定 $20.00mL\ 0.1000\,mol \cdot L^{-1}$ 的 $FeSO_4$ 溶液为例，说明滴定曲线的计算和绘制方法。若滴定在 $1\,mol \cdot L^{-1}\,HClO_4$ 溶液的介质下进行，此时：

滴定反应 $\quad Ce^{4+} + Fe^{2+} \rightleftharpoons Ce^{3+} + Fe^{3+}$

电极反应 $\quad Ce^{4+} + e^- \rightleftharpoons Ce^{3+} \qquad \varphi^{\ominus\prime}_{Ce^{4+}/Ce^{3+}} = 1.74V$

$\qquad\qquad\quad Fe^{3+} + e^- \rightleftharpoons Fe^{2+} \qquad \varphi^{\ominus\prime}_{Fe^{3+}/Fe^{2+}} = 0.767V$

滴定开始后，溶液中存在两个电对，它们的电极电位分别为：

$$\varphi_{Fe^{3+}/Fe^{2+}} = \varphi^{\ominus\prime}_{Fe^{3+}/Fe^{2+}} + 0.059V\lg\frac{c_{Fe^{3+}}}{c_{Fe^{2+}}},\ \varphi_{Ce^{4+}/Ce^{3+}} = \varphi^{\ominus\prime}_{Ce^{4+}/Ce^{3+}} + 0.059V\lg\frac{c_{Ce^{4+}}}{c_{Ce^{3+}}}$$

两电对均为可逆电对，反应瞬间建立平衡，因此溶液的电位可根据任一电对的电极电位公式计算。

(1) 滴定开始前

$FeSO_4$ 溶液中可能有痕量的 Fe^{2+} 被空气或介质氧化成 Fe^{3+}，组成 Fe^{3+}/Fe^{2+} 电对，但 $c_{Fe^{3+}}$ 未知，故起始点的电位难以计算。

(2) 滴定开始到化学计量点前

因加入的 Ce^{4+} 几乎全部被 Fe^{2+} 还原为 Ce^{3+}，到达平衡时 $c_{Ce^{4+}}$ 很小且不易直接求得，可用 Fe^{3+}/Fe^{2+} 电对求出电位值。

例如：当滴入 Ce^{4+} 标准溶液 $19.98mL$，即有 99.9% 的 Fe^{2+} 被氧化为 Fe^{3+}，此时电位值为：

$$c_{Fe^{3+}} = c_{Ce^{3+}} = \frac{0.1000\,mol \cdot L^{-1} \times 19.98mL}{39.98mL},\ c_{Fe^{2+}} = \frac{0.1000\,mol \cdot L^{-1} \times 0.02mL}{39.98mL}$$

$$\varphi = \varphi_{Fe^{3+}/Fe^{2+}} = \varphi^{\ominus\prime}_{Fe^{3+}/Fe^{2+}} + 0.059V\lg\frac{c_{Fe^{3+}}}{c_{Fe^{2+}}} = 0.767V + 0.059V\lg\frac{19.98}{0.02} = 0.944V$$

(3) 化学计量点

Ce^{4+} 和 Fe^{2+} 分别定量转化为 Ce^{3+} 和 Fe^{3+}，未反应的 Ce^{4+} 和 Fe^{2+} 浓度很小，不易直接求得。为此，将两电对联系起来考虑。化学计量点的电位 φ_{sp} 为：

$$\varphi_{sp} = \varphi^{\ominus\prime}_{Fe^{3+}/Fe^{2+}} + 0.059V\lg\frac{c_{Fe^{3+}}}{c_{Fe^{2+}}},\ \varphi_{sp} = \varphi^{\ominus\prime}_{Ce^{4+}/Ce^{3+}} + 0.059V\lg\frac{c_{Ce^{4+}}}{c_{Ce^{3+}}}$$

两式相加得：

$$2\varphi_{sp} = \varphi^{\ominus\prime}_{Fe^{3+}/Fe^{2+}} + \varphi^{\ominus\prime}_{Ce^{4+}/Ce^{3+}} + 0.059V\lg\frac{c_{Fe^{3+}}\,c_{Ce^{4+}}}{c_{Fe^{2+}}\,c_{Ce^{3+}}}$$

计量点时 $c_{Ce^{4+}}=c_{Fe^{2+}}$，$c_{Ce^{3+}}=c_{Fe^{3+}}$，得

$$\varphi_{sp}=\frac{\varphi_{Fe^{3+}/Fe^{2+}}^{\ominus'}+\varphi_{Ce^{4+}/Ce^{3+}}^{\ominus'}}{2}=\frac{0.767V+1.74V}{2}=1.25V$$

(4) 化学计量点后

Fe^{2+} 几乎全部被 Ce^{4+} 氧化为 Fe^{3+}，$c_{Fe^{2+}}$ 很小，不易求。可用 Ce^{4+}/Ce^{3+} 电对计算电位值。例如，当滴入 Ce^{4+} 标准溶液 20.02mL 时，其电位值为：

$$c_{Ce^{3+}}=\frac{0.1000mol\cdot L^{-1}\times20.00mL}{40.02mL}, \quad c_{Ce^{4+}}=\frac{0.1000mol\cdot L^{-1}\times0.02mL}{40.02mL}$$

$$\varphi=\varphi_{Ce^{4+}/Ce^{3+}}^{\ominus'}+0.059Vlg\frac{c_{Ce^{4+}}}{c_{Ce^{3+}}}=1.74V+0.059Vlg\frac{0.02}{20.00}=1.56V$$

用上述方法逐一计算出滴定过程中的电位值，见表 7.2，并绘制滴定曲线，如图 7.1 所示。

表 7.2 在 $1mol\cdot L^{-1}$ $HClO_4$ 溶液中 Ce^{4+} 标准溶液滴定 Fe^{2+} 溶液的电位变化

滴入 Ce^{4+} 溶液的体积/mL	滴定分数/%	电极电位/V
1.00	5.0	0.692
8.00	40.0	0.757
10.00	50.0	0.767
18.00	90.0	0.823
19.80	99.0	0.885
19.98	99.9	**0.944**
20.00	100.0	**1.25** 突跃范围
20.02	100.1	**1.56**
22.00	110.0	1.68
30.00	150.0	1.72
40.00	200.0	1.74

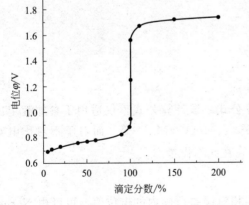

图 7.1 Ce^{4+} 标准溶液滴定 Fe^{2+} 溶液的滴定曲线（$1mol\cdot L^{-1}$ $HClO_4$ 溶液中）

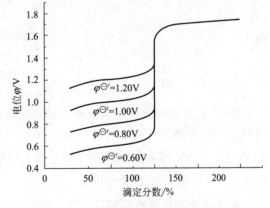

图 7.2 Ce^{4+} 标准溶液滴定 4 种不同还原剂的滴定曲线（$n=1$）

由表 7.2 和图 7.1 可知，化学计量点电位为 1.25V，计量点前后 $\pm0.1\%$ 相对误差范围内电位值从 0.944V 突变为 1.56V，有一个相当大的电位突跃范围。显然该滴定不能选用二苯胺磺酸钠为指示剂，因为二苯胺磺酸钠的条件电位为 0.85V，落在突跃范围之外，产生负误差。如果要选用二苯胺磺酸钠为指示剂，必须考虑如何减少误差？通常的做法是：滴定前在溶液中加入 H_3PO_4。其作用是与 Fe^{3+} 形成稳定的无色的 $[Fe(HPO_4)]^+$ 配合物。因其氧

化态形成了稳定的配合物，故 Fe^{3+}/Fe^{2+} 电对的电极电位降低，滴定突跃范围增大，指示剂的变色点电位就可以落入其中，测定结果的准确度得到提高。

氧化还原滴定电位突跃范围的大小与两电对的条件电位之差 $\Delta\varphi^{\ominus}{}'$ 有关，$\Delta\varphi^{\ominus}{}'$ 越大，电位突跃的范围也越大，如图 7.2 所示。

思考：如果有不可逆电对参与滴定反应中，计算绘制的滴定曲线与实测结果会一致吗？

7.3.2 化学计量点及滴定突跃范围

7.3.2.1 化学计量点电位的计算

在一定条件下，用氧化剂 Ox_1 滴定还原剂 Red_2，电对 1 和电对 2 都是对称电对，滴定反应可写为：

$$a Ox_1 + b Red_2 \Longrightarrow a Red_1 + b Ox_2$$

设 n_1、$\varphi_1^{\ominus}{}'$ 和 n_2、$\varphi_2^{\ominus}{}'$ 分别为电对 1 和电对 2 的电子转移数和条件电位，此时：

$$\varphi_1 = \varphi_1^{\ominus}{}' + \frac{0.059V}{n_1} \lg \frac{c_{Ox_1,sp}}{c_{Red_1,sp}} \tag{7.12}$$

$$\varphi_2 = \varphi_2^{\ominus}{}' + \frac{0.059V}{n_2} \lg \frac{c_{Ox_2,sp}}{c_{Red_2,sp}} \tag{7.13}$$

在化学计量点时，$\varphi_1 = \varphi_2 = \varphi_{sp}$，将式（7.12）乘以 n_1，式（7.13）乘以 n_2，相加得：

$$(n_1 + n_2)\varphi_{sp} = (n_1\varphi_1^{\ominus}{}' + n_2\varphi_2^{\ominus}{}') + 0.059V \lg \frac{c_{Ox_1,sp} c_{Ox_2,sp}}{c_{Red_1,sp} c_{Red_2,sp}} \tag{7.14}$$

按照滴定反应方程式，在计量点时有下列关系：

$$\frac{c_{Red_1,sp}}{c_{Ox_2,sp}} = \frac{a}{b}, \quad \frac{c_{Ox_1,sp}}{c_{Red_2,sp}} = \frac{a}{b}$$

故

$$\lg \frac{c_{Ox_1,sp} c_{Ox_2,sp}}{c_{Red_1,sp} c_{Red_2,sp}} = 0$$

代入式（7.14），得：

$$\varphi_{sp} = \frac{n_1\varphi_1^{\ominus}{}' + n_2\varphi_2^{\ominus}{}'}{n_1 + n_2} \tag{7.15}$$

式（7.15）为对称滴定反应的计量点电位计算公式。该计算公式仅仅适用于参加滴定反应的两个电对都是对称电对的情况，如 Fe^{3+}/Fe^{2+}、MnO_4^-/Mn^{2+} 等。而对于不对称电对如 $Cr_2O_7^{2-}/Cr^{3+}$ 等，化学计量点的计算式较复杂，在此不作考虑。

7.3.2.2 滴定突跃范围的计算

氧化还原滴定突跃范围是计量点前后 $\pm 0.1\%$ 相对误差范围内的电位值，可以由 Nernst 方程推导。

滴定相对误差为 -0.1% 时，即 99.9% 的 Red_2 被氧化为 Ox_2，此时的电位由式（7.13）计算：

$$\varphi_2 = \varphi_2^{\ominus}{}' + \frac{0.059V}{n_2} \lg \frac{c_{Ox_2,sp}}{c_{Red_2,sp}} = \varphi_2^{\ominus}{}' + \frac{0.059V}{n_2} \lg \frac{99.9}{0.1} = \varphi_2^{\ominus}{}' + \frac{3 \times 0.059V}{n_2}$$

滴定相对误差为 $+0.1\%$ 时，即 Ox_1 过量 0.1%，此时的电位由式（7.12）计算：

$$\varphi_1 = \varphi_1^{\ominus\prime} + \frac{0.059\text{V}}{n_1} \lg \frac{c_{\text{Ox}_1,\text{sp}}}{c_{\text{Red}_1,\text{sp}}} = \varphi_1^{\ominus\prime} + \frac{0.059\text{V}}{n_1} \lg \frac{0.1}{100} = \varphi_1^{\ominus\prime} - \frac{3 \times 0.059\text{V}}{n_1}$$

滴定突跃范围为:

$$\left(\varphi_2^{\ominus\prime} + \frac{3 \times 0.059\text{V}}{n_2} \right) \sim \left(\varphi_1^{\ominus\prime} - \frac{3 \times 0.059\text{V}}{n_1} \right) \tag{7.16}$$

由式(7.15)和式(7.16)可知,对称滴定反应的化学计量点电位及突跃范围仅取决于两电对的条件电位和电子转移数,与氧化剂和还原剂的浓度无关。

只有当 $n_1 = n_2$ 时,计量点处于滴定突跃的前后是对称的。如果 $n_1 \neq n_2$,则 φ_{sp} 将偏向 n 较大的电对的条件电极电位一方,且 n_1 和 n_2 相差越大,计量点偏离中心越多。

思考: 在 $1.0\text{mol} \cdot \text{L}^{-1}$ HCl 溶液中以 Fe^{3+} 滴定 Sn^{2+},计量点电位是多少?在滴定突跃范围的上方还是下方?

7.3.3 氧化还原滴定前的预处理

在氧化还原滴定之前,常需进行一些预先处理,以使待测组分处于所期望的一种价态,如先氧化为高价状态(或先还原为低价状态)后再用还原剂(或氧化剂)标准溶液滴定;若有几种价态存在的处理为一种价态如铁矿石中的铁常有 Fe^{2+} 和 Fe^{3+},待试样分解完全后,利用还原剂将 Fe^{3+} 还原为 Fe^{2+},然后利用氧化剂(如 $K_2Cr_2O_7$)标准溶液测定矿石中的全铁量。这种滴定前使待测组分转变为适当价态的步骤称为预处理。

预处理时所用的氧化剂或还原剂必须满足一定的条件:

① 能将待测元素全部氧化或还原为指定价态,且反应速率快。

② 反应要有一定的选择性。如为了测定 Fe^{2+}、Fe^{3+} 和 $Ti(\text{IV})$ 体系中全铁,必须将 Fe^{3+} 还原为 Fe^{2+},$Ti(\text{IV})$ 仍以原状态存在于体系中,供选择的还原剂有锌粒和 $SnCl_2$,究竟选择哪一种?四电对 Fe^{3+}/Fe^{2+}、Ti^{4+}/Ti^{3+}、Zn^{2+}/Zn、Sn^{4+}/Sn^{2+} 的标准电极电位 $\varphi^{\ominus}$ 分别为:0.77V、0.10V、-0.76V、0.15V。为了不使 $Ti(\text{IV})$ 还原为 Ti^{3+} 干扰 Fe^{2+} 的测定,应选择还原剂 $SnCl_2$。

③ 过量的预氧化剂或预还原剂要易于除去。

一些氧化还原滴定预处理中常用的氧化剂和还原剂见表 7.3 和表 7.4。

表 7.3 预处理用的氧化剂

氧化剂	反应条件	主要应用	除去方法
$NaBiO_3$	HNO_3 介质 H_2SO_4 介质	$Mn^{2+} \longrightarrow MnO_4^-$ $Ce^{3+} \longrightarrow Ce^{4+}$	过滤
PbO_2	pH=2~6 焦磷酸盐缓冲液	$Mn^{2+} \longrightarrow Mn^{3+}$ $Ce^{3+} \longrightarrow Ce^{4+}$ $Cr^{3+} \longrightarrow Cr_2O_7^{2-}$	过滤
$(NH_4)_2S_2O_8$	酸性 Ag^+ 作催化剂	$Ce^{3+} \longrightarrow Ce^{4+}$ $Mn^{2+} \longrightarrow MnO_4^-$ $Cr^{3+} \longrightarrow Cr_2O_7^{2-}$ $VO^{2+} \longrightarrow VO_3^-$	煮沸分解
H_2O_2	NaOH 介质 HCO_3^- 介质 碱性介质	$Cr^{3+} \longrightarrow CrO_4^-$ $Co^{2+} \longrightarrow Co^{3+}$ $Mn^{2+} \longrightarrow MnO_2$	煮沸分解,加少量 Ni^{2+} 或 I^- 作催化剂,加速 H_2O_2 分解
$KMnO_4$	焦磷酸盐和氟化物, Cr^{3+} 存在时	$Ce^{3+} \longrightarrow Ce^{4+}$ $V(\text{IV}) \longrightarrow V(\text{V})$	$NaNO_2$ 和尿素

续表

氧化剂	反应条件	主要应用	除去方法
$HClO_4$[①]	热、浓 $HClO_4$	$Ce^{3+} \longrightarrow Ce^{4+}$ $Cr^{3+} \longrightarrow Cr_2O_7^{2-}$ $VO^{2+} \longrightarrow VO_3^-$ $I^- \longrightarrow IO_3^-$	煮沸除去所生成的 Cl_2,迅速冷却至室温,用水稀释,$HClO_4$ 即失去氧化性
KIO_4	热的酸性介质	$Mn^{2+} \longrightarrow MnO_4^-$	不必除去
KIO_3	酸性介质,加热	$Mn^{2+} \longrightarrow MnO_4^-$	加入 Hg^{2+} 与过量 KIO_3 生成 $Hg(IO_3)_2$ 沉淀除去
Na_2O_2	熔融	$Fe(CrO_2)_2 \longrightarrow CrO_4^-$	酸性溶液中煮沸

① 浓、热的 $HClO_4$ 遇有机物时,会发生爆炸,因此,对含有机物的试样,用 $HClO_4$ 处理前,应先用 HNO_3 将有机物破坏。

表 7.4　预处理用的还原剂

还原剂	反应条件	主要应用	除去方法
SO_2	$1mol \cdot L^{-1}$ H_2SO_4(有 SCN^- 共存,加速反应)	$Fe^{3+} \longrightarrow Fe^{2+}$ $As(V) \longrightarrow As(III)$ $Sb(V) \longrightarrow Sb(III)$ $V(V) \longrightarrow V(IV)$ $Cu^{2+} \longrightarrow Cu(I)$	煮沸,通 CO_2
$SnCl_2$	酸性,加热	$Fe^{3+} \longrightarrow Fe^{2+}$ $Mo(VI) \longrightarrow Mo(V)$ $As(VI) \longrightarrow As(III)$	快速加入过量的 $HgCl_2$
锌-汞齐还原柱	H_2SO_4 介质	$Cr^{3+} \longrightarrow Cr^{2+}$ $Fe^{3+} \longrightarrow Fe^{2+}$ $Ti^{4+} \longrightarrow Ti^{3+}$ $V(V) \longrightarrow V(II)$	
盐酸肼、硫酸肼或肼	酸性	$As(V) \longrightarrow As(III)$	浓 H_2SO_4,加热
汞阴极	恒定电位下	$Fe^{3+} \longrightarrow Fe^{2+}$ $Cr^{3+} \longrightarrow Cr^{2+}$	
H_2S	强酸性溶液中	$Fe^{3+} \longrightarrow Fe^{2+}$ $MnO_4^- \longrightarrow Mn^{2+}$ $Cr_2O_7^{2-} \longrightarrow Cr^{3+}$ $Ce^{4+} \longrightarrow Ce^{3+}$	
$TiCl_3$ 或 $SnCl_2$-$TiCl_3$	酸性溶液中	$Fe^{3+} \longrightarrow Fe^{2+}$	用水稀释,少量过量的 $TiCl_3$ 即被 O_2 所氧化
Al	HCl 溶液中	$Sn(IV) \longrightarrow Sn(II)$ $Ti(IV) \longrightarrow Ti(III)$	

7.4　常用的氧化还原滴定法

根据氧化还原滴定所用的滴定剂(或氧化剂)的不同,通常将氧化还原滴定分为高锰酸钾法、重铬酸钾法、碘量法、铈量法和溴酸钾法等。

7.4.1　高锰酸钾法

7.4.1.1　基本原理

高锰酸钾法是以 $KMnO_4$ 为氧化剂的氧化还原滴定分析方法。$KMnO_4$ 是一种氧化剂,其氧化能力与溶液的酸度有关。

在强酸性溶液中，MnO_4^- 被还原为 Mn^{2+}，为强氧化剂：

$$MnO_4^- + 8H^+ + 5e^- \rightleftharpoons Mn^{2+} + 4H_2O \qquad \varphi^{\ominus} = 1.51V$$

在中性或弱酸性溶液中，MnO_4^- 被还原为 MnO_2：

$$MnO_4^- + 4H^+ + 3e^- \rightleftharpoons MnO_2 + 2H_2O \qquad \varphi^{\ominus} = 0.59V$$

在强碱性溶液中，MnO_4^- 被还原为 MnO_4^{2-}，是较弱的氧化剂：

$$MnO_4^- + e^- \rightleftharpoons MnO_4^{2-} \qquad \varphi^{\ominus} = 0.56V$$

高锰酸钾作为氧化剂一般都在强酸性（酸度为 0.5～1mol·L^{-1}）条件下进行。常用 H_2SO_4 来控制溶液的酸度，而不用 HNO_3 或 HCl 来控制酸度。这是因为 HNO_3 具有氧化性，它可能氧化某些被滴定的还原性物质；HCl 具有还原性，能与 MnO_4^- 作用或发生诱导反应而干扰滴定，HAc 酸性太弱也不宜用来控制溶液的酸度。高锰酸钾法可以直接滴定 Fe^{2+}、As^{3+}、Sb^{3+}、H_2O_2、$C_2O_4^{2-}$、NO_2^- 以及其他具有还原性的物质（包括许多有机化合物）；也可以利用间接法测定能与 $C_2O_4^{2-}$ 定量沉淀为草酸盐的金属离子（如 Ca^{2+}、Ba^{2+}、Pb^{2+} 以及稀土离子等）；还可以利用返滴定法测定一些不能直接滴定的氧化性和还原性物质（如 MnO_2、PbO_2、SO_3^{2-} 和 HCHO 等）。

高锰酸钾法的优点是氧化能力强，滴定时无需另加指示剂，应用范围广泛。它的主要缺点是 $KMnO_4$ 试剂含有少量杂质，需采用间接法配制标准溶液，且配制的标准溶液不够稳定，放置一段时间后应重新标定再使用。$KMnO_4$ 反应历程复杂，并常伴有副反应发生，滴定时要严格控制反应条件。

7.4.1.2　标准溶液的配制与标定

市售高锰酸钾试剂常含有少量 MnO_2 及其他杂质，使用的蒸馏水中也常含有少量还原性物质。这些物质能使 MnO_4^- 还原为 MnO_2，而 MnO_2 又能促使 MnO_4^- 进一步分解，因此 $KMnO_4$ 标准溶液不能用直接法配制，而只能用间接法（或标定法）配制。

为了配制较稳定的 $KMnO_4$ 溶液，具体操作如下：

称取稍多于理论计算量的 $KMnO_4$ 溶解在规定体积的蒸馏水中，加热至沸，并保持微沸约 1h，然后放置 2～3 天（使可能存在于溶液中的还原性物质完全氧化）。用微孔玻璃漏斗过滤（除去析出的沉淀）。将滤液储存于棕色试剂瓶中，并存放于暗处，以待标定。

标定 $KMnO_4$ 溶液的基准物质有 As_2O_3、$H_2C_2O_4 \cdot 2H_2O$ 和 $Na_2C_2O_4$、$(NH_4)_2Fe(SO_4)_2 \cdot 6H_2O$ 和纯铁丝等，其中最为常用的是 $Na_2C_2O_4$，因其易提纯且性质稳定，不含结晶水，在 105～110℃烘至恒重即可使用。

在酸性条件下，用 $Na_2C_2O_4$ 标定 $KMnO_4$ 的反应为：

$$2MnO_4^- + 5C_2O_4^{2-} + 16H^+ = 2Mn^{2+} + 10CO_2\uparrow + 8H_2O$$

为了使标定反应能定量且较快地进行，标定时应注意以下滴定条件（简称"三度一点"）：

① 温度　因在常温下反应速率缓慢，故常将 $Na_2C_2O_4$ 溶液在水浴中加热至 70～85℃后再进行滴定，并保持在滴定过程中溶液温度不低于 60℃。但也应注意加热温度不能超过 90℃，否则 $H_2C_2O_4$ 会分解，导致标定结果偏高。

$$H_2C_2O_4 \xrightarrow{\geqslant 90℃} CO_2\uparrow + CO\uparrow + H_2O$$

② 酸度　溶液应保持足够大的酸度，因酸度不足，易生成 MnO_2 沉淀；但酸度过高，会促使 $H_2C_2O_4$ 分解，一般使用 H_2SO_4 控制滴定开始前的酸度为 $0.5 \sim 1 mol \cdot L^{-1}$。

③ 滴定速度　MnO_4^- 与 $C_2O_4^{2-}$ 的反应是一个自动催化反应，随着 Mn^{2+} 的产生，反应速率逐渐加快。所以滴定开始时，滴定速度要慢，几滴之后，滴加速度可以加快一些，但不能过快（切忌滴下的溶液成线），否则加入的 $KMnO_4$ 来不及与 $C_2O_4^{2-}$ 反应，就在热的酸性溶液中分解，导致标定结果偏低。

$$4MnO_4^- + 12H^+ =\!=\!= 4Mn^{2+} + 5O_2 \uparrow + 6H_2O$$

若滴定前加入少量的 $MnSO_4$ 为催化剂，则在滴定的最初阶段就可以较快的速度进行。

④ 滴定终点　不必另外加指示剂，用 $KMnO_4$ 溶液滴定呈淡粉红色后 30s 不褪色即为终点。放置时间过长，空气中的还原性物质能使 $KMnO_4$ 还原而褪色。

7.4.1.3 应用示例

(1) H_2O_2 的测定

在酸性和室温条件下，用 $KMnO_4$ 直接滴定 H_2O_2。滴定反应为：

$$2MnO_4^- + 5H_2O_2 + 6H^+ =\!=\!= 2Mn^{2+} + 5O_2 \uparrow + 8H_2O$$

滴定开始时反应速率较慢，随着催化剂 Mn^{2+} 的生成和增多反应逐渐加快，但由于 H_2O_2 不稳定，最好预先加入少量 Mn^{2+} 作为催化剂，加快反应速率。

H_2O_2 的含量用质量浓度 ρ（$g \cdot L^{-1}$）表示，可按下式计算：

$$\rho_{H_2O_2} = \frac{\frac{5}{2}(cV)_{KMnO_4} M_{H_2O_2}}{V_s}$$

若 H_2O_2 中含有机物质及作为稳定剂而加入的乙酰苯胺、尿素、丙乙酰胺等，也会消耗 $KMnO_4$，使测定结果偏高。这时，应改用碘量法或铈量法测定 H_2O_2。许多还原性物质，如 $FeSO_4$、$As(Ⅲ)$、$Sb(Ⅲ)$、$H_2C_2O_4$、Sn^{2+} 和碱金属及碱土金属的过氧化物，也可用 $KMnO_4$ 直接滴定。

(2) 软锰矿中 MnO_2 含量的测定

用返滴定法进行，即在试样中加入已知过量的 $Na_2C_2O_4$，于 H_2SO_4 介质中加热分解试样，直至所余残渣为白色，表明试样已分解完全，且 MnO_2 已全部还原为 Mn^{2+}：

$$MnO_2 + C_2O_4^{2-} + 4H^+ =\!=\!= Mn^{2+} + 2CO_2 \uparrow + 2H_2O$$

再用 $KMnO_4$ 标准溶液趁热滴定剩余的 $Na_2C_2O_4$，即可求出软锰矿中 MnO_2 的含量，见例题 7.8。此法亦可用于测定其他氧化物如 PbO_2 等的含量。

(3) 葡萄糖酸钙中钙含量的测定

用间接滴定法进行测定，即先将 Ca^{2+} 用 $C_2O_4^{2-}$ 沉淀为 CaC_2O_4，经过滤、洗涤后再将沉淀溶于热的稀 H_2SO_4 溶液中，最后用 $KMnO_4$ 标准溶液滴定 $C_2O_4^{2-}$。由消耗的 $KMnO_4$ 的量，间接求得 Ca^{2+} 含量。

为了保证 Ca^{2+} 与 $C_2O_4^{2-}$ 间的 $1:1$ 的反应计量关系，并获得颗粒较大的 CaC_2O_4 沉淀以便于过滤和洗涤，测定时必须注意：①在酸性试液中先加入过量 $(NH_4)_2C_2O_4$，后用稀氨水慢慢中和试液至甲基橙显黄色，使沉淀缓慢地生成；②沉淀完全后须放置陈化一段时间；③用尽可能少的冷水洗去沉淀表面吸附的 $C_2O_4^{2-}$。

凡是能与 $C_2O_4^{2-}$ 定量地生成沉淀的金属离子，都可用上述间接法测定，如 Th^{4+} 和稀土元素的测定。

　　思考：用上述方法测定葡萄糖酸钙中钙含量的计算公式？

　　（4）某些有机化合物含量的测定

　　$KMnO_4$ 氧化某些有机化合物的反应在碱性溶液中比在酸性溶液中速率快，故常在碱性介质中采用高锰酸钾法测定有机化合物。例如，甲醇含量的测定，加入已知过量的 $KMnO_4$ 标准溶液到含有试样的碱性溶液中，放置，待反应：$6MnO_4^- + CH_3OH + 8OH^- = CO_3^{2-} + 6MnO_4^{2-} + 6H_2O$ 完全后，将溶液酸化，MnO_4^{2-} 发生歧化反应：$3MnO_4^{2-} + 4H^+ = 2MnO_4^- + MnO_2 + 2H_2O$。再加入已知过量的 $FeSO_4$ 标准溶液，将所有的高价锰都还原为 Mn^{2+}，最后以 $KMnO_4$ 标准溶液滴定剩余的 Fe^{2+}，由两次加入 $KMnO_4$ 的量和 $FeSO_4$ 的量，以及各反应物之间的计量关系，即可计算试液中甲醇的含量，见例题 7.13。

　　此法还可用于测定甘油、甲酸、甘醇酸（羟基乙酸）、酒石酸、柠檬酸、苯酚、水杨酸、甲醛、葡萄糖等。

　　（5）无机农药磷化铝的测定（GB 5452—2001）

　　使磷化铝与稀硫酸作用，产生的磷化氢气体通过系列吸收瓶，被已知过量的高锰酸钾标准溶液吸收氧化成磷酸。然后加入过量的草酸标准溶液以还原剩余的高锰酸钾，最后再用高锰酸钾标准溶液滴定剩余的草酸，根据消耗高锰酸钾的量可计算磷化铝的含量。有关反应：

$$2AlP + 3H_2SO_4 = Al_2(SO_4)_3 + 2PH_3 \uparrow$$
$$5PH_3 + 8MnO_4^- + 24H^+ = 8Mn^{2+} + 5H_3PO_4 + 12H_2O$$
$$2MnO_4^- + 5C_2O_4^{2-} + 16H^+ = 2Mn^{2+} + 10CO_2 \uparrow + 8H_2O$$

　　（6）化学需氧量的测定

　　化学需氧量（COD[①]）是度量水体受还原性物质（主要是有机物）污染程度的综合性指标，是水质分析的一项重要内容。它是指一定体积的水体中还原性物质所消耗的氧化剂的量，即换算成氧的质量浓度（以 $mg \cdot L^{-1}$ 计）。COD 的测定通常采用高锰酸钾法或重铬酸钾法。高锰酸钾法测定 COD 的方法如下。

　　取一定体积 V_s 的水样，往其中加入 H_2SO_4 及已知过量的 $KMnO_4$ 溶液（c_1，V_1），置沸水浴中加热，使其中的还原性物质氧化。剩余的 $KMnO_4$ 用已知过量的 $Na_2C_2O_4$（c_2，V_2）还原，再以 $KMnO_4$ 标准溶液（c_1，V_3）返滴定剩余的 $Na_2C_2O_4$。计算该水样的 COD_{Mn}。

　　有关反应为：

$$4MnO_4^- + 5C + 12H^+ \longrightarrow 4Mn^{2+} + 5CO_2 \uparrow + 6H_2O$$
$$2MnO_4^- + 5C_2O_4^{2-} + 16H^+ \longrightarrow 2Mn^{2+} + 10CO_2 \uparrow + 8H_2O$$
$$O_2 + 4H^+ + 4e^- = 2H_2O$$
$$MnO_4^- + 8H^+ + 5e^- \longrightarrow Mn^{2+} + 4H_2O$$

各物质之间的计量关系为：$n_{O_2} = \dfrac{1}{4}n_{e^-} = \dfrac{1}{4} \times \dfrac{5}{1}n_{MnO_4^-}$；$n_{MnO_4^-} = \dfrac{2}{5}n_{C_2O_4^{2-}}$

　　故 COD 的计算式为：

$$COD_{Mn} = \frac{\dfrac{5}{4} \times \left[c_1(V_1 + V_3) - \dfrac{2}{5}c_2V_2 \right] \times M_{O_2} \times 10^3}{V_s} \quad (mg \cdot L^{-1})$$

　　[①]　COD 为 chemical oxygen demand 的简称。以 $KMnO_4$ 法测得的化学需氧量，以往称为 COD_{Mn}。现在称为"高锰酸盐指数"。

该法适用于地表水、饮用水和生活污水 COD 的测定。对于工业废水中 COD 的测定，要采用 $K_2Cr_2O_7$ 法（参见下节）。

7.4.2 重铬酸钾法

7.4.2.1 基本原理

以 $K_2Cr_2O_7$ 为滴定剂的氧化还原滴定分析方法称为重铬酸钾法。$K_2Cr_2O_7$ 是一种常用的氧化剂，在酸性溶液中亦具很强的氧化性，其半反应和标准电极电位为：

$$Cr_2O_7^{2-}+14H^++6e^- \rightleftharpoons 2Cr^{3+}+7H_2O \qquad \varphi^{\ominus}=1.33V$$

与高锰酸钾法相比，该法有如下特点：

① 固体试剂易提纯且稳定，可以作为基准物质直接配制标准溶液。

② 溶液非常稳定，可以长期保存和使用。

③ 其氧化能力没有 $KMnO_4$ 强，在 $1mol \cdot L^{-1}$ HCl 溶液中 $\varphi^{\ominus\prime}=1.00V$，而 Cl_2/Cl^- 的 $\varphi_{Cl_2/Cl^-}^{\ominus\prime}=1.33V$，故在通常情况下，$K_2Cr_2O_7$ 不与 Cl^- 反应。特别是 $K_2Cr_2O_7$ 与 Fe^{2+} 的反应不会诱导 $K_2Cr_2O_7$ 与 Cl^- 反应，因此可在稀 HCl 溶液中用 $K_2Cr_2O_7$ 滴定 Fe^{2+}。

④ $K_2Cr_2O_7$ 不能作为自身指示剂指示终点，通常需要选用一些氧化还原指示剂指示终点，如采用二苯胺磺酸钠等。

⑤ $K_2Cr_2O_7$ 与大多数还原剂的反应速率快，通常在常温下进行滴定。

7.4.2.2 应用示例

(1) 铁矿石中全铁含量的测定

试样被热浓 HCl 分解后，用还原剂将 Fe^{3+} 还原为 Fe^{2+}。目前常用 $SnCl_2$-$TiCl_3$ 联合还原剂进行预处理，其步骤是用 $SnCl_2$ 将大部分 Fe^{3+} 还原，使溶液呈浅黄色，再以 Na_2WO_4 为指示剂，加热，趁热用 $TiCl_3$ 将无色的 W(Ⅵ) 还原至蓝色的 W(Ⅴ)（俗称"钨蓝"），表明 Fe^{3+} 已被还原完全，再用稀释10倍的 $K_2Cr_2O_7$ 标准溶液滴至蓝色刚好消失。加入二苯胺磺酸钠指示剂，在 H_2SO_4-H_3PO_4 混酸介质中，用 $K_2Cr_2O_7$ 标准溶液滴定至紫色即为滴定终点。根据 $K_2Cr_2O_7$ 标准溶液的用量，计算铁矿石中全铁含量。滴定反应为：

$$Cr_2O_7^{2-}+6Fe^{2+}+14H^+ = 2Cr^{3+}+6Fe^{3+}+7H_2O$$

思考：为什么滴定要在 H_2SO_4-H_3PO_4 混酸介质中进行？

(2) UO_2^{2+} 的测定

先用还原剂将 UO_2^{2+} 还原为 UO^{2+}，再以 Fe^{3+} 为催化剂，二苯胺磺酸钠为指示剂，用 $K_2Cr_2O_7$ 标准溶液直接滴定。滴定反应为：

$$Cr_2O_7^{2-}+3UO^{2+}+8H^+ = 2Cr^{3+}+3UO_2^{2+}+4H_2O$$

此法还可以应用于测定 Na^+，即先将 Na^+ 转化为 $NaZn(UO_2)_3(CH_3COO)_9 \cdot 9H_2O$ 沉淀，将沉淀过滤、洗涤后，溶于稀 H_2SO_4 中，再加入还原剂将 UO_2^{2+} 还原为 UO^{2+}，用重铬酸钾法滴定。

(3) COD 的测定

在酸性介质中以 $K_2Cr_2O_7$ 为氧化剂，测定化学需氧量的方法记作 COD_{Cr}。分析步骤如下：于水样中加入 $HgSO_4$ 消除 Cl^- 的干扰，加入已知过量的 $K_2Cr_2O_7$ 标准溶液，在强酸介质中, 以 Ag_2SO_4 作为催化剂, 加热回流, 待氧化作用完全后, 以邻二氮菲-亚铁为指示剂, 用 Fe^{2+} 标准溶液滴定过量的 $K_2Cr_2O_7$。有关反应为:

$$2Cr_2O_7^{2-}+3C+16H^+ \longrightarrow 4Cr^{3+}+3CO_2\uparrow+8H_2O$$

$$Cr_2O_7^{2-}（余量）+6Fe^{2+}+14H^+ =\!\!= 2Cr^{3+}+6Fe^{3+}+7H_2O$$

由 $K_2Cr_2O_7$ 标准溶液和 Fe^{2+} 标准溶液用量及各反应物之间的计量关系, 计算该水样的 COD。

也可以按同样操作步骤做空白实验, 记录消耗 Fe^{2+} 标准溶液的量。由 Fe^{2+} 标准溶液的两次用量和各反应物之间的计量关系, 计算该水样的 COD, 见例题 7.10。

该法适用范围广泛, 可用于各类污水中化学需氧量的测定, 缺点是测定过程中带来 $Cr(Ⅵ)$、Hg^{2+} 等有害物质的污染。

(4) 土壤中腐殖质含量的测定

腐殖质是土壤中复杂的有机物质, 其含量大小反映土壤的肥力。测定方法是将土壤试样在浓 H_2SO_4 存在下与已知过量的 $K_2Cr_2O_7$ 标准溶液共热, 使其中的碳被氧化, 然后以邻二氮菲-亚铁为指示剂, 用 Fe^{2+} 标准溶液滴定剩余的 $K_2Cr_2O_7$。同时用纯砂或灼烧过的土壤代替土样做空白测定。有关反应为:

$$2Cr_2O_7^{2-}+3C+16H^+ \longrightarrow 4Cr^{3+}+3CO_2\uparrow+8H_2O$$

$$Cr_2O_7^{2-}（余量）+6Fe^{2+}+14H^+ =\!\!= 2Cr^{3+}+6Fe^{3+}+7H_2O$$

根据 $K_2Cr_2O_7$ 标准溶液加入量和剩余量, 计算出有机碳含量, 再乘以校正系数 1.1 和换算系数 1.724 (土壤中腐殖质氧化率平均仅为 90%, 校正系数为 $100/90=1.1$。土壤有机质平均含碳量为 58%, 若换算为有机质含量, 换算系数为 $100/58=1.724$), 即为土壤有机质含量。

7.4.3　碘量法

7.4.3.1　基本原理

碘量法是利用 I_2 的氧化性和 I^- 的还原性来进行氧化还原滴定的方法。其半反应为:

$$I_2+2e^- \Longrightarrow 2I^- \qquad\qquad \varphi_{I_2/I^-}^{\ominus}=0.5345V$$

$\varphi_{I_2/I^-}^{\ominus}$ 值大小适中, 故 I_2 是较弱的氧化剂, 能与较强的还原剂作用; I^- 是中等强度的还原剂, 能与许多氧化剂作用。因此, 碘量法可分为直接碘量法和间接碘量法, 既可测定还原性物质, 又可测定氧化性物质。

(1) 直接碘量法

直接碘量法又叫碘滴定法。用 I_2 标准溶液可以直接滴定电极电位比 $\varphi_{I_2/I^-}^{\ominus}$ 小的还原性物质, 如 S^{2-}、SO_3^{2-}、$S_2O_3^{2-}$、Sn^{2+}、$As(Ⅲ)$、维生素 C 等, 滴定在中性或弱酸性条件进行。在碱性条件下使用, I_2 会发生歧化反应:

$$3I_2+6OH^- =\!\!= IO_3^- +5I^- +5H_2O$$

在强酸性条件下使用, 因 I^- 易被溶解氧氧化:

$$4I^- +O_2+4H^+ =\!\!= 2I_2+2H_2O$$

由于能被 I_2 氧化的物质不多, 故直接碘量法的应用有限。

（2）间接碘量法

间接碘量法又称滴定碘法。在一定条件下用 I^- 还原电极电位比 $\varphi^{\ominus}_{I_2/I^-}$ 高的氧化性物质，如 $K_2Cr_2O_7$。再用 $Na_2S_2O_3$ 标准溶液滴定所析出的 I_2。其反应为：

$$Cr_2O_7^{2-}+6I^-+14H^+ \Longrightarrow 2Cr^{3+}+3I_2+7H_2O$$
$$2S_2O_3^{2-}+I_2 \Longrightarrow 2I^-+S_4O_6^{2-}$$

间接碘量法可用于测定 ClO^-、ClO_3^-、$Cr_2O_7^{2-}$、CrO_4^{2-}、IO_3^-、BrO_3^-、MnO_4^-、MnO_2、NO_2^-、Cu^{2+} 和 H_2O_2 等氧化性物质。

$Na_2S_2O_3$ 标准溶液滴定 I_2 需在中性或弱酸性溶液中进行。因为在碱性溶液中 I_2 与 $S_2O_3^{2-}$ 将发生如下反应：

$$S_2O_3^{2-}+4I_2+10OH^- \Longrightarrow 2SO_4^{2-}+8I^-+5H_2O$$

同时 I_2 在碱性溶液中还会发生歧化反应：

$$3I_2+6OH^- \Longrightarrow IO_3^-+5I^-+3H_2O$$

在强酸性溶液中，$S_2O_3^{2-}$ 易分解，I^- 也易被空气中的 O_2 氧化：

$$S_2O_3^{2-}+2H^+ \Longrightarrow SO_2+S\downarrow+H_2O$$
$$4I^-+O_2+4H^+ \Longrightarrow 2I_2+2H_2O$$

间接碘量法的主要误差来源为 I_2 的挥发和 I^- 被空气中的氧氧化。为防止 I_2 挥发，应采取以下措施：

① 加入过量的 KI 使之与 I_2 形成溶解度较大的 I_3^-。此外，过量的 I^- 还可提高淀粉的灵敏度。

② 避免加热，使反应在常温下进行。另外升高温度也会使淀粉指示剂的灵敏度降低。

③ 析出碘的反应最好在带塞的碘瓶中进行，滴定时勿剧烈摇动。

为防止 I^- 被空气中的 O_2 氧化，应采取以下措施：

① 避光。最好在暗处进行反应，滴定时亦应避免阳光直射；I_3^- 溶液应保存在棕色瓶中，因光照能催化 I^- 氧化。

② 酸度增高亦能加速 I^- 氧化，如果预处理的反应需在较高的酸度下进行，则在滴定前应稀释溶液以降低酸度。

③ $Cr_2O_7^{2-}$ 与 I^- 反应较慢，为加速反应，须加入过量的 KI 并提高酸度，当析出 I_2 的反应完成后，应立即用 $Na_2S_2O_3$ 溶液滴定，滴定速度也应适当加快。

（3）淀粉指示剂

碘量法中最常用的指示剂是淀粉指示剂。在 I^- 存在下，I_2 与淀粉呈现深蓝色，反应灵敏且可逆，碘浓度为 $10^{-6}\sim10^{-5}$ mol·L^{-1} 时，即能观察到溶液中的蓝色。其显色灵敏度除与 I_2 浓度有关外，还与淀粉性质、加入时间、温度及反应介质等条件有关。因此使用淀粉指示剂时应注意：

① 所用淀粉必须是可溶性直链淀粉；支链淀粉只能较松地吸附 I_2 形成一种红紫色产物，不能用作碘量法的指示剂。另外，淀粉指示剂久置易腐败、失效，应临用时配制。

② 淀粉指示剂加入的时间：直接碘量法应在滴定开始前加入，终点时，溶液由无色突变为蓝色；间接碘量法则应在近终点时加入，终点时，溶液蓝色消失，若过早加入，溶液中大量的 I_2 易被淀粉表面牢固吸附，终点时蓝色褪去迟钝而产生误差。

③ 应在常温下使用：因 I_3^- 与淀粉结合形成的蓝色在热溶液中会消失，使指示剂灵敏度下降。

④ 应在弱酸性条件下使用：因 I_3^- 与淀粉的反应在此条件下，灵敏度最高。若溶液pH<2,淀粉易水解成糊精，与 I_3^- 作用显红色；若 pH>9，则 I_3^- 转变为 IO_3^-，与淀粉不显蓝色。

⑤ 淀粉指示剂的用量一般为 2~5mL（5g·L^{-1}淀粉指示剂）。

7.4.3.2 标准溶液的配制与标定

碘量法中的标准溶液：$Na_2S_2O_3$ 和 I_2 标准溶液。

(1) $Na_2S_2O_3$ 标准溶液的配制与标定

$Na_2S_2O_5·5H_2O$ 试剂一般含有少量杂质（S、S^{2-}、SO_3^{2-}、Cl^- 等），且易风化及潮解，因此采用间接法配制 $Na_2S_2O_3$ 标准溶液。

配制好的 $Na_2S_2O_3$ 溶液不很稳定，主要原因是 CO_2、细菌和光照都能使 $Na_2S_2O_3$ 分解，溶液中的溶解氧也能将其氧化。有关反应式为：

$$S_2O_3^{2-} \xrightarrow{微生物} SO_3^{2-} + S\downarrow$$
$$S_2O_3^{2-} + CO_2 + H_2O == HSO_3^- + HCO_3^- + S\downarrow$$
$$2S_2O_3^{2-} + O_2 == 2SO_4^{2-} + 2S\downarrow$$

因此配制 $Na_2S_2O_3$ 溶液时，应使用新煮沸并冷却的蒸馏水，以除去水中的 CO_2、O_2 及微生物；加入少量 Na_2CO_3 使溶液呈弱碱性（pH=9~10），抑制细菌生长及 $Na_2S_2O_3$ 的分解；配制好的 $Na_2S_2O_3$ 溶液储于棕色瓶中，于暗处放置 2 周左右，待浓度稳定后，滤去沉淀，再进行标定；标定后的 $Na_2S_2O_3$ 溶液在储存过程中如发现溶液变浑浊，应过滤后重新标定或弃去重配。

标定 $Na_2S_2O_3$ 溶液的基准物质有 $K_2Cr_2O_7$、KIO_3、$KBrO_3$ 等，其中 $K_2Cr_2O_7$ 最常用。具体操作为：先准确称取一定量的 $K_2Cr_2O_7$，使其在酸性溶液（一般控制酸度为 0.8~1mol·L^{-1}）中与 KI 作用，置换出来的 I_2 用待标定的 $Na_2S_2O_3$ 溶液滴定。根据称取 $K_2Cr_2O_7$ 的质量和标定时消耗 $Na_2S_2O_3$ 标准溶液的体积，可计算出 $Na_2S_2O_3$ 标准溶液的浓度。有关反应如下：

$$Cr_2O_7^{2-} + 6I^- + 14H^+ == 2Cr^{3+} + 3I_2 + 7H_2O$$
$$2S_2O_3^{2-} + I_2 == 2I^- + S_4O_6^{2-}$$

思考：用 $K_2Cr_2O_7$ 标定 $Na_2S_2O_3$ 溶液时，要注意哪些问题？

(2) I_2 标准溶液的配制与标定

升华法虽可制得纯碘，但因 I_2 具有挥发性与腐蚀性，不宜用分析天平直接准确称量，故通常采用间接法配制 I_2 标准溶液。

配制时应注意的事项：

① 加入适量的 KI，配制时将 I_2、KI 与少量水一起研磨后再用水稀释，这样既能助溶，又能降低 I_2 的挥发。

② 加入少量盐酸，可消除碘中微量碘酸盐杂质的影响。

③ 储于棕色试剂瓶中，密封避光保存。

I_2 标准溶液可用基准物质 As_2O_3 标定。

As_2O_3 难溶于水，但可溶于碱溶液中：

$$As_2O_3 + 6OH^- \Longrightarrow 2AsO_3^{3-} + 3H_2O$$

AsO_3^{3-} 与 I_2 的反应式如下：

$$AsO_3^{3-} + I_2 + H_2O \Longrightarrow AsO_4^{3-} + 2I^- + 2H^+$$

这个反应是可逆的。在中性或微碱性溶液中（pH≈8），反应能定量向右进行；在酸性溶液中，则 AsO_4^{3-} 氧化 I^- 而析出 I_2。

由于 As_2O_3 为剧毒物质，一般常用已知浓度的 $Na_2S_2O_3$ 标准溶液标定 I_2 溶液。

7.4.3.3 应用示例

(1) S^{2-} 或 H_2S 的测定

在酸性溶液中，以淀粉为指示剂，用 I_2 标准溶液直接滴定 H_2S，反应如下：

$$H_2S + I_2 \Longrightarrow S\downarrow + 2I^- + 2H^+$$

滴定不能在碱性溶液中进行，否则部分 S^{2-} 将被氧化为 SO_4^{2-}：

$$S^{2-} + 4I_2 + 8OH^- \Longrightarrow SO_4^{2-} + 8I^- + 4H_2O$$

而且 I_2 也会发生歧化反应。

测定气体中的 H_2S 时，一般用 Cd^{2+} 或 Zn^{2+} 的氨性溶液吸收，然后加入一定量且过量的 I_2 标准溶液，用 HCl 酸化，最后用 $Na_2S_2O_3$ 标准溶液返滴定过量的 I_2。

(2) 铜合金中铜的测定

试样用 H_2O_2 和 HCl 分解：

$$Cu + 2HCl + H_2O_2 \Longrightarrow CuCl_2 + 2H_2O$$

煮沸除去过量的 H_2O_2，调节溶液的酸度（通常用 HAc-NH_4Ac 或 NH_4HF_2 等缓冲溶液，控制溶液的酸度为 pH=3.2~4.0），加入过量的 KI，使 I_2 析出：

$$2Cu^{2+} + 4I^- \Longrightarrow 2CuI\downarrow + I_2$$

生成的 I_2 用 $Na_2S_2O_3$ 标准溶液滴定，以淀粉为指示剂。为了减少 CuI 对 I_2 的吸附造成的误差，在接近终点时，加入 NH_4SCN，使 CuI 转化为溶解度更小且不吸附 I_2 的 CuSCN 沉淀：

$$CuI + SCN^- \Longrightarrow CuSCN\downarrow + I^-$$

试样中有铁存在时，Fe^{3+} 亦能氧化 I^- 为 I_2，干扰铜的测定。可加入 NH_4HF_2，使 Fe^{3+} 生成稳定的 FeF_6^{3-}，降低 Fe^{3+}/Fe^{2+} 电对的电极电位，使 Fe^{3+} 难以将 I^- 氧化为 I_2。

用碘量法测定铜时，最好用纯铜标定 $Na_2S_2O_3$ 溶液，以抵消方法的系统误差。

此法也适用于测定铜矿、炉渣、电镀及胆矾（$CuSO_4 \cdot 5H_2O$）等试样中的铜。

(3) 漂白粉中有效氯的测定

漂白粉的主要成分是 CaCl(OCl)，还可能含有 $CaCl_2$、$Ca(ClO_3)_2$ 等。在酸性条件下可释放出 Cl_2：

$$CaCl(OCl) + 2H^+ \Longrightarrow Ca^{2+} + HClO + HCl$$

$$HClO + HCl \Longrightarrow Cl_2 + H_2O$$

Cl_2 具有杀菌、漂白作用，在酸性条件下释放出来的氯称为有效氯，可用间接碘量法进行测定。即在一定量的漂白粉溶液中，加入过量的 KI 溶液，加入硫酸酸化，有效氯将 I^- 氧化为 I_2，析出的 I_2 立即用 $Na_2S_2O_3$ 标准溶液滴定，在接近终点时加入淀粉指示剂，继续用 $Na_2S_2O_3$ 标准溶液滴定至终点。有关反应如下：

$$CaCl(OCl) + 2H^+ \Longrightarrow Ca^{2+} + Cl_2 + H_2O$$

$$Cl_2 + 2KI \Longrightarrow I_2 + 2KCl$$

$$2S_2O_3^{2-} + I_2 == 2I^- + S_4O_6^{2-}$$

有关物质之间的计量关系为：$n_{Cl_2} = n_{I_2} = \dfrac{1}{2} n_{Na_2S_2O_3}$

有效氯依下式计算：

$$w_{Cl_2} = \frac{\frac{1}{2}(cV)_{Na_2S_2O_3} M_{Cl_2}}{m_s}$$

（4）葡萄糖含量的测定

在碱性溶液中加入已知过量的 I_2 标准溶液，I_2 发生歧化反应生成 IO^-，可将葡萄糖 （$C_6H_{12}O_6$）的醛基定量氧化为羧基，反应为：

$$I_2 + 2OH^- == IO^- + I^- + H_2O$$

$$CH_2OH(CHOH)_4CHO + IO^- + OH^- == CH_2OH(CHOH)_4COO^- + I^- + H_2O$$

总反应为　　$C_6H_{12}O_6 + I_2 + 3OH^- == C_6H_{12}O_7^- + 2I^- + 2H_2O$

待葡萄糖反应完全后，过量的 IO^- 在碱性溶液中进一步歧化，反应为：

$$3IO^- == IO_3^- + 3I^-$$

然后，加酸将试液酸化，上述产物又反应析出 I_2：

$$IO_3^- + 5I^- + 6H^+ == 3I_2 + 3H_2O$$

再用 $Na_2S_2O_3$ 标准溶液滴定至淀粉指示剂的蓝色消失：

$$2S_2O_3^{2-} + I_2 == 2I^- + S_4O_6^{2-}$$

反应物之间的计量关系为：$n_{C_6H_{12}O_6} = n_{I_2} = n_{IO^-} = \dfrac{1}{2} n_{Na_2S_2O_3}$

$$w_{C_6H_{12}O_6} = \frac{\left[(cV)_{I_2} - \frac{1}{2}(cV)_{Na_2S_2O_3}\right] \times M_{C_6H_{12}O_6}}{m_s}$$

（5）咖啡因的测定

咖啡因又名咖啡碱，具有提神醒脑等刺激中枢神经的作用，但易上瘾。在酸性条件下，咖啡因（$C_8H_{10}N_4O_2$）可与过量的 I_2 反应生成沉淀：

$$C_8H_{10}N_4O_2 + 2I_2 + I^- + H^+ == C_8H_{10}N_4O_2 \cdot HI \cdot I_4 \downarrow$$

用 $Na_2S_2O_3$ 标准溶液返滴定剩余的 I_2。根据咖啡因所消耗的 I_2 即可计算其含量。

（6）水中溶解氧的测定

溶解于水中的氧称为溶解氧，用 DO 表示，单位为 $mg \cdot L^{-1}$。水体中溶解氧含量的多少，直接反应水体受污染程度。清洁的地面水在正常情况下，所含溶解氧接近饱和状态。当水体受到污染时，污染物质被氧化需消耗氧，水体中所含的溶解氧就会减少。

间接碘量法测定溶解氧的原理：往水样中加入硫酸锰和碱性碘化钾溶液，水中溶解氧迅速将 Mn^{2+} 氧化生成棕色羟基氧化锰（或亚锰酸）沉淀，将水中的溶解氧固定：

$$Mn^{2+} + 2OH^- == Mn(OH)_2 \downarrow$$

$$2Mn(OH)_2 + O_2 == 2MnO(OH)_2 \downarrow （或 H_2MnO_3）$$

用硫酸酸化溶液，沉淀溶解释放被固定的溶解氧与溶液中的 I^- 反应，析出与溶解氧相当量的 I_2。

$$MnO(OH)_2 + 2I^- + 4H^+ == Mn^{2+} + I_2 + 3H_2O$$

以淀粉为指示剂，用 $Na_2S_2O_3$ 标准溶液滴定至终点。

若水样有色、含有氧化性或还原性物质，或含有藻类、悬浮物时将干扰测定，此时须采用叠氮化钠修正的碘量法等其他方法进行测定。

（7）卡尔费休法测定微量水分

卡尔费休（Karl Fischer）法的基本原理是：I_2 氧化 SO_2 时，需要定量的 H_2O。即：

$$I_2 + SO_2 + 2H_2O \Longrightarrow 2HI + H_2SO_4$$

利用此反应，可以测定很多有机物或无机物中的 H_2O。但上述反应是可逆的，要使反应向右进行，需加入适当的碱性物质以中和反应后生成的酸，采用吡啶可满足此要求。

$$C_5H_5N \cdot I_2 + C_5H_5N \cdot SO_2 + C_5H_5N + H_2O \longrightarrow C_5H_5N \cdot SO_3 + 2C_5H_5N \cdot HI$$

而生成的 $C_5H_5N \cdot SO_3$ 也能与 H_2O 反应。为此需加入甲醇以防止副反应的发生，即：

$$C_5H_5N \cdot SO_3 + CH_3OH \Longrightarrow C_5H_5NHOSO_2OCH_3$$

该法的实质是利用 I_2 和 SO_2 的吡啶溶液在有甲醇及水分存在下，发生氧化还原反应：

$$I_2 + SO_2 + 2H_2O + 3C_5H_5N + CH_3OH \Longrightarrow 2C_5H_5N \cdot HI + C_5H_5NHOSO_2OCH_3$$

所以利用该法测定水时，所用的标准溶液是含有 I_2、SO_2、C_5H_5N 和 CH_3OH 的混合液，称为费休试剂。试剂呈深棕色，与水作用后呈黄色。滴定时溶液由浅黄色变为红棕色即为终点。

卡尔费休法是属于非水滴定法的一种，测定时所用器皿必须干燥。且该试剂的吸水性很强，因此，在储存和使用时均要注意密封，避免空气中的水蒸气侵入。卡尔费休试剂常用标准的纯水-甲醇溶液进行标定。

卡尔费休法广泛用于测定受热易挥发或分解的有机化合物中的水分含量，还可间接测定反应中生成或消耗水的有机化合物的含量。但如果试样中含有能与卡氏试剂中所含组分发生反应的物质，如氧化剂、还原剂、碱性氧化物、氢氧化物等均会干扰测定，此时应选用别的方法测定含水量。

此外，甲醇、吡啶对人体有强烈的毒害性，使用时应注意通风良好。

（8）间接碘量法在高温超导体成分分析中的应用

新型节能材料高温超导体的最先突破是从新的钇钡铜氧材料的发现开始的。成分分析表明，其组成为 $YBa_2Cu_3O_7$，而其存在的价态为（Y^{3+}）（Ba^{2+}）$_2$（Cu^{2+}）$_2$（Cu^{3+}）（O^{2-}）$_7$。通过间接碘量法解决了最为关键的一环——铜的价态的确定。具体做法分为两步：

实验 A　用稀酸溶解 $YBa_2Cu_3O_7$ 试样，此过程 Cu^{3+} 全部转化为 Cu^{2+}：

$$4YBa_2Cu_3O_7 + 52H^+ \Longrightarrow 4Y^{3+} + 8Ba^{2+} + 12Cu^{2+} + O_2 \uparrow + 26H_2O$$

加入过量 KI：

$$2Cu^{2+} + 4I^- \Longrightarrow 2CuI \downarrow + I_2$$

产生的 I_2 用 $Na_2S_2O_3$ 标准溶液滴定。

实验 B　用含有过量 KI 的稀酸溶解 $YBa_2Cu_3O_7$ 试样，钇和钡的价态未变，而铜的反应为：

$$2Cu^{2+} + 4I^- \Longrightarrow 2CuI \downarrow + I_2$$

$$Cu^{3+} + 3I^- \Longrightarrow CuI \downarrow + I_2$$

产生的 I_2 再用 $Na_2S_2O_3$ 标准溶液滴定。

如果两步实验所采用的量相同（设为 1mol），按照上述的假设，则实验 A 产生的 I_2 为 1.5mol，而实验 B 产生的 I_2 为 2mol，即实验 B 消耗的 $Na_2S_2O_3$ 的量较实验 A 的多。这就表明在 $YBa_2Cu_3O_7$ 中确实有一部分铜是以 Cu^{3+} 形式存在的。事实上，是根据消耗的 $Na_2S_2O_3$ 的量由实验 A 先计算出铜的总量，然后由实验 B 求得 Cu^{3+} 为总量的 1/3。

该事例表明传统的氧化还原滴定法是如何成功地应用于新兴的高科技研究领域的。

7.4.4　其他氧化还原滴定法

(1) 硫酸铈法（铈量法）

铈量法是以 Ce^{4+} 溶液为标准溶液的一种氧化还原滴定法。其中 $Ce(SO_4)_2$ 是一种强氧化剂，在酸性溶液中，Ce^{4+} 与还原剂作用被还原为 Ce^{3+}，半反应式如下：

$$Ce^{4+} + e^- \Longrightarrow Ce^{3+} \qquad \varphi^\ominus = 1.61V$$

在 $0.5 \sim 4mol \cdot L^{-1} H_2SO_4$ 溶液中，$\varphi^{\ominus\prime} = 1.44 \sim 1.42V$；在 $1mol \cdot L^{-1} HCl$ 溶液中，$\varphi^{\ominus\prime} = 1.28V$，此时 Cl^- 可使 Ce^{4+} 缓慢还原为 Ce^{3+}。常采用 $Ce(SO_4)_2$、$(NH_4)_2Ce(SO_4)_3 \cdot 2H_2O$ 或 $(NH_4)_2Ce(NO_3)_6$ 直接配制标准溶液，其中 $(NH_4)_2Ce(SO_4)_3 \cdot 2H_2O$ 最为常用。但应注意的是：Ce^{4+} 易水解，滴定应避免在中性及碱性介质中进行，而应在酸性介质中进行。

铈量法可直接测定一些金属的低价化合物、过氧化氢以及某些有机还原性物质，如甘油、酒石酸、硫酸亚铁片、硫酸亚铁糖浆等药物的测定。

(2) 溴酸钾法

溴酸钾法是以 $KBrO_3$ 为标准溶液的氧化还原滴定法。$KBrO_3$ 在酸性介质中为强氧化剂，可直接滴定某些能被其氧化的还原性物质。常用的酸性介质为 HCl 溶液，半反应为：

$$BrO_3^- + 6H^+ + 6e^- \Longrightarrow Br^- + 3H_2O \qquad \varphi^\ominus = 1.44V$$

常选用甲基红或甲基橙等含氮酸碱指示剂指示终点。化学计量点前指示剂呈酸式色，计量点后，稍过量的 BrO_3^- 便与反应生成的 Br^- 作用生成 Br_2，生成的 Br_2 氧化破坏指示剂显色结构，发生不可逆的褪色反应，从而指示滴定终点。因此需注意近终点时方可加入指示剂，若指示剂加入过早，其结构在滴定中可因 $KBrO_3$ 局部过浓而过早遭到破坏，无法正确指示终点。

$KBrO_3$ 易提纯且性质稳定，常采用直接法配制标准溶液；若需标定 $KBrO_3$ 标准溶液，可用 As_2O_3 为基准物，标定反应为：

$$BrO_3^- + 3HAsO_2 + 3H_2O \Longrightarrow Br^- + 3H_3AsO_4$$

溴酸钾法可直接测定亚砷酸盐、亚锑酸盐、亚锡盐、亚铜盐、碳化物和亚胺类等还原性物质。

(3) 溴量法

溴量法是以溴的氧化作用和溴代作用为基础的滴定分析方法。其标准溶液为溴液，在酸性介质中，Br_2 被还原剂还原生成 Br^-，半反应为：

$$Br_2 + 2e^- \Longrightarrow 2Br^- \qquad \varphi^\ominus = 1.065V$$

因 Br_2 易挥发，故其溶液浓度不稳定，同时它又有腐蚀性，所以不适合配制标准溶液。通常配制 $KBrO_3$ 与 KBr 的混合溶液（亦称溴液）代替溴溶液进行分析测定。测定时先在被测物的酸性试液中加入 $KBrO_3$ 与 KBr 混合液，两者立即反应生成 Br_2，反应式为：

$$BrO_3^- + 5Br^- + 6H^+ \Longrightarrow 3Br_2 + 3H_2O$$

生成的 Br_2 相当于即时加入的 Br_2 标准溶液。$KBrO_3$-KBr（质量比为 1∶5）标准溶液非常稳定，只有在酸化时才会发生上述反应。

测定时，当 Br_2 与被测物完成反应后，再加入过量 KI 与剩余的 Br_2 作用：

$$Br_2 + 2I^- \Longrightarrow 2Br^- + I_2$$

定量析出的 I_2 用 $Na_2S_2O_3$ 标准溶液滴定。根据溴液加入量和 $Na_2S_2O_3$ 标准溶液用量即可计算出被测物的含量。

例如：在苯酚的酸性溶液中加入一定量且过量的 $KBrO_3$-KBr 标准溶液，反应生成的 Br_2 即与苯酚发生取代反应生成三溴苯酚，过量的 Br_2 用 KI 还原，析出的 I_2 用 $Na_2S_2O_3$ 标准溶液滴定。根据 $KBrO_3$ 量和消耗的 $Na_2S_2O_3$ 量，计算出试样中苯酚的含量。

同样，还可用于甲酚、对氨基苯磺酰胺、间苯二酚及苯胺等的测定。8-羟基喹啉能定量沉淀许多金属离子，因而可借溴量法测定沉淀中 8-羟基喹啉的含量而间接测得金属离子的含量。

此外，可利用含双键的有机化合物能与溴迅速发生加成反应的特性测定不饱和有机物的含量，如测定醋酸乙烯（$CH_3COOCH=CH_2$）或丙烯酸酯类等。但需注意的是，用 Br_2 处理多种不饱和有机化合物时，常会发生取代、消解等副反应，因而干扰加成反应。

7.5 氧化还原滴定结果的计算

氧化还原滴定结果计算的关键是如何根据一系列有关的化学反应方程式，确定待测组分与滴定剂之间的计量关系，再根据计量关系及所消耗的滴定剂的量就可求出待测组分的含量。请复习第 4 章滴定分析法中分析结果的计算。

【例 7.8】 准确称取软锰矿试样 0.5261g，在酸性介质中加入 0.7049g 纯 $Na_2C_2O_4$，加热至反应完全。过量的 $Na_2C_2O_4$ 用 $0.02160mol \cdot L^{-1}$ $KMnO_4$ 标准溶液滴定至终点，用去 30.47mL。计算软锰矿 MnO_2 的质量分数。

解 有关化学反应方程式：

$$MnO_2 + C_2O_4^{2-} + 4H^+ === Mn^{2+} + 2CO_2\uparrow + 2H_2O$$

$$2MnO_4^- + 5C_2O_4^{2-} + 16H^+ === 2Mn^{2+} + 10CO_2\uparrow + 8H_2O$$

各物质之间的计量关系为：$n_{MnO_2} = n_{H_2C_2O_4} = \dfrac{5}{2}n_{KMnO_4}$

MnO_2 含量为：

$$w_{MnO_2} = \frac{\left[\dfrac{m_{Na_2C_2O_4}}{M_{Na_2C_2O_4}} - \dfrac{5}{2} \times (cV)_{KMnO_4}\right] \times M_{MnO_2}}{m_s}$$

$$= \frac{\left(\dfrac{0.7049g}{134.00g \cdot mol^{-1}} - \dfrac{5}{2} \times 0.02160mol \cdot L^{-1} \times 0.03047L\right) \times 86.94g \cdot mol^{-1}}{0.5261g} = 0.5974$$

【例 7.9】 燃烧不纯的 Sb_2S_3 试样 0.1675g，将所得的 SO_2 通入 $FeCl_3$ 溶液中，使 Fe^{3+} 还原为 Fe^{2+}。再在稀酸条件下用 $0.01985mol \cdot L^{-1}$ $KMnO_4$ 标准溶液滴定 Fe^{2+}，用去 21.20mL。问试样中 Sb_2S_3 的质量分数为多少？

解 此例为高锰酸钾法测定金属硫化物的含量，有关反应式为：

$$2Sb_2S_3 + 11O_2 === 2Sb_2O_5 + 6SO_2$$

$$SO_2 + 2Fe^{3+} + 2H_2O === 2Fe^{2+} + SO_4^{2-} + 4H^+$$

$$5Fe^{2+} + MnO_4^- + 8H^+ === Mn^{2+} + 5Fe^{3+} + 4H_2O$$

各物质的物质的量的计量关系为：

$$n_{Sb_2S_3} = \frac{1}{3}n_{SO_2} = \frac{1}{3} \times \frac{1}{2}n_{Fe^{3+}} = \frac{1}{3} \times \frac{1}{2} \times \frac{5}{1}n_{MnO_4^-}$$

$$
\begin{aligned}
w_{Sb_2S_3} &= \frac{\frac{5}{6}(cV)_{MnO_4^-} \times M_{Sb_2S_3}}{m_s} \\
&= \frac{\frac{5}{6} \times 0.01985 \text{mol} \cdot \text{L}^{-1} \times 21.20 \text{mL} \times 10^{-3} \text{L} \cdot \text{mL}^{-1} \times 339.81 \text{g} \cdot \text{mol}^{-1}}{0.1675 \text{g}} = 0.7114
\end{aligned}
$$

【例 7.10】 取废水样 100.0mL，用 H_2SO_4 酸化后，加入 0.01667mol · L^{-1} $K_2Cr_2O_7$ 溶液 25.00mL，以 $AgNO_3$ 为催化剂，煮沸一定时间，待水样中还原性物质较完全地氧化后，以邻二氮菲-亚铁为指示剂，用 0.1000mol · L^{-1} $FeSO_4$ 标准溶液滴定剩余的 $Cr_2O_7^{2-}$，用去 15.00mL。计算废水样的化学耗氧量 COD。

解 该例为重铬酸钾法测定化学需氧量 COD，有关反应式为：

$$2Cr_2O_7^{2-} + 3C + 16H^+ \longrightarrow 4Cr^{3+} + 3CO_2\uparrow + 8H_2O$$

$$Cr_2O_7^{2-}(\text{余量}) + 6Fe^{2+} + 14H^+ \Longrightarrow 2Cr^{3+} + 6Fe^{3+} + 7H_2O$$

$$O_2 + 4H^+ + 4e^- \Longrightarrow 2H_2O$$

各物质的物质的量的计量关系为：

$$n_{O_2} = \frac{1}{4}n_{e^-} = \frac{1}{4} \times \frac{6}{1}n_{Cr_2O_7^{2-}}; \quad n_{Cr_2O_7^{2-}} = \frac{1}{6}n_{Fe^{2+}}$$

$$
\begin{aligned}
COD_{Cr} &= \frac{\frac{3}{2}\left[(cV)_{Cr_2O_7^{2-}} - \frac{1}{6}(cV)_{Fe^{2+}}\right] \times M_{O_2}}{V_s} \\
&= \frac{\frac{3}{2}\left[(0.01667 \text{mol} \cdot \text{L}^{-1} \times 0.02500 \text{L} - \frac{1}{6} \times 0.1000 \text{mol} \cdot \text{L}^{-1} \times 0.01500 \text{L})\right] \times 32.00 \text{g} \cdot \text{mol}^{-1}}{0.1000 \text{L}} \\
&= 80.0 \text{mg} \cdot \text{L}^{-1}
\end{aligned}
$$

【例 7.11】 称取含抗生素对氨基苯磺酰胺（$H_2NC_6H_4SO_2NH_2$，简称 sul）的粉末试样 0.2981g，溶于盐酸并稀释至 100.0mL，分取 20.00mL 置于一锥形瓶中，加入 25.00mL 0.01767mol · L^{-1} $KBrO_3$ 及过量的 KBr。密封 10min 后确保完成了相应的溴化反应。加入过量的 KI，析出的 I_2 需 12.92mL 0.1215mol · L^{-1} $Na_2S_2O_3$ 溶液滴定（以淀粉为指示剂）。（已知 $M_{sul} = 172.21$g · mol^{-1}）

（1）写出有关的化学反应方程式。

（2）计算此粉末试样中 sul 的含量。

解 （1）有关化学反应为：

$$BrO_3^- + 5Br^- + 6H^+ \Longrightarrow 3Br_2 + 3H_2O$$

$$C_6H_8N_2O_2S + 2Br_2 \Longrightarrow C_6H_6Br_2N_2O_2S + 2HBr$$

$$Br_2 + 2KI \Longrightarrow 2KBr + I_2$$

$$I_2 + 2S_2O_3^{2-} \Longrightarrow 2I^- + S_4O_6^{2-}$$

（2）由上述反应式可知：

$$n_{sul}=\frac{1}{2}\times\frac{3}{1}n_{BrO_3^-}\;;\quad n_{BrO_3^-}=\frac{1}{3}n_{Br_2}=\frac{1}{3}n_{I_2}=\frac{1}{3}\times\frac{1}{2}n_{S_2O_3^{2-}}$$

$$w_{sul}=\frac{\frac{3}{2}\left[(cV)_{BrO_3^-}-\frac{1}{6}(cV)_{S_2O_3^{2-}}\right]\times M_{sul}}{m_s\times\dfrac{20.00}{100.0}}$$

$$=\frac{\frac{3}{2}(0.01767\text{mol}\cdot\text{L}^{-1}\times0.02500\text{L}-\frac{1}{6}\times0.1215\text{mol}\cdot\text{L}^{-1}\times0.01292\text{L})\times172.21\text{g}\cdot\text{mol}^{-1}}{0.2981\text{g}\times\dfrac{20.00\text{mL}}{100.0\text{mL}}}\times100\%$$

$$=78.04\%$$

【例7.12】 100.0mg含水甘油加入50.0mL含有0.0837mol·L^{-1}Ce^{4+}的4mol·L^{-1}HClO$_4$溶液中，在60℃水浴中加热15min使甘油氧化成蚁酸，过量的Ce^{4+}需要12.11mL 0.0448mol·L^{-1}Fe^{2+}溶液滴定终点，求未知液中甘油的质量分数。已知$M_{甘油}=92$g·mol^{-1}，有关反应式：

$$C_3H_8O_3+8Ce^{4+}+3H_2O=\!=\!=3HCOOH+8Ce^{3+}+8H^+$$

解 由相关反应可知：

$$n_{C_3H_8O_3}=\frac{1}{8}n_{Ce^{4+}}=\frac{1}{8}n_{Fe^{2+}}$$

$$w_{C_3H_8O_3}=\frac{\frac{1}{8}\left[(cV)_{Ce^{4+}}-(cV)_{Fe^{2+}}\right]\times M_{C_3H_8O_3}}{m_s}$$

$$=\frac{(0.0837\text{mol}\cdot\text{L}^{-1}\times0.05000\text{L}-0.0448\text{mol}\cdot\text{L}^{-1}\times0.01211\text{L})\times92\text{g}\cdot\text{mol}^{-1}}{8\times0.1000\text{g}}$$

$$=0.419$$

【例7.13】 将一定量且过量的KMnO$_4$标准溶液（c_1、V_1）加入待测的CH$_3$OH试液（V_s）中，待反应完全后，将溶液酸化，MnO$_4^{2-}$歧化为MnO$_4^-$和MnO$_2$。再加入一定量且过量的FeSO$_4$标准溶液（c_2、V_2），将所有的高价锰都还原为Mn^{2+}，最后以KMnO$_4$标准溶液（c_1、V_3）滴定剩余的Fe^{2+}，计算试液中甲醇的含量。

解 设试液中甲醇的物质的量为x，在碱性介质中甲醇与KMnO$_4$的反应为：

$$6MnO_4^-+CH_3OH+8OH^-=\!=\!=CO_3^{2-}+6MnO_4^{2-}+6H_2O$$

反应消耗MnO$_4^-$和生成MnO$_4^{2-}$的物质的量均为$6x$(mol)。

在酸性条件下，MnO$_4^{2-}$歧化反应为：

$$3MnO_4^{2-}+4H^+=\!=\!=2MnO_4^-+MnO_2+2H_2O$$

则$6x$(mol)MnO$_4^{2-}$产生MnO$_4^-$和MnO$_2$的物质的量分别为$4x$(mol)和$2x$(mol)，于是溶液酸化后，含高价锰的量分别为：

$$MnO_4^-\ (c_1V_1-6x)+4x=(c_1V_1-2x)\quad MnO_2:2x(\text{mol})$$

在酸性条件下，Fe^{2+}将所有高价锰还原为Mn^{2+}的反应为：

$$MnO_4^- + 5Fe^{2+} + 8H^+ \Longrightarrow Mn^{2+} + 5Fe^{3+} + 4H_2O$$

$$MnO_2 + 2Fe^{2+} + 4H^+ \Longrightarrow Mn^{2+} + 2Fe^{3+} + 2H_2O$$

它们消耗 Fe^{2+} 的量为：

$$5(c_1V_1 - 2x) + 2 \times 2x = 5c_1V_1 - 6x$$

MnO_4^- 返滴定消耗剩余的 Fe^{2+} 的物质的量为：$5c_1V_3$

于是有：

$$5c_1V_1 - 6x + 5c_1V_3 = c_2V_2$$

解得：

$$x = \frac{5c_1(V_1 + V_3) - c_2V_2}{6}$$

所以试液中甲醇的含量为：

$$\rho_{CH_3OH} = \frac{xM_{CH_3OH}}{V_s} = \frac{[5c_1(V_1 + V_3) - c_2V_2] \times M_{CH_3OH}}{6V_s} (g \cdot L^{-1})$$

思考题及习题

7-1　什么是标准电极电位？什么是条件电极电位？两者之间有何区别？影响条件电极电位的主要外界因素有哪些？

7-2　必须满足什么条件的氧化还原反应才能用于氧化还原滴定法？

7-3　用来指示氧化还原滴定终点的指示剂有几类？举例说明。

7-4　氧化还原指示剂的变色原理和选择与酸碱指示剂有何异同？

7-5　在进行氧化还原滴定前，为何要进行预处理？预处理时，对预氧化剂或预还原剂有何要求？

7-6　碘量法的主要误差来源有哪些？为什么碘量法不适宜在高酸度或高碱度介质中进行？

7-7　解释下列现象：

(1) $\varphi_{I_2/I^-}^{\ominus}$ (0.54V) $> \varphi_{Cu^{2+}/Cu^+}^{\ominus}$ (0.16V)，但 Cu^{2+} 能将 I^- 氧化为 I_2。

(2) $\varphi_{H_3AsO_4/HAsO_2}^{\ominus}$ (0.56V) $> \varphi_{I_2/I^-}^{\ominus}$ (0.54V)，但在 pH=8.00 的溶液中，As_2O_3 可作为基准物质标定 I_2 标准溶液的浓度。

(3) 间接碘量法测铜时，若试液中有 Fe^{3+}，可将 I^- 氧化成 I_2，可加入 NH_4HF_2（$[F^-]=1.0mol \cdot L^{-1}$）消除 Fe^{3+} 的干扰。

7-8　计算在 $1.5mol \cdot L^{-1}$ HCl 介质中，当 $c_{Cr(VI)} = 0.10mol \cdot L^{-1}$、$c_{Cr(III)} = 0.020mol \cdot L^{-1}$ 时，$Cr_2O_7^{2-}/Cr^{3+}$ 电对的电极电位。

(1.02V)

7-9　计算 pH=10.0，$[NH_4^+] + [NH_3] = 0.20mol \cdot L^{-1}$ 时 Zn^{2+}/Zn 电对的条件电位。若 $c_{Zn(II)} = 0.020mol \cdot L^{-1}$，$Zn^{2+}/Zn$ 电对的电极电位是多少？

(−0.94V；−0.99V)

7-10　计算在 1,10-邻二氮菲存在下，溶液含 H_2SO_4 浓度为 $1mol \cdot L^{-1}$ 时，Fe^{3+}/Fe^{2+} 电对的条件电势。（忽略离子强度的影响。已知在 $1mol \cdot L^{-1}$ H_2SO_4 溶液中，亚铁配合物 $[FeR_3]^{2+}$ 与高铁配合物 $[FeR_3]^{3+}$ 的稳定常数之比 $K_{II}/K_{III} = 2.8 \times 10^6$。）

(1.15V)

7-11　计算 pH=3.0，含有未络合 EDTA 浓度为 $0.10mol \cdot L^{-1}$ 时，Fe^{3+}/Fe^{2+} 电对的条件电势。（已知 pH=3.0 时，$\lg\alpha_{Y(H)} = 10.60$，$\varphi_{Fe^{3+}/Fe^{2+}}^{\ominus} = 0.77V$）

(0.134V)

7-12 将一块纯铜片置于 $0.050mol \cdot L^{-1}$ $AgNO_3$ 溶液中，计算溶液达到平衡后的组成。

思路提示：首先计算反应平衡常数，再计算在平衡状态时的溶液组成。

$$([Cu^{2+}]=0.025mol \cdot L^{-1}, [Ag^+]=2.3 \times 10^{-9}mol \cdot L^{-1})$$

7-13 已知在 $1mol \cdot L^{-1}$ HCl 介质中，Fe(Ⅲ)/Fe(Ⅱ) 电对的 $\varphi^{\ominus\prime}=0.70V$，Sn(Ⅳ)/Sn(Ⅱ) 电对的 $\varphi^{\ominus\prime}=0.14V$。求在此条件下，反应 $2Fe^{3+}+Sn^{2+}=\!\!=\!\!=Sn^{4+}+2Fe^{2+}$ 的条件平衡常数。

$$(9.5 \times 10^{18})$$

7-14 对于氧化还原反应 $BrO_3^-+5Br^-+6H^+=\!\!=\!\!=3Br_2+3H_2O$，(1) 求此反应的平衡常数；(2) 计算当溶液的 pH=7.0，$[BrO_3^-]=0.10mol \cdot L^{-1}$、$[Br^-]=0.70mol \cdot L^{-1}$ 时，游离溴的平衡浓度。

$$(2.8 \times 10^{36}; \ 3.6 \times 10^{-3}mol \cdot L^{-1})$$

7-15 在 $1mol \cdot L^{-1}$ $HClO_4$ 介质中，用 $0.02000mol \cdot L^{-1}$ $KMnO_4$ 滴定 $0.10mol \cdot L^{-1}$ Fe^{2+}，试计算滴定分数分别为 0.50、1.00、2.00 时体系的电位。已知在此条件下，MnO_4^-/Mn^{2+} 电对的 $\varphi^{\ominus\prime}=1.45V$，$Fe^{3+}/Fe^{2+}$ 电对的 $\varphi^{\ominus\prime}=0.73V$。

$$(0.73V; \ 1.33V; \ 1.45V)$$

7-16 在 $0.10mol \cdot L^{-1}$ HCl 介质中，用 $0.2000mol \cdot L^{-1}$ Fe^{3+} 滴定 $0.10mol \cdot L^{-1}$ Sn^{2+}，试计算在化学计量点时的电位及其突跃范围。在此条件中选用什么指示剂，滴定终点与化学计量点是否一致？（已知在此条件下，Fe^{3+}/Fe^{2+} 电对的 $\varphi^{\ominus\prime}=0.70V$，$Sn^{4+}/Sn^{2+}$ 电对的 $\varphi^{\ominus\prime}=0.07V$）

$$(0.29V; \ 0.16 \sim 0.55V)$$

7-17 分别计算在 $1mol \cdot L^{-1}$ HCl 和 $1mol \cdot L^{-1}$ HCl-$0.5mol \cdot L^{-1}$ H_3PO_4 溶液中，用 $0.1000mol \cdot L^{-1}$ $K_2Cr_2O_7$ 滴定 20.00mL $0.600mol \cdot L^{-1}$ Fe^{2+} 时化学计量点的电位。如果两种情况下都选用二苯胺磺酸钠作指示剂，哪种情况的误差较小？（已知在两种条件下，$Cr_2O_7^{2-}/Cr^{3+}$ 的 $\varphi^{\ominus\prime}=1.00V$，指示剂的 $\varphi^{\ominus\prime}_{In}=0.85V$，$Fe^{3+}/Fe^{2+}$ 电对在 $1mol \cdot L^{-1}$ HCl 中的 $\varphi^{\ominus\prime}=0.70V$，而在 $1mol \cdot L^{-1}$ HCl-$0.5mol \cdot L^{-1}$ H_3PO_4 中的 $\varphi^{\ominus\prime}=0.51V$）

$$(0.88 \sim 0.97V; \ 0.69 \sim 0.97V)$$

7-18 在 $0.5mol \cdot L^{-1}$ H_2SO_4 介质中，用 $KMnO_4$ 标准溶液滴定 Fe^{2+} 时：(1) 写出滴定反应方程式；(2) 求此反应的平衡常数；(3) 求化学计量点时溶液的电位。（已知电对 MnO_4^-/Mn^{2+} 和 Fe^{3+}/Fe^{2+} 的条件电极电位分别为 1.45V 和 0.68V）

$$(1.80 \times 10^{65}; \ 1.32V)$$

7-19 称取含有 KI 的试样 0.5000g，溶于水后先用 Cl_2 水氧化 I^- 为 IO_3^-，煮沸除去过量 Cl_2；再加入过量 KI 试剂，滴定 I_2 时消耗了 $0.02082mol \cdot L^{-1}$ $Na_2S_2O_3$ 21.30mL。计算试样中 KI 的质量分数。

$$(2.454\%)$$

7-20 称取苯酚试样 0.4184g，用 NaOH 溶液溶解后，用水稀释至 250mL 容量瓶中，移取 25.00mL 于碘量瓶中，加溴液（$KBrO_3+KBr$）25.00mL，加盐酸酸化后，再加入过量的 KI，定量析出的 I_2 用 $Na_2S_2O_3$ 标准溶液（$0.1100mol \cdot L^{-1}$）滴定，用去 20.02mL。另取溴液 25.00mL 做空白实验，用去 $Na_2S_2O_3$ 标准溶液 40.20mL。计算试样中苯酚的百分含量。

$$(83.22\%)$$

7-21 精密称取 0.1936g 基准物质 $K_2Cr_2O_7$，溶于水后加酸酸化，随后加入足够量的 KI，用 $Na_2S_2O_3$ 标准溶液滴定，用去 33.61mL，计算 $Na_2S_2O_3$ 标准溶液的浓度。

$$(0.1175mol \cdot L^{-1})$$

7-22 0.1861g $KHC_2O_4 \cdot H_2O$ 在酸性介质中恰好能与 30.00mL 的 $KMnO_4$ 反应，求 $KMnO_4$ 的浓度。

$$(0.01698mol \cdot L^{-1})$$

7-23 仅含有惰性杂质的铅丹（Pb_3O_4）试样重 3.500g，加一移液管 Fe^{2+} 标准溶液和足量的稀 H_2SO_4 于此试样中。溶解作用停止以后，过量的 Fe^{2+} 需 3.05mL $0.04000mol \cdot L^{-1}$ $KMnO_4$ 溶液滴定。同样一移液管的上述 Fe^{2+} 标准溶液，在酸性介质中用 $0.04000mol \cdot L^{-1}$ $KMnO_4$ 标准溶液滴定时，需用去

48.05mL。计算铅丹中 Pb_3O_4 的质量分数。

（88.15%）

7-24　某硅酸盐试样 1.000g，用重量法测得（$Fe_2O_3+Al_2O_3$）的总量为 0.5000g。将沉淀溶解在酸性溶液中，并将 Fe^{3+} 还原为 Fe^{2+}，然后用 0.01625mol·L^{-1} $K_2Cr_2O_7$ 溶液滴定，用去 25.00mL，计算试样中 Fe_2O_3 和 Al_2O_3 的百分含量。

（19.50%；30.50%）

7-25　精密称取漂白粉试样 2.702g，加水溶解，加过量 KI，用 H_2SO_4（1mol·L^{-1}）酸化。析出的 I_2 立即用 0.1208mol·L^{-1} $Na_2S_2O_3$ 标准溶液滴定，用去 34.38mL 达终点，计算试样中有效氯的含量。

（5.46%）

7-26　测定血液中的钙时，常将钙以 CaC_2O_4 的形式完全沉淀，滤过洗涤，溶于硫酸中，然后用 0.02000mol·L^{-1} 的 $KMnO_4$ 标准溶液滴定。现将 2.00mL 血液稀释至 50.00mL，取此溶液 20.00mL，进行上述处理，用该 $KMnO_4$ 标准溶液滴定至终点时用去 2.45mL。求血液中钙的浓度。

（0.153mol·L^{-1}）

7-27　称取苯酚试样 0.4082g，用 NaOH 溶解后，移入 250.0mL 容量瓶中，加水稀释至刻度，摇匀。吸取 25.00mL，加入溴酸钾标准溶液（$KBrO_3+KBr$）25.00mL，然后加入 HCl 及 KI。待析出 I_2 后，再用 0.1084mol·L^{-1} $Na_2S_2O_3$ 标准溶液滴定，用去 20.04mL。另取 25.00mL 溴酸钾标准溶液做空白实验，消耗同浓度的 $Na_2S_2O_3$ 41.60mL。试计算试样中苯酚的质量分数。

（73.17%）

7-28　测定某试样中锰和钒的含量，称取试样 1.000g，溶解后，还原为 Mn^{2+} 和 VO^{2+}，用 0.02000mol·L^{-1} $KMnO_4$ 标准溶液滴定，用去 2.50mL。加入焦磷酸（使 Mn^{3+} 形成稳定的焦磷酸络合物），继续用上述 $KMnO_4$ 标准溶液滴定生成的 Mn^{2+} 和原有的 Mn^{2+} 到 Mn^{3+}，用去 4.00mL。计算试样中锰和钒的质量分数。

（1.27%；1.48%）

7-29　称取丙酮试样 1.000g，定容于 250mL 容量瓶中，移取 25.00mL 于盛有 NaOH 溶液的碘量瓶中，准确加入 50.00mL 0.05000mol·L^{-1} I_2 标准溶液，放置一定时间后，加 H_2SO_4 调节溶液呈弱酸性，立即用 0.1000mol·L^{-1} $Na_2S_2O_3$ 溶液滴定过量的 I_2，消耗 10.00mL。计算试样中丙酮的质量分数。

（38.72%）

7-30　过氧乙酸是一种广谱消毒剂，可用过氧化氢与乙酸反应制取，调节乙酸和过氧化氢的浓度可得到不同浓度的过氧乙酸。

准确称取 0.5030g 过氧乙酸试样，置于预先盛有 40mL 水、5mL 3mol·L^{-1} H_2SO_4 溶液和 2～3 滴 1mol·L^{-1} $MnSO_4$ 溶液并已冷却至 5℃的碘量瓶中，摇匀，用 0.02370mol·L^{-1} $KMnO_4$ 标准溶液滴定至溶液呈浅红色（30s 不褪色），消耗 12.50mL；随即加入 10mL 10% KI 溶液和 2～3 滴（NH_4）$_2MoO_4$ 溶液（起催化作用并减轻溶液的颜色），轻轻摇匀，加塞，在暗处放置 5～10min，用 0.1020mol·L^{-1} $Na_2S_2O_3$ 标准溶液滴定，终点时加入 3mL 0.5% 淀粉指示剂，继续滴定至蓝色消失，消耗 $Na_2S_2O_3$ 溶液 23.60mL。写出与滴定有关的化学反应方程式并计算过氧乙酸的质量分数。（已知 $M_{过氧乙酸}=76.05$g·mol^{-1}）

$$2KMnO_4+3H_2SO_4+5H_2O_2 =\!=\!= 2MnSO_4+K_2SO_4+5O_2+8H_2O$$
$$2KI+2H_2SO_4+CH_3COOOH =\!=\!= 2KHSO_4+CH_3COOH+I_2+H_2O$$

（18.20%）

第8章　沉淀滴定法

本章概要：本章在沉淀溶解平衡的基础上，讨论学习莫尔法、佛尔哈德法和法扬司法的基本原理、滴定条件及其应用范围。在学习沉淀滴定法后，将对四大滴定分析法进行比较总结。

8.1　沉淀滴定法的基本原理

8.1.1　沉淀滴定法概述

沉淀滴定法（precipitation titration）是以沉淀反应为基础的滴定分析方法。不是任何沉淀反应都可用于沉淀滴定的，必须满足滴定分析对化学反应的要求：

① 反应要定量完全进行。生成的沉淀溶解度小，组成恒定。

② 沉淀反应迅速。

③ 有确定终点的简单方法。

④ 不易形成过饱和溶液，无共沉淀现象，沉淀的吸附现象应不妨碍化学计量点的测定。

目前应用较多的是生成难溶性银盐的沉淀反应，如：

$$Ag^+ + Cl^- \Longrightarrow AgCl\downarrow$$

$$Ag^+ + SCN^- \Longrightarrow AgSCN\downarrow$$

利用生成难溶银盐反应的沉淀滴定方法称为银量法。主要测定 Cl^-、Br^-、I^-、Ag^+ 及 SCN^- 等，还可以测定经过处理而能定量地产生这些离子的有机物，如敌百虫、二氯酚等有机农药的测定。

8.1.2　沉淀滴定曲线

和其他滴定类似，沉淀滴定溶液中离子浓度的变化规律可以用滴定曲线来描述。即以滴定过程中金属离子浓度的负对数（pM）或阴离子浓度的负对数（pX）为纵坐标，以标准溶液的加入量或滴定分数为横坐标绘制的曲线。

以 $0.1000\text{mol} \cdot \text{L}^{-1}$ $AgNO_3$ 标准溶液滴定 20.00mL $0.1000\text{mol} \cdot \text{L}^{-1}$ NaX（X 为卤素离子）溶液为例，计算滴定过程中 pX 的变化（见表 8.1），并绘出滴定曲线（见图 8.1）。

沉淀滴定曲线的突跃范围与反应物的浓度及所生成沉淀的溶解度（或 K_{sp}）有关。即反应物的浓度越大，或生成沉淀的溶解度越小（或 K_{sp} 越小），则沉淀滴定的突跃范围越大。

表 8.1 在 0.1000mol·L^{-1} AgNO$_3$ 滴定 0.1000mol·L^{-1} NaX 时 pX 值的变化

项目	V_{AgNO_3}/mL	滴定分数/%	pCl	pBr	pI	计算公式
滴定前	0.00	0.00	1.00	1.0	1.00	$[X^-]=c_X$；$pX=-lg[X^-]$
滴定至计量点前	10.00	50.0	1.50	1.50	1.50	$[X^-]=\dfrac{(cV)_{X^-}-(cV)_{Ag^+}}{V_{总}}$；$pX=-lg[X^-]$
	18.00	90.0	2.28	2.28	2.28	
	19.80	99.0	3.30	3.30	3.30	
	19.98	99.9	4.30	4.30	4.30	
计量点时	20.00	100.0	4.87	6.15	8.04	$[X^-]=\sqrt{K_{sp,AgX}}$；$pX=-lg[X^-]$
计量点后	20.02	100.1	5.44	8.00	11.78	$[X^-]=\dfrac{K_{sp,AgX}}{[Ag^+]}$；$pX=-lg[X^-]$
	20.20	101.0	6.44	9.00	12.78	
	22.00	110.0	7.42	10.00	13.78	$[Ag^+]=\dfrac{(cV)_{Ag^+}-(cV)_{X^-}}{V_{总}}$
	40.00	200.0	8.26	10.82	14.60	

由表 8.1 和图 8.1 可以看出，用 0.1000mol·L^{-1} AgNO$_3$ 滴定同浓度的卤素离子，以 AgNO$_3$ 滴定 I$^-$ 时滴定突跃范围最大。

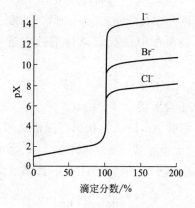

图 8.1 银量法滴定曲线

8.2 银量法的分类

银量法根据确定终点所用指示剂不同，按创立者名字命名分为莫尔（Mohr）法、佛尔哈德（Volhard）法和法扬司（Fajans）法。

8.2.1 莫尔法

(1) 原理

莫尔法是以 K$_2$CrO$_4$ 为指示剂的银量法。例如用 AgNO$_3$ 标准溶液滴定氯化物时，其滴定反应为：

$$Ag^+ + Cl^- \Longrightarrow AgCl \downarrow （白色），K_{sp,AgCl}=1.8\times10^{-10}$$

指示反应为：

$$2Ag^+ + CrO_4^{2-} \Longrightarrow Ag_2CrO_4 \downarrow （砖红色），K_{sp,Ag_2CrO_4}=2.0\times10^{-12}$$

根据分步沉淀原理，AgCl 的溶解度比 Ag$_2$CrO$_4$ 小，所以 AgCl 先沉淀。当 AgCl 沉淀完全后，稍过量的 AgNO$_3$ 标准溶液与 K$_2$CrO$_4$ 指示剂反应生成砖红色的 Ag$_2$CrO$_4$ 沉淀而指示滴定终点。显然指示剂的用量会影响滴定误差，同时溶液的酸度也是莫尔法中影响滴定准确度的主要因素之一。

(2) 滴定条件

① 指示剂的用量　指示剂 K_2CrO_4 的用量必须合适。若浓度过高，终点将会提前且溶液颜色过深，影响终点的观察；若浓度过低，则终点滞后，这些都会影响滴定的准确度。可以通过以下计算估算指示剂 K_2CrO_4 的用量。

滴定到达计量点时：

$$[Ag^+] = \sqrt{K_{sp,AgCl}} = \sqrt{1.8 \times 10^{-10}} = 1.3 \times 10^{-5} \ (mol \cdot L^{-1})$$

计量点时发生指示反应：$2Ag^+ + CrO_4^{2-} \Longrightarrow Ag_2CrO_4 \downarrow$ （砖红色）

必须满足条件：$[Ag^+]^2[CrO_4^{2-}] \geqslant K_{sp,Ag_2CrO_4}$

即：

$$[CrO_4^{2-}] \geqslant \frac{K_{sp,Ag_2Cr_2O_4}}{[Ag^+]^2} = \frac{2.0 \times 10^{-12}}{1.8 \times 10^{-10}} = 1.1 \times 10^{-2} \ (mol \cdot L^{-1})$$

考虑到 K_2CrO_4 的黄色影响滴定终点的判断，且指示反应在滴定的突跃范围内发生就可以保证滴定误差在 $\pm 0.1\%$ 以内。因此在实际滴定时，CrO_4^{2-} 浓度一般采用 $5 \times 10^{-3} mol \cdot L^{-1}$。

② 溶液的酸度　莫尔法必须在中性或弱碱性溶液中进行。如果在酸性溶液中进行，Ag_2CrO_4 易溶于酸：

$$Ag_2CrO_4 + H^+ \Longrightarrow 2Ag^+ + HCrO_4^-$$

Ag_2CrO_4 沉淀出现过迟，甚至不会沉淀。

如果在较强碱性中进行，则有 Ag_2O 沉淀析出。通常莫尔法测 Cl^- 的最适宜 $pH = 6.5 \sim 10.5$。当有 NH_4^+ 时，pH 值较大会生成 $[Ag(NH_4)_2]^+$，影响滴定，这时测定 Cl^- 的最适宜 $pH = 6.5 \sim 7.2$。若试液碱性强时，用稀 HNO_3 调节，若酸性强时，用 $NaHCO_3$ 或 $Na_2B_4O_7$ 调节。

(3) 适用范围

莫尔法适用于以 $AgNO_3$ 标准溶液直接滴定 Cl^-、Br^- 和 CN^- 的反应，不适用于滴定 I^- 和 SCN^-。这是因为 AgI 和 AgSCN 沉淀对 I^- 和 SCN^- 有强烈的吸附作用，即使剧烈摇动也无法使之释放出来。

莫尔法测定时，均需剧烈摇动。如测 Cl^-，由于生成的 AgCl 易吸附过量的 Cl^-，使体系中的 $[Cl^-]$ 降低，导致 $[Ag^+]$ 升高，因而未到计量点时，Ag_2CrO_4 便会过早出现，引入误差，故滴定时需剧烈摇动，使被 AgCl 沉淀吸附的 Cl^- 释放出来。

莫尔法测定 Ag^+ 时，不能直接用 NaCl 标准溶液滴定。因为大量 Ag^+ 与 CrO_4^{2-} 立即生成沉淀，用 Cl^- 滴定时，Ag_2CrO_4 转化为 AgCl 的速率极慢，使终点推迟。因此，莫尔法测定 Ag^+ 必须采用返滴定法。

莫尔法测定时，凡能与 CrO_4^{2-} 生成沉淀的阳离子（如 Ba^{2+}、Pb^{2+}、Hg^{2+} 等），凡能与 Ag^+ 生成沉淀的阴离子（如 CO_3^{2-}、PO_4^{3-}、AsO_4^{3-} 等），以及在中性、弱碱性溶液中易发生水解反应的离子（如 Fe^{3+}、Bi^{3+}、Al^{3+}、Sn^{4+} 等）均干扰测定，应预先分离。

8.2.2　佛尔哈德法

用铁铵矾 $[NH_4Fe(SO_4)_2]$ 作指示剂的银量法称为佛尔哈德法，可分为直接滴定法和返滴定法。

（1）直接滴定法

以铁铵矾作指示剂，用 KSCN 或 NH_4SCN 标准溶液直接滴定含有 Ag^+ 的酸性试液，滴定至溶液中出现红色配合物 $FeSCN^{2+}$ 时即为终点。其滴定反应和指示反应分别为：

$$Ag^+ + SCN^- \Longrightarrow AgSCN \downarrow (白色) \quad K_{sp} = 1.2 \times 10^{-12}$$

$$Fe^{3+} + SCN^- \Longrightarrow [Fe(SCN)]^{2+} (红色) \quad K_{形} = 138$$

滴定时注意条件：①溶液酸度一般控制为 $0.1 \sim 1 mol \cdot L^{-1}$，否则 Ag^+ 和 Fe^{3+} 发生水解，无法得到准确的终点；②指示剂的用量一般控制为 $0.015 mol \cdot L^{-1}$，在滴定的突跃范围出现红色，满足滴定误差要求；③滴定时，必须充分摇动，使 AgSCN 吸附的 Ag^+ 释放出来，被准确滴定；④强氧化剂和含氮的氧化物及铜盐、汞盐都与 SCN^- 作用，应预先分离或掩蔽。

思考：如何从理论上计算指示剂铁铵矾的用量？

（2）返滴定法

首先向试液中加入已知且过量的 $AgNO_3$ 标准溶液，与待测卤素离子完全反应，然后以铁铵矾作指示剂，用 KSCN 或 NH_4SCN 标准溶液滴定剩余的 Ag^+。有关反应：

$$Ag^+ + X^- \Longrightarrow AgX \downarrow$$

$$Ag^+ (剩余) + SCN^- \Longrightarrow AgSCN \downarrow$$

指示反应：
$$Fe^{3+} + SCN^- \Longrightarrow [Fe(SCN)]^{2+}$$

如果待测离子为 Cl^-，则要注意避免 AgCl 沉淀转化为溶解度更小的 AgSCN 沉淀。

$$AgCl \downarrow + SCN^- \Longrightarrow AgSCN \downarrow + Cl^-$$

否则在终点时不出现明显的红色，引起滴定误差。

通常采取以下措施之一：①分离法。加入过量 $AgNO_3$ 后，加热煮沸，使 AgCl 凝聚。将 AgCl 过滤并用稀 HNO_3 洗涤，将洗涤液和滤液合并，再用 KSCN 或 NH_4SCN 标准溶液返滴定过量的 Ag^+。但此项操作繁杂且易造成损失。②覆盖保护法。用 KSCN 或 NH_4SCN 标准溶液滴定剩余的 Ag^+ 之前，加入 $1 \sim 2mL$ 有机溶剂如硝基苯或 1,2-二氯乙烷，使 AgCl 表面覆盖一层有机溶剂，避免和阻止 KSCN 与 AgCl 接触发生转化反应。这个方法比较简单，但需要注意回收处理污染物。

思考：用佛尔哈德法返滴定 Br^-、I^- 时，需要考虑沉淀转化问题吗？

测 I^- 时，必须先加入过量的 $AgNO_3$，再加指示剂 Fe^{3+}，以免发生下述反应，影响准确度：

$$2Fe^{3+} + 2I^- \Longrightarrow 2Fe^{2+} + I_2$$

（3）适用范围

佛尔哈德法的最大优点是可以在酸性溶液中进行滴定，当酸度大于 $0.3 mol \cdot L^{-1}$ 时，许多弱酸根离子都不干扰，故该方法的选择性高。采用直接滴定法可测定 Ag^+ 等；采用返滴定法可测定 Cl^-、Br^-、I^- 及 SCN^- 等；在生产上常用来测定农药样品。该法比莫尔法应用更为广泛。

8.2.3　法扬司法

（1）原理

用吸附指示剂指示滴定终点的银量法称为法扬司法。

吸附指示剂是一类有色的有机化合物，它被吸附在胶粒表面后，由于形成某种化合物而发生结构变化，引起颜色变化以指示滴定终点。

例如用 $AgNO_3$ 标准溶液滴定 Cl^- 时，用荧光黄作指示剂。荧光黄是一种有机弱酸，用 HFIn 表示，在溶液中存在以下离解平衡：

$$HFIn \rightleftharpoons H^+ + FIn^-$$

计量点前，AgCl 胶粒沉淀的表面吸附未被滴定的 Cl^- 而带有负电荷（$[(AgCl)_m]Cl^-$），荧光黄的阴离子 FIn^- 受排斥而不被吸附，溶液呈现荧光黄阴离子的黄绿色。计量点后，Ag^+ 过量，AgCl 胶体沉淀表面吸附 Ag^+，带正电荷，荧光黄的阴离子 FIn^- 被带正电荷的胶体吸引，呈现粉红色。

此时：
$$[(AgCl)_n] \cdot Ag^+ + FIn^- \xrightarrow{\text{吸附}} [(AgCl)_n]Ag^+ \cdot FIn^-$$
$$\text{黄绿色} \qquad\qquad \text{粉红色}$$

滴定过程中溶液由黄绿色变为粉红色，指示滴定终点的到达。如果用 NaCl 标准溶液滴定 Ag^+ 时，则颜色变化刚好相反。

几种常用的吸附指示剂列于表 8.2。

表 8.2 常用的吸附指示剂

指示剂	pK_a	被测离子	滴定剂	终点颜色变化	滴定条件(pH 值)
荧光黄	7.0	Cl^-,Br^-,I^-	Ag^+	黄绿→粉红	7.0~10.0
二氯荧光黄	4.0	Cl^-,Br^-,I^-	Ag^+	黄绿→粉红	4.0~10.0
曙红	2.0	Br^-,I^-,SCN^-	Ag^+	橙黄→红紫	2.0~10.0
甲基紫		Ag^+	Cl^-	红→紫	酸性

(2) 滴定条件

① 吸附指示剂颜色的变化发生在胶体表面，因此应尽量使胶体具有较大表面积，可加入糊精、淀粉等高分子化合物保护胶体，防止沉淀凝聚。

② 各种指示剂特性差别很大，对滴定条件要求不同，适用范围也不相同，即需控制适宜酸度。

③ 滴定过程中应尽量避光，以免卤化银感光变灰，影响终点观察。

④ 胶粒对指示剂离子吸附能力要适当，应略小于对待测离子的吸附能力。

胶体吸附能力（对指示剂及 X^-）大小顺序如下：

$$I^- > 二甲基二碘荧光黄 > Br^- > 曙红 > Cl^- > 荧光黄或二氯荧光黄$$

⑤ 溶液中被测离子浓度不能太低，否则，沉淀量太小，不易观察终点。

(3) 适用范围

法扬司法可适用于 Cl^-、Br^-、I^-、SCN^- 和 Ag^+ 等离子的测定。

8.3 银量法的应用

8.3.1 银量法常用标准溶液的配制和标定

银量法常用的标准溶液是 $AgNO_3$ 和 NH_4SCN 溶液。

(1) $AgNO_3$ 标准溶液

若有很纯的 $AgNO_3$ 固体，则可在干燥后直接用来配制 $AgNO_3$ 标准溶液。但 $AgNO_3$

固体往往含有杂质，需用标定法配制。标定 $AgNO_3$ 溶液常用的基准物质是 NaCl 固体。

在配制 $AgNO_3$ 溶液时，应用不含 Cl^- 的纯净水。用于配制溶液的固体 $AgNO_3$ 以及配制好的 $AgNO_3$ 溶液都应保存在密闭的棕色试剂瓶中。

另外，NaCl 固体在使用前应放在干净的坩埚内加热到 $400\sim500℃$，直到不再有爆裂声为止。然后，将其放在干燥器中备用。

(2) NH_4SCN 标准溶液

NH_4SCN 固体往往含有杂质，又易潮解，只能用标定法配制。标定时，可用铁铵矾作指示剂，取一定量已标定过的 $AgNO_3$ 标准溶液，用 NH_4SCN 溶液直接滴定。

8.3.2　银量法的应用示例

(1) 可溶性氯化物中氯含量的测定

可溶性氯化物中氯含量的测定一般采用莫尔法。若试样中含有 SO_3^{2-}、PO_4^{3-}、S^{2-} 等离子时，在中性或弱碱性条件下，也能和 Ag^+ 生成沉淀，干扰测定。因此，只能采用佛尔哈德法进行测定，因为在酸性条件下，这些阴离子都不会与 Ag^+ 生成沉淀，从而避免干扰。

(2) 有机卤化物中卤素的测定

有机物中所含卤素多以共价键结合，需经预处理使之转化为卤素离子后，再用银量法测定。由于有机卤化物中卤素结合方式不同，预处理的方法也各异。脂肪族卤化物或卤素结合在芳环侧链上的类似脂肪族化合物，其卤素原子都比较活泼，故可将试样与 NaOH 溶液加热回流水解，使有机卤素转化为卤素离子：

$$R\!-\!X + NaOH \Longrightarrow R\!-\!OH + X^- + Na^+$$

以农药敌百虫为例。将试样于碱水溶液中水解，使有机氯转化为 Cl^- 而进入溶液：

$$
\begin{array}{c}
CH_3O\quad O\quad OH\\
\diagdown\ \|\ |\\
P\!-\!O\!-\!CH\!-\!CCl_3\\
\diagup\\
CH_3O
\end{array}
\xrightarrow{Na_2CO_3}
(CH_3O)_2\!-\!\overset{\displaystyle O}{\overset{\|}{P}}\!-\!O\!-\!CH\!=\!CCl_2 + NaCl + H_2O + CO_2
$$

敌百虫

待溶液冷却后，加入 HNO_3 调至溶液呈酸性，用佛尔哈德法测得其中 Cl^- 的含量，也可以用莫尔法进行测定。

(3) 银合金中银的测定

银合金（如银币）中银的测定采用佛尔哈德法。

银合金用 HNO_3 溶解：

$$Ag + NO_3^- + 2H^+ \Longrightarrow Ag^+ + NO_2\uparrow + H_2O$$

煮沸除去氮的低价氧化物，以免发生如下的副反应：

$$HNO_2 + SCN^- + 2H^+ \Longrightarrow NOSCN（红色）+ H_2O$$

于制得的溶液中加入铁铵矾指示剂，再用 NH_4SCN 标准溶液进行滴定。根据试样的质量、滴定用去 NH_4SCN 标准溶液的体积，计算银的百分含量。

8.4　滴定分析小结

在前面分别讨论了酸碱、配位、氧化还原和沉淀四种化学平衡及相应的滴定分析方法，现将有关知识归纳总结于表 8.3，以便于回顾并加深理解四种滴定分析法的异同。

表 8.3 四大滴定方法的比较

项　目	酸碱滴定法	配位滴定法	氧化还原滴定法	沉淀滴定法
滴定反应	酸碱反应	配位反应	氧化还原反应	沉淀反应
滴定常数	$K_t = K_{a(b)}/K_w$	$K_t = K'_{MY}$	$K_t = K$	$K_t = 1/K'_{sp}$
条件平衡常数		$\lg K'_{MY} = \lg K_{MY} - \lg \alpha_M - \lg \alpha_Y$	$\lg K' = \dfrac{n(\varphi_1^{\ominus\prime} - \varphi_2^{\ominus\prime})}{0.059V}$	$K'_{sp,MA} = K_{sp,MA}\alpha_M\alpha_Y$
滴定曲线	pH-滴定分数	pM-滴定分数	φ-滴定分数	pX-滴定分数
计量点	强酸滴定一元弱碱 $[H^+]_{sp} = \sqrt{c \cdot \dfrac{k_w}{k_b}}$	$pM_{sp} = \dfrac{1}{2}(pc_{M,sp} + \lg K'_{MY})$	$\varphi_{sp} = \dfrac{n_1\varphi_1 + n_2\varphi_2}{n_1 + n_2}$	$[X^-]_{sp} = \sqrt{K'_{sp,AgX}}$
影响突跃范围的因素	$K_{a(b)} \cdot c_{a(b)}$	K'_{MY}, c_M	$\Delta\varphi, n$	K'_{sp}, c_M
指示剂	变色点 pH=pK_{HIn} 酚酞、甲基橙等	变色点 pM=pK'_{MIn} 铬黑 T、二甲酚橙等	变色点 $\varphi=\varphi_{In}^{\ominus\prime}$ 自身指示剂、特殊指示剂、二苯胺磺酸钠等	K_2CrO_4、$NH_4Fe(SO_4)_2$、吸附指示剂
准确滴定条件	$c_{sp}K_{a(b)} \geqslant 10^{-8}$	$c_M K'_{MY} \geqslant 10^6$	$\Delta\varphi \geqslant 0.4V$	
分别滴定条件	$K_{a_1}/K_{a_2} \geqslant 10^5$	$(c_M K'_{MY} - c_N K'_{NY}) \geqslant 10^5$		
选择指示剂原则	变色范围全部或大部分落在滴定突跃范围内的指示剂,或者选择变色点与化学计量点接近的指示剂。			
滴定误差计算	林邦终点误差公式:$E_t = \dfrac{10^{\Delta pX} - 10^{-\Delta pX}}{\sqrt{c_{sp}K_t}}$;$\Delta pX = pX_{ep} - pX_{sp}$			
滴定结果计算	①正确写出滴定反应及有关反应的反应方程式。②找出被滴定组分与滴定剂之间的化学计量关系(摩尔比)。③根据计量关系和有关公式进行正确计算。 $w_B = \dfrac{n_B M_B}{m_s} = \dfrac{\frac{b}{t}c_T V_T M_B}{m_s}$;$n_B = \dfrac{b}{t}n_T$			

同学们可以查阅资料,自己总结这四种滴定分析方法的异同点。

思考题及习题

8-1　下列试样:①NH_4Cl、②$BaCl_2$、③KSCN、④$Na_2CO_3 + NaCl$、⑤NaBr、⑥KI,如果用银量法测定其含量,用何种指示剂确定终点的方法最合适?为什么?

8-2　在下列情况下,测定结果是准确的,还是偏低或偏高?为什么?

a. pH 值约为 4 时,用莫尔法滴定 Cl^-;

b. 如果试液中含有铵盐,在 pH≈10 时,用莫尔法滴定 Cl^-;

c. 用法扬司法滴定 Cl^- 时,用曙红作指示剂;

d. 用佛尔哈德法滴定 Cl^- 时,未将沉淀过滤也未加入 1,2-二氯乙烷;

e. 采用佛尔哈德法滴定 Cl^- 时,先加铁铵矾指示剂,再加入过量 $AgNO_3$ 标准溶液。

8-3　0.5000g 的纯 KIO_x,将它还原为 I^- 后,用 0.1000mol·L^{-1} $AgNO_3$ 溶液滴定,用去 23.36mL,求该化合物的分子式。

(KIO₃)

8-4　将仅含有 $BaCl_2$ 和 NaCl 试样 0.1036g 溶解在 50mL 蒸馏水中,以法扬司法指示终点,用 0.07916mol·L^{-1} $AgNO_3$ 滴定,耗去 19.46mL,求试样中的 $BaCl_2$ 的质量。

(m_{BaCl_2} = 0.03093g)

8-5　称取含有 NaCl 和 NaBr 的试样 0.6280g,溶解后用 $AgNO_3$ 溶液处理,得到干燥的 AgCl 和 AgBr

沉淀 0.5064g。另称取相同质量的试样一份，用 0.1050mol·L^{-1} AgNO$_3$ 溶液滴定至终点，消耗 28.34mL。计算试样中 NaCl 和 NaBr 的质量分数。

$$(w_{NaCl}=10.96\%;\ w_{NaBr}=29.46\%)$$

8-6　为了测定长石中 K、Na 的含量，称取试样 0.5034g。首先使其中的 K、Na 定量转化为 KCl 和 NaCl 0.1208g，然后再溶于水，再用 AgNO$_3$ 溶液处理，得到 AgCl 沉淀 0.2513g。计算长石中的 K$_2$O 和 Na$_2$O 的质量分数。

$$(w_{K_2O}=10.67\%;\ w_{Na_2O}=3.77\%)$$

8-7　取 0.1000mol·L^{-1} NaCl 溶液 50.00mL，加入 K$_2$CrO$_4$ 指示剂，用 0.1000mol·L^{-1} AgNO$_3$ 标准溶液滴定，在终点时溶液体积为 100.0mL，K$_2$CrO$_4$ 的浓度为 5×10^{-3} mol·L^{-1}。若生成可察觉的 Ag$_2$CrO$_4$ 红色沉淀，需消耗 Ag$^+$ 的物质的量为 2.6×10^{-6}mol，计算滴定误差。

$$(0.074\%)$$

8-8　称取含砷试样 0.5000g，溶解在弱碱性介质中将砷处理成为 AsO$_4^{3-}$，然后沉淀为 Ag$_3$AsO$_4$，将沉淀过滤、洗涤，而后将沉淀溶于酸中。以 0.1000mol·L^{-1} NH$_4$SCN 溶液滴定其中的 Ag$^+$ 至终点，消耗 45.45mL。计算试样中砷的质量分数。

$$(w_{As}=22.7\%)$$

8-9　称取纯 NaCl 0.5805g，溶于水，加入 AgNO$_3$ 溶液，定量沉淀后，得到 AgCl 沉淀 1.4236g。计算 Na 的相对原子质量。（已知 Cl 和 Ag 的相对原子质量分别为 35.453 和 107.868）

$$(M_{Na}=22.989)$$

8-10　称取某一纯铁的氧化物试样 0.5434g，然后通入氢气将其中的氧全部还原除去后，残留物为 0.3801g。计算该铁的氧化物的分子式。

$$(Fe_2O_3)$$

第 9 章　重量分析法

本章概要：本章针对沉淀重量法，先后讨论了沉淀溶解度的计算、影响沉淀溶解度的因素、以及如何控制沉淀反应条件使沉淀完全并获得纯净的沉淀，以达到准确定量的目的。

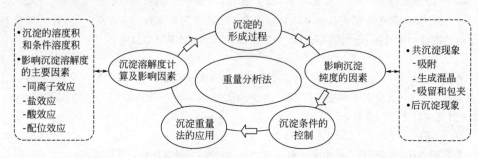

9.1　重量分析法概述

9.1.1　重量分析法的分类和特点

在重量分析中，一般是先用适当的方法将待测组分与试样中的其他组分分离，然后通过称量物质的质量或质量的变化计算被测组分的含量。根据待测组分与其他组分分离方法的不同，重量分析法（gravimetry）主要分为下述三种方法。

(1) 沉淀重量法

利用沉淀反应使被测组分以微溶化合物的形式沉淀出来，再将沉淀过滤、洗涤、烘干或灼烧后，使其转化成组成一定的称量形式，称重后即可计算待测组分的含量。沉淀重量法应用最广，是本章主要介绍的内容。

(2) 气化重量法

气化重量法又称为挥发法，它是利用物质的挥发性质，通过加热或其他方法使试样中待测组分挥发逸出，然后根据试样质量的减少计算该组分的含量。例如，测定试样中含水量或结晶水时，可将试样加热烘干至恒重，试样减轻的质量即是水分质量。或者选择适当吸收剂将它吸收，然后根据吸收剂质量的增加计算该组分的含量。

(3) 电解重量法

利用电解的方法使待测金属离子在电极上发生电解反应沉积析出，称量电解前后电极的质量，根据电极增加的质量计算金属离子的含量。

重量分析法直接通过分析天平称量就可以获得分析结果，优点是准确度高，且不需要标准物质对照；缺点是操作烦琐，耗时长，适应面窄。近年来有关文献报道已大为减少，但常量的硅、硫、镍等元素的精确测定仍多采用重量分析法。

9.1.2　沉淀重量法对沉淀形式和称量形式的要求

利用沉淀反应进行重量分析时，通过加入适当的沉淀剂，使被测组分以适当的"沉淀形式"析出，然后过滤、洗涤，再将沉淀烘干或灼烧成"称量形式"称量。沉淀形式和称量形式可能相同，也可能不相同，如表 9.1 所示。

表 9.1　几种沉淀重量法的沉淀形式、称量形式和换算因数

待测组分	沉淀剂	沉淀形式	称量形式	换算因素
Cl	$AgNO_3$	$AgCl$	$AgCl$	M_{Cl}/M_{AgCl}
S	$BaCl_2$	$BaSO_4$	$BaSO_4$	M_S/M_{BaSO_4}
Ca	$Na_2C_2O_4$	$CaC_2O_4 \cdot H_2O$	CaO	M_{Ca}/M_{CaO}
MgO	$(NH_4)_2HPO_4$	$MgNH_4PO_4 \cdot 6H_2O$	$Mg_2P_2O_7$	$2M_{MgO}/M_{Mg_2P_2O_7}$

为了保证测定有足够的准确度并便于操作，重量法对沉淀形式和称量形式有一定的要求。

(1) 对沉淀形式的要求

① 沉淀完全，沉淀的溶解度要小，溶解损失不超过分析天平的称量误差。

② 沉淀应易于过滤和洗涤。

③ 沉淀力求纯净，尽量避免其他杂质的沾污。

④ 沉淀应易于转化为称量形式。

(2) 对称量形式的要求

① 具有确定的化学组成，这是定量计算的依据。

② 有足够的稳定性，不受空气中水分、CO_2 和 O_2 等影响。

③ 称量形式的摩尔质量要大，以减小称量的相对误差，提高测定的准确度。

9.1.3　重量分析结果的计算

在重量分析中，多数情况下获得的称量形式与待测组分的形式不同，这就需要将由分析天平称得的称量形式的质量换算成待测组分的质量。待测组分的摩尔质量与称量形式的摩尔质量之比是常数，通常称为换算因数，又称重量分析因数，以 F 表示。可由下式计算：

$$F = K \times \frac{M_{待测组分}}{M_{称量形式}} \tag{9.1}$$

式中，比例系数 K 是待测原子在称量形式化学式中的数目和在待测组分化学式中的数目之比。表 9.1 列举了几种沉淀重量法的换算因数表示式。

由称量形式的质量 m、试样的质量 m_s 及换算因数 F，即可求得被测组分的质量分数 w。

$$w = F \times \frac{m}{m_s} \times 100\% \tag{9.2}$$

【例 9.1】　称取含镁试样 0.5000g，用 $MgNH_4PO_4$ 重量法测定其中镁的含量，经处理后得到 $Mg_2P_2O_7$，烘干后称量为 0.3515g，求试样中 Mg 的质量和质量分数。

解　查附录 12 得：$M_{Mg_2P_2O_7} = 222.55 \text{g} \cdot \text{mol}^{-1}$，$M_{Mg} = 24.31 \text{g} \cdot \text{mol}^{-1}$

$$F = \frac{2M_{Mg}}{M_{Mg_2P_2O_7}} = \frac{2 \times 24.30 \text{g} \cdot \text{mol}^{-1}}{222.55 \text{g} \cdot \text{mol}^{-1}} = 0.2184$$

$$m_{Mg} = Fm_{Mg_2P_2O_7} = 0.2184 \times 0.3515 \text{g} = 0.07676 \text{g}$$

$$w_{Mg} = \frac{m_{Mg}}{m_s} \times 100\% = \frac{0.07676 \text{g}}{0.5000 \text{g}} \times 100\% = 15.35\%$$

【例 9.2】 称取铅矿样 0.5000g，经溶解处理后，其中 Pb^{2+} 被沉淀为 $PbSO_4$，得干燥沉淀 0.3908g。分别计算试样中以 Pb 和 Pb_3O_4 表示的含量。

解 查附录 12 得：$M_{Pb} = 207.2g \cdot mol^{-1}$，$M_{Pb_3O_4} = 685.6g \cdot mol^{-1}$，$M_{PbSO_4} = 303.26g \cdot mol^{-1}$

$$w_{Pb} = F \times \frac{m_{PbSO_4}}{m_s} \times 100\% = \frac{M_{Pb}}{M_{PbSO_4}} \times \frac{m_{PbSO_4}}{m_s} \times 100\%$$

$$= \frac{207.2g \cdot mol^{-1}}{303.26g \cdot mol^{-1}} \times \frac{0.3908g}{0.5000g} \times 100\% = 53.40\%$$

$$w_{Pb_3O_4} = F \times \frac{m_{PbSO_4}}{m_s} \times 100\% = \frac{M_{Pb_3O_4}}{3M_{PbSO_4}} \times \frac{m_{PbSO_4}}{m_s} \times 100\%$$

$$= \frac{685.6g \cdot mol^{-1}}{3 \times 303.26g \cdot mol^{-1}} \times \frac{0.3908g}{0.5000g} \times 100\% = 58.90\%$$

9.2　沉淀的溶解度及其影响因素

利用沉淀反应进行重量分析时，要求沉淀反应进行的越完全越好，一般可根据沉淀溶解度的大小来衡量。通常，在重量分析中要求被测组分在溶液中的残留量在 0.1mg 以内，即小于分析天平称量时允许的读数误差。减小沉淀溶解度是保证沉淀重量分析结果准确的关键之一。关于沉淀平衡及沉淀溶解度的处理，在无机化学中已学习，这里仅结合沉淀重量分析的情况，进一步讨论沉淀的溶解度及其影响因素。

9.2.1　溶解度、溶度积和条件溶度积

(1) 溶解度和固有溶解度

当水中存在 1:1 型微溶化合物 MA（如 AgCl、$BaSO_4$ 等）时，MA 在水溶液中达到平衡时，有下列平衡关系：

$$MA(s) \Longleftrightarrow MA(aq) \Longleftrightarrow M^+(aq) + A^-(aq)$$

MA(aq) 可以是不带电荷的分子态 MA，也可以是离子对 $M^+ A^-$。其平衡浓度 $[MA(aq)]$ 在一定温度下是常数，称为固有溶解度或分子溶解度，以 s_0 表示。各种微溶化合物的固有溶解度相差颇大，一般在 $10^{-6} \sim 10^{-9} mol \cdot L^{-1}$ 之间。

若溶液中不存在其他副反应，微溶化合物 MA 的溶解度 s 等于固有溶解度和 M^+（或 A^-）离子浓度之和，即：

$$s = s_0 + [M^+] = s_0 + [A^-] \tag{9.3}$$

考虑到大多数微溶化合物的固有溶解度 s_0 都比较小，可以忽略，上式可以简化为：

$$s = [M^+] = [A^-] \tag{9.4}$$

但是，也有一些化合物具有相当大的固有溶解度。例如，25℃时 $HgCl_2$ 在水中的实际溶解度（总溶解度）为 $0.25mol \cdot L^{-1}$，而按照 $HgCl_2$ 的溶度积（2×10^{-14}）计算，其溶解度仅为 $1.35 \times 10^{-5} mol \cdot L^{-1}$。这说明在 $HgCl_2$ 的饱和溶液中，绝大部分是以没有解离的中性 $HgCl_2$ 分子形式存在。

(2) 活度积和溶度积

当微溶化合物 MA 溶解于水中，达到平衡时，平衡常数 K 为：

$$K = \frac{a_{M^+} a_{A^-}}{a_{MA(aq)}}$$

$$a_{M^+} a_{A^-} = K a_{MA(aq)} = K s_0 = K_{ap} \tag{9.5}$$

式中，K_{ap} 为该微溶化合物的活度积常数，简称活度积，它仅随温度变化。常见微溶化合物的活度积见附录 8。若沉淀平衡关系以浓度表示，则有：

$$[M^+][A^-] = K_{sp} \tag{9.6}$$

K_{sp} 称为微溶化合物的溶度积常数，简称溶度积。它与活度积的关系如下：

$$K_{sp} = [M^+][A^-] = \frac{a_{M^+} a_{A^-}}{\gamma_{M^+} \gamma_{A^-}} = \frac{K_{ap}}{\gamma_{M^+} \gamma_{A^-}} \tag{9.7}$$

K_{sp} 除了受温度影响外，还与溶液的离子强度有关。

在化学分析中，由于微溶化合物的溶解度一般都很小，溶液中的离子强度不大，故通常不考虑离子强度的影响。附录 8 中所列活度积，应用时一般作为溶度积，两者不加区别。但在溶液中有强电解质存在，离子强度较大时，则应根据式(9.7)计算该条件下的 K_{sp}，这时 K_{sp} 和 K_{ap} 可能相差较大。

(3) 条件溶度积

实际上沉淀的溶解平衡，可能存在多种副反应，考虑 M 和 A 副反应，即：

$$\begin{array}{ccccc}
\text{MA（固）} & \rightleftharpoons & M & + & A \\
& \text{OH} \diagup \diagdown \text{L} & & & \Big| \text{H}^+ \\
& \text{MOH} \quad \text{ML} & & & \text{HA} \\
& \vdots \qquad \vdots & & & \vdots
\end{array}$$

参考配位平衡副反应的处理方法，引入条件溶度积 K'_{sp}，得：

$$K'_{sp} = [M'][A'] = [M]\alpha_M [A]\alpha_A = K_{sp}\alpha_M \alpha_A \tag{9.8}$$

式中，$[M']$、$[A']$ 分别为构晶离子 M、A 的总浓度，也是沉淀在该条件下的溶解度；α_M、α_A 分别为构晶离子 M、A 的副反应系数。

同理，可以推导 $M_m A_n$ 型沉淀的条件溶度积为：

$$K'_{sp} = [M']^m [A']^n = K_{sp}\alpha_M^m \alpha_A^n \tag{9.9}$$

由此可见，由于副反应的发生，使条件溶度积 K'_{sp} 大于 K_{sp}。

(4) 溶解度的计算

根据溶解度的定义，若忽略沉淀溶解的固有溶解度，对于 MA 型沉淀，其在纯水中的溶解度为：

$$s = [M^+] = [A^-]$$

根据式(9.6)，溶解度的计算公式：

$$s = \sqrt{K_{sp}} \tag{9.10}$$

若有副反应存在，溶解度为：$s = [M^+]' = [A^-]'$。

根据式(9.8)，溶解度的计算公式为：

$$s = \sqrt{K'_{sp}} = \sqrt{K_{sp}\alpha_M \alpha_A} \tag{9.11}$$

思考：对于 $M_m A_n$ 型沉淀，溶解度如何计算？

在纯水中的溶解度计算公式为：

$$s = \sqrt[m+n]{\frac{K_{sp}}{m^m n^n}} \tag{9.12}$$

若有副反应存在，溶解度计算公式为：

$$s = \sqrt[m+n]{\frac{K'_{sp}}{m^m n^n}} = \sqrt[m+n]{\frac{K_{sp} \alpha_M^m \alpha_A^n}{m^m n^n}} \tag{9.13}$$

9.2.2 影响沉淀溶解度的因素

影响沉淀溶解度的因素很多，主要有同离子效应、盐效应、酸效应、络合效应等。此外，温度、介质、晶体结构和颗粒大小也对溶解度有影响。

(1) 同离子效应

组成沉淀晶体的离子称为构晶离子。当沉淀反应达到平衡后，如果向溶液中加入适当过量的含有某一构晶离子的试剂，使沉淀的溶解度减少的现象称为同离子效应。

例如，25℃时，$BaSO_4$ 在水中的溶解度为：

$$s = [Ba^{2+}] = [SO_4^{2-}] = \sqrt{K_{sp}} = \sqrt{1.1 \times 10^{-10}} = 1.0 \times 10^{-5} \ (mol \cdot L^{-1})$$

则在 100mL 溶液中溶解损失的 $BaSO_4$ 质量为：

$$m = cVM = sVM_{BaSO_4} = 1.0 \times 10^{-5} mol \cdot L^{-1} \times 0.1L \times 233.4g \cdot mol^{-1} = 0.23mg$$

其溶解损失已经超过重量分析的误差要求。

如果加入过量的 SO_4^{2-}，使其浓度增至 $0.10 mol \cdot L^{-1}$ 来测定 Ba^{2+}，此时 $BaSO_4$ 的溶解度为：

$$s = [Ba^{2+}] = \frac{K_{sp}}{[SO_4^{2-}]} = \frac{1.1 \times 10^{-10}}{0.10} = 1.1 \times 10^{-9} \ (mol \cdot L^{-1})$$

则溶解损失为：

$$m = cVM = sVM_{BaSO_4} = 1.1 \times 10^{-9} mol \cdot L^{-1} \times 0.1L \times 233.4g \cdot mol^{-1} = 3.0 \times 10^{-5} mg$$

沉淀已经完全。

在实际工作中，通常利用同离子效应，即加大沉淀剂的用量，使待测组分沉淀完全。但沉淀剂加得太多，有时可能引起盐效应、酸效应及络合效应等副反应，反而使沉淀的溶解度增大。一般情况下，沉淀剂过量 50%～100% 是合适的，如果沉淀剂不是易挥发的，则以过量 20%～30% 为宜。

(2) 盐效应

实验结果表明，在 KNO_3、$NaNO_3$ 等强电解质存在的情况下，$PbSO_4$、$AgCl$ 的溶解度比在纯水中大。这种由于加入强电解质使沉淀溶解度增大的现象，称为盐效应。

沉淀平衡和其他平衡一样，严格来说，应该用活度来处理平衡问题。式(9.7)说明溶度积和活度积的区别和联系。溶液中电解质的浓度越大，离子强度就越大，相应的活度系数就越小。由于活度积是定值，因此当活度系数减小时，溶度积就必然变大，溶解度也就增大。

由于盐效应的存在，利用同离子效应降低沉淀溶解度时，应考虑到盐效应的影响，即沉淀剂不能过量太多，否则将使沉淀的溶解度增大，不能达到预期的效果。表 9.2 是 $PbSO_4$ 在 Na_2SO_4 溶液中溶解度的变化情况。

表 9.2 $PbSO_4$ 在 Na_2SO_4 溶液中的溶解度

Na_2SO_4 的浓度/mol·L⁻¹	$PbSO_4$ 的溶解度/mg·L⁻¹	Na_2SO_4 的浓度/mol·L⁻¹	$PbSO_4$ 的溶解度/mg·L⁻¹
0	45	0.04	3.9
0.001	7.3	0.100	4.9
0.01	4.9	0.200	7.0
0.02	4.2		

（3）酸效应和配位效应

如前所述，实际上沉淀的溶解平衡可能存在多种副反应，如配位反应、酸碱反应等。副反应的存在将显著增大沉淀的溶解度。其中最常见的副反应是酸效应和配位效应。酸效应是由于构晶离子发生质子化反应而使沉淀溶解度增大的效应，配位效应是由于构晶离子与配位剂反应而使沉淀溶解度增大的效应。

由式（9.8）和式（9.11）可知，副反应系数越大，条件溶度积 K'_{sp} 越大，沉淀的溶解度增加。有关副反应系数的计算及理论，配位滴定中已有详细介绍，这里不再赘述，可直接应用。

【例 9.3】 比较 CaC_2O_4 在 pH 值为 4.00 和 2.00 的溶液中的溶解度。

解　查附录 3 得：$H_2C_2O_4$ 的 $K_{a_1} = 5.9 \times 10^{-2}$，$K_{a_2} = 6.4 \times 10^{-5}$；查附录 8 得：$CaC_2O_4$ 的 $K_{sp} = 2.0 \times 10^{-9}$。

根据公式（6.8）计算 $C_2O_4^{2-}$ 在 pH＝4.00 的溶液中的酸效应系数：

$$\alpha_{C_2O_4^{2-}(H)} = 1 + \beta_1^H[H^+] + \beta_2^H[H^+]^2 = 1 + \frac{1}{K_{a_2}}[H^+] + \frac{1}{K_{a_1}K_{a_2}}[H^+]^2$$

$$= 1 + \frac{1.0 \times 10^{-4}}{6.4 \times 10^{-5}} + \frac{1.0 \times 10^{-8}}{5.9 \times 10^{-2} \times 6.4 \times 10^{-5}} = 2.56$$

根据公式（9.11）计算 CaC_2O_4 在 pH＝4.00 的溶液中的溶解度 s，Ca^{2+} 无副反应，故：

$$s = \sqrt{K_{sp}\alpha_{C_2O_4^{2-}(H)}} = \sqrt{2.0 \times 10^{-9} \times 2.56} = 7.2 \times 10^{-5} \ (mol \cdot L^{-1})$$

同理，计算 CaC_2O_4 在 pH＝2.00 的溶液中的溶解度：

$$\alpha_{C_2O_4^{2-}(H)} = 1 + \frac{1.0 \times 10^{-2}}{6.4 \times 10^{-5}} + \frac{1.0 \times 10^{-4}}{5.9 \times 10^{-2} \times 6.4 \times 10^{-5}} = 1.8 \times 10^2$$

$$s = \sqrt{2.0 \times 10^{-9} \times 1.8 \times 10^2} = 6.1 \times 10^{-4} \ (mol \cdot L^{-1})$$

由上述计算可知 CaC_2O_4 在 pH 值为 2.00 的溶液中的溶解度比在 pH 值为 4.00 的溶液中的溶解度约大 10 倍。

酸效应对不同类型的沉淀影响情况不一样。通常，对于弱酸盐沉淀，例如 CaC_2O_4、$CaCO_3$、CdS、$MgNH_4PO_4$ 等，应在较低的酸度下进行沉淀。如果沉淀本身是弱酸，如硅酸（$SiO_2 \cdot nH_2O$）、钨酸（$WO_3 \cdot nH_2O$）等，易溶于碱，则应在强酸性介质中进行沉淀。如果沉淀是强酸盐，如 $AgCl$ 等，溶液的酸度对沉淀的影响不大。

【例 9.4】 计算 AgI 在 $0.010mol \cdot L^{-1}$ NH_3 水中的溶解度。

解　查附录 8 知 AgI 的 $K_{sp} = 9.3 \times 10^{-17}$；查附录 4 知 $[Ag(NH_3)_2]^+$ 的 $\lg\beta_1 = 3.24$，$\lg\beta_2 = 7.05$。

考虑到 AgI 的溶解度很小，而 $Ag(NH_3)_2^+$ 的稳定常数又不是很大，因此在形成配合物时消耗 NH_3 的浓度很小，可以忽略不计。根据公式（6.12）计算 Ag^+ 在 $0.010mol \cdot L^{-1}$ NH_3 水中的配位效应系数：

$$\alpha_{Ag(NH_3)} = 1 + \beta_1[NH_3] + \beta_2[NH_3]^2 = 1 + 10^{3.24} \times 10^{-2.00} + 10^{7.05} \times (10^{-2.00})^2 = 1.0 \times 10^3$$

根据公式(9.11)计算 AgI 在 $0.010\,mol \cdot L^{-1}$ NH_3 水中的溶解度（不考虑酸效应）：

$$s = \sqrt{K_{sp}\alpha_{Ag(NH_3)^+}} = \sqrt{9.3 \times 10^{-17} \times 1.0 \times 10^3}\,mol \cdot L^{-1} = 3.1 \times 10^{-7}\,mol \cdot L^{-1}$$

配位效应对沉淀溶解度的影响，与配位剂的浓度及配合物的稳定性有关。配位剂的浓度愈大，生成的配合物愈稳定，沉淀的溶解度愈大。

进行沉淀反应时，有时沉淀剂本身是配位剂，那么反应中既有同离子效应，降低沉淀的溶解度，又有配位效应，增大沉淀的溶解度。如果沉淀剂适当过量，同离子效应起主导作用，沉淀的溶解度降低；如果沉淀剂过量太多，则配位效应起主导作用，沉淀的溶解度反而增大。表 9.3 列出 AgCl 沉淀在不同浓度的 NaCl 溶液中的溶解度。

表 9.3　AgCl 沉淀在不同浓度的 NaCl 溶液中的溶解度

过量 NaCl 的浓度/mol·L^{-1}	AgCl 的溶解度/mol·L^{-1}	过量 NaCl 的浓度/mol·L^{-1}	AgCl 的溶解度/mol·L^{-1}
0	1.3×10^{-5}	8.8×10^{-2}	3.6×10^{-6}
3.9×10^{-3}	7.2×10^{-7}	3.5×10^{-1}	1.7×10^{-5}
9.2×10^{-3}	9.1×10^{-7}	5.0×10^{-1}	2.8×10^{-5}
3.6×10^{-2}	1.9×10^{-6}		

(4) 其他影响因素

① 温度　沉淀的溶解反应绝大部分是吸热反应。因此，绝大多数沉淀的溶解度一般随温度的升高而增大，但温度对于不同沉淀的溶解度影响并不相同。

② 溶剂　无机物沉淀大部分是离子型晶体，它们在水中的溶解度一般比在有机溶剂中大。在进行沉淀反应时，可采用向水溶液中加入乙醇、丙醇等有机溶剂的办法来降低沉淀的溶解度。当采用有机沉淀剂时，所得沉淀在有机溶剂中的溶解度一般较大。

③ 沉淀颗粒大小　同一种沉淀，晶体颗粒大，溶解度小；晶体颗粒小，溶解度大。

④ 形成胶体溶液　沉淀反应的产物为无定形沉淀时，如果条件掌握不好，很容易形成胶体溶液，甚至使已经凝聚的胶体沉淀还会因"胶溶"作用而重新分散在溶液中。胶体微粒很小，极易透过滤纸而引起损失，因此应防止形成胶体溶液。将溶液加热和加入大量电解质，对破坏胶体和促进胶凝作用甚为有效。

9.3　沉淀的形成和影响沉淀纯度的因素

9.3.1　沉淀的类型

沉淀按其物理性质不同，可粗略分为晶形沉淀和无定形沉淀两类。无定形沉淀又称为非晶形沉淀或胶状沉淀。$BaSO_4$ 是典型的晶形沉淀，$Fe(OH)_3$、$Al(OH)_3$ 是典型的无定形沉淀。AgCl 是一种凝乳状沉淀，按其性质来说，介于两者之间。它们的最大差别是沉淀颗粒的大小不同。颗粒最大是晶形沉淀，其直径约 $0.1 \sim 1\mu m$；无定形的颗粒很小，直径一般小于 $0.02\mu m$；凝乳状沉淀的颗粒大小介于两者之间。

生成的沉淀属于哪种类型，首先决定于沉淀的性质，但与沉淀的形成条件以及沉淀后的处理也有密切的关系。在重量分析中，希望能获得易于过滤、洗涤且纯度高的大颗粒晶形沉淀。因此了解各种沉淀的生成过程以及如何控制沉淀条件对于重量分析非常重要。

9.3.2 沉淀的形成过程

沉淀的形成是一个非常复杂的过程，前人对沉淀过程从热力学和动力学两方面都做了大量的研究工作，但目前仍没有成熟的理论。

一般认为，在沉淀过程中，首先构晶离子在过饱和溶液中形成晶核，然后晶核逐渐长大，形成沉淀微粒。这种沉淀微粒有聚集或定向排列形成沉淀的倾向。聚集速率主要与溶液的相对过饱和度有关，相对过饱和度越大，聚集速率也越大。定向速率主要与物质的性质有关，极性较强的盐类，一般具有较大的定向速率，如 $BaSO_4$、$MgNH_4PO_4$ 等。如果定向速率大于聚集速率，则得到晶形沉淀；反之，则得到无定形沉淀。沉淀的形成过程可大致表示如下：

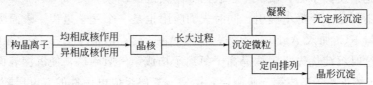

晶核的形成有两种情况：一种是均相成核作用；一种是异相成核作用。所谓均相成核作用，是指构晶离子在过饱和溶液中，通过离子的缔合作用，自发地形成晶核。例如，$BaSO_4$ 的均相成核是在过饱和溶液中，由于静电作用，Ba^{2+} 和 SO_4^{2-} 缔合为离子对（$Ba^{2+} SO_4^{2-}$），离子对进一步结合 Ba^{2+} 或 SO_4^{2-} 形成离子群，当离子群成长到一定大小时，就成为晶核。实验证明，$BaSO_4$ 的晶核由 8 个构晶离子组成，Ag_2CrO_4 的晶核由 6 个构晶离子组成，CaF_2 的晶核由 9 个构晶离子组成。

所谓异相成核作用，是指溶液中混有固体微粒，在沉淀过程中，这些微粒起着晶种的作用，诱导沉淀的形成。在一般情况下，溶液中不可避免地混有不同数量的固体微粒，所以，异相成核作用总是存在的。

在沉淀过程中，到底是均相成核作用还是异相成核作用，与沉淀生成的初始速率有关。冯·韦曼（Von Weimarn）根据有关实验现象，提出了沉淀生成的初始速率（即晶核形成速率）与溶液的相对过饱和度成正比的经验公式，即：

$$v = K \times \frac{(Q-s)}{s} \tag{9.14}$$

式中，v 为沉淀形成的初始速率；Q 为加入沉淀剂瞬间微溶化合物的总浓度；s 是微溶化合物的溶解度；$Q-s$ 为微溶化合物的过饱和度；$\frac{(Q-s)}{s}$ 为沉淀开始瞬间微溶化合物的相对过饱和度；K 为比例系数。比例系数 K 与沉淀的性质、介质及温度等因素有关。由式（9.14）可知，溶液的相对过饱和度小，沉淀形成的初始速率小，晶核形成速率较慢，形成的晶核数目就较少，这时以异相成核作用为主，有利于得到晶形沉淀；反之，则以均相成核为主，易于得到无定形沉淀。例如高价金属离子的水合氧化物沉淀，由于溶解度很小，沉淀时溶液的相对过饱和度较大，沉淀形成的初始速率大，均相成核作用比较显著，所以一般得到的是无定形沉淀。

9.3.3 影响沉淀纯度的主要因素

在重量分析中，要求获得纯净的沉淀。但是，沉淀从溶液中析出时，总会或多或少地夹杂溶液中的其他组分。因此，必须了解沉淀生成过程中混入杂质的各种原因，采取措施减少杂质混入，以获得符合重量分析要求的沉淀。

9.3.3.1 共沉淀现象

当一种沉淀从溶液中析出时，溶液中的某些可溶的杂质随同生成的沉淀一起析出而混杂于沉淀之中，这种现象称为共沉淀现象，它是沉淀重量分析中误差的主要来源之一。引起共沉淀现象的主要原因有以下几方面。

(1) 表面吸附引起的共沉淀

在沉淀中，构晶离子按一定规律排列，在晶体内部处于电荷平衡状态，但在晶体表面上，离子的电荷则不完全平衡，因而会导致沉淀表面自动吸附带相反电荷离子到表面的现象，当吸附的是杂质离子时，就产生了表面吸附共沉淀现象。

表面吸附不仅是一个静电吸引，同时表面吸附也是一个化学过程。表面吸附具有一定的选择性。以过量 KCl 加入 $AgNO_3$ 为例，生成 $AgCl$ 后，溶液中有多余的钾离子、氯离子、硝酸根离子，这时沉淀优先吸附构晶离子氯离子构成第一吸附层，使沉淀表面带负电荷，然后又吸附钾离子等正离子形成第二吸附层。第一、二层组成电中性的双电层随沉淀一起沉降，从而沾污沉淀。这种由于沉淀的表面吸附所引起的杂质共沉淀现象称为表面吸附共沉淀。

表面吸附的一般规律是：优先吸附溶液中的构晶离子，其次吸附能与构晶离子生成微溶或解离度很小的化合物的离子；离子的价态愈高，浓度愈大，则愈易被吸附；沉淀的比表面积愈大，吸附的杂质也愈多，因此无定形沉淀表面吸附现象更严重；吸附作用是一个放热的过程，溶液温度升高有利于减少杂质的吸附量。

表面吸附共沉淀产生的杂质处于沉淀表面，可通过洗涤除去。

(2) 生成混晶引起的共沉淀

如果杂质离子的半径与构晶离子的半径相近，所形成的晶体结构相同，则它们极易生成混晶。生成混晶的选择性是比较高的，要避免也较困难。因为不论杂质的浓度多么小，只要构晶离子形成沉淀，杂质就一定会在沉淀过程中取代某一构晶离子而进入到沉淀中。

混晶共沉淀在分析化学中有不少实例。如 $BaSO_4$ 和 $PbSO_4$，$BaSO_4$ 和 $KMnO_4$，$KClO_4$ 和 KBF_4，$KClO_4$ 和 $BaCrO_4$，$AgCl$ 和 $AgBr$，$MgNH_4PO_4$ 和 $MgNH_4AsO_4$，$K_2NaCo(NO_2)_6$ 和 $Rb_2NaCo(NO_2)_6$ 等。

混晶共沉淀发生在沉淀晶格内，难以用洗涤和重结晶的方法除去，最好是在沉淀之前设法将相关杂质分离除去。

(3) 吸留和包夹引起的共沉淀

在沉淀过程中，如果沉淀生成太快，则表面吸附的杂质离子来不及离开沉淀表面，就被沉积上来的离子所覆盖，这样杂质就被包藏在沉淀内部，引起共沉淀，这种现象称为吸留。有时母液也可能被包夹在沉淀之中，引起共沉淀。吸留引起共沉淀的程度，也符合表面吸附的一般规律。吸留和包夹的杂质在沉淀内部，不能通过洗涤的方法除去，只能用重结晶或陈化的方法除去。

9.3.3.2 后沉淀现象

后沉淀又称为继沉淀。后沉淀现象是指溶液中某些杂质组分慢慢在原沉淀表面上析出杂质组分沉淀的现象。例如，在 Cu^{2+}、Zn^{2+} 的 HCl 溶液中，通入 H_2S 气体。根据溶度积，得到 CuS 沉淀，最初得到的 CuS 沉淀不夹杂 ZnS 沉淀。但当沉淀与溶液放置一段时间后，便不断有 ZnS 在 CuS 的表面析出，产生后沉淀。原因可能是 CuS 沉淀表面选择性吸附了

S^{2-}，使沉淀表面的 S^{2-} 浓度增大，当 $[Zn^{2+}][S^{2-}]>K_{sp}$ 时，在 CuS 表面就不断有 ZnS 沉淀析出。

后沉淀与共沉淀的主要区别是后沉淀不是与原沉淀同时发生，而是在与原沉淀放置一段时间才发生，且随着放置时间的增长，后沉淀的量也会增多。所以避免或减小后沉淀的方法一般是沉淀生成后立即过滤，缩短沉淀与母液的共置时间。

由于共沉淀及后沉淀现象，使沉淀被沾污而不纯净。为了提高沉淀的纯度，减少沾污，应针对上述原因采取相应的措施，并针对不同类型的沉淀，选择合适的沉淀条件。

9.4　沉淀条件的控制

在重量分析中，为了获得准确的分析结果，要求沉淀完全、纯净、易于过滤和洗涤，并减少沉淀溶解损失。为此，应该根据不同的沉淀类型，选择不同的沉淀条件，以获得符合重量分析要求的沉淀。

9.4.1　晶形沉淀的沉淀条件

① 应当在适当稀的溶液中进行沉淀。这样在沉淀过程中，溶液的相对过饱和度不大，均相成核作用不显著，易得到大颗粒的晶形沉淀。同时，由于溶液稀，杂质的浓度减小，共沉淀现象也相应减少，有利于得到纯净的沉淀。

② 应在不断的搅拌下缓慢地加入沉淀剂，减少沉淀剂局部过浓的现象。局部过浓使该部分溶液的相对饱和度变大，沉淀形成的初始速率大，均相成核作用比较显著，导致获得的沉淀颗粒较小，纯度差。

③ 沉淀应当在热溶液中进行。一方面可增大沉淀的溶解度，降低溶液的相对过饱和度，以便获得大的晶粒；另一方面又能减少杂质的吸附量。对于溶解度较大的沉淀，在热溶液中析出沉淀后，宜冷却至室温后再过滤，以减小沉淀溶解的损失。

④ 陈化：即在沉淀完全后，让初生成的沉淀与母液一起放置一段时间。因为在同样条件下，小颗粒的溶解度比大颗粒的大。在同一溶液中，对大颗粒为饱和溶液时，对小颗粒则为未饱和，因此陈化过程中会发生小结晶不断溶解、大结晶不断长大的现象。因为颗粒变大后，比表面减小，吸附杂质量少；同时，由于小颗粒溶解，原来吸附、吸留或包夹的杂质，重新进入溶液中，使得沉淀变得更加纯净。但是，在伴随有混晶共沉淀时，陈化作用不一定能提高纯度。

9.4.2　无定形沉淀的沉淀条件

无定形沉淀溶解度一般都很小，所以很难通过减小溶液的相对过饱和度来改变沉淀的物理性质。无定形沉淀的结构疏松，比表面积大，吸附杂质多，又容易形成胶溶，而且含水量大，不易过滤和洗涤。对于无定形沉淀，主要是设法破坏胶体、防止胶溶、加速沉淀微粒的凝聚，使其聚集紧密，便于过滤，减少杂质吸附。

① 沉淀应当在较浓的溶液中进行，减小离子的水化程度，得到的沉淀含水量少、体积较小，结构较紧密。为了避免杂质浓度增大而被吸附，在沉淀反应完成后，需要加热水适当稀释，充分搅拌，使大部分吸附在沉淀表面上的杂质离开沉淀表面而转移到溶液中去。

② 沉淀在热溶液中进行。热溶液不仅可以减少离子的水化程度，促进沉淀微粒的凝聚，

防止形成胶体溶液，还能减少表面对杂质的吸附。

③ 沉淀时加入适当的电解质或某些能引起沉淀微粒凝聚的胶体。电解质能中和胶体微粒的电荷，降低其水化程度，有利于胶体微粒的凝聚。为了防止沉淀的胶溶，应当用稀的、易挥发的电解质热溶液作洗涤液。通常采用易挥发的铵盐（如 NH_4NO_3）或稀的强酸作洗涤液。

④ 沉淀完毕后，趁热过滤，不要陈化。因无定形沉淀放置后，将逐渐失去水分而聚集得更为紧密，使已吸附的杂质难以洗去。

⑤ 必要时进行再沉淀。

9.4.3 均匀沉淀法

在一般的沉淀方法中，沉淀剂是在不断搅拌下缓慢地加入，但沉淀剂的局部过浓现象仍很难避免。为此，可采用均匀沉淀法。在这种方法中，沉淀剂是通过化学反应过程逐步地、均匀地产生，使沉淀在整个溶液中缓慢地、均匀地析出，避免局部过浓现象。

例如，用均匀沉淀法沉淀 Ca^{2+} 时，在含有 Ca^{2+} 的酸性溶液中加入 $H_2C_2O_4$，由于酸效应的影响，此时不能析出 CaC_2O_4 沉淀。向溶液中加入尿素，加热至 90℃ 左右时，尿素发生水解反应：

$$CO(NH_2)_2 + 2H_2O \longrightarrow CO_2 \uparrow + 2NH_3$$

水解产生的 NH_3 均匀分布在溶液的各个部分，使溶液的酸度逐渐降低，$C_2O_4^{2-}$ 的浓度渐渐增大，最后均匀而缓慢地析出 CaC_2O_4 沉淀。在沉淀过程中，溶液的相对过饱和度始终是比较小的，所以得到的是粗大晶粒的 CaC_2O_4 沉淀。

用均匀沉淀法得到的沉淀，颗粒较大，表面吸附杂质较少，易过滤洗涤，但烦琐费时，容易在容器壁上沉积一层致密的沉淀，不易取下。

表 9.4 列举了一些其他均匀沉淀法的应用示例。

表 9.4 某些均匀沉淀法的应用

沉淀剂	加入试剂	反 应	被测组分
OH^-	尿素	$CO(NH_2)_2 + 2H_2O \longrightarrow CO_2 \uparrow + 2NH_3$	Al^{3+}, Fe^{3+}
OH^-	六亚甲基四胺	$(CH_2)_6N_4 + 6H_2O \longrightarrow 6HCHO + 4NH_3$	$Th(IV)$
PO_4^{3-}	磷酸三甲酯	$(CH_3)_3PO_4 + 3H_2O \longrightarrow 3CH_3OH + H_3PO_4$	$Zr(IV)$, $Hf(IV)$
$C_2O_4^{2-}$	草酸二甲酯	$(CH_3)_2C_2O_4 + 2H_2O \longrightarrow 2CH_3OH + H_2C_2O_4$	Ca^{2+}, $Th(IV)$, 稀土
SO_4^{2-}	硫酸二甲酯	$(CH_3)_2SO_4 + 2H_2O \longrightarrow 2CH_3OH + SO_4^{2-} + 2H^+$	Ba^{2+}, Sr^{2+}, Pb^{2+}
S^{2-}	硫代乙酰胺	$CH_3CSNH_2 + H_2O \longrightarrow CH_3CONH_2 + H_2S$	各种硫化物

9.5 常用的有机沉淀剂

9.5.1 有机沉淀剂的特点

相对无机沉淀剂，有机沉淀剂有以下特点：

① 试剂品种多，性质各异，有些试剂的选择性很高，便于选用。

② 沉淀的溶解度一般很小，有利于被测物质沉淀完全。

③ 沉淀吸附无机杂质较少，沉淀易于过滤和洗涤。

④ 沉淀的摩尔质量大，被测组分在称量形式中占的百分数小，可减少称量的相对误差，有利于提高分析准确度。

⑤ 有些沉淀组成恒定，经烘干后即可称量，简化了重量分析操作。

9.5.2　有机沉淀剂的类型

(1) 生成螯合物的沉淀剂

作为沉淀剂的螯合剂，至少有两个基团。一个是酸性基团，如—OH、—COOH、—SH、—SO₃H、≕NOH 等；另外一个是碱性基团，如—NH₂、—NH—、N≡、—CO—、—CS— 等。金属离子与有机螯合沉淀剂反应，通过酸性基团和碱性基团的共同作用，生成微溶性的螯合物。

(2) 生成离子缔合物的沉淀剂

有些相对分子质量较大的有机试剂，在水溶液中解离成带正电荷或带负电荷的大体积离子，它们与带相反电荷的离子反应后，可生成不带电荷的微溶性的离子缔合物沉淀（或称为正盐沉淀）。

例如，氯化四苯砷 $(C_6H_5)_4AsCl$ 在水溶液中以 $[(C_6H_5)_4As]^+$ 及 Cl^- 形式存在，当溶液中含有某些含氧酸根或金属的配合阴离子时，体积庞大的有机阳离子与体积大的阴离子结合，析出离子缔合物沉淀：

$$[(C_6H_5)_4As]^+ + MnO_4^- \Longrightarrow [(C_6H_5)_4As] \cdot MnO_4 \downarrow$$

$$2[(C_6H_5)_4As]^+ + HgCl_4^{2-} \Longrightarrow [(C_6H_5)_4As]_2 \cdot HgCl_4 \downarrow$$

某些有机沉淀剂的应用见表 9.5。

表 9.5　一些常用有机沉淀剂的应用

试剂名称	结　构	被沉淀的离子
丁二酮肟	CH₃—C≕NOH | CH₃—C≕NOH	Ni(Ⅱ)在氨水中；Pd(Ⅱ)在盐酸中；沉淀烘干称量
亚硝基苯胲铵 （铜铁灵）	N=O 结构，苯基—N—O—NH₄	Fe(Ⅲ)、V(Ⅴ)、Ti(Ⅳ)、Zr(Ⅳ)、Sn(Ⅳ)、U(Ⅳ)沉淀灼烧后，以金属氧化物称量
A-苯偶姻肟 （试铜灵）	OH NOH 结构，苯基CH—C苯基	Cu(Ⅱ)在 NH₃ 和酒石酸盐中；Mo(Ⅵ)和 W(Ⅵ)在 H⁺中；以金属氧化物称量
8-羟基喹啉	OH，喹啉结构	很多金属离子，主要用于沉淀 Al(Ⅲ)和 Mg(Ⅱ)
二乙氨基二硫 代甲酸钠	$(C_2H_5)NH{-}C{-}S{-}Na$，C=S	酸溶液中沉淀很多金属
四苯硼酸钠	$NaB(C_6H_5)_4$	K^+、Rb^+、Cs^+、Tl^+、Ag^+、Hg(Ⅰ)、Cu(Ⅰ)、NH_4^+，有机铵离子
氯化四苯砷	$(C_6H_5)_4AsCl$	$Cr_2O_7^{2-}$、MnO_4^-、ReO_4^-、MoO_4^{2-}、WO_4^{2-}、ClO_4^-、I_3^-

9.6　重量分析法的应用

9.6.1　无机沉淀剂的应用示例

(1) 煤中全硫的测定方法（标准编号：GB/T 214—2007）

方法原理：将煤样与艾氏剂（氧化镁与无水碳酸钠以 2∶1 质量比混匀，并研磨至粒度小于 0.2mm，混合，在 850℃灼烧，生成硫酸盐，然后使硫酸根离子生成硫酸钡沉淀。根据硫酸钡的质量计算煤样中全硫的含量。

(2) 工业循环冷却水和锅炉用水中硅的测定（标准编号：GB/T 12149—2007）

方法原理：将一定量酸化水样蒸发至干，用盐酸使硅化合物转化为胶体沉淀，脱水后经洗涤、过滤、灼烧、恒重等操作，称重计算水样中的硅含量。该标准适用于工业循环冷却水及天然水中硅含量 $>5mg \cdot L^{-1}$ 的测定。

(3) 镍铁中硅含量的测定　重量法（标准编号：GB/T 21933.2—2008）

方法原理：试样用硝酸溶解，加入高氯酸蒸发冒烟使硅酸脱水生成不溶性二氧化硅，过滤，称灼烧过的沉淀物质的质量，加入氢氟酸和硫酸，挥发二氧化硅，再灼烧，称残渣的质量，用差减法确定二氧化硅量，计算硅含量。该标准适用于镍铁中硅含量的测定，测定范围（质量分数）在 $0.2\%\sim4.0\%$。

(4) 硝酸磷肥中磷含量的测定（标准编号：GB/T 10512—2008）

方法原理：用水和中性柠檬酸铵溶液提取磷肥中的正磷酸离子，溶液中正磷酸离子在酸性介质中与喹钼柠酮试剂（由喹啉、钼酸钠、柠檬酸、丙酮组成，详细配制方法参考国标）生成黄色磷钼酸喹啉沉淀，过滤、洗涤、干燥和称重沉淀，计算磷含量。

(5) 镁及镁合金中稀土含量的测定（标准编号：GB/T 13748.8—2005）

方法原理：试样用盐酸溶解，用氨水沉淀锆，在氨介质中用癸二酸初步沉淀稀土元素，溶解两种沉淀物，以稀土草酸盐形式再沉淀，灼烧成稀土元素氧化物并称量，测定范围在 $0.20\%\sim10.00\%$。

9.6.2　有机沉淀剂的应用示例

(1) 钢铁中镍含量的测定（标准编号：GB/T 21933.1—2008）

方法原理：试样用硝酸-氯酸钾分解，在氨性溶液中，丁二酮肟与 Ni^{2+} 生成鲜红色的螯合物沉淀，沉淀组成恒定，可烘干后直接称重，常用于重量法测定镍。Fe^{3+}、Al^{3+}、Cr^{3+} 等在氨性溶液中能生成水合氧化物沉淀，干扰测定，可加入柠檬酸或酒石酸进行掩蔽。

(2) 镁及镁合金中铝含量的测定（标准编号：GB/T 13748.1—2005）

方法原理：试料以盐酸和硝酸溶解，在还原性乙酸介质中，用苯甲酸铵沉淀铝，过滤分离。用盐酸、酒石酸溶解苯甲酸铝沉淀，在乙酸铵缓冲介质中，用 8-羟基喹啉沉淀铝，将沉淀过滤、洗净，干燥后称量。

(3) 复混肥料中钾含量的测定（标准编号：GB/T 8574—2010）

方法原理：四苯硼酸钠易溶于水，能与 K^+ 生成离子缔合物沉淀，是测定 K^+ 的良好沉淀剂：

$$K^+ + B(C_6H_5)_4^- \Longrightarrow KB(C_6H_5)_4 \downarrow$$

由于一般试样中 Rb^+、Tl^+、Ag^+ 的含量极微，故此试剂常用于 K^+ 的测定，且沉淀组成恒定，可烘干后直接称重。

思考题及习题

9-1　解释下列现象。

(1) CaF_2 在 pH=3 的溶液中的溶解度较在 pH=5 的溶液中的溶解度大。

(2) Ag_2CrO_4 在 $0.0010mol \cdot L^{-1}$ $AgNO_3$ 溶液中的溶解度较在 $0.0010mol \cdot L^{-1}$ K_2CrO_4 溶液中的溶解

度小。

（3）AgCl 在 $1mol \cdot L^{-1}$ 氨水中比在纯水中的溶解度大。

（4）$BaSO_4$ 沉淀要陈化，而 AgCl 或 $Fe_2O_3 \cdot nH_2O$ 沉淀不要陈化。

9-2　Ni^{2+} 与丁二酮肟（DMG）在一定条件下形成丁二酮肟镍 $[Ni(DMG)_2]$ 沉淀，然后可以采用两种方法测定：一是将沉淀洗涤、烘干，以 $Ni(DMG)_2$ 形式称重；二是将沉淀再灼烧成 NiO 的形式称重。采用哪一种方法较好？为什么？

9-3　AgCl 在 HCl 溶液中的溶解度，随 HCl 的浓度增大时，先是减小然后又逐渐增大，最后超过其在纯水中的饱和溶解度，这是为什么？

9-4　若 0.8000g 矿物能产生 0.2400g 的 NaCl 与 KCl，此产物含有 $58.00\%Cl^-$。问矿物中以 Na_2O 及 K_2O 表示的含量是多少？

（12.68%；3.84%）

9-5　称取含碘化钾和氯化钠的试样 2.500g，溶于水后，加入 Br_2 水使其中 I^- 氧化成 IO_3^-，然后加热试液赶尽多余的 Br_2，再加入 $BaCl_2$，生成 $Ba(IO_3)_2$ 沉淀 0.1650g。计算试样中碘化钾的含量。

（4.50%）

9-6　称取仅含 $CaCO_3$ 和 $MgCO_3$ 的混合物 1.000g 并在高温下灼烧，获得 CaO 和 MgO 的质量为 0.5000g。计算：（1）混合物中 $CaCO_3$ 的含量；（2）混合物中以 MgO 表示的质量。

（26.76%；0.3501g）

9-7　AgI 在水中的溶解度为 $1.2 \times 10^{-8} mol \cdot L^{-1}$。问其在 $0.01mol \cdot L^{-1}$ 氨水中的溶解度。

（$4.0 \times 10^{-7} mol \cdot L^{-1}$）

9-8　已知 CaF_2 的 $K_{sp} = 2.7 \times 10^{-11}$，HF 的 $K_a = 3.5 \times 10^{-4}$。试求在 pH=3 的酸性溶液中 CaF_2 的溶解度。

（$4.6 \times 10^{-4} mol \cdot L^{-1}$）

9-9　计算下列换算因数。

（1）根据 $PbCrO_4$ 测定 Cr_2O_3。

（2）根据 $Mg_2P_2O_7$ 测定 $MgSO_4 \cdot 7H_2O$。

（3）根据 $(NH_4)_3PO_4 \cdot 13MoO_3$ 测定 $Ca_3(PO_4)_2$ 和 P_2O_5。

（4）根据 $(C_9H_6NO)_3Al$ 测定 Al_2O_3。

（0.2351；2.2150；0.07678；0.03513；0.1111）

9-10　讨论硫酸钡沉淀重量法在下述各情况对测定结果的影响：

（1）测定 S 含量时有 Na_2SO_4 共沉淀。

（2）测定 Ba 含量时有 Na_2SO_4 共沉淀。

（3）测定 S 含量时有 H_2SO_4 共沉淀。

（4）测定 Ba 含量时有 H_2SO_4 共沉淀。

第10章 吸光光度法

本章概要：可见吸光光度法是发展最早、装置最简单的一种仪器分析法。本章主要介绍吸光光度法的基本原理、仪器装置和主要应用，为后续学习其他仪器分析方法打下基础。

吸光光度法（absorption photometry）又称分光光度法，是基于物质对光的选择性吸收而建立起来的分析方法。利用有色溶液对可见光的吸收进行定量测定具有悠久的历史，称为比色分析法。随着物理学、电子学等相关学科的发展，分光光度计发展成为灵敏、准确、多功能的仪器，光吸收的测量从可见光区扩展到紫外和红外光区，比色分析法发展成为吸光光度法。本章重点讨论可见光区的吸光光度法。

与普通化学分析法相比，吸光光度法主要有以下特点：

① 灵敏度高，常用于含量为 $10^{-5} \sim 10^{-6} \, mol \cdot L^{-1}$ 微量组分的测定，采用某些新技术如催化吸光光度法，灵敏度甚至可高达 $10^{-8} \, mol \cdot L^{-1}$；

② 准确度较高，其相对误差一般为 2%～5%，可满足微量组分测定对准确度的要求；

③ 仪器设备简单、价廉、操作方便、运行成本低；

④ 应用广泛。几乎所有的无机物质和许多具有生色团的有机化合物的微量成分都可用吸光光度法测量，还可用于某些有机物的定性分析和结构分析，以及用于化学平衡的研究等。

10.1 吸光光度法的基本原理

10.1.1 光的基本性质

光是一种电磁波，具有波粒二象性。光的波粒二象性可以用频率 ν、波长 λ、速度 c、能量 E 等参数来描述，各参数之间的关系可由普朗克方程给出：

$$E = h\nu = hc/\lambda$$

式中，h 为普朗克常量，其值为 $6.63 \times 10^{-34} \, J \cdot s$。普朗克方程表示了光的波动性与粒子性之间的关系。显然，不同波长的光具有不同的能量，波长愈短，能量愈高；波长愈长，能量愈低。如果按其频率或波长的大小排列，则可得如表 10.1 所示的电磁波谱表。

表 10.1　电磁波谱及相关分析方法

光谱名称	波长范围	能量 E/J	辐射源	分析方法
X 射线	$0.1 \sim 10$nm	$1.99 \times 10^{-15} \sim 1.99 \times 10^{-17}$	X 射线管	X 射线光谱法
远紫外光	$10 \sim 200$nm	$1.99 \times 10^{-17} \sim 9.94 \times 10^{-19}$	氢、氘、氙灯	真空紫外光度法
近紫外光	$200 \sim 400$nm	$9.94 \times 10^{-19} \sim 4.97 \times 10^{-19}$	氢、氘、氙灯	紫外光度法
可见光	$400 \sim 750$nm	$4.97 \times 10^{-19} \sim 2.65 \times 10^{-19}$	钨灯	比色及可见光度法
近红外光	$0.75 \sim 2.5\mu$m	$2.65 \times 10^{-19} \sim 7.95 \times 10^{-20}$	碳化硅热棒	近红外光度法
中红外光	$2.5 \sim 5.0\mu$m	$7.95 \times 10^{-20} \sim 3.97 \times 10^{-20}$	碳化硅热棒	中红外光度法
远红外光	$5.0 \sim 1000\mu$m	$3.97 \times 10^{-20} \sim 1.99 \times 10^{-22}$	碳化硅热棒	远红外光度法
微波	$0.1 \sim 100$cm	$1.99 \times 10^{-22} \sim 1.99 \times 10^{-25}$	电磁波发生器	微波光谱法
无线电波	$1 \sim 1000$m	$1.99 \times 10^{-25} \sim 1.99 \times 10^{-28}$		核磁共振光谱法
声波	$15 \sim 10^6$km	$1.32 \times 10^{-29} \sim 1.99 \times 10^{-34}$		光声光谱法

可见光是指人的眼睛所能感觉到的、波长范围为 $400 \sim 750$nm 的电磁波。理论上将具有同一波长的光称为单色光，而将包含不同波长的光称为复合光。通常意义的单色光是指其波长处于某一范围的光。

通常所说的白光，如日光，不是单色光，而是由不同波长的光按一定比例混合而成的复合光。当一束日光（即白光）通过棱镜后就色散成红、橙、黄、绿、青、蓝、紫等颜色的光，它们具有不同的波长范围。进一步的研究表明，只需要将两种适当颜色的光按一定的强度比例混合就可以得到白光，这两种特定颜色的光称为互补色光。如图 10.1 所示，图中处于对角线上的两种单色光为互补色光。

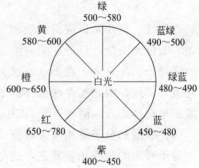

图 10.1　光的互补色示意图（λ/nm）

10.1.2　物质对光的选择性吸收

（1）物质的颜色和吸收光之间的关系

物质的颜色是物质对不同波长光的吸收特性表现在人视觉上所产生的反映。物质之所以呈现一定的颜色是因该物质对不同波长的光具有选择性吸收作用而产生的。当一束白光照射到某一物质上时，如果物质选择性地吸收了某一颜色的光，物质透射的光就是其互补色光，呈现的也是这种互补色光的颜色。

例如，当白光通过 $CuSO_4$ 溶液时，Cu^{2+} 选择性地吸收了部分黄色光，使透射光中的蓝色光未能完全互补，于是 $CuSO_4$ 溶液就呈现出蓝色。又如，$KMnO_4$ 溶液呈紫红色，则说明它选择性地吸收了白光中的绿色光。若物质对白光中所有颜色的光全部吸收，它就呈现黑色；若反射所有颜色的光则呈现白色；若透过所有颜色的光，则为无色。

此外，溶液颜色的深浅，决定于溶液的吸光量，即取决于吸光物质浓度的高低。如 $CuSO_4$ 溶液的浓度越高，对黄色光的吸收就越多，表现为透过的蓝色光越强，溶液的蓝色也越深。因此可以通过比较物质溶液颜色的深浅来确定溶液中吸光物质的含量，这也正是比色分析法的依据。

（2）吸收光谱

物质对不同波长光的选择性吸收可以用吸收曲线（吸收光谱）准确地进行描述。即测量

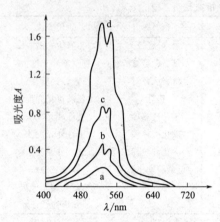

图 10.2　KMnO₄ 溶液的吸收曲线
（KMnO₄ 溶液浓度 a＜b＜c＜d）

物质对不同波长单色光吸收程度的大小（吸光度），以波长（λ）为横坐标，吸光度（A）为纵坐标作图，溶液吸光度随波长变化的曲线，称之为吸收曲线或吸收光谱。图 10.2 是不同浓度 KMnO₄ 溶液的吸收曲线。

由图可见，KMnO₄ 溶液选择性地吸收了波长在 525nm 附近的绿色光，而对与绿色光互补的 400nm 附近的紫色光几乎不吸收，所以 KMnO₄ 溶液呈紫红色。吸收曲线中吸光度最大值处（吸收峰）对应的波长称为最大吸收波长，以 λ_{max} 表示，KMnO₄ 的 $\lambda_{max} = 525nm$。

吸收曲线的形状和 λ_{max} 的位置取决于物质的分子结构，不同的物质因其分子结构不同而具有各自特征的吸收曲线，据此可以进行物质的定性分析。对于同一物质，浓度不同，其吸收曲线的形状和 λ_{max} 的位置不变，只是在同一波长下吸光度 A 随着浓度的增大而增大，据此可以进行物质的定量分析。显然，在 λ_{max} 处 A 随浓度的增大最为明显，因而测量吸光度的灵敏度最高，因此吸收曲线是吸光光度法选择测量波长的依据。基于灵敏度的考虑，如果没有其他干扰，一般都是选择 λ_{max} 为测量波长。

（3）物质的分子结构与吸收光谱的关系

分子对光的吸收比较复杂，这是由分子结构的复杂性所引起的。物质的分子内部具有一系列不连续的特征能级，包括电子能级、振动能级和转动能级，这些能级都是量子化的，其中电子能级又可分为基态和能量较高的若干个激发态。在一般情况下，物质的分子都处于能量最低、最稳定的基态。当用光照射某物质后，如果光具有的能量恰与该物质分子的某一能级差相等时，这一波长的光即可被分子吸收，从而使其产生能级跃迁而进入较高的能态。

光的吸收是物质与光相互作用的一种形式，并不是任一波长的光都可以被某一物质所吸收。物质分子对可见光的吸收必须符合普朗克条件，只有当入射光能量与物质分子能级间的能量差相等时，才会被吸收，即：

$$\Delta E = E_2 - E_1 = h\nu = h\frac{c}{\lambda}$$

式中，ΔE 为吸光分子两个能级间的能量差。

分子电子能级之间的跃迁，引起可见光的吸收。电子跃迁时，不可避免地要同时发生振动能级和转动能级的跃迁，这种吸收产生的是电子-振动-转动光谱，具有一定的频率范围，所以形成吸收带。由于不同物质的分子其组成和结构不同，它们所具有的特征能级也不同，故能级差不同，而各物质只能吸收与它们分子内部能级差相当的光辐射，所以不同物质对不同波长光的吸收具有选择性。由于各种物质的分子能级千差万别，它们内部各能级间的能级差也不相同，因而选择吸收的性质反映了分子内部结构的差异。

10.1.3　光吸收的基本定律——朗伯-比尔定律

当一束平行单色光经过溶液时，一部分被吸收，一部分透过溶液。设入射光强度为 I_0，吸收光强度为 I_a，透射光强度为 I_t，则有：

$$I_0 = I_a + I_t$$

透射光强度 I_t 与入射光强度 I_0 之比称为透射比或透光度 T：

$$T = \frac{I_t}{I_0} \tag{10.1}$$

透射比愈大，表示它对光的吸收愈小；相反，透射比愈小，表示它对光的吸收愈大。溶液对光的吸收程度用吸光度 A 表示，定义为：

$$A = \lg \frac{I_0}{I_t} = \lg \frac{1}{T} = -\lg T \tag{10.2}$$

吸光度的大小是溶液吸光程度的度量，其有意义的取值范围为 $0 \sim \infty$。A 越大，表明溶液对光的吸收越强。

吸光度与溶液浓度 c、吸收介质的厚度 b 及入射光波长等因素有关。如果保持入射光波长不变，则溶液对光的吸收程度只与溶液浓度和吸收介质的厚度有关。

1729 年，法国科学家波格（Pierre Bouguer）发现气体对光的吸收与光通过气体的光程有关。1760 年，波格的学生朗伯（Lambert）指出："当溶液的浓度固定时，溶液的吸光度与光程成正比。"这个关系称为朗伯定律，其公式为：

$$A = k_1 b$$

式中，k_1 为比例常数；b 为光程（吸收层的厚度）。

1852 年，德国科学家比尔（August Beer）发现，一束单色光通过固定厚度的有色溶液时，溶液的吸光度与溶液的浓度成正比，这个关系称为比尔定律，其公式为：

$$A = k_2 c$$

式中，c 为溶液的浓度；k_2 为比例常数。

把以上两个定律结合起来就是朗伯-比尔定律，其数学表达式为：

$$A = Kbc \tag{10.3}$$

式中，A 为吸光度；K 为比例常数。它表明：当一束单色光通过含有吸光物质的溶液后，溶液的吸光度与吸光物质的浓度及吸收层厚度成正比，这是吸光光度法进行定量分析的理论基础。朗伯-比尔定律的成立是有前提条件的，即：①入射光为平行单色光且垂直照射；②吸光物质为均匀非散射体系；③吸光质点之间无相互作用；④辐射与物质之间的作用仅限于光吸收过程，无荧光和光化学现象发生。

式中比例常数 K 与吸光物质的性质、入射光波长及温度等因素有关。K 值随 c、b 所取单位不同而不同。当浓度 c 用 $mol \cdot L^{-1}$、液层厚度 b 用 cm 为单位表示时，则 K 用另一符号 ε 来表示，称为摩尔吸收系数，其单位为 $L \cdot mol^{-1} \cdot cm^{-1}$，它表示物质的量浓度为 $1mol \cdot L^{-1}$，液层厚度为 1cm 时溶液的吸光度。此时，朗伯-比尔定律表示为：

$$A = \varepsilon bc \tag{10.4}$$

理论上摩尔吸收系数 ε 的大小仅与入射光的波长、吸光物质的性质（如吸光质点的有效截面积、跃迁概率等）、溶剂、温度等因素有关，但实际上还受溶液的组成、仪器灵敏度等因素的影响。在测定波长、温度和溶剂等条件一定时，ε 的大小取决于物质的性质，是物质的特征值。显然在光度分析的实际工作中，不能直接取 $1mol \cdot L^{-1}$ 这样高浓度的溶液来测定 ε，而是在适宜的低浓度时测量其吸光度 A，然后据 $\varepsilon = A/bc$ 计算而求得。不同的物质具有不同的 ε，它是在一定条件下，某物质对某一波长光吸收能力大小的量度。对于同一物质，当其他条件一定时，ε 的大小就取决于入射光的波长 λ，波长不同，ε 亦不同。在这些不

同的 ε 之中，最大吸收波长 λ_{max} 下的摩尔吸收系数 ε_{max} 是一个重要的特征参数，它反映该吸光物质吸光能力可能达到的最高值。ε 常用来衡量光度法灵敏度的高低，ε_{max} 越大，表明测定该物质的灵敏度越高，书写时应标明波长。如用铜试剂测铜，$\varepsilon_{436} = 1.28 \times 10^4$ L·mol^{-1}·cm^{-1}，而 Cu-双硫腙配合物的 $\varepsilon_{495} = 1.5 \times 10^5$ L·mol^{-1}·cm^{-1}，因此用光度法测铜时，后者的灵敏度更高。一般认为，$\varepsilon_{max} > 10^4$ L·mol^{-1}·cm^{-1} 的方法较灵敏的，通过增大吸光分子的有效截面积和电子跃迁概率，目前已有极少数显色反应的 ε_{max} 达到 10^6 数量级。

吸光光度分析的灵敏度还常用桑德尔灵敏度 S 来表示。桑德尔灵敏度的定义为，当吸光度值 $A = 0.001$ 时，单位截面积（1cm^2）光程内所能检出的吸光物质的最低质量，其单位为 μg·cm^{-2}。S 与摩尔吸收系数 ε 及吸光物质摩尔质量 M 的关系为：

$$S = M/\varepsilon \tag{10.5}$$

在含有多种吸光物质的溶液中，由于各吸光物质对某一波长的单色光均有吸收作用，如果各吸光物质之间相互不发生化学反应，当某一波长的单色光通过这样一种含有多种吸光物质的溶液时，溶液的总吸光度应等于各吸光物质的吸光度之和，$A = A_1 + A_2 + \cdots + A_n$。这一规律称吸光度的加和性。根据这一规律，可以进行多组分的测定及某些化学反应平衡常数的测定。

10.1.4 偏离朗伯-比尔定律的原因

根据朗伯-比尔定律，当波长和强度一定的入射光通过液层厚度一定的有色溶液时，吸光度与有色溶液浓度成正比。若以一系列标准溶液的吸光度为纵坐标，对应的浓度为横坐标作图，可得一条通过原点的直线，称为标准曲线或工作曲线，如图 10.3 所示。但在实际测定中，标准曲线经常出现弯曲的现象（见图 10.3），有时向浓度轴弯曲（负偏离），有时向吸光度轴弯曲（正偏离），这种现象称为对朗伯-比尔定律的偏离。若在曲线弯曲部分进行定量，将会引起较大的误差。造成偏离的原因是多方面的，其主要原因是测定时仪器或溶液的实际条件与朗伯-比尔定律所要求的理想条件不完全一致。

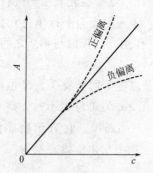

图 10.3　工作曲线对朗伯-比尔定律的偏离

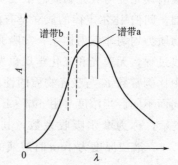

图 10.4　非单色光引起的偏离

(1) 非单色光引起的偏离

朗伯-比尔定律成立的前提条件之一，是入射光为单一波长的单色光，如果单色器得到的入射光是非单色光，即具有一定波长范围的复合光，将导致偏离朗伯-比尔定律。由非单色光引起的偏离一般为负偏离，但也可能是正偏离，这主要与测定波长的选择有关，也与入射单色光的宽度 $\Delta\lambda$ 有关。

① 如果入射单色光的宽度 $\Delta\lambda$ 很小，此时可近似认为入射光为单色光，A 与 c 的关系符

合朗伯-比尔定律：$A = \varepsilon bc$。

②　尽管 $\Delta\lambda$ 较大，但在所选择的光谱带范围内吸收曲线比较平坦（见图 10.4 谱带 a），因而 ε 变化不大，故 A 与 c 仍有较好的线性关系。

③　$\Delta\lambda$ 较大，且在光谱带范围内 ε 值差别较大（见图 10.4 谱带 b），则 A 与 c 之间就不成正比而偏离朗伯-比尔定律，ε 值波动越大，偏离越严重。

在光度分析中，为克服非单色光引起的偏离，应尽量使用性能比较好的单色器，从而获得纯度较高的"单色光"。此外，应将入射光波长选择在被测物质的最大吸收处，这不仅保证了测定有较高的灵敏度，而且由于此处的吸收曲线较为平坦，在此最大吸收波长附近各波长的光的 ε 值大体相等，因此由于非单色光引起的偏离相对较小。

思考：假设入射光仅由 λ_1 和 λ_2 两种波长的光组成，当通过浓度为 c、厚度为 b 的吸光物质后，测得的吸光度 A 为多少？

（2）非平行入射光引起的偏离

朗伯-比尔定律要求采用平行光束垂直入射。若入射光束为非平行光，就不能保证光束全部垂直通过吸收池，可能导致光束的平均光程 b' 大于吸收池厚度 b，实际测得的吸光度将大于理论值，从而产生正偏离。

（3）溶液浓度过高引起的偏离

朗伯-比尔定律是建立在吸光质点之间没有相互作用的前提下的。但当溶液浓度较高（大于 $0.01\,\text{mol} \cdot \text{L}^{-1}$）时，吸光物质的分子或离子间的平均距离减小，由于相互作用就会改变吸光微粒的电荷分布，从而改变它们对光的吸收能力，即改变物质的摩尔吸收系数。浓度增加，这种相互作用也随之增强，由此导致在高浓度范围内，因 ε 不恒定而使吸光度与浓度之间的线性关系被破坏，偏离朗伯-比尔定律，因此朗伯-比尔定律只适用于稀溶液。此外，溶液中高浓度的电解质对低浓度的吸光物质有时也会产生类似的影响，也应尽量避免。

（4）化学反应引起的偏离

朗伯-比尔定律中的浓度指的是吸光物质的平衡浓度，即吸光型体的浓度，而在实际工作中，常用吸光物质（或待测组分）的分析浓度来代替它。只有当吸光物质的平衡浓度等于或正比于其分析浓度时，按照分析浓度所制作的标准曲线才是一条通过原点的直线，即 A 与 c 的关系服从朗伯-比尔定律。但溶液中吸光物质常因解离、缔合、形成新化合物或互变异构等化学反应而破坏其平衡浓度与分析浓度之间的正比关系，也就破坏了吸光度 A 与分析浓度 c 之间的线性关系，从而产生对朗伯-比尔定律的偏离。

（5）介质不均匀引起的偏离

朗伯-比尔定律要求吸光物质的溶液是均匀非散射的。若溶液不均匀，如产生胶体或发生浑浊，当入射光通过该溶液时，除了一部分被吸收外，还有一部分就会因散射而损失，使透射比减小，实测的吸光度偏高。此时该吸光物质的浓度越大，对光的散射现象越严重，实测吸光度值偏高得越多，从而使标准曲线的上部偏离直线向吸光度轴弯曲，即对朗伯-比尔定律产生正偏离。因此，在光度分析中应避免溶液产生胶体或浑浊。

10.2　分光光度计的构成和类型

10.2.1　分光光度计的构成

分光光度计构造框图如图 10.5 所示。各种光度计尽管构造各不相同，但其基本构造都相同。其中光源用来提供可覆盖广泛波长的复合光，复合光经过单色器分解为单色光。待测的吸光物质溶液放在吸收池中，当强度为 I_0 的单色光通过时，一部分光被吸收，强度为 I_t 的透射光照射到检测器上，通过光电转换将光信号转换成电流，最后由数据处理及读出装置检测电流，或直接采集数字信号进行处理。下面对分光光度计的主要部件的作用及要求等进行简单介绍。

图 10.5　分光光度计构造框图

(1) 光源

可见分光光度计通常采用 6～12V 低压钨丝灯作光源，其发射的复合光波长约在 360～2500nm 之间。当在近紫外光区测定时应使用氢灯或氘灯作光源，它们能发射出波长为185～375nm 范围的光。光源应该稳定，即要求电源电压保持稳定。为此，通常在仪器内同时配有电源稳压器。

(2) 单色器（分光系统）

单色器的作用是从光源发出的复合光中分出所需要的单色光。分光光度计的单色器通常由入射狭缝、准直镜、色散元件、聚焦镜和出射狭缝组成。色散元件是单色器的核心，常用棱镜或光栅。

棱镜根据光的折射原理而将复合光色散为不同波长的单色光，它由玻璃或石英制成。玻璃棱镜用于可见光范围，石英棱镜则在紫外和可见光范围均可使用。

光栅是利用光的衍射和干涉原理而进行分光作用的。同棱镜相比，光栅作为色散元件更为优越，具有色散均匀、工作波长范围宽、分辨率高等优点，同样大小的色散元件，光栅具有较好的色散和分辨能力，因而目前大多数分光光度计采用光栅单色器。

(3) 吸收池

吸收池又称比色皿，是用于盛装参比溶液、试样溶液的容器，由无色透明、耐腐蚀、化学性质相同、厚度相等的玻璃或石英制成。通常随仪器配有厚度（光程长度）为 0.5cm、1cm、2cm 和 3cm 四种规格的吸收池。在可见光区测定时使用光学玻璃吸收池，而在紫外光区应采用石英吸收池。使用吸收池时应注意保持清洁，尤其要避免磨损透光面，以免造成其光学性质的不一致。吸收池的表面对入射光有一定的反射作用。为消除吸收池体、溶液中其他组分和溶剂对光反射和吸收所带来的误差，光度测量中要使用参比溶液。参比溶液与待测溶液应置于尽量一致的吸收池中。为了减小测量误差，在测定时要使用同一规格中透射比彼此相差小于 0.5% 的吸收池。

单光束分光光度计应先将装参比溶液的吸收池（参比池）放进光路，调节仪器零点。为自动消除因光源强度的波动而引起的误差，分光光度计常设计为双光束光路。单色器后单一波长的光束经反射镜分解为强度相等的两束光。一束通过参比池，一束通过样品池，光度计将自动比较两束透射光的强度，其比值以 T 或转换为 A 表示。

(4) 检测器及数据处理装置

检测器的作用是将所接收到的光信号经光电效应转换成电流信号进行测量，故又称光电转换器，分为光电管和光电倍增管。光电管是一个真空或充有少量惰性气体的二极管。阴极是金属做成的半圆筒，内侧涂有光敏物质，阳极为金属丝。光电管依其对光敏感的波长范围不同分为红敏和蓝敏两种。红敏光电管是在阴极表面涂银和氧化铯，适用波长范围为 $625\sim$ 1000nm；蓝敏光电管是在阴极表面涂锑和铯，适用波长范围为 $200\sim625$nm。光电倍增管是由光电管改进而成的，管中有若干个称为倍增极的附加电极。因此，可使微弱的光电流得以放大，一个光子约产生 $10^6\sim10^7$ 个电子。光电倍增管的灵敏度比光电管高 200 多倍，适用波长范围为 $160\sim700$nm，广泛应用于现代的分光光度计中。

简易的分光光度计常用检流计、微安表、数字显示记录仪，把放大的信号以吸光度 A 或透射比 T 的方式显示或记录下来。现代的分光光度计的检测装置，一般将光电倍增管输出的电流信号经 A/D 转换，由计算机直接采集数字信号进行处理，得到吸光度 A 或透射比 T。近年发展起来的二极管阵列检测器，配用计算机将瞬间获得光谱图储存，可作实时测量，提供时间-波长-吸光度的三维谱图。

10.2.2 分光光度计的类型

根据仪器适用的波长范围，分光光度计分为可见分光光度计、紫外-可见分光光度计和红外分光光度计。根据仪器的结构，光度计又可分为单光束、双光束和双波长三种基本类型。

10.2.2.1 单光束分光光度计

早期和近期的简易型仪器都属于这种类型，如我国普遍使用的 722 型，其光学系统和工作原理见图 10.6。单光束分光光度计结构简单，价格低廉，特别适合于固定测定波长的定量分析。单光束分光光度计使用时，先将装参比溶液的吸收池（参比池）放进光路，调节仪器零点，然后再手动吸收池拉杆将试液移入光路测量其吸光度。因为参比和试液的吸光度测定时间有一定差别，故会由于光源和检测系统的不稳定性而引起测量误差；此外也无法进行吸收光谱的自动扫描（单光束与计算机联用的仪器例外），因此不适合于作经常变更测量波长的定性分析。

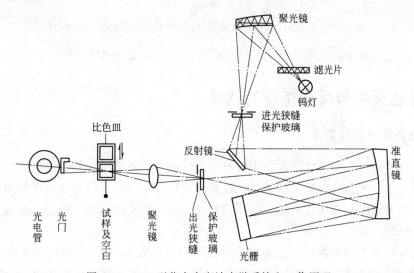

图 10.6 722 型分光光度计光学系统和工作原理

10.2.2.2 双光束分光光度计

为自动消除因光源强度的波动而引起的误差，分光光度计常设计为双光束光路。双光束

　　分光光度计的结构如图 10.7(a)所示。图中斩波器 1 和斩波器 2 为半反射半透射旋转镜。工作时，来自单色器的单色光在斩波器 1 旋转到反射位置而斩波器 2 旋转到透射位置的瞬间，通过参比溶液照射到检测器上，光强为 I_0；而在斩波器 1 旋转到透射位置、斩波器 2 旋转到反射位置的另一瞬间，单色光则通过样品池溶液照射到检测器上，光强为 I_t。两个斩波器快速同步旋转，检测器交替接收光信号 I_0 和 I_t，经处理后一次即可测得试液和参比的吸光度之差，即试样溶液的吸光度。由于双光束仪器对透过参比和试液的光强 I_0 和 I_t 的测量几乎同时进行，补偿了因光源和检测系统的不稳定而造成的影响，具有较高的测量精密度和准确度，而且测量也更方便、快捷。同时双光束分光光度计可以连续地变更入射光波长，自动测量在不同波长下试液的吸光度，绘制出相应的吸收光谱，实现吸收光谱的自动扫描。因此双光束分光光度计特别适合进行定性和结构分析之用。但其光路设计要求严格，价格也相对比较昂贵。

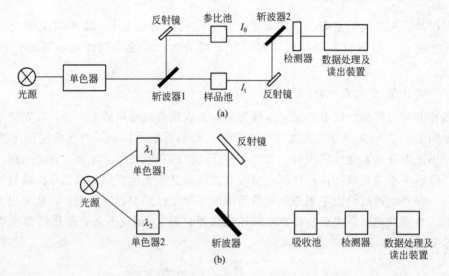

图 10.7　双光束（a）和双波长（b）分光光度计的结构示意图

　　双波长分光光度计的结构如图 10.7(b)所示，其原理及应用见 10.5.3。

10.3　显色反应与反应条件的选择

10.3.1　显色反应及其要求

　　测定某种物质时，如果待测物质本身有较深的颜色，就可以进行直接测定。当待测物质为无色或只有很浅颜色时，需要选适当的试剂与它反应生成有色化合物再进行测定，这就是为提高测定的灵敏度、选择性而通常采用的显色反应。与待测物质反应使之生成有色物质的试剂称为显色剂。

　　显色反应可分为两大类，一类是配位反应，如邻二氮菲与 Fe^{2+} 配位使得本来颜色很浅的 Fe^{2+} 转变为橙红色邻二氮菲-亚铁配合物的反应；另一类是氧化还原反应，如用过硫酸铵将接近无色的 Mn^{2+} 氧化为紫红色的 MnO_4^- 的反应。当同一组分可与多种显色剂反应生成不同的有色化合物时，选用哪一种显色反应呢？一般要求如下。

　　① 灵敏度足够高，即摩尔吸收系数大的反应。同时希望显色反应的选择性好，干扰少。

需要指出的是，在满足测定灵敏度的前提下，选择性的好坏常常成为选择显色反应的主要依据。例如，Fe(Ⅱ) 与邻二氮菲在 pH＝2～9 的水溶液中生成橙红色配合物的反应，虽然灵敏度不是很高，$\varepsilon_{508}=1.1\times10^4 L \cdot mol^{-1} \cdot cm^{-1}$，但由于选择性好，在实际分析中仍广泛被采用。

② 有色化合物的组成恒定，符合一定的化学式。对于形成不同配位比配合物的配位反应，必须注意控制实验条件，使其生成一定组成的配合物，以免引起误差。

③ 有色化合物的化学性质应足够稳定，至少保证在测量过程中溶液的吸光度基本恒定。这就要求有色化合物不容易受外界环境条件的影响，如日光照射、空气中的氧和二氧化碳的作用等，此外，也不应受溶液中其他化学因素的影响。

④ 有色化合物与显色剂的颜色差别要大，即显色剂对光的吸收与配合物的吸收有明显区别，一般要求两者的吸收峰波长之差 $\Delta\lambda$（称为对比度）大于 60nm。

无机阳离子的显色反应绝大多数都属于配位反应。除常用的二元配合物外，形成多元配合物的显色反应在光度分析中发展也较为迅速。多元配合物是由三种或三种以上的组分所形成的配合物。目前应用较多的是由一种金属离子与两种配体所组成的三元配合物，主要有以下几种类型：

① 混配配合物　它是由一种金属离子与两种不同配体通过共价键结合成的三元配合物。例如，V(Ⅴ)-H_2O_2-吡啶偶氮间苯二酚（PAR）形成的 1∶1∶1 有色配合物，可用于钒的测定，其灵敏度高，选择性好。

② 离子缔合物　金属离子首先与配体生成配阴离子或配阳离子，然后再与带反电荷的离子生成离子缔合物。这类化合物主要用于萃取光度测定。例如，Ag^+ 与邻二氮菲形成配阳离子，再与溴邻苯三酚红的阴离子形成深蓝色的离子缔合物。用 F^-、H_2O_2、EDTA 作掩蔽剂，可测定微量 Ag^+。

③ 金属离子-配体-表面活性剂体系　许多金属离子与显色剂反应时，加入某些表面活性剂，可以形成胶束化合物，使测定的灵敏度显著提高。同时，金属配合物的吸收峰向长波方向移动。目前，常用于这类反应的表面活性剂有溴化十六烷基吡啶、氯化十四烷基二甲基苄胺、氯化十六烷基三甲基铵、溴化十六烷基三甲基铵、溴化羟基十二烷基三甲基铵、OP 乳化剂等。例如，稀土元素-二甲酚橙-溴化十六烷基吡啶反应生成三元配合物，在 pH 值 8～9 时呈蓝紫色，可用于痕量稀土元素总量的测定。

10.3.2　常用显色剂

光度分析中采用的显色剂有无机显色剂和有机显色剂两大类。无机显色剂在光度分析中应用不多，其主要原因是无机显色剂与金属离子形成的有色配合物稳定性差，灵敏度和选择性不高所致。目前还有实用价值的主要有硫氰酸盐（测铁、钼、钨和铌）、钼酸铵（测硅、磷和钒）、氨水（测铜、钴和镍）和过氧化氢（测钛、钒和铌）等。

有机显色剂与金属离子发生显色反应主要通过配合反应形成稳定并具有特征颜色的螯合物实现。有机显色剂分子中一般都含有生色团和助色团。生色团是某些含不饱和键的基团，如偶氮基（—N＝N—）、对醌基（＝⟨ ⟩＝）和羰基（—C＝O）等。这些基团中的电子被激发时所需能量较小，波长 200nm 以上的光就可以做到，故往往可以吸收可见光而表现出颜色。助色团是某些含孤对电子的基团，如氨基、羟基和卤代基等。这些基团中的未共用电子对能与生色团上的不饱和键发生共轭作用，使生色团的最大吸收波长向长波方向移动（红移），吸收强度增大，颜色加深（增色）。

有机显色剂种类繁多，一般分为氧配位的显色剂、氮及氮氧配位的显色剂、硫、硫氧及硫氮配位的显色剂和离子缔合显色剂等类型，一些常用显色剂的结构和应用见表10.2。

表 10.2 常用的显色剂的结构和应用

显色剂类型	显色剂名称	结 构	应 用
氧配位的显色剂	3,3',4'-三羟基品红酮-2''-磺酸(邻苯二酚紫,邻苯二酚磺酞,儿茶酚紫)(PV)		与 Cu^{2+}、Zn^{2+}、Pb^{2+}、Cd^{2+}、Ni^{2+}、Co^{2+}、Fe^{2+} 和 Be^{2+} 等二价离子在弱酸或弱碱介质形成蓝紫色和蓝色螯合物,Al^{3+} 在 pH=2.5~4.0,Bi^{3+} 在 pH<1.5,Fe^{3+} 在 pH=5~6,Ga^{3+} 在 pH=2.5~3.8,La^{3+} 在 pH=7.0,Th^{4+} 在 pH<3.0,Zr^{4+} 在 pH<1.0 和 Sn(Ⅳ) 在 pH<0.5 等有阳离子表面活性剂存在时,常使螯合物的配合比增大,最大吸收波长发生红移,光度测定的灵敏度明显提高
	4-羟基-5,5'-二甲基-3,3'-二羧基-2'',6''-二氯-3''-磺酸品红酮(铬天青 S,CAS)		水溶液在 pH<4 时显橙红色,在碱性介质中显黄绿色。可用于测定铍、钇、锆、铪、钛、铁、钯、铜和镓等元素,特别是测定铝 Al^{3+} 的重要试剂,在 pH=5~5.8 的条件下,与 Al^{3+} 生成红色配合物
	1,2-二羟基蒽醌(茜素)		它是 Al^{3+}、Sc^{3+}、RE^{3+}(稀土)和 Zr^{4+} 等的显色剂。螯合反应一般在两个邻位羟基上生成配位键
氮及氮氧配位的显色剂	邻二氮菲		与 Fe^{2+} 在 pH=2~9 的条件下生成橙红色配合物
	8-羟基喹啉		与 Al^{3+}、Co^{2+}、Cr^{3+}、Ga^{3+}、In^{3+}、Mn^{2+}、Hf^{4+}、Ru^{3+}、Tl^{3+}、Th^{4+} 等在不同 pH 值形成可被有机溶剂萃取的黄色螯合物
	1-(1-羟基-2-萘偶氮基)-6-硝基-2-萘酚-4-磺酸钠(铬黑 T,EBT)		与 Ca^{2+}、Mg^{2+}、Pb^{2+}、Zn^{2+}、Mn^{2+}、稀土、Co^{2+}、Ni^{2+}、Cu^{2+}、Fe^{3+}、Al^{3+} 等生成酒红色配合物
	4-(2-吡啶偶氮)-间苯二酚(PAR)		在酸性或弱碱性溶液中,与铌、钒、锑、铅、银、汞、镓、铀和锰等形成红色或紫色可溶于水的配合物

续表

显色剂类型	显色剂名称	结　构	应　用
氮及氮氧配位的显色剂	3,6-双[(2-胂酸苯基)偶氮]-4,5-二羟基-2,7-萘二磺酸(偶氮胂Ⅲ)	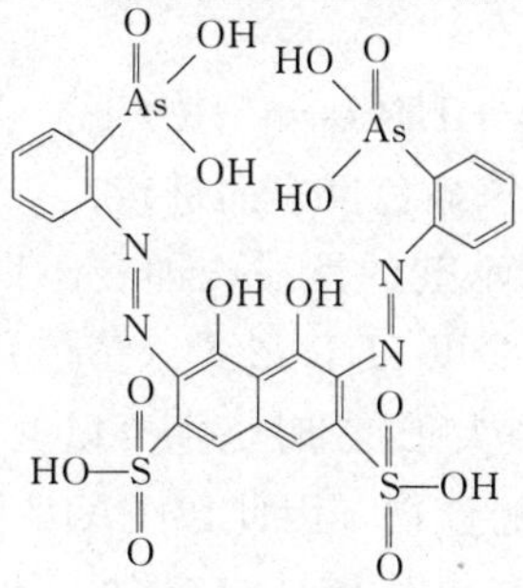	钍、锆和铀等,弱酸性溶液中与稀土金属离子生成稳定的有色化合物
	2,3-丁二酮二肟(丁二酮肟,DMG)	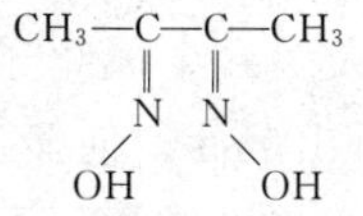 $CH_3\!-\!C\!-\!C\!-\!CH_3$	在 pH=8~10、氧化剂存在条件下,与 Ni、Co、Cr、Cu、Mn 生成稳定的红色化合物
硫、硫氧及硫氮配位的显色剂	二乙氨基二硫代甲酸钠(铜锌灵,铜试剂,DDTC)	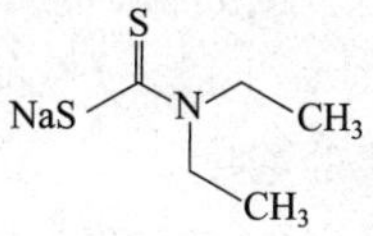	由于它能与许多离子反应,螯合物又难溶于水,故可在一定条件下,有掩蔽剂存在时,用萃取光度法有选择性地测定金属离子。若用保护胶或表面活性剂增溶,也可不必萃取,使螯合物胶粒稳定在溶液中进行光度测定
	双硫腙(二苯硫腙,打萨腙,铅试剂)	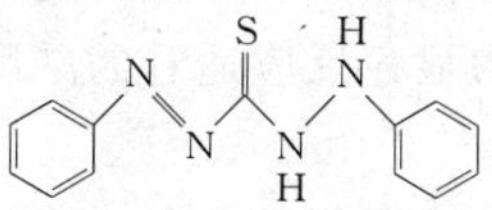	用作 Ag^+、Hg^{2+}、Pb^{2+}、Zn^{2+}、Cd^{2+} 等金属离子的萃取光度试剂。$CHCl_3$ 和 CCl_4 是常用于萃取这类螯合物的有机溶剂
离子缔合显色剂	溴邻苯三酚红(BPR)	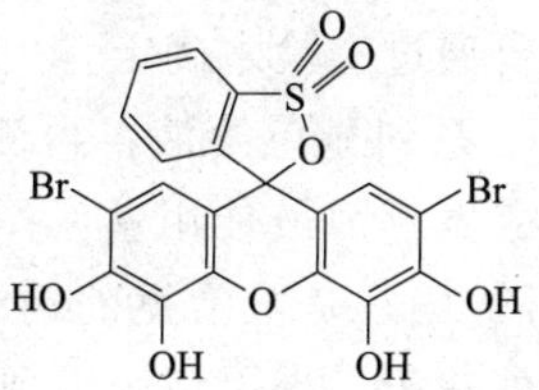	酸性染料。一定条件下,电离出 H^+ 后成酸根阴离子,再与配合阳离子形成缔合物。代表性的是 Ag^+ 与邻二氮菲(phen)形成配阳离子$[Ag(phen)_2]^+$,在 pH=8~10,与 BPR 阴离子缔合成蓝色缔合物,可被有机溶剂萃取
	罗丹明 B(RB)	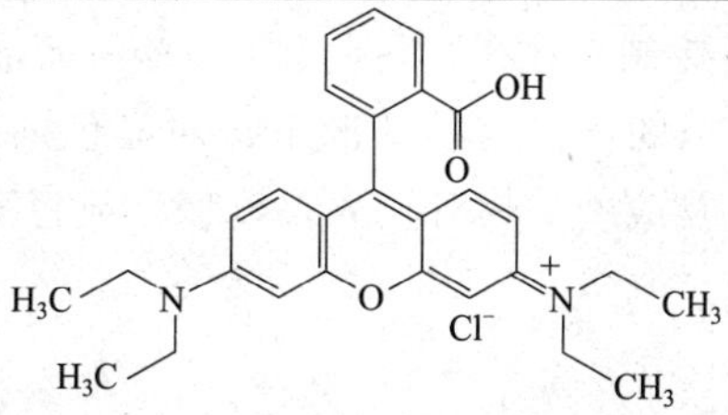	碱性染料。其阳离子能与某些金属配阴离子缔合形成电中性难溶于水的离子缔合物,但可被有机溶剂萃取。如,Ga^{3+} 在 6mol·L^{-1} HCl 介质中形成$[GaCl_4]^-$,与 RB$^+$形成$[RB]^+$·$[GaCl_4]^-$,可被苯乙醚(3:1)萃取后经光度法测定镓

10.3.3　影响显色反应的因素

显色反应能否完全满足分析的要求,除了主要与显色剂本身的性质有关外,控制好显色反应的条件也十分重要。如果显色条件不合适,将会影响分析结果的准确度。影响显色反应的因素主要有溶液酸度、显色剂用量、显色时间、显色温度、溶剂等,必须加以控制和选择。

(1) 溶液酸度

溶液酸度对显色反应的影响很大,主要表现在以下三个方面。

① 影响显色剂的平衡浓度和颜色　大多数显色剂是有机弱酸或弱碱,由于与金属离子

配位显色的往往只是显色剂的某种型体，显然，溶液酸度的变化，将影响显色剂存在型体的平衡浓度，并影响显色反应的完全程度。例如，金属离子 M^+ 与显色剂 HR 作用，生成有色配合物 MR：

$$M^+ + HR \Longrightarrow MR + H^+$$

可见，增大溶液的酸度，不利于该显色反应的进行。

另外，有一些显色剂具有酸碱指示剂的性质，即在不同的酸度下有不同的颜色。例如 PAR，当溶液 pH 值小于 6 时，它主要以 H_2R 形式（黄色）存在；在 pH＝7～12 时，主要以 HR^- 形式（橙色）存在；当 pH 值大于 13 时，主要以 R^{2-} 形式（红色）存在。而大多数金属离子和 PAR 生成红色或红紫色配合物，因此以 PAR 为显色剂测定金属离子的显色反应只适宜在酸性或弱碱性溶液中进行。在强碱性溶液中，显色剂本身的红色将影响分析。

② 影响被测金属离子的存在状态　大多数金属离子在低酸度下容易水解，形成各种类型的氢氧基或多核氢氧基配合物，甚至析出沉淀，使显色反应的完全程度降低。

③ 影响配合物的组成和颜色　对于某些生成逐级配合物的显色反应，酸度不同，配合物的配位比往往不同，其颜色也可能不同。例如铁（Ⅲ）与水杨酸的显色反应，在 pH＜4 时，生成 1∶1 的紫色配合物；在 pH＝4～9 时，生成 1∶2 的红色配合物；pH＞9 时则生成1∶3 的黄色配合物。故测定时应严格控制溶液的酸度。

显色反应的适宜酸度是通过实验来确定的，方法是固定被测组分、显色剂和其他试剂的浓度，配制成一系列酸度不同的显色溶液，测量其吸光度，绘制吸光度-pH 值关系曲线，曲线中吸光度最大且恒定的酸度区间即为显色反应适宜的酸度范围。

(2) 显色剂的用量

显色反应在一定程度上是可逆的，为了保证显色反应进行完全，显色剂必须过量，但不是过量愈多愈好，显色剂的适宜用量要通过实验来确定。一般是固定被测组分的浓度和其他条件，改变显色剂的加入量，配制出一系列显色溶液，再测量其吸光度。以吸光度 A 对显色剂浓度 c 作图，根据其关系曲线确定显色剂最佳用量。图 10.8 所示为几种典型的试液吸光度与显色剂浓度的关系曲线。其中图 (a) 是最常见的情况，可在平坦区选择适当浓度进行测定；图 (b) 与图 (a) 的不同之处在于，当平坦区出现之后，从某一点开始 A 又随着 c 的增加而下降，此时应注意严格控制 c 在平坦区。图 (c) 与前述两种情况完全不同，A 随着 c 的增加不断增大，不出现平坦区，在这种情况下，对显色剂用量的控制要求更加严格，否则无法得到准确的测定结果，且应使 c 相对较大，以保证显色反应完全，但一般最好不采用这样的显色体系。

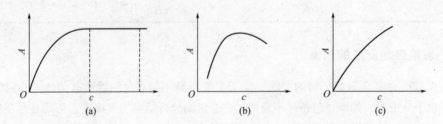

图 10.8　吸光度与显色剂浓度的关系曲线

(3) 显色反应温度和时间

时间包括显色反应完成所需时间和有色化合物能够稳定存在的时间两层含义，而温度又与这两种时间密切相关。一般情况下，温度升高可以加快显色反应速率，缩短显色时间，但同时也可能降低配合物的稳定性，使其稳定时间减少。在实际工作中应根据具体情况，必要时可分别绘制 $A\text{-}t$（时间）曲线和 $A\text{-}T$（温度）曲线来选择。

(4) 溶剂

有机溶剂常降低有色化合物的解离度，从而提高显色反应的灵敏度。此外，有机溶剂还可以影响显色反应速率，影响配合物的颜色、溶解度和组成等。合适的溶剂及其用量一般亦通过实验来确定。

表面活性剂具有胶束增溶、增敏作用，甚至可与有色化合物形成含有表面活性剂的多元配合物，从而提高显色反应的灵敏度，增加有色化合物的稳定性。合适的表面活性剂及其用量也要通过实验来确定。常用的有溴化十六烷基吡啶（CPB）、溴化十四烷基吡啶（TPB）、氯化十六烷基三甲基铵（CTMAC）和氯化十四烷基二甲基苄基铵（ZEPH）等阳离子表面活性剂，十二烷基磺酸钠（SDBS）、十二烷基硫酸钠（SDS）等阴离子表面活性剂和 OP 乳化剂、TritonX-100、吐温-80 等非离子表面活性剂。此外，近年来环糊精的应用研究也较多。

(5) 干扰离子

在光度分析中，共存离子的存在常常对测定产生干扰，使测定结果产生较大甚至严重误差，这是造成光度分析误差的重要原因。例如，如果共存离子本身有颜色或能与显色剂反应生成有色化合物，并且在测量条件下产生吸收，就会使测定结果偏高，产生正误差；如果共存离子因与待测组分反应或与显色剂反应生成更稳定的在测量条件下无吸收的配合物，从而降低了待测组分和显色剂的平衡浓度，致使显色反应不能进行完全，就会导致测定结果偏低，产生负误差；如果在显色条件下，共存离子发生水解、析出沉淀，则会使溶液浑浊而无法准确测定其吸光度。

消除干扰的方法主要有以下几种。

① 控制酸度　控制显色液的酸度是消除干扰简便而重要的方法。它实质上是根据各种离子与显色剂所形成配合物稳定性的差异，利用酸效应来控制显色反应的完全程度，从而消除干扰提高选择性的。

例如用二苯硫腙法测定 Hg^{2+} 时，Cu^{2+}、Zn^{2+}、Pb^{2+}、Bi^{3+}、Co^{2+}、Ni^{2+} 等多种干扰离子均可能发生反应，但如果在稀酸（$0.5mol \cdot L^{-1}$ H_2SO_4）介质中进行萃取，则上述离子不再与二苯硫腙作用，从而消除其干扰。

② 加入掩蔽剂　掩蔽是光度分析中最常用的消除干扰的方法。常用的掩蔽剂主要是配位剂，有时还用氧化剂和还原剂。例如，用 SCN^- 测定钴时，可用 F^- 作掩蔽剂利用配位效应消除 Fe^{3+} 的干扰；用二苯硫腙法测 Hg^{2+} 时，即使在 $0.5mol \cdot L^{-1}$ H_2SO_4 介质中进行萃取，尚不能消除 Ag^+ 和大量 Bi^{3+} 的干扰，这时，加 KSCN 掩蔽 Ag^+，EDTA 掩蔽 Bi^{3+} 可消除其干扰；用铬天青 S 测定 Al^{3+} 时，Fe^{3+} 有干扰，加入抗坏血酸将 Fe^{3+} 还原为 Fe^{2+} 后，干扰即消除。选择掩蔽剂时，要求它不与被测离子作用；掩蔽剂的颜色以及它与干扰离子反应产物的颜色也不应干扰被测组分的测定。

此外，将二元配合物体系改变为多元配合物体系，选择合适的测量波长和参比溶液，增加显色剂用量等也是消除干扰的方法。若上述方法均不能奏效时，只能采用适当的分离方法将干扰组分预先分离除去（参见第 11 章）。

10.4 吸光度的测量及误差的控制

10.4.1 测量条件的选择

(1) 测量波长的选择

为了使测定结果有较高的灵敏度，应选择被测物质的最大吸收波长的光作为入射光，这

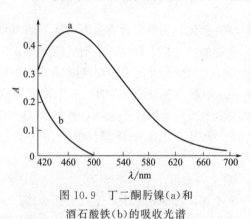

图 10.9 丁二酮肟镍(a)和
酒石酸铁(b)的吸收光谱

称为"最大吸收原则"。选用这种波长的光进行分析，不仅灵敏度高，而且能够减少或消除由非单色光引起的对朗伯-比尔定律的偏离（原因见 10.1.4 节）。但是，如果在最大吸收波长处有其他吸光物质干扰测定时，则应根据"吸收最大、干扰最小"的原则来选择入射光波长。例如用丁二酮肟光度法测定钢中的镍，丁二酮肟镍配合物的最大吸收波长为 470nm（见图 10.9），但试样中的铁用酒石酸钠掩蔽后，在 470nm 处也有一定的吸收，干扰对镍的测定。为避免铁的干扰，可以选择波长 520nm 进行测定。因为在 520nm 处虽然测镍的灵敏度有所降低，但酒石酸铁的吸光度很小，可以忽略，因此不干扰镍的测定。

(2) 参比溶液的选择

参比溶液用来调节仪器的零点，以消除由于吸收池和溶液中某些共存物质对光的吸收、反射或散射所造成的误差，并扣除干扰的影响。应根据具体情况合理选择。

① 当试液、显色剂及所用的其他试剂在测定波长处均无吸收时，可用蒸馏水（纯溶剂）作参比溶液。

② 若显色剂或其他试剂有吸收，则应选用试剂空白（除待测组分外，溶液中所有其他成分浓度与试样溶液完全相同）为参比溶液，此类试剂空白参比在实践中应用最多。

③ 若试样中其他组分有吸收，而显色剂无吸收且不与其他组分作用，则应选用不加显色剂的试样溶液作参比。

④ 若显色剂和试液都有吸收，或显色剂与试液中共存组分的反应产物有吸收，可将一份试液加入适当试剂将被测组分掩蔽起来，使之不再与显色剂作用，而显色剂及其他试剂均按试液测定方法加入，以此作为参比溶液，这样就可以消除显色剂和一些共存组分的干扰。

10.4.2 吸光度范围的控制

任何一台分光光度计都有一定的测量误差，它来源于很多方面，如光源和检测器的不稳定性、吸收池位置的不确定性、实验条件的偶然变动以及读数的不准确性等。普通分光光度计主要的仪器测量误差是透射比 T 的读数误差 dT（绝对误差）。对于一台给定的仪器，dT 基本上是常数，仅与仪器自身的精度有关，一般在 $0.002 \sim 0.01$ 之间。由于光度分析的目的是通过透射比 T（或吸光度 A）测得溶液的浓度 c，因此由读数绝对误差 dT（或 dA）引起的被测组分浓度测量的相对误差（dc/c）推导如下：

根据朗伯-比尔定律 $\qquad\qquad A = \varepsilon bc$

当 b 为定值时，两边微分得 $\qquad dA=\varepsilon b\,dc$

两式相除，得 $\qquad\qquad\qquad \dfrac{dA}{A}=\dfrac{dc}{c}$ $\qquad\qquad\qquad$ (10.6)

可见，c 与 A 测量的相对误差完全相等。

又因为 $\qquad\qquad\qquad A=-\lg T=-0.434\ln T$

两边微分得 $\qquad\qquad\qquad dA=\dfrac{-0.434\,dT}{T}$

两式相除，得 $\qquad \dfrac{dA}{A}=\dfrac{dT}{T\ln T}=\dfrac{0.434\,dT}{T\lg T}$ $\qquad$ (10.7)

可见，A 与 T 测量的相对误差并不相等。

综合式(10.6) 和式(10.7)，可得由仪器读数误差引起的浓度测量的相对误差 E_r 为：

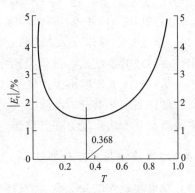

$$E_r=\dfrac{dc}{c}\times100\%=\dfrac{dA}{A}\times100\%=\dfrac{0.434\,dT}{T\lg T}\times100\%$$

$$(10.8)$$

图 10.10　$|E_r|$-T 关系曲线

式(10.8) 表明，由相同 dT 引起的 dc/c 是不相同的。假定某仪器的 $dT=\pm0.005$，按式(10.8) 计算出 T 值不同时 dc/c 的绝对值 $|E_r|$，并做出相应的 $|E_r|$-T 曲线，如图 10.10 所示。由图可见，当 dT 一定，而被测组分分别处于低浓度范围（T 大）和高浓度范围（T 小）时，dc/c 均较大；当 $T=0.368$，即相应吸光度 $A=0.434$ 时，浓度测量的相对误差 $|E_r|$ 最小，即图 10.10 中曲线最低点所对应的 T 值。

用普通光度计进行测定时，一般要使被测溶液的透射比读数落在 $10\%\sim70\%$（即吸光度为 $0.15\sim1.00$）范围内，此时由 dT 引起的 $|E_r|$ 相对较小，测量的准确度较高。因此实际工作中常通过调节被测溶液的浓度，选用适当厚度的吸收池或选择合适的参比溶液使试液的吸光度值落入此范围。

10.5　其他吸光光度法简介

10.5.1　目视比色法

用眼睛观察、比较溶液颜色深度以确定物质含量的方法称为目视比色法。其优点是仪器简单、操作简便，适宜于大批试样的分析。另外，某些显色反应不符合朗伯-比尔定律时，仍可用该法进行测定，其主要缺点是准确度不高。

10.5.2　示差吸光光度法

普通吸光光度法一般只适用于微量或痕量组分的测定，而不适合于常量分析，主要是因为测量相对误差较大。即使能将 A 控制在合适的吸光度范围（$0.15\sim1.00$）之内，测量误差也仍有约 4%。这样大的相对误差对测定微量组分而言，虽然在误差允许范围之内，但是对常量组分的测定却已超出误差允许范围。对于常量组分的分析，采用示差吸光光度法可以解决这一问题。

示差吸光光度法与普通吸光光度法的主要区别在于它所采用的参比溶液不同。前者不是以试剂空白（不含待测组分的溶液）作为参比溶液，而是采用比待测溶液浓度稍低的标准溶液作为参比溶液（调节仪器的 $T=100\%$，$A=0$），测量待测试液的示差吸光度（A_f），再根据测得的示差吸光度求出它的浓度，其原理如下。

设用作参比的标准溶液浓度为 c_0，待测试液浓度为 c_x，且 c_x 大于 c_0。根据朗伯-比尔定律可得：

$$A_x = \varepsilon b c_x$$
$$A_0 = \varepsilon b c_0$$

两式相减，得：

$$A_f = A_x - A_0 = \varepsilon b (c_x - c_0) = \varepsilon b \Delta c \tag{10.9}$$

由式(10.9)可知，待测溶液相对于标准溶液的示差吸光度（A_f）与两种溶液的浓度差（Δc）成正比，制作 A_f-Δc 曲线，根据测得的 A_f 求出相应的 Δc 值，从而据 $c_x = c_0 + \Delta c$ 可求出待测试液的浓度 c_x，这就是示差吸光光度法的基本原理。

示差吸光光度法由于扩展了读数标尺，使吸光度读数落在测量误差较小的区域，从而使高浓度待测组分测量的准确度大大提高，其测量相对误差可降至 0.5% 以下，可与滴定分析法或重量分析法相媲美。但需要注意的是，示差吸光光度法对仪器光源强度要求较高。

10.5.3　双波长光度分析法

在单波长光度分析中，常遇到以下困难。首先是共存的其他成分与被测组分吸收谱带重叠，干扰测定。其次是在测定的波长范围内，辐射光受到溶剂、胶体、悬浮体等散射或吸收，产生背景干扰。双波长光度分析法就是用于解决上述问题的手段之一。

10.5.3.1　双波长吸光光度法的原理

在经典的单波长吸光光度法中，通常是先用参比溶液调节仪器零点（$A=0$），然后将试液推入光路测定。这样，参比和试样的液池位置、液池的光学性质、溶液浊度、溶液组成，以及仪器和测量条件的微小变化等任何差异都会直接导致误差。

双波长吸光光度法只用一个样品池，其原理如图 10.7(b) 所示。从光源发射出来的光线被分成两束，分别经过两个单色器，得到两束波长不同的单色光。经过斩波器的调制，使这两束单色光以一定的频率交替通过样品池。最后由检测器显示出试液对波长为 λ_1 和 λ_2 的两束光的吸光度差值 ΔA。

设波长为 λ_1 和 λ_2 的两束单色光的强度相等，均为 I_0，则有：

$$A_{\lambda_1} = \varepsilon_{\lambda_1} bc + A_{b_1}$$
$$A_{\lambda_2} = \varepsilon_{\lambda_2} bc + A_{b_2}$$

式中，A_{b_1} 和 A_{b_2} 分别表示背景或干扰物质对 λ_1 和 λ_2 光波的散射或吸收。如果波长选择合适（比如相距较近的 λ_1 和 λ_2），使 $A_{b_1} \approx A_{b_2}$，则两式相减得：

$$\Delta A = A_{\lambda_1} - A_{\lambda_2} = (\varepsilon_{\lambda_1} - \varepsilon_{\lambda_2}) bc \tag{10.10}$$

可见，ΔA 与吸光物质的浓度成正比，且基本消除了试样背景和干扰物质的影响，这是用双波长吸光光度法进行定量分析的理论依据。

10.5.3.2　双波长吸光光度法的应用

当两种或更多组分共存，且吸收光谱有重叠时，要测定其中一个组分就必须设法消除另一个组分的光吸收。对于相互干扰的双组分体系，它们的吸收光谱重叠，选择参比波长和测

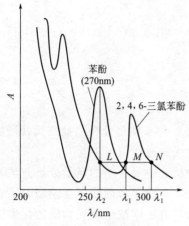

图 10.11　2,4,6-三氯苯酚
存在下苯酚的测定

苯酚
(270nm)

2,4,6-三氯苯酚

定波长通常采用等吸收点法。所谓等吸收点是指干扰组分在所选的两波长处具有相同的吸光度,这样测得的吸光度差就只与待测组分的浓度成线性关系,从而消除了干扰。为了保证测定有足够高的灵敏度,所选择的参比波长和测定波长还应使待测组分在这两波长处的吸光度之差 ΔA 要足够大。

例如,测定苯酚与 2,4,6-三氯苯酚混合物中的苯酚时就可用这种方法。由图 10.11 可见,若选择苯酚的最大吸收波长 λ_2 为测定波长,三氯苯酚在此波长处也有较大吸收,产生干扰。为此,在波长 λ_2 处作垂线,它与三氯苯酚的吸收曲线相交于一点 (L),再过此交点作一与横轴平行的直线,它与三氯苯酚的吸收曲线相交于 M 和 N 两点,分别对应波长为 λ_1 和 λ_1'。对于 2,4,6-三氯苯酚,它在 L、M、N 三点处的吸光度相等。因此,如果选择波长 λ_1 或 λ_1' 作为参比波长,则可以消除 2,4,6-三氯苯酚对苯酚测定的干扰。

除了双波长吸光光度法以外,人们还发展了通过有针对性的选择测量波长点来应对背景干扰、共存物质谱带交叠等问题,比如三波长吸光光度法和多波长多组分同时测定技术等。前者采取了与双波长法相似的方法通过选择三个特殊的波长点进行测定以达到去除干扰、提高测量准确度的目的。后者则直接对谱带严重重叠的多组分体系在很多波长点下测定吸光度值,利用化学计量学的方法,如最小二乘法和人工神经网络等,对得到的数据进行处理建立数学模型。在所建立的模型基础上直接根据吸光度数据来预测各组分的浓度。这两种方法都有一定的应用,特别是后者近年来在多种金属离子共存体系和药物的吸收光谱测定中取得了很好的效果。

10.5.4　导数光度分析法

导数分光光度法是为了解决干扰物质与待测物质的吸收光谱重叠;消除胶体和悬浮物散射影响及背景吸收;提高光谱分辨率而设计的一种测试技术。

将朗伯-比尔定律 $A_\lambda = \varepsilon_\lambda bc$,对波长 λ 进行 n 次求导,由于该式中只有 A_λ 和 ε_λ 是波长 λ 的函数,于是可得:

$$\frac{\mathrm{d}^n A_\lambda}{\mathrm{d}\lambda^n} = \frac{\mathrm{d}^n \varepsilon_\lambda}{\mathrm{d}\lambda^n} bc \qquad (10.11)$$

由式(10.11)可知,吸光度的导数值仍与吸光物质的浓度呈线性关系,这正是导数光谱用于定量分析的理论基础。

图 10.12 为溶液的吸收光谱(零阶导数光谱,$n=0$)和其相应的 1~4 阶导数光谱图。由图可见,随着导数的阶次增加,最大吸收峰的数量增加,吸收峰的尖锐程度增大,带宽减小,吸收光谱中各种微小的变化能更好地显示出来,分辨能力得到显著提高。与普通吸光光度法相比,导数分光光度法具有灵敏度高、重现性好、噪声低、分辨率高等优点。

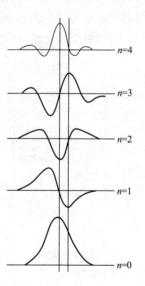

图 10.12　溶液的吸收光谱($n=0$)及其相应 1~4 阶导数光谱示意图

10.6 吸光光度法的应用

10.6.1 定量分析

10.6.1.1 定量分析方法——标准曲线法

定量分析是可见吸光光度法的主要应用。当试液中只有一种被测组分在测量波长处产生吸收时，一般采用标准曲线法进行测定。

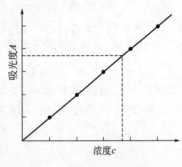

图 10.13 标准曲线法原理

标准曲线法是仪器分析法中最常用的定量分析方法之一。标准曲线即校准曲线，又称工作曲线。在绘制时，首先按实验方法配制一系列具有不同浓度吸光物质的标准溶液（称标准系列），同时配制相应的参比溶液，然后在确定的波长和光程等实验条件下，分别测量该标准系列溶液的吸光度，绘制 A-c（吸光度-浓度）曲线，从而得到一条通过原点的直线，即标准曲线。由朗伯-比尔定律 $A = \varepsilon bc$ 可知，标准曲线的斜率就等于 εb，又因 b 为定值，故由曲线的斜率即可求出 ε。当需要对某未知液的浓度 c_x 进行定量

测定时，只需按相同的步骤使待测试液显色后，在相同条件下测得未知液的吸光度 A_x，就可由 $c_x = A_x/\varepsilon b$ 计算得出或直接在标准曲线上查得 c_x，即可求得待测试液的浓度，如图 10.13 所示。在实际操作中，应注意调整 c_x 的大小，使其对应的 A_x 处于标准曲线的线性范围之内。

10.6.1.2 应用示例

(1) 金属离子的测定

对痕量金属元素的定量分析是吸光光度法的一个重要应用领域。几乎所有的金属离子都能与特定的化学试剂作用形成有色化合物，从而通过吸光光度法进行测定。根据待测定的金属离子，选择适当的显色剂，控制显色条件，确定测定波长和恰当的测定条件，利用标准曲线，即可对金属元素进行定量测定。表 10.3 列出了对部分金属元素分光光度分析的方法概要。

表 10.3　部分金属元素的分光光度分析

元素	显色剂	λ_{max}/nm(ε_{max}/ L^{-1}·mol^{-1}·cm^{-1})	测定范围 /μg·ml^{-1}	光度测定条件	干扰
Ag$^+$	乙基紫	610(1.03×10^5)	0.1～1	0.05mol·L^{-1} H$_2$SO$_4$，溴化钾存在，甲苯萃取	Bi(Ⅲ)、Hg(Ⅱ)
Ca^{2+}	乙二醛缩双邻氨基苯酚	520(16350)	0.06～2.5	pH=12.6,异辛醇萃取	Ba、Cd、Co、Fe、Ni、Sr、Zn
Cd^{2+}	双硫腙	518(8.8×10^4)	0.05～1	pH>12,CHCl$_3$萃取	Hg(Ⅱ)、Tl(Ⅰ)
Co^{2+}	1-(2-吡啶偶氮)-2-萘酚(PAN)	640(2.0×10^4)	0.2～3	pH=4.5,CHCl$_3$萃取	Cu、Ni
Cr	二苯氨基脲	542(3.4×10^4)	0.02～1	0.06～0.12mol·L^{-1} H$_2$SO$_4$	Mo(Ⅵ)、Fe(Ⅲ)、V(Ⅴ)、Hg、大量 Ag、Cu、Au、Co、Ni
Cu^{2+}	二乙氨基二硫代甲酸钠(DDTC)	436(1.42×10^4)	0～3	pH=5.7～9.2,EDTA、柠檬酸存在,CHCl$_3$萃取　pH=4～11, CHCl$_3$ 或 CCl$_4$萃取	Bi(Ⅲ)、Pd、Pt、Sb(Ⅲ)、Te(Ⅳ)、Tl(Ⅰ)、Ni、CN$^-$

元素	显色剂	$\lambda_{max}/nm(\varepsilon_{max}/L^{-1}\cdot mol^{-1}\cdot cm^{-1})$	测定范围 $/\mu g\cdot ml^{-1}$	光度测定条件	干扰
Fe(Ⅱ)	邻二氮菲	$508(1.11\times10^4)$	$0.25\sim2.5$	pH=2~9,盐酸羟胺、柠檬酸存在,水介质	Co、Cr、Cu、Ni、Sn 等
Hg(Ⅱ)	双硫腙	$485(7.1\times10^4)$	$1\sim2$	pH=2~5,CCl_4 萃取	Ag、Au、Cu、Pd、Pt
Ni^{2+}	丁二酮肟(DMG)	$445\sim450$ (1.6×10^4)	$0.1\sim4$	pH=8~10,氧化剂存在	Co、Cr、Cu、Mn
Pb^{2+}	双硫腙	$520(6.9\times10^4)$	$0.08\sim3.2$	pH=8~11.5,柠檬酸盐存在,CCl_4 萃取	Bi(Ⅲ)、In、Sn(Ⅱ)、Tl(Ⅰ)
Sb(Ⅲ)	罗丹明 B	$545(1.28\times10^5)$	$0.01\sim1.3$	$1.2mol\cdot L^{-1}$ HCl,二异丙酯萃取	Au(Ⅲ)
Sn(Ⅱ)	茜素紫	$500(4.6\times10^4)$	$0\sim2.5$	$0.05mol\cdot L^{-1}$ HCl,抗坏血酸、酒石酸存在	Ge、W、Zr
Zn^{2+}	1-(2-噻唑偶氮)-2-萘酚(TAR)	$581(5.02\times10^4)$	$0\sim8$	pH=7~10,丁二酮肟、柠檬酸铵存在,$CHCl_3$ 萃取	Bi、Cd、Hg、Mn、U

(2) 食品中亚硝酸盐的测定（GB 5009.33—2010）

亚硝酸盐用于肉类制品作发色剂,肉制品由于使用亚硝酸盐而呈鲜红色,亚硝酸盐也是一种防腐剂,它可抑制微生物的增殖。但长期食用亚硝酸盐含量高的食品,可能诱发癌症。原因是在烹调或其他条件下,肉品内的亚硝酸盐可与氨基酸降解反应,生成有强致癌性的亚硝胺（NR_2NO）。

自样品中抽提分离出亚硝酸盐,此亚硝酸盐在盐酸酸性条件下,与芳香族胺如对氨基苯磺酸（$H_2N-C_6H_4-SO_3H$）,起重氮化反应产生重氮盐,此重氮盐遇偶合试剂如盐酸萘乙二胺,则生成紫红色偶氮染料。此染料的颜色深度与样品溶液中亚硝酸盐含量成正比,故可进行吸光光度测定（538nm）。其反应式如下：

(3) 食品中二氧化硫的测定（GB/T 5009.34—2003）

二氧化硫、亚硫酸或亚硫酸盐常用作食品的漂白剂和防腐剂。这是因为亚硫酸能抑制霉菌、酵母和好气细菌的生长,也可防止水果及蔬菜因酶的作用而产生的褐变。亚硫酸的存在还有助于维生素 C 的稳定,但对维生素 B 有钝化作用。

副品红经酸（盐酸或硫酸）处理后,由原来的红色变为淡黄色的盐基副品红,又称漂白副品红或酸漂副品红。溶液中的二氧化硫（或亚硫酸）用四氯汞钠溶液吸收萃取,再在酸性介质中与甲醛作用生成 $HO—CH_2—SO_3H$，生成的 $HO—CH_2—SO_3H$ 与酸漂副品红作用，生成紫红色产物。该紫红色产物的吸光度（580nm）与二氧化硫（或亚硫酸）之量成正比，符合朗伯-比尔定律，故可进行吸光光度测定。主要反应如下：

$$HgCl_2 + 2NaCl \longrightarrow Na_2HgCl_4 （吸收液）$$

$$[HgCl_4]^{2-} + SO_2 + H_2O \longrightarrow [HgCl_2SO_3]^{2-} + 2HCl$$

$$[HgCl_2SO_3]^{2-} + HCHO + 2H^+ \longrightarrow HgCl_2 + HO—CH_2—SO_3H$$

$$3HO—CH_2—SO_3H + 酸漂副品红 \longrightarrow 聚玫瑰红甲基磺酸（紫红色）$$

（4）水果、蔬菜及制品铁含量的测定（GB/T 12286—90）

有机物分解后，用盐酸羟胺还原 Fe^{3+} 为 Fe^{2+}，加入显色剂邻二氮菲，形成稳定的红色配合物；508nm 处，测定其吸光度 A，由标准曲线法确定其含量。该方法也广泛用于其他各类样品中铁的测定。

在 pH=1.5～9.5 的条件下，Fe^{2+} 与邻二氮菲生成稳定的橙红色的配合物，反应式如下：

此配合物的最大吸收波长为 508nm，$\lg K_稳 = 21.3$，$\varepsilon_{max} = 1.1 \times 10^4 \ L \cdot mol^{-1} \cdot cm^{-1}$。

在显色前，首先用盐酸羟胺把 Fe^{3+} 还原为 Fe^{2+}：

$$4Fe^{3+} + 2NH_2OH \longrightarrow 4Fe^{2+} + N_2O + H_2O + 4H^+$$

测定时，控制溶液酸度在 pH=2～9 较适宜，酸度过高，反应速率慢，酸度太低，则 Fe^{2+} 水解，影响显色。

本方法的选择性很高相当于 Fe^{2+} 含量 40 倍的 Sn^{2+}、Al^{3+}、Ca^{2+}、Mg^{2+}、Zn^{2+}、SiO_3^{2-}，20 倍的 Cr^{3+}、Mn^{2+}、V（V）、PO_4^{3-}，5 倍的 Cu^{2+}、Co^{2+} 等均不干扰测定。

（5）饲料中总磷含量的测定（GB/T 6437—2002）

试样中的有机物被破坏后，酸性溶液中，钒钼酸铵与游离的磷元素结合（显色），生成黄色的配合物 $[(NH_4)_3PO_4NH_4VO_3 \cdot 16MoO_3]$；400nm 处测定吸光度，工作曲线法处理数据，获得测试结果。该方法也广泛用于其他各类样品中总磷含量的测定。

10.6.2　物理化学常数的测定

10.6.2.1　弱酸弱碱解离常数的测定

分析化学中所使用的指示剂或显色剂大多是有机弱酸或有机弱碱。如果一种有机弱酸（或碱）在紫外-可见光区有吸收，且吸收光谱与其共轭碱（或酸）显著不同时，就可以方便地利用吸光光度法测定它的解离常数。下面以一元弱酸解离常数的测定为例介绍该方法的应用。

设有一元弱酸 HB，其分析浓度为 c_{HB}，在溶液中有下述解离平衡：

$$HB \Longrightarrow H^+ + B^-$$

$$K_a = \frac{[H^+][B^-]}{[HB]}$$

$$c_{HB} = [HB] + [B^-]$$

设在某波长下，型体 HB 和 B⁻ 均有吸收，若液层厚度 $b=1\text{cm}$，根据吸光度的加和性，当溶液中 HB 与 B⁻ 共存时（如 $\text{pH}\approx \text{p}K_a$ 时），有：

$$A=A_{HB}+A_{B^-}=\varepsilon_{HB}[\text{HB}]+\varepsilon_{B^-}[\text{B}^-]=\varepsilon_{HB}\frac{c_{HB}[\text{H}^+]}{K_a+[\text{H}^+]}+\varepsilon_{B^-}\frac{c_{HB}K_a}{K_a+[\text{H}^+]} \tag{10.12}$$

另外配制两种分析浓度为 c_{HB} 而 pH 值不同的溶液。第一种溶液的 pH 值比 pK_a 小两个单位以上的酸性溶液，此时弱酸几乎全部以 HB 型体存在（$[\text{HB}]\approx c_{HB}$），则在上述波长下测得的吸光度（$A_{HB}$）符合朗伯-比尔定律：

$$A_{HB}=\varepsilon_{HB}[\text{HB}]=\varepsilon_{HB}c_{HB}$$

于是

$$\varepsilon_{HB}=\frac{A_{HB}}{c_{HB}} \tag{10.13}$$

第二种溶液的 pH 值比 pK_a 大两个单位以上的碱性溶液，此时弱酸几乎全部以 B⁻ 型体存在（$[\text{B}^-]\approx c_{HB}$），则在上述波长下测得的吸光度（$A_{B^-}$）也符合朗伯-比尔定律：

$$A_{B^-}=\varepsilon_{B^-}[\text{B}^-]=\varepsilon_{B^-}c_{HB}$$

于是

$$\varepsilon_{B^-}=\frac{A_{B^-}}{c_{HB}} \tag{10.14}$$

将式(10.13)、式(10.14)代入式(10.12)，经整理得：

$$K_a=\frac{(A_{HB}-A)\cdot[\text{H}^+]}{A-A_{B^-}}$$

$$\text{p}K_a=\text{pH}-\lg\frac{A_{HB}-A}{A-A_{B^-}} \tag{10.15}$$

或

$$\text{pH}=\text{p}K_a+\lg\frac{A_{HB}-A}{A-A_{B^-}} \tag{10.15a}$$

上式即为用分光光度法测定一元弱酸解离常数的基本公式。在测定中，可直接利用式(10.15)计算 K_a；也可以通过配制一系列不同 pH 值的缓冲溶液并测定其吸光度 A，以 $\lg\dfrac{A_{HB}-A}{A-A_{B^-}}$ 对 pH 值作图，由图解法求出 pK_a，后者的测定结果更为准确。

10.6.2.2　配合物组成的测定

在吸光光度法中许多方法是基于形成有色配合物的，因此测定有色配合物的组成，对研究显色反应的机理、推断配合物的结构是十分重要的。用吸光光度法测定有色配合物组成的方法有：摩尔比法、等摩尔连续变化法、斜率比法、平衡移动法等。这里仅介绍常用的前两种方法。

(1) 摩尔比法

在一定条件下，假设金属离子 M 与配位剂 R 发生下述显色反应（略去离子电荷）：

$$\text{M}+n\text{R}\Longrightarrow \text{MR}_n$$

为了测定配位比 n，可固定金属离子浓度 c_M，改变配位剂浓度 c_R，配制一系列 c_R/c_M 不同的显色溶液。在配合物的 λ_{max} 处，采用相同的比色皿测量各溶液的吸光度，并对 c_R/c_M 作图（见图 10.14）。当 $c_R/c_M<n$ 时，由于显色反应尚未进行完全，故吸光度 A 随 c_R 的增加而上升（见曲线的斜坡段）。当配位剂增加到一定浓度后，由于 M 已全部生成了相应的配合物，吸光度不再随配位剂浓度的增加而增大（见曲线的平台段）。显然曲线的转折点所对应的 $c_R/c_M=n$。实际上在 $c_R/c_M=n$ 附近由于配合物多少有所解离，故实测的吸光度要低一些，如图中曲线的弧线部分所示，此时可采用外推法得一交点，从交点向横坐标作垂线，对

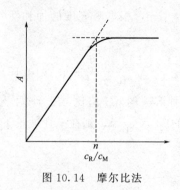

图 10.14　摩尔比法
测定配合物组成

应的 c_R/c_M 比值就是配合物的配位比。摩尔比法简便、快速，适用于解离度较小、配位比高的配合物组成的测定。

（2）等摩尔连续变化法（等摩尔系列法）

此方法是保持溶液中 $c_M+c_R=c$ 为定值，连续改变 c_R 和 c_M 的相对量，配制出一系列显色溶液。在有色配合物的最大吸收波长处分别测量系列溶液的吸光度 A，以 A 对 c_M/c 作图（见图 10.15），根据曲线转折点所对应的 c_M/c 值就可以求出配合物的配位比 n。当 $c_M/c=0.5$ 时，配位比为 $1:1$；$c_M/c=0.33$ 时，配位比为 $1:2$；$c_M/c=0.25$ 时，配位比为 $1:3$。

当配合物很稳定时，曲线的转折点明显；而配合物的稳定性稍差时，可画切线外推找出转折点。等摩尔连续变化法适用于配位比低、稳定性较高的配合物组成的测定。此外，还可用来测定配合物的不稳定常数。

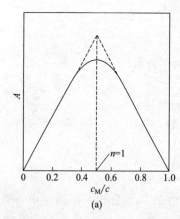 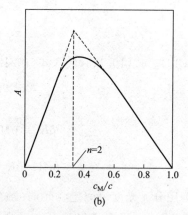

图 10.15　等摩尔连续变化法测定配合物组成

思考题及习题

10-1　与化学分析法相比，吸光光度法的主要特点是什么？

10-2　何谓复合光、单色光、可见光和互补色光？白光与复合光有何区别？

10-3　吸收光谱的实际意义是什么？如何绘制？

10-4　朗伯-比尔定律成立的前提条件是什么？写出其数学表达式，并说明其物理意义。

10-5　摩尔吸收系数 ε 在光度分析中有什么意义？如何求出 ε 值？ε 值受什么因素的影响？

10-6　分光光度计的主要部件有哪些？各部件的作用是什么？

10-7　双光束分光光度计与单光束分光光度计相比有哪些特点？

10-8　吸光光度法测定对显色反应有何要求？影响显色反应的因素有哪些？

10-9　吸光光度法中，应如何选择参比溶液和入射光波长？

10-10　在光度法测定中引起偏离朗伯-比尔定律的主要因素有哪些？如何消除这些因素的影响？

10-11　为了提高测量结果的准确程度，应该从哪些方面选择或控制光度测量的条件？

10-12　示差法、双波长法和导数光度分析法分别解决了普通分光光度法存在的什么问题？

10-13　双波长吸光光度法中，应如何选择测定波长和参比波长进行组合？

10-14　简述用摩尔比法和等摩尔连续变化法测定配合物配位比的原理。

10-15　服从朗伯-比尔定律的某有色溶液，当其浓度为 c 时，透射比为 T，吸光度为 A。问当其浓度变

化为 $0.5c$、$1.5c$、$2.0c$ 和 $3.0c$，且液层的厚度不变时，透射比和吸光度分别是多少？

$$(\sqrt{T}, 0.5A; \sqrt{T^3}, 1.5A; T^2, 2.0A; T^3, 3.0A)$$

10-16　某试液用 2cm 比色皿测量时，透射比 $T=60\%$，若改用 1cm 或 3cm 比色皿，T 及 A 分别等于多少？

$$(77\%, 0.11; 46\%, 0.33)$$

10-17　已知某废液中每升含铁 47.0mg。准确移取此溶液 5.00mL 于 100mL 容量瓶中，在适合的条件下加邻菲咯啉显色后稀释至刻度，摇匀。用 1.0cm 比色皿于 508nm 处测得透射比 $T=33.9\%$。计算该方法测定铁的摩尔吸收系数 ε 和桑德尔灵敏度 s 各为多少？

$$(1.1\times10^4 \text{L}\cdot\text{mol}^{-1}\cdot\text{cm}^{-1}; 5.1\times10^{-3}\mu\text{g}\cdot\text{cm}^{-2})$$

10-18　某一光度计的读数误差为 0.005，当测量的透射比分别为 10% 及 70% 时，计算浓度测量的相对误差各为多少？

$$(2.2\%; 2.0\%)$$

10-19　已知胡萝卜素的氯仿溶液在其最大吸收波长 465nm 处的摩尔吸收系数 ε 为 1.2×10^5 L·$\text{mol}^{-1}\cdot\text{cm}^{-1}$。若希望吸光度读数在 $0.15\sim1.00$ 之间（用 1cm 的比色皿），问胡萝卜素的浓度范围应控制多少？

$$(1.2\times10^{-6}\sim8.3\times10^{-6}\text{mol}\cdot\text{L}^{-1})$$

10-20　用硅钼蓝分光光度法测定硅的含量。用下列数据绘制标准曲线：

硅标准溶液的浓度/mg·mL^{-1}	0.050	0.100	0.150	0.200	0.250
吸光度 A	0.210	0.421	0.630	0.839	1.01

测定试样时称取钢样 0.500g，溶解后定容为 50mL，与标准曲线相同的条件下测得吸光度 $A=0.522$。求试样中硅的质量分数。

$$(1.26\%)$$

10-21　称取钢试样 1.0g，溶解于酸中，将其中的锰氧化为高锰酸盐，定容至 250mL，测得吸光度为 1.00×10^{-3} mol·L^{-1} KMnO$_4$ 溶液吸光度的 1.5 倍。计算该钢样中锰的质量分数。

$$(2.06\%)$$

10-22　某钢样含镍为 0.12%，用丁二酮肟光度法进行测定，已知 $\varepsilon=1.3\times10^4$ L·mol^{-1}·cm^{-1}。若钢样溶解以后，转入 100mL 容量瓶中，显色，定容。在 $\lambda=470$nm 处用 1cm 的比色皿测量，希望测量误差最小，应称取试样多少克？

$$(0.16\text{g})$$

10-23　钴和镍与某显色剂的配合物有如下数据：

λ/nm	510	656
ε_{Co}/L·mol^{-1}·cm^{-1}	3.64×10^4	1.24×10^3
ε_{Ni}/L·mol^{-1}·cm^{-1}	5.52×10^3	1.75×10^4

将 0.376g 土壤试样溶解后定容为 50.00mL，取 25.00mL 溶液进行处理，以除去干扰物质，然后加入显色剂，将体积调至 50.00mL。用 1.0cm 比色皿测量，在 510nm 处吸光度为 0.467，在 656nm 处吸光度为 0.374。计算土壤中钴、镍的含量（以 μg·g^{-1} 表示）。

$$(152\mu\text{g}\cdot\text{g}^{-1}; 323\mu\text{g}\cdot\text{g}^{-1})$$

10-24　用普通光度法测定铜。在相同条件下测得 1.00×10^{-2} mol·L^{-1} 铜标准溶液和含铜试液的吸光度分别为 0.699 和 1.000。若光度计透射比读数的相对误差为 0.5%，则试液浓度测定的相对误差为多少？如果采用示差法测定，用铜标准溶液为参比，测得试液的吸光度为多少？浓度测定的相对误差为多少？示差法使读数标尺放大了多少倍？

$$(-2.17\%; 0.301; 0.434\%; 5 \text{倍})$$

10-25 某未知相对分子质量的胺试样，通过用苦味酸（相对分子质量 229）处理后转化成胺苦味酸盐（1∶1 加成化合物）。当波长为 380nm 时大多数胺苦味酸盐在 95％乙醇中的吸收系数大致相同，即 $\varepsilon = 1.35 \times 10^4$ L·mol^{-1}·cm^{-1}。现将 0.0300g 胺苦味酸盐溶于 95％乙醇中，准确定容为 1L。测得该溶液在 380nm、$b = 1$cm 时的吸光度为 0.800。试估算该未知胺的相对分子质量。

(277g·mol^{-1})

10-26 某一元弱酸的酸式型体在 475nm 处有吸收，$\varepsilon = 3.4 \times 10^4$ L·mol^{-1}·cm^{-1}，而它的共轭碱在此波长下无吸收，在 pH＝3.90 的缓冲溶液中，浓度为 2.72×10^{-5} mol·L^{-1} 的该弱酸溶液在 475nm 处的吸光度为 0.261（用 1cm 比色皿）。计算此弱酸的 K_a 值。

(3.16×10^{-4})

10-27 某弱酸 HA 的总浓度为 2.00×10^{-4} mol·L^{-1}。于 λ_{520} 处，用 1cm 比色皿测定，在不同 pH 值的缓冲溶液中，测得吸光度值如下：

pH 值	0.88	1.17	2.99	3.41	3.95	4.89	5.50
A	0.890	0.890	0.692	0.552	0.385	0.260	0.260

求：(1) 在 520nm 处，HA 和 A$^-$ 的 ε_{HA}，ε_{A^-}；(2) HA 的解离常数 K_a。

(4.45×10^3 L·mol^{-1}·cm^{-1}；1.30×10^3 L·mol^{-1}·cm^{-1}；4.49×10^{-4})

10-28 配合物 NiB$_2^{2+}$ 在 395nm 下有最大吸收（此条件时，Ni 及 B 无吸收），当配位剂浓度比 Ni^{2+} 过量 5 倍时，Ni^{2+} 完全形成配合物。根据下列数据，求 Ni^{2+} ＋2B ══ NiB$_2^{2+}$ 的稳定常数 K。

溶液组成及浓度/mol·L^{-1}	吸光度($\lambda = 395$nm)
Ni^{2+}(2.50×10^{-4})，B(2.20×10^{-1})	0.765
Ni^{2+}(2.50×10^{-4})，B(1.00×10^{-3})	0.360

(1.53×10^6)

10-29 有下列一组数据，求未知液中 A 与 B 的浓度。

吸光物质	浓度/mol·L^{-1}	波长/nm	吸收池厚度/cm	吸光度
A	5.00×10^{-4}	440	1	0.683
		590	1	0.139
B	8.00×10^{-5}	440	1	0.106
		590	1	0.470
A＋B	未知	440	1	1.022
		590	1	0.414

(7.10×10^{-4} mol·L^{-1}；3.69×10^{-5} mol·L^{-1})

10-30 Mn^{2+} 与配合剂 R$^-$ 反应形成有色配合物，用摩尔比法测定其组成及稳定常数。为此，固定 Mn^{2+} 浓度为 2.00×10^{-4} mol·L^{-1}，而 R$^-$ 的浓度则是变化的。用 1cm 比色皿在波长为 525nm 处得如下数据：

c_R/mol·L^{-1}	A_{525}	c_R/mol·L^{-1}	A_{525}
5.00×10^{-5}	0.112	2.50×10^{-4}	0.449
7.50×10^{-5}	0.162	3.00×10^{-4}	0.463
1.00×10^{-4}	0.216	3.50×10^{-4}	0.470
2.00×10^{-4}	0.372	4.00×10^{-4}	0.470

求：(1) 配合物的化学式；

(2) 配合物在 525nm 处的摩尔吸收系数；

(3) 配合物的稳定常数。

(MnR$^+$；2.35×10^3 L·mol^{-1}·cm^{-1}；8.96×10^4)

第 11 章 分析化学中常用的分离和富集方法简介

本章概要：本章除了讨论分析化学中常用的沉淀、萃取和色谱等分离富集方法外，还介绍了微萃取和膜分离等一些绿色分离富集方法。每种方法的介绍基本围绕方法的原理、特点、操作和应用展开。

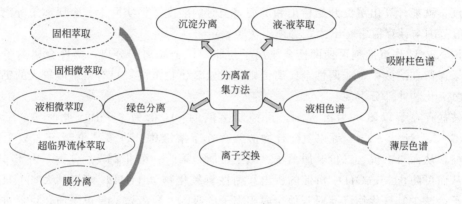

11.1 概述

分离和富集是分析化学中消除干扰和提高测定灵敏度的一种重要手段。对于复杂样品中某一组分含量的测定，如果共存组分的干扰不能采用掩蔽或控制分析条件等较简单的方法消除时，就需要将干扰组分与待测组分分离，然后再测定。如果试样中待测组分含量极低，所采用的测定方法灵敏度又不够高时，那么在分离的同时，还需要对待测组分进行富集并达到测定方法的检出限，然后再测定。富集过程也是分离过程。

分离效果常用待测组分的回收率来衡量。对被分离的待测组分 A 来说，其回收率 R_A 可表示为：

$$R_A = \frac{\text{分离后 A 的质量}}{\text{试样中原来 A 的质量}} \times 100\%$$

回收率当然越高越好，回收率越高，表明分离效果越好，但实际分离时分离组分难免会有损失。分析化学中对回收率的要求视待测组分的含量而定，在一般情况下，对于常量组分分析，回收率应大于 99.9%；微量组分分析，回收率应大于 99%；痕量组分分析，回收率可以是 90%～95%，有时甚至更低一些也是允许的。分析化学中常采用加标法测定回收率。

本章将讨论分析化学中常用的几种分离、富集方法。

11.2 沉淀分离法

利用沉淀反应进行分离的方法称为沉淀分离法，它是一种经典的分离方法。在试液中加入适宜的沉淀剂，控制反应条件，使被测组分沉淀，或将共存组分沉淀，然后过滤，从而达到分离目的。沉淀分离法的基本原理是沉淀溶解平衡，关于沉淀溶解平衡及常用沉淀剂的基本性质等在第 9 章"重量分析法"中已学习讨论，在此不再赘述。

11.2.1　常量组分的沉淀分离

(1) 利用无机沉淀剂分离

无机沉淀剂有很多，形成沉淀的类型也很多。最具有代表性的无机沉淀剂有 NaOH、NH_3 和 H_2S 等。

大多数金属离子都能生成氢氧化物沉淀，但沉淀的溶解度往往相差很大，可通过控制酸度的方法使某些金属离子彼此分离。从理论上讲，只要知道氢氧化物的溶度积和金属离子的原始浓度，就能计算出沉淀开始析出和沉淀完全时的酸度。但实际上，金属离子分离的最适宜 pH 值范围与计算值常有出入，必须由实验确定。

采用 NaOH 作沉淀剂可使两性金属离子与非两性金属离子分离，两性金属离子以含氧酸阴离子保留在溶液中，非两性金属离子则生成氢氧化物沉淀，只有溶解度较大的钙、锶等离子的氢氧化物才部分沉淀。

在铵盐存在下以氨水为沉淀剂，可控制溶液的 pH 值为 8～10。此时 Ag^+、Cu^{2+}、Cd^{2+}、Co^{3+}、Ni^{2+}、Zn^{2+} 等以氨配合物形式存在于溶液中，许多高价离子（Al^{3+}、Sn^{2+} 等）沉淀，从而与一价、二价金属离子（碱土金属，第Ⅰ、第Ⅱ副族）分离。由于 pH 值不太高，从而可防止 $Mg(OH)_2$ 沉淀的析出和两性氢氧化物 $Al(OH)_3$ 溶解。大量 NH_4^+ 作为抗衡离子，减少氢氧化物沉淀对其他金属阳离子的吸附，再者铵盐是电解质，可促进胶状沉淀的凝聚，所以金属氢氧化物易于沉淀、过滤、洗涤。灼烧氢氧化物时，铵盐在低温下可挥发除去。

能形成硫化物沉淀的金属离子约有 40 余种，由于它们的溶解度相差悬殊，因此可以通过控制溶液中 $[S^{2-}]$ 的办法使硫化物沉淀分离。硫化物沉淀分离所用的主要沉淀剂是 H_2S，在溶液中 $[S^{2-}]$ 与溶液的酸度有关，因此控制适当的酸度，亦即控制 $[S^{2-}]$。和氢氧化物沉淀法相似，硫化物沉淀法的选择性较差，共沉淀现象严重，分离效果往往不很理想。如果改用硫代乙酰胺为沉淀剂，利用硫代乙酰胺在酸性或碱性溶液中水解产生 H_2S 或 S^{2-} 来进行均相沉淀，可使沉淀性能和分离效果有所改善。

(2) 利用有机沉淀剂分离

有机沉淀剂具有选择性高、灵敏度高、共沉淀现象不严重、沉淀晶形好的优点，因而得到迅速发展。有机沉淀剂的类型及应用见第 9 章"重量分析法"中"9.5 常用的有机沉淀剂"。

如丁二酮肟，只与 Ni^{2+}、Pt^{2+}、Fe^{2+} 生成沉淀，与 Co^{2+}、Cu^{2+}、Zn^{2+} 等虽然也反应，但生成的螯合物是水溶性的。在氨性溶液中，有柠檬酸或酒石酸存在（可防止 Al^{3+}、Fe^{3+}、Cr^{3+} 等水解沉淀）条件下，丁二酮肟沉淀分离 Ni^{2+} 几乎是特效的。

又如苦杏仁酸及其衍生物，是锆和铪选择性很高的沉淀剂。在浓度大于 $6mol \cdot L^{-1}$ HCl 溶液中沉淀 Zr^{4+} 和 Hf^{4+}，几乎所有的元素都不干扰。

也有一些螯合沉淀剂选择性不好，如 8-羟基喹啉可以与 50 多种金属离子在不同 pH 值下生成沉淀。为了提高 8-羟基喹啉的选择性，可通过控制溶液酸度和加入掩蔽剂来分离某些金属离子。在 8-羟基喹啉分子中引入某些基团，也可以提高分离的选择性。例如，8-羟基

喹啉与 Al^{3+}、Zn^{2+} 均生成沉淀，而 2-甲基-8-羟基喹啉不能与 Al^{3+} 生成沉淀，只能与 Zn^{2+} 生成沉淀，可使 Al^{3+} 与 Zn^{2+} 分离。

11.2.2　微量组分的共沉淀分离和富集

在"重量分析法"中讨论共沉淀现象，往往着重讨论它的消极方面。但是在微量或痕量组分测定中，却利用共沉淀现象来分离和富集那些含量极微的、不能用常规沉淀方法分离出来的组分。例如自来水中微量铅的测定，因铅含量甚微，测定前需要富集。若采用浓缩的方法会使干扰离子的浓度同样提高，但采用共沉淀分离富集的方法则较合适。为此，向自来水中加入 Na_2CO_3，使水中的 Ca^{2+} 转化为 $CaCO_3$ 沉淀或有意向自来水中加入 $CaCO_3$ 并剧烈摇动，水中的 Pb^{2+} 就会被 $CaCO_3$ 沉淀载带下来。然后可将所得沉淀用少量酸溶解，再选适当方法测定铅。利用共沉淀进行分离富集，主要有下列三种情况：

① 利用吸附作用进行共沉淀分离　例如微量稀土离子，用草酸难以使它沉淀完全。若预先加入 Ca^{2+}，再用草酸作沉淀剂，则利用生成的 CaC_2O_4 作载体，将稀土离子的草酸盐吸附而共沉淀下来。又如铜中的微量铝，氨水不能使铝沉淀分离。若加入适量的 Fe^{3+}，则在加入氨水后，利用生成的 $Fe(OH)_3$ 作载体，可使微量的 $Al(OH)_3$ 共沉淀而分离。

② 利用生成混晶进行共沉淀分离　两种金属离子生成沉淀时，如果它们的晶格相同，就可能生成混晶而共同析出。例如痕量的 Ra^{2+}，可用 $BaSO_4$ 作载体，生成 $RaSO_4$、$BaSO_4$ 的混晶共沉淀而得以富集。

③ 利用有机共沉淀剂进行共沉淀分离　有机共沉淀剂的作用机理和无机共沉淀剂不同，一般认为有机沉淀剂的共沉淀富集作用是由于形成固溶体。例如在含有痕量 Zn^{2+} 的微酸性溶液中，加入 NH_4SCN 和甲基紫，则 $[Zn(SCN)_4]^{2-}$ 与甲基紫阳离子生成难溶沉淀，甲基紫阳离子与 SCN^- 所生成化合物也难溶于水，是共沉淀剂，就与前者形成固溶体而一起沉淀下来。这类共沉淀剂除甲基紫外，常用的还有结晶紫、甲基橙、亚甲基蓝、酚酞等。

由于有机共沉淀剂一般是大分子物质，它的离子半径大，表面电荷密度较小，吸附杂质离子的能力较弱，因而选择性较好。又由于它是大分子物质，分子体积大，形成沉淀的体积亦较大，这对于痕量组分的富集很有利；另一方面，存在于沉淀中的有机共沉淀剂，在沉淀后可借灼烧除去，不会影响以后的分析。

11.3　液-液萃取分离法

液-液萃取分离法又称为溶剂萃取分离法，是利用物质对水的亲疏性不同而进行分离的一种方法。一般将物质易溶于水而难溶于非极性有机溶剂的性质称为亲水性，反之，则为疏水性。液-液萃取分离法通常是将与水不相混溶的有机溶剂与水溶液一起振荡，试液中对水亲疏性不同的物质就会在水相和有机相之间重新进行分配。亲水性物质留在水相，而疏水性物质进入有机相。分离两相，亲水性物质和疏水性物质也就同时分离开了。通常把物质从水相进入有机相的过程称为萃取，相反的过程则称为反萃取。

11.3.1　萃取分离的基本原理

物质对水的亲疏性是有一定规律的。首先，凡是带电荷的物质，具有亲水性。其次，根据"相似相溶"原理，极性化合物易溶于水，具有亲水性；非极性化合物易溶于非极性的有机溶剂，具有疏水性。另外，物质含亲水基团越多（如羟基、羧基、氨基和磺酸基等），其亲水性越强；物质含疏水基团越多（如烃基、芳香基和卤代烷基等），其疏水性越强。

萃取分离一般是从水相中将无机离子萃取到有机相中的。由于无机离子都是亲水性的，所以必须将其亲水性转变为疏水性，如中和离子所带电荷，并尽可能使之与含有较多疏水基团的有机化合物结合等。可见，萃取过程的本质是将物质由亲水性转化为疏水性的过程。例如，丁二酮肟-镍（Ⅱ）配合物被 $CHCl_3$ 萃取。Ni^{2+} 在水中以水合离子 $[Ni(H_2O)_6]^{2+}$ 形式存在，是亲水的。为此，在 pH 值为 8～9 的氨性溶液中，加入丁二酮肟，取代水分子配位并中和 Ni^{2+} 的电荷，形成电中性的疏水性配合物，可溶于 $CHCl_3$ 被萃取。

1891 年 Nernst 从热力学的角度阐述了分配定律：在一定温度下，当某一溶质 A 在两种互不相溶的溶剂中分配达到平衡时，如果 A 在两相中存在的形态相同，则 A 在有机相中的平衡浓度 $[A]_有$ 与水相的平衡浓度 $[A]_水$ 之比在给定的温度下是常数，该常数称为分配系数 K_D：

$$K_D = \frac{[A]_有}{[A]_水} \tag{11.1}$$

注意，此式仅适用于溶质浓度较低的溶液，浓度较高时，须用活度代替浓度。另外，溶质在两相中存在形式要相同，即不发生解离、缔合等反应。

但在实际工作中，常遇到溶质 A 在两相中可能有多种形式存在的情况，此时分配定律不适用。对以分析为目的的萃取，着眼于溶质 A 在两相间的分配。为此，又引入分配比 D 这一参数。分配比 D 是指溶质 A 在有机相中各种存在形式的总浓度 $c_A^有$ 与水相中各种存在形式的总浓度 $c_A^水$ 之比：

$$D = \frac{c_A^有}{c_A^水} = \frac{[A_1]_有 + [A_2]_有 + \cdots + [A_n]_有}{[A_1]_水 + [A_2]_水 + \cdots + [A_n]_水} \tag{11.2}$$

当两相的体积相等时，若 D 大于 1，说明溶质进入有机相中的量比留在水相中的多。只有在简单的体系中，溶质在两相中仅有一种相同的形式存在时，分配比 D 才与分配系数 K_D 相等。实际情况多数是比较复杂的，D 常常不等于 K_D。例如，碘在四氯化碳和水两相间的分配。当碘在两相中均以单一的相同形式存在，且溶液较稀，此时 $K_D = D$。在复杂体系中，K_D 和 D 不相等，因在水相中碘不仅有 I_2，还有 I_3^- 存在。

$$D_{I_2} = \frac{c_{I_2}^有}{c_{I_2}^水} = \frac{[I_2]_有}{[I_2]_水 + [I_3^-]_水}$$

分配比实际上是一个条件常数，只有在实验条件一定时才是定值，改变萃取条件可以改变分配比，以达到最佳的分离目的。分析化学中一般要求分配比 D 大于 10。

萃取率是衡量萃取总效果的一个重要指标，常用 E 表示：

$$E = \frac{溶质 A 在有机相中的总量}{溶质 A 在两相中的总量} \times 100\% \tag{11.3}$$

即

$$E = \frac{c_有 V_有}{c_水 V_水 + c_有 V_有} \times 100\% \tag{11.4}$$

式中，$c_有$ 是溶质 A 在有机相的浓度；$V_有$ 是有机相的体积；$c_水$ 是溶质 A 在水相的浓度；$V_水$ 是水相的体积。如果分子、分母同除以 $c_水 V_有$，则得：

$$E = \frac{D}{D + \dfrac{V_水}{V_有}} \times 100\% \tag{11.5}$$

可见，萃取率 E 的大小与分配比 D 以及两相体积比 $V_水/V_有$ 有关。当两相体积比一定时，分配比越大，萃取率越高。而当分配比一定时，减小体积比，即增加有机溶剂的用量，也可提高萃取效率，但后者的效果不太显著。另一方面，增加有机溶剂的用量，将使萃取以后溶质在有机相中的浓度降低，不利于进一步的分离和测定。因此在实际工作中，对于分配比较小的体系，通常采用连续萃取及增加萃取次数的方法来提高萃取率。

设体积为 $V_水$ 的水溶液中含有待分离物质 A，其质量为 m_0。若用体积为 $V_有$ 的有机溶剂萃取一次，水相中剩余的 A 的质量为 m_1，萃取到有机相的 A 质量为 $m_0 - m_1$，则：

$$D = \frac{c_有}{c_水} = \frac{(m_0 - m_1)/V_有}{m_1/V_水}$$

于是

$$m_1 = m_0 \left(\frac{V_水}{DV_有 + V_水} \right)$$

如再用 $V_有$ 的新鲜有机溶剂对水相中的 A 再萃取一次，水相中剩余 A 的质量减小至 m_2，则：

$$m_2 = m_1 \left(\frac{V_水}{DV_有 + V_水} \right) = m_0 \left(\frac{V_水}{DV_有 + V_水} \right)^2$$

如果每次都用 $V_有$ 的新鲜有机溶剂对水相中的 A 进行萃取，共萃取 n 次，水相中剩余 A 的质量减至 m_n，则：

$$m_n = m_0 \left(\frac{V_水}{DV_有 + V_水} \right)^n \tag{11.6}$$

【例 11.1】　用 8-羟基喹啉氯仿溶液从 pH$=7.0$ 的水溶液中萃取 La^{3+}。已知它在两相中的分配比 $D=43$。今取含 $1.0 \text{mg} \cdot \text{mL}^{-1} La^{3+}$ 的水溶液 20.0mL，计算用萃取液 10.0mL 一次萃取和用同量萃取液分两次萃取的萃取率。

解　用 10.0mL 萃取液萃取一次：

$$m_1 = 1.0 \text{mg} \cdot \text{mL}^{-1} \times 20.0 \text{mL} \times \left(\frac{20.0 \text{mL}}{43 \times 10.0 \text{mL} + 20.0 \text{mL}} \right) = 0.89 \text{mg}$$

$$E = \frac{1.0 \text{mg} \cdot \text{mL}^{-1} \times 20.0 \text{mL} - 0.89 \text{mg}}{1.0 \text{mg} \cdot \text{mL}^{-1} \times 20.0 \text{mL}} \times 100\% = \frac{20 \text{mg} - 0.89 \text{mg}}{20 \text{mg}} \times 100\% = 95.6\%$$

每次用 5.0mL 萃取液，连续萃取两次：

$$m_2 = 20 \text{mg} \times \left(\frac{20.0 \text{mL}}{43 \times 5.0 \text{mL} + 20.0 \text{mL}} \right)^2 = 0.145 \text{mg}$$

$$E = \frac{20 \text{mg} - 0.145 \text{mg}}{20 \text{mg}} \times 100\% = 99.3\%$$

显然，用同样总体积的有机溶剂进行萃取，分多次萃取比一次萃取的效率高。但是增加萃取次数必然会增加萃取操作的工作量，也会加大被分离组分的损失，因此过多地增加萃取次数也是不恰当的，应根据实际情况而定。

根据多次连续萃取的公式(11.6)，可以预测在一定条件下要达到某一萃取率所需的萃取次数。

【例 11.2】 含有 OsO_4 的 $50.0mL$ 水溶液，欲用氯仿进行萃取。要求萃取率达到 99.8% 以上。若每次所用氯仿的体积为 $10.0mL$，则至少需萃取多少次？（已知在此条件下的分配比 $D=19.1$）

解 萃取率为 99.8%，则残留在水相中的 OsO_4 的百分率 0.2%，即：

$$\frac{m_n}{m_0} = \left(\frac{V_{水}}{DV_{有} + V_{水}}\right)^n = 0.002$$

即

$$\left(\frac{50.0mL}{19.1 \times 10.0mL + 50.0mL}\right)^n = 0.207^n = 0.002$$

$$n\lg 0.207 = \lg 0.002$$

$$n = \frac{\lg 0.002}{\lg 0.207} = 3.95 \approx 4$$

11.3.2 重要的萃取体系

11.3.2.1 形成螯合物的萃取体系

这种萃取体系在分析化学中应用最为广泛。如前所述，所用萃取剂一般是有机弱酸，也是螯合剂。所选用的螯合剂应能与待萃取的金属离子形成不带电荷的中性螯合物，并应带有较多的疏水基团，才有利于螯合物被有机溶剂萃取。例如 8-羟基喹啉，可与 Pd^{2+}、Tl^{3+}、Fe^{3+}、Ga^{3+}、In^{3+}、Al^{3+}、Co^{2+}、Zn^{2+} 等离子螯合，所生成的螯合物难溶于水，可用有机溶剂氯仿萃取。

又如二硫腙，它微溶于水，形成互变异构体，并可与 Ag^+、Au^{3+}、Bi^{3+}、Cd^{2+}、Hg^{2+}、Cu^{2+}、Co^{2+} 等离子螯合，所形成的螯合物难溶于水，可用 CCl_4 萃取。

又如乙酰基丙酮，它形成互变异构体并与 Al^{3+}、Be^{2+}、Cr^{3+}、Co^{2+}、Th^{2+}、Sc^{3+} 等离子螯合，所生成的螯合物难溶于水，可用 $CHCl_3$、CCl_4、苯、二甲苯萃取，也可用乙酰基丙酮萃取。乙酰基丙酮既是萃取剂，又是萃取溶剂。

此外，铜铁试剂（又称铜铁灵）、铜试剂和丁二酮肟等都是常用的萃取剂。

这类萃取剂如以 HR 表示，它们与金属离子螯合和萃取过程简单表示如下：

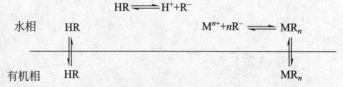

萃取剂 HR 易解离，它与金属离子所形成的螯合物 MR_n（M^{n+} 代表金属离子）愈稳定，螯合物的分配系数就愈大，而萃取剂的分配系数愈小，则萃取愈容易进行，萃取效率愈高。对于不同的金属离子，由于所生成螯合物的稳定性不同，螯合物在两相中的分配系数不同，因而选择和控制适当的萃取条件，如萃取剂的种类、萃取溶剂的种类、溶液的酸度等，就可使不同的金属离子得以萃取分离。

11.3.2.2 形成离子缔合物的萃取体系

阳离子和阴离子通过静电引力相结合而形成电中性的化合物称为离子缔合物。许多金属配阳离子和金属配阴离子以及某些酸根离子能与阴离子或阳离子染料形成疏水性的离子缔合物，它能被有机溶剂萃取。如 Cu^{2+} 与 2,9-二甲基-1,10-二氮杂菲的配阳离子和 Cl^- 形成离子缔合物、$AuCl_4^-$ 与罗丹明 B 阳离子染料的离子缔合物，都可被有机溶剂 $CHCl_3$、甲苯或苯等萃取。季铵盐与阴离子或金属配阴离子也可形成离子缔合物。

另外，溶剂的锌盐正离子与被萃取金属的配阴离子也可形成离子缔合物被萃取。例如，用乙醚从 HCl 溶液中萃取 Fe^{3+} 时，Fe^{3+} 与 Cl^- 配合成配阴离子 $[FeCl_4]^-$；而溶剂乙醚可与溶液中的 H^+ 结合成锌离子 $[(CH_3CH_2)_2OH]^+$，它与 $[FeCl_4]^-$ 形成缔合物 $[(CH_3CH_2)_2OH]^+ \cdot [FeCl_4]^-$ 溶于乙醚。具有这种性质的还有甲基异丁酮、乙酸乙酯等，这些含氧有机溶剂化合物形成锌盐的能力大小为：

$$R_2O > ROH > RCOOH > RCOOR' > RCOR' > RCHO$$

这类离子缔合物萃取类型萃取容量大，选择性差，多用于分离除去大量基体元素。该类型可在 HCl、HBr、HI 等介质中进行。

11.3.2.3　形成三元配合物的萃取体系

由于三元配合物具有选择性好、灵敏度高的特点，因而这类萃取体系发展较快，例如为了萃取 Ag^+，可使 Ag^+ 与邻二氮菲配位成配阳离子，并与溴邻三酚红的阴离子缔合成三元配合物。在 pH 值为 7 的缓冲溶液中可用硝基苯萃取，然后就在溶剂相中用光度法进行测定。

三元配合物萃取体系非常适用于稀土元素、分散元素的分离和富集。

11.3.3　萃取分离方法

实验室的萃取分离主要有单级萃取、连续萃取和多级萃取三种方法。连续萃取是使溶剂得到循环使用，用于待分离组分的分配比不高的情况。这种萃取方法常用于植物中有效成分的提取及中药成分的提取分离研究，一般在索式萃取器中进行。多级萃取又称错流萃取，将水相固定，多次用新鲜的有机相进行萃取。多级萃取适用于水相中只含有一种被萃取的物质。方法简单，得到的产品纯度较高，但每次都用新鲜的有机相，使萃取剂用量成倍增加，以至加重反萃取和溶剂回收时的工作量。

在分析中常用的萃取方法是单级萃取，又称间歇萃取法，通常在 $60 \sim 125mL$ 的梨形分液漏斗中进行。取一定体积的含待测组分的试液，加入适当的萃取剂，调节至最佳的萃取分离条件（如酸度、适当的掩蔽剂等），然后移入分液漏斗中，加入一定体积的有机溶剂，充分振荡至达到平衡为止。静置待两相分层后，轻轻旋转分液漏斗的旋塞，使下层的水相或有机相流入另一容器中，从而使两相得到分离。如果分配比不够大，经一次分离后，可在水相中再加入新鲜的有机相溶剂，进行二次、三次乃至多次萃取。

静置分层时，两相交界处应有一清晰的界面。但有时在交界处会出现一层乳浊液，其原因很多。一般来说，采用增大有机溶剂的用量、加入电解质、改变溶液酸度、振荡不过于激烈等方法，都有可能避免或消除乳浊液的产生。

在萃取过程中，在待测组分进入有机相的同时往往还有少量干扰组分也转入有机相。如果杂质的分配比比较小，可以用洗涤的方法除去。洗涤液的组成应与试液的组成基本相同，但不含被萃取物质，洗涤的方法与萃取操作相同。萃取分离后，如果需要将被萃取的物质再转到水相中进行测定，可改变条件进行反萃取。例如，Fe^{3+} 在盐酸介质中形成 $FeCl_4^-$，可与甲基异丁酮结合成锌盐而被萃取到有机相。如果再用酸度较低的水相对有机相进行反萃取，则 Fe^{3+} 将定量进入水相，即可进行测定。

11.3.4 应用

液-液萃取分离法在分析化学中有重要的用途，可以将待测组分分离、富集、消除干扰，从而提高分析方法的灵敏度。把萃取技术与仪器分析方法（如吸光光度法、原子吸收光谱法和原子发射光谱法等）结合起来，可以促进微量和痕量分析方法的发展。概括起来，液-液萃取分离法在分析化学中的应用为萃取分离、萃取富集和萃取比色或萃取光度分析。

例如用异丙醚和磷酸三丁酯（TBP）从碲铋矿盐酸浸出液中分步萃取分离铁（Ⅲ）与碲（Ⅳ）。首先，用异丙醚萃取分离铁。萃取条件为控制 HCl 浓度为 $7.2mol \cdot L^{-1}$，水相和有机相体积比为 $3/4$，萃取 1.5min；然后用蒸馏水反萃取 1.0min。铁萃取率可达 99.92%，碲萃取率仅为 1.60%，铁与碲达到很好的分离效果。接着在萃余液中用 30% TBP-70%磺化煤油溶液萃取碲，萃余液中 HCl 浓度为 $6mol \cdot L^{-1}$，两相体积比为 $1/2$，萃取 2min；再用蒸馏水反萃取 10min，碲反萃取率接近 100%。

双硫腙法测定工业废水中的有害元素 Hg 时，控制萃取时的硫酸酸度为 $0.5mol \cdot L^{-1}$，再用含有 EDTA 的碱性溶液洗涤萃取液，1mg 的铜、0.02mg 的银、0.01mg 的金和 0.005mg 的铂对测定不干扰。

11.4 液相色谱分离法

色谱法又称层析法，自 20 世纪初提出后，由于分离效果好，操作简便，目前已发展为一门内容十分丰富的专门学科。色谱分离法是一种多级分离技术，基于被分离组分在不相混溶的两相（即固定相和流动相）中分配的差异而进行分离。当流动相对固定相作相对移动时，待分离组分就在两相之间反复进行分配，由于不同物质的分配系数不同，造成其迁移速率的差别，从而得到分离。

色谱分离法可以有不同的分类方法。如按流动相和固定相的物理状态分类，可分为以气体为流动相的气相色谱和以液体为流动相的液相色谱；如以固定相的形式分类，可分为平板色谱和柱色谱；如以分离机理分类，则可分为吸附色谱、分配色谱、凝胶色谱、离子交换色谱和亲和色谱等。在色谱分离法中，属于仪器分析方法的气相色谱和高效液相色谱近几十年来发展极快，已经成为一门相对独立的分支学科，在仪器分析课程中将专门讨论。这里只简要介绍属于经典液相色谱的吸附柱色谱法和薄层色谱法，离子交换色谱法将在下一节"离子交换分离法"中进行介绍。

11.4.1 吸附柱色谱法

柱色谱是将固定相置于色谱柱中。对于吸附柱色谱法，固定相为固体吸附剂，如硅胶、氧化铝、聚酰胺等。当试液加在色谱柱上方后，待分离的组分就被吸附在柱的上端，再用流动相从柱的上方进行淋洗。例如，试液中含有 A、B 两种组分，假设固定相对 A 的吸附力大于对 B，则 A 首先被吸附到固定相上，然后 B 才被吸附。但由于两者的吸附力差别往往很小，开始并不能在柱中完全分开。当用适当的有机溶剂进行洗脱时，A 和 B 都要在固定相和流动相之间发生反复的解吸、吸附、再解吸和再吸附的过程。经过一段时间后，它们都会从色谱柱的上方移动到下方。但由于 A 受的吸附力较大，故相对 B 来说，A 从固定相解吸进入流动相的过程较为困难，而从流动相被吸附到固定相上则相对容易，从而使得 A 下行的速度较慢。经过相同的时间，A 移动的距离较短，在色谱柱上的位置就会比 B 高。于是本来混在一起的 A 和 B 就在色谱柱上逐渐分离开来。

从分离机理看，吸附色谱分离的实质是使各组分与固定相之间很微小的吸附力差别在反复的吸附和解吸过程中得到放大，从而在宏观上造成它们在色谱柱中迁移速率上的差别，使之得到分离。

11.4.1.1　固体吸附剂及其选择

固体吸附剂是一些多孔性的微粒状物质，表面具有许多吸附位置（或吸附中心）。吸附位置数量的多少和其吸附能力的强弱直接影响吸附剂的性能，如硅胶、氧化铝、聚酰胺等常用吸附剂，其表面上的吸附位置主要是—OH 或＝O，能与溶质形成氢键而产生吸附作用。

吸附色谱对吸附剂的基本要求是：

① 具有较大的表面积和一定的吸附能力；

② 对不同的组分有不同的吸附量；

③ 在所用的溶剂和流动相中不溶解；

④ 与试样中各组分、溶剂及流动相不起化学反应；

⑤ 颗粒均匀，细度一定，使用过程中不会碎裂。

目前，最常用的吸附剂是硅胶和氧化铝，其次是聚酰胺、硅酸镁和高聚物微球等。硅胶为多孔性无定形或球形颗粒，是液相色谱应用最多的固定相填料。硅胶具有多孔性的硅氧环及—Si—O—Si—的交联结构，其表面带有硅醇基而呈弱酸性，可用于分离一些酸性和中性物质，如有机酸、氨基酸、挥发油、黄酮类、皂苷等。碱性物质也能与硅胶作用，但易产生拖尾而不能很好地分离。硅胶的吸附能力取决于硅胶表面有效硅醇基的数目，数目越多，其吸附能力越强。色谱用的硅胶活性按其吸附能力强弱分为五级（Ⅰ～Ⅴ级），活性级别越大，吸附能力越小，这是因为活性级别越大，硅胶的含水量越高，硅胶能与吸附的水分形成水合硅羟基而降低有效硅醇基的数目。吸附色谱一般采用Ⅱ～Ⅲ级的硅胶。硅胶含水量与其活性的关系列于表 11.1 中。

表 11.1　硅胶、氧化铝含水量与活性的关系

硅胶含水量/%	活性级	氧化铝含水量/%
0	Ⅰ	0
5	Ⅱ	3
15	Ⅲ	6
25	Ⅳ	10
38	Ⅴ	15

在吸附柱色谱中，氧化铝是仅次于硅胶的固体吸附剂。氧化铝的吸附能力通常比硅胶更强，因此非常适用于疏水性物质的分离制备；而且氧化铝比硅胶具有更高的吸附容量，价格低廉，因此应用也比较广泛。色谱用的氧化铝分为碱性（pH＝9～10）、中性（pH＝6.9～7.1）和酸性（pH＝3.5～4.5）三种。通常使用的是碱性氧化铝，其常用于碳氢化合物的分离，能从碳氢化合物中除去含氧化合物；它还能对某些色素、甾族化合物、生物碱、醇以及其他中性、碱性物质进行分离。中性氧化铝适用于醛、酮、醌、某些苷及酸碱溶液中不稳定的化合物，如酯、内酯等化合物的分离。酸性氧化铝适用于天然及合成酸性色素以及某些醛、酸的分离。氧化铝的活性也与含水量的关系极大，表 11.1 列出了氧化铝活性与含水量

的关系。吸附色谱一般也使用Ⅱ～Ⅲ级的氧化铝。

11.4.1.2　流动相及其选择

吸附柱色谱的流动相又称洗脱剂（液）。流动相的洗脱作用，实质上是流动相分子与被分离溶质分子竞争占据吸附剂表面活性位置的过程。如果流动相被强烈地吸附，则使得吸附剂对溶质的吸附性相对减弱。一般强极性的流动相分子占据吸附剂活性位置的能力强，因而具有强的洗脱作用。非极性流动相分子占据活性位置的能力弱，洗脱作用就要弱得多。因此，为了使试样中吸附能力有差异的各种组分分离，就必须根据吸附剂的吸附能力和待分离组分的极性选择适当极性的流动相。一般来说，采用吸附性较弱的吸附剂分离极性较大的物质时，应选用极性较大的流动相如水和甲醇等；采用吸附性较强的吸附剂分离极性较小的物质时，应选用极性较小的流动相如戊烷或己烷作为流动相的主体，再适当加入二氯乙烷、氯仿、乙酸乙酯等中等极性溶剂，或四氢呋喃、乙腈、甲醇等极性溶剂作为改性剂，以调节流动相的洗脱能力。在吸附柱色谱中，溶解试样的溶剂极性应与流动相相似，最好就是流动相，这样可以提高分离的分辨率。

吸附柱色谱对流动相的基本要求是：①对试样组分的溶解度要足够大；②不与试样组分和吸附剂发生化学反应；③黏度小、易流动；④有足够的纯度。

11.4.1.3　吸附柱色谱的操作步骤

吸附柱色谱的操作步骤和所有的柱色谱一样，色谱柱可用玻璃或塑料制管，其直径与长度比约为（1∶10）～（1∶60），底部塞以玻璃纤维或脱脂棉。然后将吸附剂装入柱内，装柱可用干法和湿法两种。

干法装柱：将已选定并经处理的吸附剂通过漏斗缓缓流入管柱内，必要时轻轻敲打管柱，使之装填均匀。装填完后，在吸附剂表面铺一层滤纸。然后打开下端旋塞，并从管口徐徐加入流动相，注意勿冲起吸附剂。吸附剂湿润后注意柱内应无气泡。

湿法装柱：先在柱内加入已选定的流动相，将下端旋塞稍打开，同时将吸附剂缓缓加入管柱内，吸附剂一边沉淀一边添加。加入的速度不宜太快，以免带入空气。为了避免分层，最好一次装完；如需分几次填装，则在二次填装前应先在已沉淀的表面用玻璃棒搅拌后再倾注；重复这个过程，直至装到需要的高度。

色谱柱装填完毕后轻轻将试液注入管柱上端，注意勿使吸附剂受到扰动。试液应该浓些，这样只需加入较小体积的试液，使试样集中在管柱顶端尽可能小的范围内，以利于展开。如果试样难溶于极性与流动相相似的溶剂中，也可先将试样溶于适当溶剂中，加入少量吸附剂，拌匀，待溶剂挥发后，再将吸附着试样的吸附剂加于柱中吸附层上，然后进行色谱展开。

将已选定的流动相小心地从管柱顶端加入色谱柱，勿冲动吸附层，并保持一定液面高度，控制流速，一般在 $0.5 \sim 2 \mathrm{mL \cdot min^{-1}}$。如为有色物质，色谱展开后可以清楚地看到各个分离的谱带，如为无色物质，应用各种方法定位。在一个组分被洗脱后可以更换流动相，这就是所谓的分步洗脱。另外，还有一个可行的方法是逐渐改变溶剂的性质，形成一个离子浓度、pH值或极性的递增梯度，从而使各组分依次被洗脱，这种方法称为梯度洗脱，它的优点之一是能够减少拖尾现象。

柱的流出液可以用人工的方法收集到一系列试管中或使用部分收集器。这种装置能使每一管按预定的时间或滴数收集流出液，然后自动移位，下一管再继续收集。洗脱完毕后可选用各种适宜的方法将已收集的流出液进行定性或定量分析。

11.4.1.4　吸附柱色谱的应用

由于吸附柱色谱操作简便，吸附剂价廉易得，因而应用广泛。现仅将其在无机元素（或离子）和有机物中的分离应用举例于表 11.2 中。

表 11.2　吸附柱色谱法应用示例

被分离元素或化合物	从下列物质分离	固定相	流动相	备注
Au^{3+}	Ag^+、Zn^{2+}、Cd^{2+}、Mn^{2+}、Fe^{3+}、Co^{2+}	纤维素	乙醚	
Bi^{3+}	Sb^{3+}、Sn^{2+}、As^{3+}	氧化铝	10%酒石酸	
Pt 族元素分离	相互分离	纤维素	己酮(3%HCl)	洗脱顺序：① Pt^{4+}、Ir^{4+}；② Pd^{2+}；③稀 HCl 洗 Rh^{4+}
Be^{2+}	Fe^{3+}、Al^{3+}、Mg^{2+}、Mn^{2+}、Hg^{2+}、Cd^{2+}、Zn^{2+}、Cu^{2+}、VO_3^-	硅胶	从 pH＝4.5～9.5(含 EDTA)的溶液中分离	Be^{2+} 被吸着
水杨酸、对羟基苯甲酸、苯甲酸、山梨酸	相互分离	聚酰胺	① H_2O-HAc-CH_3OH(5.5：0.5：4) ② H_2O-HAc-CH_3OH(3：1：6)	用两种洗脱剂体系分步洗脱
维生素 A	维生素 E	氧化铝	二乙醚-己烷(1：2)或99%的异丙醇	己烷为溶剂
类胡萝卜素	维生素 E 与叶黄素	氧化铝	苯洗脱维生素 E,用甲醇洗叶黄素	类胡萝卜素通过

11.4.2　薄层色谱法

薄层色谱和纸色谱都属于平板色谱，因为固定相的形状为平面。纸色谱应用日趋少见，这里主要介绍薄层色谱。薄层色谱的固定相一般被均匀地涂布于具有光洁表面的玻璃板、涤纶片或金属片等载体上制成薄层板。把试样点在薄层的一端离边缘一定距离处，试样中各组分就被固定相吸附。然后把点有试样的薄层板浸入到作为展开剂的流动相中（不要把试样点浸入），由于薄层的毛细管作用，流动相沿着固定相薄层上升，遇到试样点，试样溶于流动相并在流动相和固定相之间不断地发生溶解-吸附-再溶解-再吸附的过程。显然，易被固定相吸附的组分，则不易被流动相溶解，在薄层中移动得慢些；不易被固定相吸附而易被流动相溶解的组分，则在薄层中移动得快些。因此，不同组分即被展开在薄层的不同位置上而被分离开。

被分离后各组分在薄层中的位置，可用比移值（R_f）表示。根据图 11.1 得到：

$$R_f = \frac{a}{b}$$

式中，a 为斑点中心到原点的距离，cm；b 为溶剂前沿到原点的距离，cm。R_f 值最大等于 1，表明该组分随溶剂前沿一起移动。R_f 值最小等于 0，表明该组分留在原点不动。R_f 值可用范围是 0.2～0.8，最佳范围是 0.3～0.5。两组分的 R_f 值差别越大，分离效果越好。

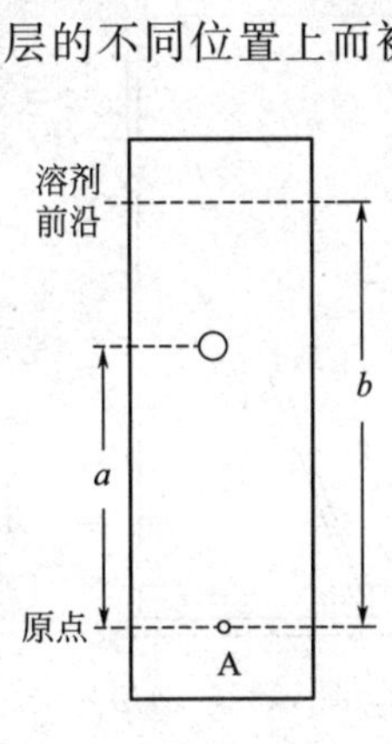

图 11.1　比移值的计算

11.4.2.1 薄层色谱的固定相和流动相

薄层色谱的固定相除固体吸附剂硅胶、氧化铝、纤维素、聚酰胺等进行吸附色谱分离外，还有在玻璃片、涤纶片等载体上涂的固定液，进行分配色谱分离。因此，薄层色谱选用固定相时，首先应考虑被分离物质的性质。

一般讲，非极性或弱极性物质的分离用吸附薄层色谱，亲水性物质的分离用分配薄层分离。凡是用于柱色谱的固定相，都可用于薄层色谱。其中最常用的是氧化铝和硅胶，只是薄层色谱用的固定相比柱色谱使用者粒度更细些。薄层用氧化铝粒度一般为 150～300 网目，硅胶粒度为 250～300 网目。

薄层色谱的流动相种类很多，主要根据试样的性质和分离机制选择。对于吸附薄层色谱，主要考虑流动相极性，因为极性大小与洗脱能力成正比。一些主要纯溶剂的极性大小顺序为：

石油醚＜环己烷＜二硫化碳＜四氯化碳＜三氯乙烷＜苯＜甲苯＜二氯甲烷＜氯仿＜乙醚＜乙酸乙酯＜丙酮＜乙醇＜甲醇＜吡啶＜酸＜水

流动相可用单一溶剂，也可用混合溶剂，以调整流动相的极性。薄层色谱应用最广的是硅胶和氧化铝的吸附薄层，几乎对绝大多数物质均可使用，但硅胶、氧化铝有不同级别的活性。和吸附柱色谱一样，对极性大的被分离物质，应选择吸附能力弱（活性级别大）的吸附剂和极性大的流动相。反之，对极性小的被分离物质，应选择吸附能力强（活性级别小）的吸附剂和极性小的流动相。

11.4.2.2 薄层色谱的操作步骤

薄层色谱法的操作主要包括以下步骤：

① 薄层板的制备 制备薄层板时，首先要根据需要选择玻璃板、涤纶片或金属片等载体的尺寸，然后对它们进行平整、去油、去污，接着将用水或适当的溶剂研磨调成稀糊状的固定相倾倒到载体上，用玻璃片刮涂、倾斜涂布或涂布器等方法使固定相均匀涂布在载体上。制备好的薄层板在室温下晾干后，在适当温度下活化一定温度，然后置于有干燥剂的干燥箱或干燥器中备用。

② 点样 点样是薄层色谱操作的关键步骤，适当的点样量，集中的斑点是得到一个好的分离效果的必要条件。薄层色谱应尽可能避免多次点样，如果一定要多次点样的话，一定要在上一次点样斑点干燥后，再在原处点第二次。

③ 展开 点好样的薄层板就可以放进已倒入一定体积展开剂的层析筒等装置中进行展开。薄层色谱展开操作一般采用上行展开法，如图 11.2 所示。等到溶剂前沿已接近薄层上端时，取出薄层板，用铅笔标出溶剂前沿。

④ 显色 若被分离组分在紫外光或可见光下无色，则进行显色，并划出分离组分的有色斑点。

⑤ 测定 一般通过测定斑点面积大小和比较颜色强弱，并与标准物质比较进行半定量分析。或者，将有色斑点刮下，用适当溶剂溶解、过滤、定容，再用适当分析方法测定其含量。现代薄层色谱还可用薄层色谱扫描仪直接测定斑点的吸光度或荧光强度，来确定待测物质含量。

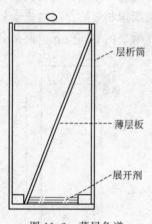

—— 层析筒

—— 薄层板

—— 展开剂

图 11.2 薄层色谱
上行展开法

每一步的操作既可以是离线手工操作，也可以用一套相应的仪器操作。显然，仪器操作使定量的准确度和重现性大大提高。

11.4.2.3　薄层色谱的应用

薄层色谱具有设备简单、操作较简便、展开快速、分离效率和检出灵敏度都较高的特点，故在有机化工、生化制品、天然药物提取、临床检验、环保分析等方面都得到了广泛的应用（见表 11.3）。

表 11.3　薄层色谱法应用示例

被分离物质	固定相	流动相	显色剂	测定方法
β-氨基蒽醌	中性氧化铝	丙酮-四氯化碳-无水乙醇(6:16:1)		刮去 β-氨基蒽醌黄色斑，用乙醇溶解，于440nm 处测定含量
有机氯和有机磷混合农药	硅胶	正戊醇-丙酮(91:9)	①1%邻联甲苯胺丙酮；②硝酸银	用①显色后，在紫外光照射下，白色背景上有蓝色斑点，说明有有机氯农药；用②显色，紫外光照射 10min 后，在显色背景下有白色斑点，说明有有机磷农药。样品定量可用薄层扫描仪完成
氟非那嗪	硅胶	5%液体石蜡的甲苯溶液		紫外灯下照射 10~20min，氟非那嗪变成荧光物质，以 254nm 激发，400nm 扫面测定
扑尔敏	硅胶GF254	苯-氯仿-冰乙酸-甲醇(10:10:0.5:0.6)		用双波长薄层扫描仪定量测定(测定波长260nm，参比波长320nm)
Cu^{2+}、Pb^{2+}、Cd^{2+}、Bi^{3+}、Hg^{2+}	硅胶 G	正丁醇-1.5mol·L^{-1}HCl-乙酰基丙酮(100:20:0.5)	① KI；② 氨；③H_2S	R_f 值的次序:Cu<Pb<Cd<Bi<Hg
稀土元素	硅胶	乙醚-HDEHP-硝酸(100:4.2:1.8)	偶氮胂Ⅲ	用双波长薄层扫描仪定量测定(测定波长650nm，参比波长550nm)

应该指出，由于薄层色谱分离效能还不够高，因此成分太复杂的混合物试液，用薄层色谱分离、分析还有困难。然而这一缺陷正在得到克服并出现了"高效薄层色谱法"。在高效薄层色谱法中由于采用吸附剂平均颗粒直径约为 $5\mu m$ 的高效薄板（经典的薄板所采用吸附剂的平均颗粒直径约为 $50\sim100\mu m$），就大大提高了薄层色谱的分离效能。在高效薄层色谱中还采用了一些改进的色谱装置和色谱技术，加上设备简便易行，快速灵敏，因而薄层色谱日益显示出它的重要性，并且在分离效能上已能与高效液相色谱相媲美。

11.5　离子交换分离法

离子交换分离法是利用离子交换剂与溶液中离子发生交换反应而使离子分离的方法。这种方法分离效果好，可以分离各类离子，现已广泛应用于微（痕）量组分的富集和高纯物质的制备。由于其设备简单、操作简便，适用于实验室和工业规模的分离。

11.5.1　离子交换剂的种类和性质

(1) 离子交换剂的种类

离子交换剂的种类有很多，主要分为无机离子交换剂和有机离子交换剂两大类。目前在分析化学中用的最多的是有机离子交换剂，又称离子交换树脂。离子交换树脂是一类具有网状结构的有机高分子聚合物。网状结构的骨架部分化学性质十分稳定，不溶于酸、碱和一般溶剂。在网状结构的骨架上连接着许多活性基团，活性基团中有可解离的离子，离子交换反应实际上就发生在活性基团上。根据树脂中活性基团的不同，离子交换树脂可分为阳离子交换树脂、阴离子交换树脂和特殊离子交换树脂三类。

① 阳离子交换树脂　这类树脂的活性基团呈酸性基团，如—SO_3H、—COOH、—OH等，解离出来的阳离子可被溶液中的阳离子所交换。根据活性基团酸性的强弱，阳离子交换树脂分为强酸性和弱酸性两类。含有磺酸基团（—SO_3H）的为强酸性阳离子交换树脂，强酸性阳离子交换树脂应用较广，在酸性、中性、碱性溶液中均可使用。弱酸性阳离子交换树脂含有羧基（—COOH）或酚羟基（—OH）。弱酸性树脂对 H^+ 的亲和力较强，故不宜在酸性溶液中使用。对于 R—COOH 和 R—OH 树脂，分别要求溶液的 pH 值不能小于 4 和 9.5。但弱酸性树脂容易用酸洗脱，选择性较高，常用于分离不同强度的有机碱。

② 阴离子交换树脂　这类树脂的活性基团呈碱性基团，如 $R_4N^+X^-$、—NH_2、—NHR、—NR_2 等。根据活性基团碱性的强弱，阴离子交换树脂分为强碱性和弱碱性两类。若活性基团为季铵基（—$R_3N^+X^-$，R＝甲基或乙基），则树脂属于强碱性阴离子交换树脂。这里阴离子 X^- 可以是—OH、Cl^- 或 NO_3^- 等，它们可以解离，因而可以与溶液中的阴离子发生交换反应。若树脂的活性基团为伯氨基（—NH_2）、仲氨基（—NHR）和叔氨基（—NR_2），则树脂属于弱碱性阴离子交换树脂。弱碱性树脂在水中首先发生水化反应，如：

$$R—NH_2 + H_2O \Longrightarrow R—NH_3^+OH^-$$

活性基团中 OH^- 可以解离，因而可以与溶液中的阴离子（如 Cl^-）发生交换反应：

$$R—NH_3^+OH^- + Cl^- \Longrightarrow R—NH_3^+Cl^- + OH^-$$

阴离子交换树脂中以强碱性树脂的应用最广，在酸性、中性、碱性溶液中都能使用。弱碱性树脂对 OH^- 的亲和力大，在碱性溶液中就失去交换能力，在分析化学中应用很少。

③ 特殊离子交换树脂　阳（或阴）离子交换树脂对一般离子分离有一定效果，但选择性较差。为了提高分离的选择性和加快分离速度及节约试剂，一些特殊离子交换树脂应运而生，有螯合树脂、萃淋树脂、大孔树脂等。

螯合树脂是在离子交换树脂骨架中引入某些能与金属离子发生螯合反应的特殊基团，如—$N(CH_2COOH)_2$、—SH、—AsO_3H_2 等，它们选择性地结合某些金属离子，再在一定条件下洗脱，从而高选择性地富集、分离这些离子。例如含—SH 的螯合树脂有效地富集分离 Au、Pt、Pd 等贵金属。

萃淋树脂是一种含有液态萃取剂的树脂，亦称萃取树脂，是苯乙烯-二乙烯苯为骨架的大孔结构和有机萃取剂的共聚物，兼有离子树脂和萃取两种功能。例如 P507 萃淋树脂可用于分离稀土元素，磷酸三丁酯（TBP）萃淋树脂可用于分离工业废水中的 Cr(Ⅵ)。

大孔树脂是通过一定的化学反应合成而得到的。其比一般的树脂具有更多更大的孔，表面积大，离子容易穿行扩散，富集分离快速，耐氧化、耐冷热变化、耐磨，具有较高的稳定性。合成的大孔树脂在不需溶胀的情况下进行活性基团反应而成为阳、阴离子交换树脂，例如国产 D202 号钠型大孔阳离子交换树脂。不经活性基团反应合成的大孔树脂则成为大孔吸附树脂，它是不带离子交换基团的多孔性树脂骨架，对许多有机物具有吸附作用，因而常用于有机化合物的分离，按其极性可分为非极性、中性和极性。

(2) 离子交换树脂的性质

① 交联度　在合成离子交换树脂的过程中，将链状聚合物分子相互连接而形成网状结

构的过程称为交联。如聚苯乙烯型树脂就是先由苯乙烯分子和二乙烯苯分子互相连接形成链状结构，链与链之间再由二乙烯苯分子横向连接形成网状结构，故二乙烯苯称为交联剂。交联剂用量的多少反映了树脂的交联程度，通常将树脂中交联剂的质量分数称为交联度：

$$交联度 = \frac{交联剂质量}{干树脂总质量} \times 100\%$$

树脂的交联度越大，网状结构的孔径越小，网眼越密，交换时体积较大的离子无法进入树脂，因而选择性较高。另外，交联度大时，形成的树脂结构紧密，机械强度高，但缺点是对水的溶胀性能较差，交换速度较慢；交联度小的树脂优缺点正好相反。交联度一般以 $4\% \sim 14\%$ 为宜。

② 交换容量　每克干树脂所能交换的相当于一价离子的物质的量称为交换容量，单位用 $mmol \cdot g^{-1}$ 表示。交换容量反映了一定量的干树脂所能交换的一价离子的最大量，是表征某种树脂交换能力大小的特征参数。交换容量的大小仅仅取决于一定量树脂中所含有的活性基团的数目，不随实验条件变化。交换容量可以通过实验方法测定，具体测定方法可参看《氢氧型阴离子交换树脂交换容量测定方法》（GB 5760—2000）、《阳离子交换树脂交换容量测定方法》（GB 8144—2008）和《氯型强碱性离子交换树脂交换容量测定方法》（GB 11992—2008）。

11.5.2　离子交换树脂的亲和力

离子在树脂上的交换能力称为树脂对离子的亲和力。以阳离子交换树脂为例，将含金属离子 B^+ 的溶液与含金属离子 A^+ 的离子交换树脂 $R\text{-}A^+$（R 表示树脂相）相混合，它们之间发生交换反应：

$$R—A^+ + B^+ \rightleftharpoons R—B^+ + A^+$$

根据质量作用定律，当交换反应达到平衡后，反应平衡常数表达式为：

$$K_{B\text{-}A} = \frac{[B^+]_R [A^+]_L}{[A^+]_R [B^+]_L}$$

式中，$[B^+]_R$ 与 $[A^+]_R$ 分别表示平衡时 B^+ 和 A^+ 在树脂相中的浓度；$[B^+]_L$ 与 $[A^+]_L$ 分别表示平衡时 B^+ 和 A^+ 在溶液中的浓度。$K_{B\text{-}A}$ 称为选择性系数，它在溶液的温度、离子强度，以及树脂的种类和填充情况等条件一定时是常数。选择性系数 $K_{B\text{-}A}$ 的大小表示树脂对 A^+、B^+ 的相对亲和力的大小。当 $K_{B\text{-}A} > 1$，表示树脂对 B^+ 的亲和力大于对 A^+ 的亲和力；当 $K_{B\text{-}A} < 1$ 时则相反。

通常，用一种离子作为基准，测定其他离子对该离子的选择性系数，以便于比较各离子的离子交换亲和力。在这种情况下，选择性系数越大的离子越容易进入树脂相，其离子交换亲和力越大；而选择性系数差别越大的两种离子，越容易在离子交换过程中被分离。不同树脂对阳离子或阴离子的选择性系数可在分析化学手册中查到。

离子交换树脂对不同离子的亲和力的大小与离子所带电荷数、水合离子半径和离子的极化程度等因素有关。一般来说，常温下稀溶液中，离子所带电荷越大，树脂对它的亲和力越大；对于所带电荷相同的离子，离子的水合半径越小，则树脂对它的亲和力越大。如：

$$Na^+ < Ca^{2+} < Al^{3+} < Th^{4+}$$
$$Li^+ < Na^+ < K^+ < Rb^+ < Cs^+$$
$$Be^{2+} < Mg^{2+} < Ca^{2+} < Sr^{2+} < Ba^{2+}$$

$$F^- < Cl^- < Br^- < I^-$$

一般情况下，除稀土元素外的普通金属阳离子和阴离子随着原子序数的增大，水合半径减小，亲和力增大，而稀土元素的亲和力随着原子序数增大而减小。

所要说明的是：以上所述仅仅是一般情况。在温度较高、离子浓度较大及有配位剂存在的水溶液或非水介质中，离子的亲和力顺序会发生改变。不同牌号的树脂对各种离子的亲和力顺序有时也略有不同。

11.5.3 离子交换色谱法

离子交换色谱法是通过试样离子在离子交换剂（固相）和淋洗液（液相）之间的分配系数不同，从而使欲测组分与干扰组分达到分离的一种固-液分离法。该色谱法实际是离子交换原理和液相柱色谱技术的有机结合，现已广泛应用于无机离子或有机离子混合物的分离，因此应用范围广泛。

以用强酸性阳离子交换树脂分离 K^+ 和 Na^+ 的混合溶液为例，当该溶液加入到离子交换柱上方时，水相中的 K^+ 和 Na^+ 就会和树脂上的活性基团中的 H^+ 发生交换反应，从而进入树脂相。

$$R{-}H^+ + K^+ \rightleftharpoons R{-}K^+ + H^+$$

$$R{-}H^+ + Na^+ \rightleftharpoons R{-}Na^+ + H^+$$

由于树脂对 K^+ 的亲和力大于对 Na^+ 的亲和力，K^+ 首先被交换到树脂上，然后 Na^+ 才被交换上去。故在交换柱中，K^+ 层在上，Na^+ 层在下，见图 11.3(a)。但由于树脂对两种离子的亲和力差别不大，故 K^+ 层与 Na^+ 层仍有相当部分互相重叠。

此时，再向离子交换柱上方加入稀 HCl 溶液，使得树脂相上的 K^+ 和 Na^+ 又与溶液中的 H^+ 发生交换反应，重新进入溶液。这一过程称为洗脱，是交换的逆过程。这里稀 HCl 溶液为洗脱液或淋洗液。

$$R{-}Na^+ + H^+ \rightleftharpoons R{-}H^+ + Na^+$$

$$R{-}K^+ + H^+ \rightleftharpoons R{-}H^+ + K^+$$

随着洗脱液自上而下地流经交换柱中未被交换的树脂时，K^+ 和 Na^+ 又会被再次交换上去，而当新的洗脱液流过时它们又会再次被洗脱而进入水相。显然，随着 HCl 洗脱液不断从柱上方加入，K^+ 和 Na^+ 将在树脂相和水相之间不断地反复发生交换和洗脱这两个方向相反的过程。经过相当长的时间后，它们就会被 HCl 溶液从离子交换柱的上方带到下方，见图 11.3(b)。

由于树脂对 K^+ 的亲和力大于对 Na^+ 的亲和力，所以 K^+ 比 Na^+ 更容易从水相被交换到树脂相，而难以从树脂相被洗脱进入水相。因此，K^+ 向下移动的速度比较慢，经过相同的时间，K^+ 移动的距离较短，在交换柱上的位置就会比 Na^+ 高。于是本来混在一起的 K^+ 和 Na^+ 就会在离子交换柱上分为明显的两层，见图 11.3(b)。在洗脱过程中，若每收集 10mL 流出液就分析一次 Na^+ 和 K^+ 的浓度，可得到如图 11.4 的洗脱曲线。

可见，离子交换色谱法的实质是使待分离的离子本来很微小的离子交换亲和力的差别在反复进行的交换-洗脱的过程中得到放大，从而造成它们在离子交换柱中迁移速率的差别，使它们得到分离。故离子交换分离法常用来分离性质相似而用一般方法难以分离的离子，如 K^+ 和 Na^+、各种稀土元素离子等。

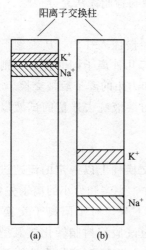

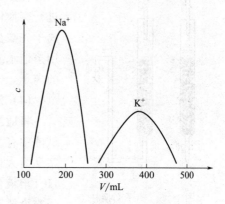

图 11.3　离子交换色谱法分离 K^+ 和 Na^+ 的示意图　　　图 11.4　K^+ 和 Na^+ 的洗脱曲线

为了克服离子交换树脂的溶胀和收缩，以及不耐高压等缺点，离子交换色谱法还采用离子交换键合相作为交换柱固定相。离子交换键合相是以薄壳型或全多孔微粒硅胶为载体，表面经化学反应键合上各种离子交换基团。若交换基团为磺酸基（—SO_3H）或羧基（—COOH）就是阳离子交换剂；若交换基团为季铵基（—$R_3N^+X^-$）或伯氨基（—NH_2）就是阴离子交换剂。

11.5.4　离子交换分离法的操作

离子交换分离方式可分为静态和动态两类。静态交换是将溶液和离子交换剂共同放入容器，利用振荡、搅拌等方式令它们充分接触。达到平衡后，用倾析、过滤或离心等方法使固液两相分离，然后分别处理。这种操作属于单次平衡，分离效率不高，目前只在测定分配系数等实验研究中能够用到。

动态交换是指溶液与离子交换剂发生相对移动的分离方式。可见，离子交换色谱法就属于这种分离方式。动态交换属于多次平衡，分离效率高，可连续化操作，应用较广。因此，下面就重点介绍动态交换的操作步骤。

（1）树脂的选择和处理

在分离和富集前应首先根据分离的对象和要求选择适当类型和粒度的树脂。市售的树脂颗粒大小往往不够均匀，故使用前应当先过筛以除去太大和太小的颗粒，也可以用水溶胀后用筛在水中选取大小一定的颗粒备用。一般商品树脂都含有一定量的杂质，故在使用前还必须进行净化处理。对强酸性阳离子交换树脂和强碱性阴离子交换树脂，通常用 $4\,mol \cdot L^{-1}$ HCl 溶液浸泡 1～2 天，以溶解各种杂质，然后用蒸馏水洗涤至中性，浸于水中备用。这样就得到在活性基团上含有可被交换的 H^+ 的氢型阳离子交换树脂或可被交换的 Cl^- 的氯型阴离子交换树脂。

（2）装柱

常用的离子交换柱如图 11.5 所示。先在柱下端铺一层玻璃纤维，防止树脂流出。加入蒸馏水，再倒入（1）处理好的树脂，使树脂自动下沉而形成交换层。保持树脂处在液面下，最好在树脂上层铺一层玻璃棉，以防止加入试样溶液时树脂被冲起。装柱时应防止树脂层中

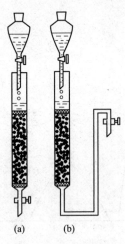

图 11.5 离子交换柱

存留气泡，以免交换时试液与树脂无法充分接触。

(3) 柱上分离

将欲分离的试样溶液缓慢注入柱内，从上到下流经交换柱进行交换作用。若试液中有几种离子同时存在，则亲和力大的离子先被交换到柱上，亲和力小的离子后被交换。交换完成后，用蒸馏水或不含试样的空白溶液洗去残留的试液以及交换出来的离子。

(4) 洗脱

将适当的洗脱液加到交换柱上以一定的流速进行洗脱。若试液中有几种离子同时存在，则亲和力小的离子先被洗脱下来，亲和力大的离子后被洗脱下来。对于阳离子交换树脂常采用 HCl 溶液作为洗脱液，经过洗脱后树脂转化成氢型；对于阴离子交换树脂常采用 NaCl 或 NaOH 溶液作为洗脱液，经过洗脱后树脂转化成氯型或氢氧型。因此洗脱后的树脂已得到再生，用蒸馏水洗涤干净即可再次使用，故洗脱过程往往也是再生过程。

11.5.5　离子交换分离法的应用

(1) 去离子水的制备

天然水中含有各种电解质，可用离子交换法净化。该法用氢型强酸性阳离子交换树脂除去水中的阳离子，再用氢氧型强碱性阴离子交换树脂除去水中的阴离子。交换出来的 H^+ 和 OH^- 结合生成水。净化水都用复柱法，把阳、阴离子交换柱串联起来，串联的级数增加，水的纯度提高。但仅增加串联级数不能制得超纯水，因为柱上的交换反应多少会发生一些逆反应，因此在串联柱后增加一级"混合柱"（阳、阴离子交换树脂按 1：2 体积比混合装柱），这样交换出来的 H^+ 及时与 OH^- 结合成水，可以得到超纯水。

离子交换树脂交换饱和后失去净化作用，此时就需要用强酸和强碱分别洗脱阳柱和阴柱上的离子，使树脂恢复交换能力，此过程称为再生。混合柱再生应先利用密度的差别将两种树脂分开，分别再生后混合装柱。目前，在工业和科学研究中普遍使用该方法来净化水。

(2) 提取分离稀有元素

离子交换树脂提取分离稀有金属，如钨、镓、稀土元素等已有较深入的研究，其中树脂法提钨工艺已应用于生产。根据钨的化学性质将钨精矿加压碱煮，钨转化为 WO_4^{2-}，同时还会溶出 MoO_4^{2-}、HPO_4^{2-}、$HAsO_4^{2-}$、SO_4^{2-}、SiO_3^{2-} 等阴离子。将料液加入强碱性阴离子交换树脂柱分离 WO_4^{2-}。由于该类树脂对下述离子的亲和力大小为 $WO_4^{2-} > MoO_4^{2-} > HPO_4^{2-} > SiO_3^{2-} > SO_4^{2-} > Cl^- > F^-$，所以这些树脂能选择性地优先吸附 WO_4^{2-}，最后用 $NH_4Cl-NH_3 \cdot H_2O$ 溶液洗脱，钨的回收率可达 99%。

(3) 微（痕）量组分的富集

离子交换树脂是富集微（痕）量组分的有效方法。例如天然矿石中痕量钍的富集，钍在盐酸溶液中难以形成稳定的配位离子，以阳离子形式存在，共存的稀土元素则形成稳定的配位阴离子。所以将用浓 HCl 溶液处理过的矿石溶液流过阳离子交换柱，则钍被交换到树脂上。然后用稀盐酸溶液将树脂洗净，取出树脂移入瓷坩埚中，在 700℃ 灰化除去树脂，灰分制成溶液，钍的富集倍数可达 10^7。

(4) 阴、阳离子的分离

阳离子交换树脂只能交换阳离子，阴离子交换树脂只能交换阴离子。若把干扰离子处理成与目标离子所带电荷相反，则利用离子交换分离法进行分离十分方便。如测定矿石中的铀时，为了除去其他金属离子的干扰，将矿石溶解后处理成 $0.1mol \cdot L^{-1}$ 的硫酸溶液，U(Ⅵ) 形成 $[UO_2(SO_4)_2]^{2-}$ 或 $[UO_2(SO_4)_3]^{4-}$，在通过强碱性离子交换树脂时，被留在树脂上，金属离子则流出。之后，将其破坏成为 UO_2^+ 形式洗脱，回收率可达 98%。

(5) 性质相似元素的分离

离子交换色谱法可以分离性质相似的元素。例如前面介绍的 K^+ 和 Na^+ 的分离。再如用细颗粒阳离子交换柱，pH 值为 3.1~6.0 的 $0.4mol \cdot L^{-1}$ α-羟基异丁酸进行梯度洗脱，可在 38min 内将 14 种镧系元素和 Sc^{3+}、Y^{3+} 分离。

11.6 绿色分离富集技术

传统的分离富集技术，如液-液萃取等使用数量可观的有机溶剂，其中有许多溶剂，如二氯甲烷、氯仿、四氯化碳和苯等毒性很强，既危害环境又危害人体健康。为了检测一个环境样品中的极微量有机污染物，往往要使用几十、甚至上百毫升有毒溶剂，这显然违背了保护环境、控制污染的宗旨。理想的分离技术应具备少使用或不使用有机溶剂、操作简单、费用低廉和适用性强等特点。正是基于以上原因，人们开始致力于绿色分离技术的研究与开发。其中，固相萃取、固相微萃取、微滴萃取、超临界流体萃取和膜分离等分离技术就是典型的代表。

11.6.1 固相萃取

固相萃取是 20 世纪 70 年代后期发展起来的萃取方法，是利用被萃取物质在液-固两相间的分配作用进行的一种分离富集技术。它结合了液-固萃取和柱色谱两种技术，通过采用选择性吸附、选择性洗脱的方式对样品进行富集、分离、纯化。固相萃取较常用的方法是使液体样品通过固定相，保留其中被测物质，再选用适当强度溶剂冲去杂质，然后用少量溶剂洗脱被测物质，从而达到快速分离净化与浓缩的目的。也可选择性保留干扰杂质，而让被测物质流出；或同时保留杂质和被测物质，再使用合适的溶剂选择性洗脱被测物质。

固相萃取的分离模式主要有正相固相萃取、反相固相萃取和离子交换固相萃取等。不同的分离模式所使用的固定相和流动相不同，因此，所能达到的分离目的也不一样。其中，反相固相萃取是目前最常用的一种固相萃取方法，它是从极性样品溶液（如水溶液）中萃取非极性或弱极性分析物。其固定相为非极性或弱极性吸附剂，如 C_{18}、C_8 等非极性烷烃类化学键合吸附剂，流动相为强极性或中等极性溶剂。

固相萃取可离线操作，也可作为气相色谱（GC）、高效液相色谱（HPLC）等后续分析仪器的在线样品预处理系统。实验室最常用的离线固相萃取仪器是如图 11.6 所示的真空多歧管固相萃取装置。该装置由固相萃取柱、真空萃取箱和真空泵组成。固相萃取柱通常是体积在 1~6mL 的塑料管，在两片聚乙烯筛板之间装填 0.1~2g 固定相。

固相萃取操作的基本步骤包括固相萃取柱的预处理、样品添加、洗涤柱子、洗脱分析物四个步骤。预处理是用一定量的溶剂冲洗萃取柱，其目的是润湿固相萃取柱，活化固定相，以使固相表面易于和被分析物发生分子间相互作用，同时，可以除去填料中可能存在的杂

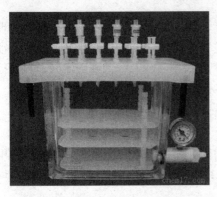

图 11.6 真空多歧管固相萃取装置

质。反相固相萃取柱通常用水溶性有机溶剂甲醇等预处理。固相萃取柱活化后，将样品溶液倒入萃取柱，然后利用加压、抽真空等方法使液体样品以适当流速通过固定相。此时样品中的目标萃取物被吸附在固定相上。接着，用一定量的中等强度的混合溶剂冲洗萃取柱，以除去吸附在固相萃取柱上的少量基体干扰组分，同时又不能导致目标萃取物流失。最后，选择适当强度的洗脱溶剂洗脱被分析物，收集洗脱液，挥干溶剂以备后用或直接进行在线分析。为了尽可能将分析物洗脱，使比分析物吸附更强的杂质留在固相萃取柱上，选择强度合适的洗脱溶剂是关键问题。

当分析痕量物质时，固相萃取方法比传统的液-液萃取具有明显的优越性：不仅快速，而且节约了溶剂，避免了浓缩步骤。几升的溶液通过萃取柱，痕量组分被保留在柱上，之后用几毫升的溶剂便可将组分从柱上洗脱下来。既将待测组分从样品中提取出来，又达到了浓缩的目的。同时，固相萃取操作简单、易于自动化；不会出现液-液萃取中的乳化现象；可同时处理大批量样品。正是因为这些优点，这一技术迅速发展。目前，其应用对象十分广泛，特别是在生物、医药、环境、食品等样品的处理中成为最有效和最受欢迎的技术之一。美国环保署（EPA）已经允许采用固相萃取法代替液-液萃取作为水样前处理方法，富集水样等环境样品中的微量有机污染物，如多环芳烃、农药残留和多氯联苯等。又如在生物样品分析中，大量蛋白质的存在会干扰后续分析，必须预先除去，多数情况下采用 C_{18} 柱即可分离蛋白质，目标组分的回收率能达到 80% 左右。

11.6.2　固相微萃取

固相微萃取是 20 世纪 90 年代初发展起来的一种萃取方法，是利用高分子固相涂层对目标化合物进行萃取和富集的非溶剂型样品分离技术。该方法可以在一个简单过程同时完成采样、萃取和富集，对样品有很强的富集作用，大大提高分析灵敏度。目前，固相微萃取主要是利用气相色谱、高效液相色谱等作为后续分析方法，实现样品中痕量有机物的快速分离分析。克服了传统的液-液萃取大量使用有机溶剂及样品处理时间长、难用于挥发性有机物分析等特点。

固相微萃取装置类似于色谱微量注射器，由手柄和萃取头两部分构成，见图 11.7 和图 11.8。萃取头是关键部件，它是在一根长约 1cm 的熔融石英纤维表面涂覆固相涂层。萃取头接在不锈钢丝上，外套细不锈钢管，以保护石英纤维不被折断。手柄用于安装或固定萃取头，通过手柄的推动，萃取头可在钢管内伸缩。

固相微萃取的分离模式主要有直接固相微萃取、顶空固相微萃取和隔膜保护固相微萃取三种。直接固相微萃取是将萃取头直接插入液体或气体样品中进行萃取。顶空固相微萃取是将萃取头置于液体或固体样品上方进行萃取。隔膜保护固相微萃取则是在高分子固相液膜的外面套上一个保护膜进行萃取。其中，直接固相微萃取和顶空固相微萃取是最常用的模式。进行固相微萃取时，主要根据待测物性质和基体复杂性来选择萃取模式。一般来说，直接固相微萃取适用于较洁净的样品，顶空固相微萃取的适用范围是样品复杂，有大分子干扰并且目标分析物的沸点较低的情况。

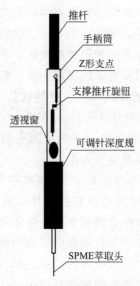

图 11.7　固相微萃取手柄

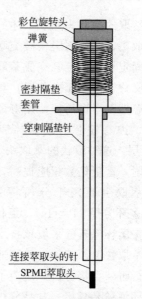

图 11.8　固相微萃取头

　　固相微萃取的操作步骤主要分为萃取过程和解吸过程两个步骤。萃取过程是将萃取器针头插入样品瓶内,压下活塞,使具有固相涂层的萃取纤维暴露在样品中进行萃取。经一段时间后,拉起活塞,使萃取纤维缩回到起保护作用的不锈钢针头中,然后拔出针头完成萃取过程,如图 11.9 所示。解吸过程分为热解吸和溶剂解吸。将已完成萃取过程的萃取器针头插入分析仪器的进样口,当待测物解吸后,进行分离和定量检测。固相微萃取与气相色谱联用时,通过将萃取涂层插入进样口进行热解吸,见图 11.10(a);与高效液相色谱联用时,则通过溶剂解吸,见图 11.10(b),并分为动态和静态两种解吸模式。实验时通过控制固相涂层的种类、厚度、维持取样时间的稳定以及调节酸碱度、温度等各种萃取参数,可实现对被测组分的高重复性、高准确度的测定。

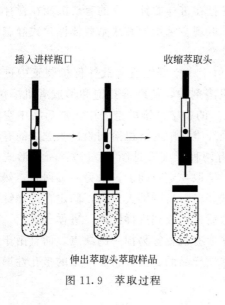

图 11.9　萃取过程

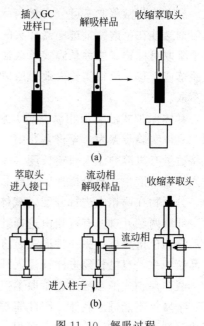

图 11.10　解吸过程

固相微萃取的萃取头除了上述的石英纤维萃取头外，目前还有另外两种形式。一种是中空毛细管萃取头，它是固定相被交联到一段中空毛细管的内壁上。样品从中空毛细管通过，与内壁上的固定相涂层接触完成萃取过程。与传统的纤维式固相微萃取相比，中空毛细管固相微萃取（又称管内固相微萃取）具有更大的萃取表面积和更薄的固定相膜，解吸容易，耐溶剂和耐高温性获得提高，使用寿命更长。另一种形式是膜状，它一般是在长 1～2cm、外径 1～2mm、内有铁芯的玻璃棒表面涂上或套上厚度为 0.3～1mm 的聚二甲基硅氧烷（PDMS）涂层。这种膜状的萃取头实现了萃取和搅拌同时完成，避免了固定相涂层与搅拌子的竞争吸附，富集倍数相应提高，非常适合于样品中痕量组分的萃取。

固相微萃取主要用于分析挥发性、半挥发性有机物，其中较为典型的有苯系物（BTEXs）、多环芳烃（PAHs）、氯代烃等多种化合物，样品基质包括气体、液体和固体等多种形态。美国环保署已采取该技术作为测定水中挥发性化合物和半挥发性化合物的标准方法。固相微萃取快速、简单，特别适用于现场在线检测。例如将固相微萃取与便携式气相色谱联用，进行野外直接分析，避免了在样品保存和运输中可能引入的误差。到目前为止，固相微萃取在环境样品分析、食品分析、药物分析、生物分析等领域均有应用。

11.6.3　液相微萃取

液相微萃取是 1996 年问世并发展起来的一种新技术，它是微型化的液-液萃取，即采用尽可能少的水相和有机相进行萃取。从分离机理上分，液相微萃取可分为液-液两相微萃取和液-液-液三相微萃取。液-液两相微萃取是分析物直接由水相被萃取到作为接受相的有机溶剂中，这种萃取方法只适用于亲脂性高或中等的分析物。液-液-液三相微萃取则是分析物先被萃取到有机溶剂中，然后再进入作为接受相的溶剂中，这种萃取方法扩大了液-液两相微萃取的应用范围，对于那些在接受相中溶解度不高的分析物也有很好的萃取效果。无论是液-液两相微萃取，还是液-液-液三相微萃取，其分离模式均可分为静态式和动态式两种。下面仅以液-液两相微萃取，分别介绍这两种分离模式的操作方法。

静态液相微萃取又可分为悬滴萃取和载体保护式萃取两种方法。悬滴萃取是将几微升有机溶剂悬挂在色谱微量进样器针头的尖端，通过直接萃取或顶空萃取的方式从几毫升的水溶液中萃取目标物。这种悬滴式萃取最大的缺点是悬挂在进样器针头上的有机液滴在搅拌时容易脱落或漂移，导致实验失败，所以静态液相微萃取现在常用的方法是载体保护式静态液相微萃取。

载体保护式静态液相微萃取是将有机溶剂注射于中空纤维管等载体保护装置中进行萃取。具体实验步骤为：先将多孔中空纤维浸入有机溶剂中，使纤维孔饱和形成有机溶剂膜，再将适量有机溶剂注入一定长度（一般为 1～4mL）的中空纤维的空腔中，然后将中空纤维放入样品溶液中，充分搅拌后，样品中的分析物经纤维孔中的有机溶剂膜进入腔内的有机相中，分析物在两相中进行分配。载体保护式萃取有两种形式（见图 11.11）：一种形式是将中空纤维两端开口，有机相由进样针从一端注入，萃取一定时间后，从另一端回收，然后进行后续的色谱分析；另一种形式是将中空纤维一端开口，另一端火封后，固定在进样针头或样品瓶中央，有机相经进样针注入纤维腔中，萃取后再回收到进样针内，进样分析。

载体保护式静态液相微萃取不仅克服了悬滴萃取有机相容易损失的缺点，而且由于大分子、杂质等不能进入载体，因此非常适用于复杂基质样品的直接分析。纤维的多孔性增加了有机溶剂和样品溶液的接触表面积，提高了萃取效率。

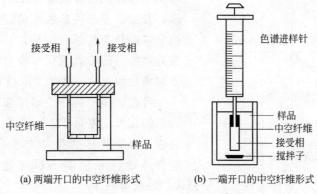

(a) 两端开口的中空纤维形式　　(b) 一端开口的中空纤维形式

图 11.11　基于中空纤维的液相微萃取

液相微萃取可在动态模式下进行，其操作方法是：先用微量进样针抽取一定量有机溶剂，然后再抽取一定体积的样品水溶液进入微量进样针，停留一定时间，让水样中的分析物分配进入针头内壁上的有机溶剂，而后推出水样但不推出机溶剂，如此反复数次，最后将有机溶剂注射入 GC 或 HPLC，进行分析。根据同样道理，不同的动态液相微萃取装置和技术相应被报道，如顶空式动态液相微萃取、中空纤维式动态微萃取等。其中微量注射泵式动态液相微萃取技术的出现，实现了动态萃取的自动化，解决了传统液相微萃取重现性不好的问题，使该技术很快发展起来。与静态微萃取相比，动态液相微萃取具有所需时间短、萃取效率高、富集倍数大、重现性好等优点。值得注意的是，只有优化好有机溶剂种类、液滴大小、搅拌速度、萃取时间等因素，液相微萃取才能获得高的萃取效率。

液相微萃取克服了传统液-液萃取法消耗有机溶剂多、环境污染严重的缺点，巧妙地将采样、分离和富集等过程集于一体，并与后续的色谱分析方法有机地结合起来，特别适合于环境样品中痕量、超痕量分析物的测定。目前使用液相微萃取处理环境水样的有机污染物主要包括苯酚、芳香胺、硝基芳族类炸药、邻苯二甲酸酯、有机氯杀虫剂、硝基酚类、三嗪类除草剂等。生物样品由于组成复杂或受到样品基体的强烈干扰，使得样品的分离富集过程步骤烦琐，导致方法灵敏度很低。近年来，分析工作者尝试着将液相微萃取技术应用于血样、尿样、唾液、头发等生物样品的分析，检出限可达 $\mu g \cdot L^{-1}$ 水平。

11.6.4　超临界流体萃取

超临界流体萃取技术是近年来发展很快、应用很广的一种新的分离技术，它是利用超临界流体为萃取剂的一种萃取方法。某一物质处于它的临界温度（T_c）和临界压力（p_c）以上时，该物质的性质就介于气体和液体之间，既有与液体相仿的高密度，具有较大的溶解力，又有与气体相近的黏度小、渗透力强等特点，此时该物质就称为超临界流体。超临界流体的相平衡见图 11.12。

超临界流体萃取的分离原理是利用压力和温度对超临界流体溶解能力的影响而进行的，即根据分析物的物理化学性质，通过调节合适的温度和压力来调节超临界流体的溶解性能，便可以有选择性地把各组分按照各自极性大小、沸点高低和相对分子质量大小依次萃取出来。若温度一定，溶解度大的分析物在低压时优先被萃取，随着压力的升高，溶解度较小的组分也依次被萃取。若压力一定，改变温度会引起超临界流体的密度和目标物的蒸气压的变化，从而影响超临界流体的萃取效率。各个压力范围内所得到的萃取物是不唯一的，但可以

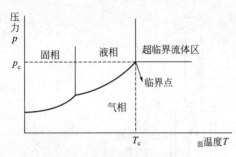

图 11.12　超临界流体的相平衡示意图

控制条件得到最佳比例的混合成分，然后借助减压、升温的方法使超临界流体变成普通气体，对被萃取的分析物进行分离，从而达到分离提纯的目的，所以超临界流体萃取是将萃取和分离两个不同的过程连成一体的萃取技术。

目前，应用最广泛的超临界流体是 CO_2，因为它的临界温度是 31℃，可使萃取在接近室温下完成，且临界压力为 7.3MPa，比较适中，特别适合热敏性和化学不稳定物质的萃取；同时，CO_2 无毒、无污染、不可燃又便宜，是公认的绿色溶剂。

超临界流体萃取装置由四部分构成：超临界流体提供系统（泵）、萃取池（器）、控制器和样品收集系统，如图 11.13 所示。从钢瓶放出的高纯 CO_2 经高压柱塞泵压缩形成 CO_2 液体，经阀门进入载有萃取物的高温萃取池中，在超临界温度和压力下，CO_2 流经样品进行超临界萃取。在萃取池中，分析物通过超临界流体的流动和渗透，从基体中脱离并溶解于超临界流体中，进行扩散分配。随后 CO_2 携带萃取物经阻尼器一同从萃取池流出并进入收集器内的回收液中。萃取物被收集在少量溶液内，CO_2 自然挥发。当 CO_2 超临界流体与萃取物的极性差异较大，而不能有效对样品进行萃取时，可利用另一个泵加入改性剂（夹带剂）以增强 CO_2 超临界流体的极性，提高极性分析物的萃取效率。多余的超临界流体排空或循环使用。

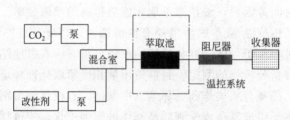

图 11.13　超临界流体萃取系统示意图

根据操作方式的不同，超临界流体萃取分为静态萃取、动态萃取和循环萃取三种模式。静态萃取是固定超临界流体的用量，维持一定的压力和温度，将待萃取的样品在超临界流体中浸泡一定时间后，再引入收集装置中。这种萃取模式适用于分析物在超临界流体中溶解度不大或者与基体作用较强而不易释放的超临界流体萃取。静态萃取系统的应用比较多，尤其是必须添加改性剂或配位剂时，采用静态萃取能显著提高萃取效率。动态萃取系统的流路是单向的、不循环的。该法使超临界流体一次性不间断地流经装样品的萃取池，萃取分析物后直接送入收集系统。该法适用于分析物在超临界流体中有较大溶解度并且容易从基体中释放的超临界流体萃取。循环萃取系统与动态萃取系统类似。该法使超临界流体不断重复流经萃取池进行萃取，然后送入收集系统。实验时要根据样品基体、分析物等实际情况，灵活选择萃取模式，并优化压力、温度、时间以及其他加入溶剂种类等对萃取效果有影响的因素。

超临界流体萃取主要用于处理固体试样，包括岩矿、泥土、大气颗粒、生物组织等。被萃取物质主要有农药、多氯联苯、多环芳烃、烃类、酚类等非极性到中等极性的有机物，已被广泛用于环境、食品、饲料、生物、高分子甚至无机物的萃取中。超临界流体萃取的另一特点是很容易与其他分析方法联用，如 SFE-IR、SFE-GC、SFE-HPLC、SFE-GC-MS 等。

11.6.5　膜分离法

膜分离技术被认为是 20 世纪末～21 世纪中期最有发展前途的高新技术之一。由于兼有分离、浓缩、纯化和精制的功能，又具有高效、节能、环保、分子级过滤及过滤过程简单、易于控制等特征，目前已广泛应用于各个工业领域，并已使海水淡化、烧碱生产、乳品加工等多种传统的工业生产面貌发生了根本性的变化。

膜分离技术是用天然或人工合成的高分子薄膜为分离介质，以外界能量或化学位差为推动力，对双组分或多组分的溶质和溶剂进行分离、分级、提纯和富集的一项新型分离技术。膜分离法中的关键物质是膜，膜具有高度的渗透选择性，可以是均匀的一相，也可以是由两相以上的凝聚态物质构成的复合体。膜是全透性或半透性膜，可以是固态、液态或气态，但必须将同一种流体或不同种流体分隔成为两部分。膜有两个界面，与所隔开的物质接触，但不互溶。膜分离法通常按方法的驱动力进行分类：按浓度差有渗透法、液膜法、渗透蒸发等；按压力差有反渗透、超滤、微滤等；按电位差有电渗析。下面仅介绍在分析化学中常用的液膜分离法。

液膜分离法又称液膜萃取法。液膜是一层很薄的膜，与被隔开的液体不互溶。按照液膜的组成成分不同，液膜分为油包水型（W/O，油型）和水包油型（O/W，水型）两种。油型膜处理的试样溶液是水溶液，而水型膜处理的试样溶液是与水不互溶的有机溶液。由于实际处理的样品溶液多数是环境水溶液，所以油型膜用得比较多。

膜溶剂、表面活性剂、流动载体和膜增强剂是构成液膜的四种成分。表面活性剂是液膜的主要成分之一，用于控制液膜的稳定性。根据油型膜或水型膜选择表面活性剂，常用油型膜表面活性剂是单油酸山梨糖醇酐（Span-80）；水型膜是皂角苷（saponin）。膜溶剂是构成膜的基体，对保持膜稳定性非常重要，要求膜溶剂具有一定的黏度。水型膜以水为膜溶剂，可加入甘油为膜增强剂，油型膜采用煤油、中性油及柴油等为膜溶剂。在有载体的液膜分离中，流动载体是实现分离传质的关键，所以选择好流动载体极为重要。流动载体主要有离子型和非离子型两大类，一般说来，非离子型载体比离子型载体好。一般适于作萃取剂的物质可作流动载体，如羧酸、三辛胺、肟类化合物和大环多醚等。膜增强剂是否被采用取决于液膜的稳定性。在分离操作过程中，要求液膜具有一定的稳定性，而在破乳阶段又要求它容易破乳，为了两者统一，通常使用增强剂，使液膜在分离操作中具有适当的稳定性。

液膜分离法涉及三个液相：试样液、萃取液和处于这两者之间的薄膜（即液膜）。下面仅以油型膜为例简单介绍其分离的基本原理：由浸透了与水互不相溶的有机溶剂的多孔薄膜把水溶液系统分隔成两相——萃取相和被萃取相；其中与流动的试样水溶液系统相连的相为被萃取相，静止不动的相为萃取相。试样水溶液的离子流入被萃取相与其中加入的某些试剂形成中性分子（处于活化态）。这种中性分子通过扩散溶入并吸附在液膜中，再进一步扩散进入萃取相，一旦进入萃取相，中性分子受萃取相中化学条件的影响又分解为离子（处于非活化态）而无法再返回液膜中，从而使试样水溶液中的离子不可逆地留在萃取相中，而达到分离和富集的目的。由此可见，液膜萃取必须将试样中被萃取物转变为中性分子，透过液膜进入萃取相，再分解为离子。提高萃取回收率或选择性的途径是改变被萃取相或萃取相的化学环境，如调节 pH 值，使具有不同 pK 值的物质有选择性地被分别萃取出来，或者改变液膜中有机溶剂的极性，可增加极性不同物质的溶解度等。

液膜分离原理类似于液-液萃取和反萃取，被分离组分从试样液进入液膜相当于萃取，再从液膜进入萃取液（接受液）相当于反萃取。液膜分离法在同一步骤中完成萃取和反萃取，使得传递速度大为提高，因而所需平衡级数明显减少，大大节省了萃取溶剂的消耗量。

液膜按乳化液膜和支撑液膜制备。乳化液膜分离装置与萃取装置类似，其主要操作程序为：

① 制备乳液 将含有膜溶剂、表面活性剂、流动载体以及膜增强剂的液膜溶液和萃取溶液置于容器中，在高速搅拌下制成油包水型或水包油型的乳液。

② 液膜萃取 将①制成的乳液与待处理的试样溶液按照一定的体积比混合在容器中，并慢速搅拌混合，使乳液分散在待处理的试样溶液中，形成水包油包水型（W/O/W）或油包水包油型（O/W/O）的双重乳状液高分散体系。一定时间后，将乳液与待处理的试样溶液分离。

③ 破乳 利用化学法或物理法将乳液破碎，分离出液膜相和萃取相。萃取相进行回收或处理，物理法破乳的液膜相可重新返回制乳。

支撑液膜是将液膜相溶液附着于多孔支撑体的微孔中制得的，支撑体多为惰性聚合物膜，如聚砜、聚四氟乙烯、聚丙烯膜等。

液膜分离法的特点是富集倍数高，萃取相与被萃取相的体积比可高达 1:1000，且选择性好、操作易于自动化，特别适合于野外现场各种环境水样的前处理。试样经液膜法分离富集后，与其他分析技术（GC、HPLC）联用，已成功地应用于造纸黑液和各种污水（如含锌、酚、醋酸、苯胺等废水），以及从发酵液中提取先锋霉素、盘尼西林、青霉素、氨基酸等。其潜在的应用领域包括湿法冶金、废水处理、核工业、气体分离、有机物分离、生物制品分离与生物医学分离、化学传感器与离子选择性电极等。

思考题及习题

11-1 在分析化学中，为什么要进行分离富集？

11-2 何谓回收率？在分析工作中对回收率的要求如何？

11-3 形成螯合物的有机沉淀剂和形成缔合物的有机沉淀剂分别具有什么特点？各举例说明。

11-4 共沉淀富集痕量组分时，有机共沉淀剂较无机共沉淀剂有何优点？

11-5 何谓分配系数、分配比？萃取率与哪些因素有关？采用什么措施可提高萃取率？

11-6 为什么在进行螯合萃取时，溶液酸度的控制显得重要？

11-7 解释下列概念：交联度、交换容量、比移值。

11-8 吸附柱色谱分离法中，如何选择固定相和流动相？

11-9 简述薄层色谱分离法的操作步骤。薄层色谱法是如何定量测定的？

11-10 离子交换树脂分几类？各有什么特点？

11-11 在离子交换分离法中，影响离子交换亲和力的主要因素有哪些？

11-12 举例说明阳离子交换树脂的交换过程和洗脱过程。

11-13 与液-液萃取分离法相比，固相萃取、固相微萃取、液相微萃取、超临界流体萃取和液膜分离法有何优越性？

11-14 试剂 HL 与金属离子 M^{2+} 形成的配合物可被有机溶剂萃取：$M_{水}^{2+} + 2HL_{有} \Longrightarrow ML_{2有} + 2H_{水}^{+}$。该反应的平衡常数即萃取平衡常数 $K=0.15$。若 20.0mL 金属离子的水溶液被含有 HL 为 2.0×10^{-2} mol·L^{-1} 的 10.0mL 有机溶剂萃取，计算 pH=3.50 时，金属离子的萃取率。

(99.67%)

11-15 某水溶液溶质 A 10.0mg，经适当处理后用等体积的有机溶剂进行萃取，$D=99$。若（1）用全量的有机溶剂一次萃取，（2）每次用一半量的有机溶剂分两次萃取，问在水溶液中各剩余 A 多少毫克？萃取率各为多少？

（0.100mg，3.92×10^{-3} mg；99%，99.96%）

11-16　称取 1.500g 氢型阳离子交换树脂，装入交换柱中，用 NaCl 溶液冲洗，至流出液使甲基橙呈橙色为止。收集全部洗出液，用甲基橙作指示剂，以 0.1000mol·L^{-1} NaOH 标准溶液滴定，用去 24.51mL，计算树脂的交换容量。

（1.634mmol·g^{-1}）

11-17　将 100mL 水样通过强酸性阳离子交换树脂，流出液用 0.1042mol·L^{-1} NaOH 标准溶液滴定，用去 41.25mL，若水样中金属离子含量以钙离子含量表示，求水样中含钙的质量浓度（mg·L^{-1}）？

（8.61×10^2 mg·L^{-1}）

附　　录

附录1　常用酸、碱溶液的密度和浓度

酸或碱	密度 ρ /g·mL^{-1}	质量分数 w /%	物质的量浓度 c /mol·L^{-1}	酸或碱	密度 ρ /g·mL^{-1}	质量分数 w /%	物质的量浓度 c /mol·L^{-1}
硫　酸	1.84	96	18	醋　酸	1.05	100	17.5
	1.18	25	3		1.04	35	6
	1.06	9	1		1.02	12	2
盐　酸	1.19	38	12	氢氟酸	1.13	40	23
	1.10	20	6	氢溴酸	1.38	40	7
	1.03	7	2				
硝　酸	1.40	65	14	氢碘酸	1.70	60	8
	1.20	32	6	氢氧化钠	1.36	33	11
	1.07	12	2		1.09	8	2
磷　酸	1.70	85	15	氨　水	0.88	35	18
	1.05	9	1		0.91	25	13.5
高氯酸	1.75	72	12		0.96	10	6
	1.12	20	2		0.99	3.5	2

附录2　常用基准物质的干燥条件和应用

基准物质 名称	基准物质 分子式	干燥后的组成	干燥条件/℃	标定对象
碳酸氢钠	$NaHCO_3$	Na_2CO_3	270～300	酸
碳酸钠	$Na_2CO_3·10H_2O$	Na_2CO_3	270～300	酸
硼砂	$Na_2B_4O_7·10H_2O$	$Na_2B_4O_7·10H_2O$	放在含 NaCl 和蔗糖饱和溶液的干燥器中	酸
碳酸氢钾	$KHCO_3$	K_2CO_3	270～300	酸
草酸	$H_2C_2O_4·2H_2O$	$H_2C_2O_4·2H_2O$	室温空气干燥	碱或 $KMnO_4$
邻苯二甲酸氢钾	$KHC_8H_4O_4$	$KHC_8H_4O_4$	110～120	碱
重铬酸钾	$K_2Cr_2O_7$	$K_2Cr_2O_7$	140～150	还原剂
溴酸钾	$KBrO_3$	$KBrO_3$	130	还原剂
碘酸钾	KIO_3	KIO_3	130	还原剂
铜	Cu	Cu	室温干燥器中保存	还原剂
三氧化二砷	As_2O_3	As_2O_3	室温干燥器中保存	氧化剂
草酸钠	$Na_2C_2O_4$	$Na_2C_2O_4$	130	氧化剂
碳酸钙	$CaCO_3$	$CaCO_3$	110	EDTA
锌	Zn	Zn	室温干燥器中保存	EDTA
氧化锌	ZnO	ZnO	900～1000	EDTA
氯化钠	$NaCl$	$NaCl$	500～600	$AgNO_3$
氯化钾	KCl	KCl	500～600	$AgNO_3$
硝酸银	$AgNO_3$	$AgNO_3$	280～290	氯化物

附录 3　常用弱酸、弱碱在水中的解离常数（25℃，$I=0$）

弱　酸	分子式	K_a	pK_a
砷　酸	H_3AsO_4	$6.3\times10^{-3}(K_{a_1})$ $1.0\times10^{-7}(K_{a_2})$ $3.2\times10^{-12}(K_{a_3})$	2.20 7.00 11.50
亚砷酸	$HAsO_2(H_3AsO_3)$	6.0×10^{-10}	9.22
硼　酸	H_3BO_3	$5.8\times10^{-10}(K_{a_1})$ $1.8\times10^{-13}(K_{a_2})$ $1.6\times10^{-14}(K_{a_3})$	9.24 12.74 13.80
碳　酸	H_2CO_3	$4.2\times10^{-7}(K_{a_1})$ $5.6\times10^{-11}(K_{a_2})$	6.38 10.25
氢氰酸	HCN	7.2×10^{-10}	9.14
铬　酸	H_2CrO_4	$3.2\times10^{-7}(K_{a_2})$	6.50
氢氟酸	HF	7.2×10^{-4}	3.14
亚硝酸	HNO_2	5.1×10^{-4}	3.29
磷　酸	H_3PO_4	$7.6\times10^{-3}(K_{a_1})$ $6.3\times10^{-8}(K_{a_2})$ $4.4\times10^{-13}(K_{a_3})$	2.12 7.20 12.36
氢硫酸	H_2S	$5.7\times10^{-8}(K_{a_1})$ $1.2\times10^{-15}(K_{a_2})$	7.24 14.92
硫　酸	H_2SO_4	1.0×10^{-2}	1.99
硫氰酸	$HSCN$	1.4×10^{-1}	0.85
甲　酸	$HCOOH$	1.8×10^{-4}	3.74
乙　酸	CH_3COOH	1.8×10^{-5}	4.74
丙　酸	C_2H_5COOH	1.34×10^{-5}	4.87
氯乙酸	$CH_2ClCOOH$	1.4×10^{-3}	2.86
二氯乙酸	$CHCl_2COOH$	5.0×10^{-2}	1.30
氨基乙酸	$^+NH_3CH_2COOH$ $^+NH_3CH_2COO^-$	$4.5\times10^{-3}(K_{a_1})$ $2.5\times10^{-10}(K_{a_2})$	2.35 9.60
乳　酸	$CH_3CHOHCOOH$	1.4×10^{-4}	3.86
草　酸	$H_2C_2O_4$	$5.9\times10^{-2}(K_{a_1})$ $6.4\times10^{-5}(K_{a_2})$	1.22 4.19
α-酒石酸	$CH(OH)COOH$ | $CH(OH)COOH$	$9.1\times10^{-4}(K_{a_1})$ $4.3\times10^{-5}(K_{a_2})$	3.04 4.37

弱　酸	分子式	K_a	pK_a
邻苯二甲酸	$C_6H_4(COOH)_2$	$1.1 \times 10^{-3} (K_{a_1})$ $3.9 \times 10^{-6} (K_{a_2})$	2.95 5.41
柠檬酸	$\begin{array}{c}CH_2COOH\\ \mid\\ C(OH)COOH\\ \mid\\ CH_2COOH\end{array}$	$7.4 \times 10^{-4} (K_{a_1})$ $1.7 \times 10^{-5} (K_{a_2})$ $4.0 \times 10^{-7} (K_{a_3})$	3.13 4.67 6.40
苯甲酸	C_6H_5COOH	6.2×10^{-5}	4.21
苯　酚	C_6H_5OH	1.1×10^{-10}	9.95
乙二胺四乙酸 （EDTA）	H_6Y^{2+} H_5Y^+ H_4Y H_3Y^- H_2Y^{2-} HY^{3-}	$0.1 (K_{a_1})$ $3 \times 10^{-2} (K_{a_2})$ $1 \times 10^{-2} (K_{a_3})$ $2.1 \times 10^{-3} (K_{a_4})$ $6.9 \times 10^{-7} (K_{a_5})$ $5.5 \times 10^{-11} (K_{a_6})$	0.9 1.6 2.0 2.67 6.16 10.26
水杨酸	$C_6H_4OHCOOH$	$1.0 \times 10^{-3} (K_{a_1})$ $4.2 \times 10^{-13} (K_{a_2})$	3.00 12.38
磺基水杨酸	$C_6H_3SO_3HOHCOOH$	$4.7 \times 10^{-3} (K_{a_1})$ $3 \times 10^{-12} (K_{a_2})$	2.33 11.6
乙酰水杨酸	$C_9H_8O_4$	1.0×10^{-3}	3.00
硫代硫酸	$H_2S_2O_3$	$5 \times 10^{-1} (K_{a_1})$ $1 \times 10^{-2} (K_{a_2})$	0.3 2.0
邻二氮菲	$C_{12}H_8N_2$	1.1×10^{-5}	4.96
8-羟基喹啉	C_8H_6NOH	$9.6 \times 10^{-6} (K_{a_1})$ $1.55 \times 10^{-10} (K_{a_2})$	5.02 9.81
弱　碱	分子式	K_b	pK_b
氨　水	NH_3	1.8×10^{-5}	4.74
联　氨	H_2NNH_2	$3.0 \times 10^{-6} (K_{b_1})$ $7.6 \times 10^{-15} (K_{b_2})$	5.52 14.12
羟　氨	NH_2OH	9.1×10^{-9} (1.07×10^{-8})	8.04 (7.79)
甲　胺	CH_3NH_2	4.2×10^{-4}	3.38
乙　胺	$C_2H_5NH_2$	5.6×10^{-4}	3.25
二甲胺	$(CH_3)_2NH$	1.2×10^{-4}	3.93
二乙胺	$(C_2H_5)_2NH$	1.3×10^{-3}	2.89
乙醇胺	$HOCH_2CH_2NH_2$	3.2×10^{-5}	4.50
三乙醇胺	$(HOCH_2CH_2)_3N$	5.8×10^{-7}	6.24
六亚甲基四胺	$(CH_2)_6N_4$	1.4×10^{-9}	8.85

弱　碱	分子式	K_b	pK_b
乙二胺	$H_2NCH_2CH_2NH_2$	$8.5\times10^{-5}(K_{b_1})$ $7.1\times10^{-8}(K_{b_2})$	4.07 7.15
吡啶	C_6H_5N	1.7×10^{-9} (2.04×10^{-9})	8.77 (8.69)
喹啉	C_9H_7N	6.3×10^{-10}	9.2

附录 4　部分金属配合物的累积形成常数（18～25℃）

金属配合物	离子强度 $I/mol\cdot L^{-1}$	n	$\lg\beta_n$
氨配合物			
Ag^+	0.5	1,2	3.24;7.05
Cd^{2+}	2	1,…,6	2.65;4.75;6.19;7.12;6.80;5.14
Co^{2+}	2	1,…,6	2.11;3.74;4.79;5.55;5.73;5.11
Co^{3+}	2	1,…,6	6.7;14.0;20.1;25.7;30.8;35.2
Cu^+	2	1,2	5.93;10.86
Cu^{2+}	2	1,…,5	4.31;7.98;11.02;13.32;12.86
Ni^{2+}	2	1,…,6	2.80;5.04;6.77;7.96;8.71;8.74
Zn^{2+}	2	1,…,4	2.37;4.81;7.31;9.46
溴配合物			
Ag^+	0	1,…,4	4.38;7.33;8.00;8.73
Bi^{3+}	2.3	1,…,6	4.30;5.55;5.89;7.82;—;9.70
Cd^{2+}	3	1,…,4	1.75;2.34;3.32;3.70
Cu^+	0	2	5.89
Hg^{2+}	0.5	1,…,4	9.05;17.32;19.74;21.00
氯配合物			
Ag^+	0	1,…,4	3.04;5.04;5.04;5.30
Hg^{2+}	0.5	1,…,4	6.74;13.22;14.07;15.07
Sn^{2+}	0	1,…,4	1.51;2.24;2.03;1.48
Sb^{3+}	4	1,…,6	2.26;3.49;4.18;4.72;4.72;4.11
氰配合物			
Ag^+	0	1,…,4	—;21.1;21.7;20.6
Cd^{2+}	3	1,…,4	5.48;10.60;15.23;18.78
Co^{2+}		6	19.09
Cu^+	0	1,…,4	—;24.0;28.59;30.3
Fe^{2+}	0	6	35
Fe^{3+}	0	6	42
Hg^{2+}	0	4	41.4
Ni^{2+}	0.1	4	31.3
Zn^{2+}	0.1	4	16.7
氟配合物			
Al^{3+}	0.5	1,…,6	6.13;11.15;15.00;17.75;19.37;19.84
Fe^{3+}	0.5	1,…,6	5.28;9.30;12.06;—;15.77;—
Th^{4+}	0.5	1,…,3	7.65;13.46;17.97
TiO_2^{2+}	3	1,…,4	5.4;9.8;13.7;18.0
ZrO_2^{2+}	2	1,…,3	8.80;16.12;21.94

续表

金属配合物	离子强度 I/mol·L^{-1}	n	$\lg\beta_n$
碘配合物			
Ag^+	0	1,…,3	6.58;11.74;13.68
Bi^{3+}	2	1,…,6	3.63;—;—;14.95;16.80;18.80
Cd^{2+}	0	1,…,4	2.10;3.43;4.49;5.41
Pb^{2+}	0	1,…,4	2.00;3.15;3.92;4.47
Hg^{2+}	0.5	1,…,4	12.87;23.82;27.60;29.83
磷酸配合物			
Ca^{2+}	0.2	CaHL	1.7
Mg^{2+}	0.2	MgHL	1.9
Mn^{2+}	0.2	MnHL	2.6
Fe^{3+}	0.66	FeHL	9.35
硫氰酸配合物			
Ag^+	2.2	1,…,4	—;7.57;9.08;10.08
Au^+	0	1,…,4	—;23;—;42
Co^{2+}	1	1	1.0
Cu^+	5	1,…,4	—;11.00;10.90;10.48
Fe^{3+}	0.5	1,2	2.95;3.36
Hg^{2+}	1	1,…,4	—;17.47;—;21.23
硫代硫酸配合物			
Ag^+	0	1,…,3	8.82;13.46;14.15
Cu^+	0.8	1,2,3	10.35;12.27;13.71
Hg^{2+}	0	1,…,4	—;29.86;32.26;33.61
Pb^{2+}	0	1.3	5.1;6.4
乙酰丙酮配合物			
Al^{3+}	0	1,2,3	8.60;15.5;21.30
Cu^{2+}	0	1,2	8.27;16.34
Fe^{2+}	0	1,2	5.07;8.67
Fe^{3+}	0	1,2,3	11.4;22.1;26.7
Ni^{2+}	0	1,2,3	6.06;10.77;13.09
Zn^{2+}	0	1,2	4.98;8.81
柠檬酸配合物			
Ag^+	0	Ag$_2$HL	7.1
Al^{3+}	0.5	AlHL	7.0
	0.5	AlL	20.0
		AlOHL	30.6
Ca^{2+}	0.5	CaH$_3$L	10.9
		CaH$_2$L	8.4
		CaHL	3.5
Cd^{2+}	0.5	CdH$_2$L	7.9
		CdHL	4.0
		CdL	11.3
Co^{2+}	0.5	CoH$_2$L	8.9
		CoHL	4.4
		CoL	12.5
Cu^{2+}	0.5	CuH$_3$L	12.0
	0	CuHL	6.1
	0.5	CuL	18.0
Fe^{2+}	0.5	FeH$_3$L	7.3
		FeHL	3.1
		FeL	15.5

续表

金属配合物	离子强度 $I/\text{mol} \cdot \text{L}^{-1}$	n	$\lg\beta_n$
柠檬酸配合物			
Fe^{3+}	0.5	FeH_2L	12.2
		$FeHL$	10.9
		FeL	25.0
Ni^{2+}	0.5	NiH_2L	9.0
		$NiHL$	4.8
		NiL	14.3
Pb^{2+}	0.5	$PbHL,PbH_2L$	5.2;11.2
		PbL	12.3
Zn^{2+}	0.5	ZnH_2L	8.7
		$ZnHL$	4.5
		ZnL	11.4
草酸配合物			
Al^{3+}	0	1,2,3	7.26;13.0;16.3
Cd^{2+}	0.5	1,2	2.9;4.7
Co^{2+}	0.5	$CoHL$	5.5
		CoH_2L	10.6
	0	1,2,3	4.79;6.7;9.7
Co^{3+}	0	3	~20
Cu^{2+}	0.5	$CuHL$	6.25
		1,2	4.5;8.9
Fe^{2+}	0.5~1	1,2,3	2.9;4.52;5.22
Fe^{3+}	0	1,2,3	9.4;16.2;20.2
Mg^{2+}	0.1	1,2	2.76;4.38
$Mn(\text{Ⅲ})$	2	1,2,3	9.98;16.57;19.42
Ni^{2+}	0.1	1,2,3	5.3;7.64;8.5
$Th(\text{Ⅳ})$	0.1	4	24.5
TiO^{2+}	2	1,2	6.6;9.9
Zn^{2+}	0.5	ZnH_2L	5.6
		1,2,3	4.89;7.60;8.15
磺基水杨酸配合物			
Al^{3+}	0.1	1,2,3	13.20;22.83;28.89
Cd^{2+}	0.25	1,2	16.68;29.08
Co^{2+}	0.1	1,2	6.13;9.82
Cr^{3+-}	0.1	1	9.56
Cu^{2+}	0.1	1,2	9.52;16.45
Fe^{2+}	0.1~0.5	1,2	5.90;9.90
Fe^{3+}	0.25	1,2,3	14.46;25.18;32.12
Mn^{2+}	0.1	1,2	5.24;8.24
Ni^{2+}	0.1	1,2	6.42;10.24
Zn^{2+}	0.1	1,2	6.05;10.65
酒石酸配合物			
Bi^{3+}	0	3	8.30
Ca^{2+}	0.5	$CaHL$	4.85
	0	1,2	2.98;9.04
Cd^{2+}	0.5	1	2.8
Cu^{2+}	1	1,…,4	3.2;5.11;4.78;6.51
Fe^{3+}	0		7.49

金属配合物	离子强度 $I/mol \cdot L^{-1}$	n	$lg\beta_n$
酒石酸配合物			
Mg^{2+}	0.5	MgHL	4.65
		1	1.2
Pb^{2+}	0	1,2,3	3.78;—;4.7
Zn^{2+}	0.5	ZnHL	4.5
		1,2	2.4;8.32
乙二胺配合物			
Ag^+	0.1	1,2	4.70;7.70
Cd^{2+}	0.5	1,2,3	5.47;10.09;12.09
Co^{2+}	1	1,2,3	5.91;10.64;13.94
Co^{3+}	1	1,2,3	18.70;34.90;48.69
Cu^+		2	10.8
Cu^{2+}	1	1,2,3	10.67;20.00;21.00
Fe^{2+}	1.4	1,2,3	4.34;7.65;9.70
Hg^{2+}	0.1	1,2	14.30;23.3
Mn^{2+}	1	1,2,3	2.73;4.79;5.67
Ni^{2+}	1	1,2,3	7.52;13.80;18.06
Zn^{2+}	1	1,2,3	5.77;10.83;14.11
硫脲配合物			
Ag^+	0.03	1,2	7.4;13.1
Bi^{3+}		6	11.9
Cu^+	0.1	3,4	13;15.4
Hg^{2+}		2,3,4	22.1;24.7;26.8
氢氧基配合物			
Al^{3+}	2	4	33.3
		$[Al_6(OH)_{15}]^{3+}$	163
Bi^{3+}	3	1	12.4
		$[Bi_6(OH)_{12}]^{6+}$	168.3
Cd^{2+}	3	1,$\cdots$,4	4.3;7.7;10.3;12.0
Co^{2+}	0.1	1,3	5.1;—;10.2
Cr^{3+}	0.1	1,2	10.2;18.3
Fe^{2+}	1	1	4.5
Fe^{3+}	3	1,2	11.0;21.7
		$[Fe_2(OH)_2]^{4+}$	25.1
Hg^{2+}	0.5	2	21.7
Mg^{2+}	0	1	2.6
Mn^{2+}	0.1	1	3.4
Ni^{2+}	0.1	1	4.6
Pb^{2+}	0.3	1,2,3	6.2;10.3;13.3
		$[Pb_2(OH)]^{3+}$	7.6
Sn^{2+}	3	1	10.1
Th^{4+}	1	1	9.7
Ti^{3+}	0.5	1	11.8
TiO^{2+}	1	1	13.7
VO^{2+}	3	1	8.0
Zn^{2+}	0	1,$\cdots$,4	4.4;10.1;14.2;15.5

附录5　部分金属离子与氨羧配位剂形成配合物的形成常数

$(18\sim25℃，I=0.1mol \cdot L^{-1})$

金属离子	$\lg K_形$						
	EDTA	DCyTA	DTPA	EGTA	HEDTA	NTA	
						$\lg\beta_1$	$\lg\beta_2$
Ag^+	7.32			6.88	6.71	5.16	
Al^{3+}	16.3	19.5	18.6	13.9	14.3	11.4	
Ba^{2+}	7.86	8.69	8.87	8.41	6.3	4.82	
Be^{2+}	9.2	11.51				7.11	
Bi^{3+}	27.94	32.3	35.6		22.3	17.5	
Ca^{2+}	10.69	13.20	10.83	10.97	8.3	6.41	
Cd^{2+}	16.46	19.93	19.2	16.7	13.3	9.83	14.61
Co^{2+}	16.31	19.62	19.27	12.39	14.6	10.38	14.39
Co^{3+}	36				37.4	6.84	
Cr^{3+}	23.4					6.23	
Cu^{2+}	18.80	22.00	21.55	17.71	17.6	12.96	
Fe^{2+}	14.32	19.0	16.5	11.87	12.3	8.33	
Fe^{3+}	25.1	30.1	28.0	20.5	19.8	15.9	
Ga^{3+}	20.3	23.2	25.54		16.9	13.6	
Hg^{2+}	21.7	25.00	26.70	23.2	20.30	14.6	
In^{3+}	25.0	28.8	29.0		20.2	16.9	
Li^+	2.79					2.51	
Mg^{2+}	8.7	11.02	9.30	5.21	7.0	5.41	
Mn^{2+}	13.87	17.48	15.60	12.28	10.9	7.44	
$Mo(V)$	~28						
Na^+	1.66						1.22
Ni^{2+}	18.62	20.3	20.32	13.55	17.3	11.53	16.42
Pb^{2+}	18.04	20.38	18.80	14.71	15.7	11.39	
Pd^{2+}	18.5						
Sc^{3+}	23.1	26.1	24.5	18.2			24.1
Sn^{2+}	22.11						
Sr^{2+}	8.73	10.59	9.77	8.50	6.9	4.98	
Th^{4+}	23.2	25.6	28.78				
TiO^{2+}	17.3						
Tl^{3+}	37.8	38.3				20.9	32.5
U^{4+}	25.8	27.6	7.69				
VO^{2+}	18.8	20.1					
Y^{3+}	18.09	19.85	22.13	17.16	14.78	11.41	20.43
Zn^{2+}	16.50	19.37	18.40	12.7	14.7	10.67	14.29
Zr^{4+}	29.50		35.8			20.8	
稀土元素	16~20	17~22	19		13~16	10~12	

注：EDTA：乙二胺四乙酸；DCyTA（或 DCTA、CyDTA）：1,2-二氨基环乙烷四乙酸；DTPA：二乙基三胺五乙酸；EGTA：乙二醇二乙醚二胺四乙酸；HEDTA：N-β-羟基乙基乙二胺三乙酸；NTA：氨三乙酸。

附录6 部分氧化还原电对的标准电极电位（18～25℃）

半　反　应	$\varphi^{\ominus}/V$
$F_2(气)+2H^++2e^-\rightleftharpoons 2HF$	3.06
$O_3+2H^++2e^-\rightleftharpoons O_2+H_2O$	2.07
$S_2O_8^{2-}+2e^-\rightleftharpoons 2SO_4^{2-}$	2.01
$H_2O_2+2H^++2e^-\rightleftharpoons 2H_2O$	1.77
$MnO_4^-+4H^++3e^-\rightleftharpoons MnO_2(固)+2H_2O$	1.695
$PbO_2(固)+SO_4^{2-}+4H^++2e^-\rightleftharpoons PbSO_4(固)+2H_2O$	1.685
$HClO_2+2H^++2e^-\rightleftharpoons HClO+H_2O$	1.64
$HClO+H^++e^-\rightleftharpoons \frac{1}{2}Cl_2+H_2O$	1.63
$Ce^{4+}+e^-\rightleftharpoons Ce^{3+}$	1.61
$H_4IO_6+H^++2e^-\rightleftharpoons IO_3^-+3H_2O$	1.60
$HBrO+H^++e^-\rightleftharpoons \frac{1}{2}Br_2+H_2O$	1.59
$BrO_3^-+6H^++5e^-\rightleftharpoons \frac{1}{2}Br_2+3H_2O$	1.52
$MnO_4^-+8H^++5e^-\rightleftharpoons Mn^{2+}+4H_2O$	1.51
$Au(\text{Ⅲ})+3e^-\rightleftharpoons Au$	1.50
$HClO+H^++2e^-\rightleftharpoons Cl^-+H_2O$	1.49
$ClO_3^-+6H^++5e^-\rightleftharpoons \frac{1}{2}Cl_2+3H_2O$	1.47
$PbO_2(固)+4H^++2e^-\rightleftharpoons Pb^{2+}+2H_2O$	1.455
$HIO+H^++e^-\rightleftharpoons \frac{1}{2}I_2+H_2O$	1.45
$ClO_3^-+6H^++6e^-\rightleftharpoons Cl^-+3H_2O$	1.45
$BrO_3^-+6H^++6e^-\rightleftharpoons Br^-+3H_2O$	1.44
$Au(\text{Ⅰ})+2e^-\rightleftharpoons Au(\text{Ⅰ})$	1.41
$Cl_2(气)+2e^-\rightleftharpoons 2Cl^-$	1.3595
$ClO_4^-+8H^++7e^-\rightleftharpoons \frac{1}{2}Cl_2+4H_2O$	1.34
$Cr_2O_7^{2-}+14H^++6e^-\rightleftharpoons 2Cr^{3+}+7H_2O$	1.33
$MnO_2(固)+4H^++2e^-\rightleftharpoons Mn^{2+}+2H_2O$	1.23
$O_2(气)+4H^++4e^-\rightleftharpoons 2H_2O$	1.229
$IO_3^-+6H^++5e^-\rightleftharpoons \frac{1}{2}I_2+3H_2O$	1.20
$ClO_4^-+6H^++2e^-\rightleftharpoons ClO_3^-+H_2O$	1.19
$Br_2(水)+2e^-\rightleftharpoons 2Br^-$	1.087
$NO_2+H^++e^-\rightleftharpoons HNO_2$	1.07
$Br_3^-+2e^-\rightleftharpoons 3Br^-$	1.05
$HNO_2+H^++e^-\rightleftharpoons NO(气)+H_2O$	1.00
$VO_2^++2H^++e^-\rightleftharpoons VO^{2+}+H_2O$	1.00
$HIO+H^++2e^-\rightleftharpoons I^-+H_2O$	0.99
$NO_3^-+3H^++2e^-\rightleftharpoons HNO_2+H_2O$	0.94

续表

半　反　应	$\varphi^{\ominus}/V$
$ClO^- + H_2O + 2e^- \Longrightarrow Cl^- + 2OH^-$	0.89
$H_2O_2 + 2e^- \Longrightarrow 2HO^-$	0.88
$Cu^{2+} + I^- + e^- \Longrightarrow CuI(固)$	0.86
$Hg^{2+} + 2e^- \Longrightarrow Hg$	0.845
$NO_3^- + 2H^+ + e^- \Longrightarrow NO_2 + H_2O$	0.80
$Ag^+ + e^- \Longrightarrow Ag$	0.7995
$Hg_2^{2+} + 2e^- \Longrightarrow 2Hg$	0.793
$Fe^{3+} + e^- \Longrightarrow Fe^{2+}$	0.771
$BrO^- + H_2O + 2e^- \Longrightarrow Br^- + 2OH^-$	0.76
$O_2(气) + 2H^+ + 2e^- \Longrightarrow H_2O_2$	0.682
$AsO_2^- + 2H_2O + 3e^- \Longrightarrow As + 4OH^-$	0.68
$2HgCl_2 + 2e^- \Longrightarrow Hg_2Cl_2(固) + 2Cl^-$	0.63
$Hg_2SO_4(固) + 2e^- \Longrightarrow 2Hg + SO_4^{2-}$	0.6151
$MnO_4^- + 2H_2O + 3e^- \Longrightarrow MnO_2(固) + 4OH^-$	0.588
$MnO_4^- + e^- \Longrightarrow MnO_4^{2-}$	0.564
$H_3AsO_4 + 2H^+ + 2e^- \Longrightarrow HAsO_2 + 2H_2O$	0.559
$I_3^- + 2e^- \Longrightarrow 3I^-$	0.545
$I_2(固) + 2e^- \Longrightarrow 2I^-$	0.5345
$Mo(Ⅵ) + e^- \Longrightarrow Mo(Ⅴ)$	0.53
$Cu^+ + e^- \Longrightarrow Cu$	0.52
$4SO_2(水) + 4H^+ + 6e^- \Longrightarrow S_4O_6^{2-} + 2H_2O$	0.51
$[HgCl_4]^{2-} + 2e^- \Longrightarrow Hg + 4Cl^-$	0.48
$2SO_2(水) + 2H^+ + 4e^- \Longrightarrow S_2O_3^{2-} + H_2O$	0.40
$[Fe(CN)_6]^{3-} + e^- \Longrightarrow [Fe(CN)_6]^{4-}$	0.36
$Cu^{2+} + 2e^- \Longrightarrow Cu$	0.337
$VO^{2+} + 2H^+ + e^- \Longrightarrow V^{3+} + H_2O$	0.337
$BiO^+ + 2H^+ + 3e^- \Longrightarrow Bi + H_2O$	0.32
$Hg_2Cl_2(固) + 2e^- \Longrightarrow 2Hg + 2Cl^-$	0.2676
$HAsO_2 + 3H^+ + 3e^- \Longrightarrow As + 2H_2O$	0.248
$AgCl(固) + e^- \Longrightarrow Ag + Cl^-$	0.2223
$SbO^+ + 2H^+ + 3e^- \Longrightarrow Sb + H_2O$	0.212
$SO_4^{2-} + 4H^+ + 2e^- \Longrightarrow SO_2(水) + H_2O$	0.17
$Cu^{2+} + e^- \Longrightarrow Cu^+$	0.159
$Sn^{4+} + 2e^- \Longrightarrow Sn^{2+}$	0.154
$S + 2H^+ + 2e^- \Longrightarrow H_2S(气)$	0.141
$Hg_2Br_2 + 2e^- \Longrightarrow 2Hg + 2Br^-$	0.1395
$TiO^{2+} + 2H^+ + e^- \Longrightarrow Ti^{3+} + H_2O$	0.1
$S_4O_6^{2-} + 2e^- \Longrightarrow 2S_2O_3^{2-}$	0.08
$AgBr(固) + e^- \Longrightarrow Ag + Br^-$	0.071
$2H^+ + 2e^- \Longrightarrow H_2$	0.000
$O_2 + H_2O + 2e^- \Longrightarrow HO_2^- + OH^-$	-0.067
$TiOCl^+ + 2H^+ + 3Cl^- + e^- \Longrightarrow TiCl_4^- + H_2O$	-0.09
$Pb^{2+} + 2e^- \Longrightarrow Pb$	-0.126

半　反　应	$\varphi^{\ominus}/V$
$Sn^{2+}+2e^-\Longrightarrow Sn$	-0.136
$AgI(固)+e^-\Longrightarrow Ag+I^-$	-0.152
$Ni^{2+}+2e^-\Longrightarrow Ni$	-0.246
$H_3PO_4+2H^++2e^-\Longrightarrow H_3PO_3+H_2O$	-0.276
$Co^{2+}+2e^-\Longrightarrow Co$	-0.277
$Tl^++e^-\Longrightarrow Tl$	-0.3360
$In^{3+}+3e^-\Longrightarrow In$	-0.345
$PbSO_4(固)+2e^-\Longrightarrow Pb+SO_4^{2-}$	-0.3553
$SeO_3^{2-}+3H_2O+4e^-\Longrightarrow Se+6OH^-$	-0.366
$As+3H^++3e^-\Longrightarrow AsH_3$	-0.38
$Se+2H^++2e^-\Longrightarrow H_2Se$	-0.40
$Cd^{2+}+2e^-\Longrightarrow Cd$	-0.403
$Cr^{3+}+e^-\Longrightarrow Cr^{2+}$	-0.41
$Fe^{2+}+2e^-\Longrightarrow Fe$	-0.440
$S+2e^-\Longrightarrow S^{2-}$	-0.48
$2CO_2+2H^++2e^-\Longrightarrow H_2C_2O_4$	-0.49
$H_3PO_3+2H^++2e^-\Longrightarrow H_3PO_2+H_2O$	-0.50
$Sb+3H^++3e^-\Longrightarrow SbH_3$	-0.51
$HPbO_2+H_2O+2e^-\Longrightarrow Pb+3OH^-$	-0.54
$Ga^{3+}+3e^-\Longrightarrow Ga$	-0.56
$TeO_3^{2-}+3H_2O+4e^-\Longrightarrow Te+6OH^-$	-0.57
$2SO_3^{2-}+3H_2O+4e^-\Longrightarrow S_2O_3^{2-}+6OH^-$	-0.58
$SO_3^{2-}+3H_2O+4e^-\Longrightarrow S+6OH^-$	-0.66
$AsO_4^{3-}+2H_2O+2e^-\Longrightarrow AsO_2^-+4OH^-$	-0.67
$Ag_2S(固)+2e^-\Longrightarrow 2Ag+S^{2-}$	-0.69
$Zn^{2+}+2e^-\Longrightarrow Zn$	-0.763
$2H_2O+2e^-\Longrightarrow H_2+2OH^-$	-0.828
$Cr^{2+}+2e^-\Longrightarrow Cr$	-0.91
$HSnO_2^-+H_2O+2e^-\Longrightarrow Sn+3OH^-$	-0.91
$Se+2e^-\Longrightarrow Se^{2-}$	-0.92
$[Sn(OH)_6]^{2-}+2e^-\Longrightarrow HSnO_2^-+H_2O+3OH^-$	-0.93
$CNO^-+H_2O+2e^-\Longrightarrow CN^-+2OH^-$	-0.97
$Mn^{2+}+2e^-\Longrightarrow Mn$	-1.182
$ZnO_2^{2-}+2H_2O+2e^-\Longrightarrow Zn+4OH^-$	-1.216
$Al^{3+}+3e^-\Longrightarrow Al$	-1.66
$H_2AlO_3^-+H_2O+3e^-\Longrightarrow Al+4OH^-$	-2.35
$Mg^{2+}+2e^-\Longrightarrow Mg$	-2.37
$Na^++e^-\Longrightarrow Na$	-2.714
$Ca^{2+}+2e^-\Longrightarrow Ca$	-2.87
$Sr^{2+}+2e^-\Longrightarrow Sr$	-2.89
$Ba^{2+}+2e^-\Longrightarrow Ba$	-2.90
$K^++e^-\Longrightarrow K$	-2.925
$Li^++e^-\Longrightarrow Li$	-3.042

附录 7　部分氧化还原电对的条件电极电位

半反应	条件电位 $\varphi'^{\ominus}/V$	介　质
$Ag(\mathrm{II})+e^-\!\!=\!\!=Ag^+$	1.927	$4mol \cdot L^{-1}HNO_3$
	$+0.792$	$1mol \cdot L^{-1}HClO_4$
	$+0.228$	$1mol \cdot L^{-1}HCl$
$Ce(\mathrm{IV})+e^-\!\!=\!\!=Ce(\mathrm{III})$	1.74	$1mol \cdot L^{-1}HClO_4$
	1.44	$0.5mol \cdot L^{-1}H_2SO_4$
	1.28	$1mol \cdot L^{-1}HCl$
$Co^{3+}+e^-\!\!=\!\!=Co^{2+}$	1.84	$3mol \cdot L^{-1}HNO_3$
$[Co(乙二胺)_3]^{3+}+e^-\!\!=\!\!=[Co(乙二胺)_3]^{2+}$	-0.2	$0.1mol \cdot L^{-1}KNO_3+0.1mol \cdot L^{-1}乙二胺$
$Cr(\mathrm{III})+e^-\!\!=\!\!=Cr(\mathrm{II})$	-0.40	$5mol \cdot L^{-1}HCl$
$Cr_2O_7^{2-}+14H^++6e^-\!\!=\!\!=2Cr^{3+}+7H_2O$	1.08	$3mol \cdot L^{-1}HCl$
	1.15	$4mol \cdot L^{-1}H_2SO_4$
	1.025	$1mol \cdot L^{-1}HClO_4$
$CrO_4^{2-}+2H_2O+3e^-\!\!=\!\!=CrO_2^-+4OH^-$	-0.12	$1mol \cdot L^{-1}NaOH$
$Fe(\mathrm{III})+e^-\!\!=\!\!=Fe^{2+}$	0.767	$1mol \cdot L^{-1}HClO_4$
	0.71	$0.5mol \cdot L^{-1}HCl$
	0.68	$1mol \cdot L^{-1}H_2SO_4$
	0.68	$1mol \cdot L^{-1}HCl$
	0.46	$2mol \cdot L^{-1}H_3PO_4$
	0.51	$1mol \cdot L^{-1}HCl+0.25mol \cdot L^{-1}H_3PO_4$
$[Fe(EDTA)]^-+e^-\!\!=\!\!=[Fe(EDTA)]^{2-}$	0.12	$0.1mol \cdot L^{-1}EDTA\ pH=4\sim6$
$[Fe(CN)_6]^{3-}+e^-\!\!=\!\!=[Fe(CN)_6]^{4-}$	0.56	$0.1mol \cdot L^{-1}HCl$
$FeO_4^{2-}+2H_2O+3e^-\!\!=\!\!=FeO_2^-+4OH^-$	0.55	$10mol \cdot L^{-1}NaOH$
$I_3^-+2e^-\!\!=\!\!=3I^-$	0.5446	$0.5mol \cdot L^{-1}H_2SO_4$
$I_2(水)+2e^-\!\!=\!\!=2I^-$	0.6276	$0.5mol \cdot L^{-1}H_2SO_4$
$MnO_4^-+8H^++5e^-\!\!=\!\!=Mn^{2+}+4H_2O$	1.45	$1mol \cdot L^{-1}HClO_4$
$SnCl_6^{2-}+2e^-\!\!=\!\!=SnCl_4^{2-}+2Cl^-$	0.14	$1mol \cdot L^{-1}HCl$
$Sb(\mathrm{V})+2e^-\!\!=\!\!=Sb(\mathrm{III})$	0.75	$3.5mol \cdot L^{-1}HCl$
$[Sb(OH)_6]^-+2e^-\!\!=\!\!=SbO_2^-+2OH^-+2H_2O$	-0.428	$3mol \cdot L^{-1}NaOH$
$SbO_2^-+2H_2O+3e^-\!\!=\!\!=Sb+4OH^-$	-0.675	$10mol \cdot L^{-1}KOH$
$Ti(\mathrm{IV})+e^-\!\!=\!\!=Ti(\mathrm{III})$	-0.01	$0.2mol \cdot L^{-1}H_2SO_4$
	0.12	$2mol \cdot L^{-1}H_2SO_4$
	-0.04	$1mol \cdot L^{-1}HCl$
	-0.05	$1mol \cdot L^{-1}H_3PO_4$
$Pb(\mathrm{II})+2e^-\!\!=\!\!=Pb$	-0.32	$1mol \cdot L^{-1}NaAc$

附录 8 微溶化合物的活度积[①]（18～25℃，$I=0$）

微溶化合物	K_{ap}	pK_{ap}	微溶化合物	K_{ap}	pK_{ap}
AgAc	2×10^{-3}	2.7	Cd(OH)$_2$ 新析出	2.5×10^{-14}	13.60
Ag$_3$AsO$_4$	1×10^{-22}	22.0	CdC$_2$O$_4\cdot$3H$_2$O	9.1×10^{-8}	7.04
AgBr	5.0×10^{-13}	12.30	CdS	8×10^{-27}	26.1
Ag$_2$CO$_3$	8.1×10^{-12}	11.09	CoCO$_3$	1.4×10^{-13}	12.84
AgCl	1.8×10^{-10}	9.75	Co$_2$[Fe(CN)$_6$]	1.8×10^{-15}	14.74
Ag$_2$CrO$_4$	2.0×10^{-12}	11.71	Co(OH)$_2$ 新析出	2×10^{-15}	14.7
AgCN	1.2×10^{-16}	15.92	Co(OH)$_3$	2×10^{-44}	43.7
AgOH	2.0×10^{-8}	7.71	Co[Hg(SCN)$_4$]	1.5×10^{-8}	5.82
AgI	9.3×10^{-17}	16.03	α-CoS	4×10^{-21}	20.4
Ag$_2$C$_2$O$_4$	3.5×10^{-11}	10.46	β-CoS	2×10^{-25}	24.7
Ag$_3$PO$_4$	1.4×10^{-16}	15.84	Co$_3$(PO$_4$)$_2$	2×10^{-35}	34.7
Ag$_2$SO$_4$	1.4×10^{-5}	4.84	Cr(OH)$_3$	6×10^{-31}	30.2
Ag$_2$S	2×10^{-49}	48.7	CuBr	5.2×10^{-9}	8.28
AgSCN	1.0×10^{-12}	12.00	CuCl	1.2×10^{-6}	5.92
Al(OH)$_3$ 无定形	1.3×10^{-33}	32.9	CuCN	3.2×10^{-20}	19.49
As$_2$S$_3$[②]	2.1×10^{-22}	21.68	CuI	1.1×10^{-12}	11.96
BaCO$_3$	5.1×10^{-9}	8.29	CuOH	1×10^{-14}	14.0
BaCrO$_4$	1.2×10^{-10}	9.93	Cu$_2$S	2×10^{-48}	47.7
BaF$_2$	1×10^{-6}	6.0	CuSCN	4.8×10^{-15}	14.32
BaC$_2$O$_4\cdot$H$_2$O	2.3×10^{-8}	7.64	CuCO$_3$	1.4×10^{-10}	9.86
BaSO$_4$	1.1×10^{-10}	9.96	Cu(OH)$_2$	2.2×10^{-20}	19.66
Bi(OH)$_3$	4×10^{-31}	30.4	CuS	6×10^{-36}	35.2
BiOOH[③]	4×10^{-10}	9.4	FeCO$_3$	3.2×10^{-11}	10.50
BiI$_3$	8.1×10^{-19}	18.09	Fe(OH)$_2$	8×10^{-16}	15.1
BiOCl	1.8×10^{-31}	30.75	FeS	6×10^{-18}	17.2
BiPO$_4$	1.3×10^{-23}	22.89	Fe(OH)$_3$	4×10^{-38}	37.4
Bi$_2$S$_3$	1×10^{-97}	97.0	FePO$_4$	1.3×10^{-22}	21.89
CaCO$_3$	2.9×10^{-9}	8.54	Hg$_2$Br$_2$[④]	5.8×10^{-23}	22.24
CaF$_2$	2.7×10^{-11}	10.57	Hg$_2$CO$_3$	8.9×10^{-17}	16.05
CaC$_2$O$_4\cdot$H$_2$O	2.0×10^{-9}	8.70	Hg$_2$Cl$_2$	1.3×10^{-18}	17.88
Ca$_3$(PO$_4$)$_2$	2.0×10^{-29}	28.70	Hg$_2$(OH)$_2$	2×10^{-24}	23.7
CaSO$_4$	9.1×10^{-6}	5.04	Hg$_2$I$_2$	4.5×10^{-29}	28.35
CaWO$_4$	8.7×10^{-9}	8.06	Hg$_2$SO$_4$	7.4×10^{-7}	6.13
CdCO$_3$	5.2×10^{-12}	11.28	Hg$_2$S	1×10^{-47}	47.0
Cd$_2$[Fe(CN)$_6$]	3.2×10^{-17}	16.49	Hg(OH)$_2$	3.0×10^{-26}	25.52

续表

微溶化合物	K_{ap}	pK_{ap}	微溶化合物	K_{ap}	pK_{ap}
HgS 红色	4×10^{-53}	52.4	$Pb_3(PO_4)_2$	8.0×10^{-43}	42.10
黑色	2×10^{-52}	51.7	$PbSO_4$	1.6×10^{-8}	7.79
$MgNH_4PO_4$	2×10^{-13}	12.7	PbS	8×10^{-28}	27.9
MgF_2	6.4×10^{-9}	8.19	$Pb(OH)_4$	3×10^{-66}	65.5
$Mg(OH)_2$	1.8×10^{-11}	10.74	$Sb(OH)_3$	4×10^{-42}	41.4
$MnCO_3$	1.8×10^{-11}	10.74	Sb_2S_3	2×10^{-93}	92.8
$Mn(OH)_2$	1.9×10^{-13}	12.72	$Sn(OH)_2$	1.4×10^{-28}	27.85
MnS 无定形	2×10^{-10}	9.7	SnS	1×10^{-25}	25.0
MnS 晶形	2×10^{-13}	12.7	SnS_2	2×10^{-27}	26.7
$NiCO_3$	6.6×10^{-9}	8.18	$SrCO_3$	1.1×10^{-10}	9.96
$Ni(OH)_2$ 新析出	2×10^{-15}	14.7	$SrCrO_4$	2.2×10^{-5}	4.65
$Ni_3(PO_4)_2$	5×10^{-31}	30.3	SrF_2	2.4×10^{-9}	8.61
α-NiS	3×10^{-19}	18.5	$SrC_2O_4\cdot H_2O$	1.6×10^{-7}	6.80
β-NiS	1×10^{-24}	24.0	$Sr_3(PO_4)_2$	4.1×10^{-28}	27.39
γ-NiS	2×10^{-26}	25.7	$SrSO_4$	3.2×10^{-7}	6.49
$PbCO_3$	7.4×10^{-14}	13.13	$Ti(OH)_3$	1×10^{-40}	40.0
$PbCl_2$	1.6×10^{-5}	4.79	$TiO(OH)_2$⑤	1×10^{-29}	29.0
$PbClF$	2.4×10^{-9}	8.62	$ZnCO_3$	1.4×10^{-11}	10.84
$PbCrO_4$	2.8×10^{-13}	12.55	$Zn_2[Fe(CN)_6]$	4.1×10^{-16}	15.39
PbF_2	2.7×10^{-8}	7.57	$Zn(OH)_2$	1.2×10^{-17}	16.92
$Pb(OH)_2$	1.2×10^{-15}	14.93	$Zn_3(PO_4)_2$	9.1×10^{-33}	32.04
PbI_2	7.1×10^{-9}	8.15	ZnS	2×10^{-22}	21.7
$PbMoO_4$	1×10^{-13}	13.0	Zn-8-羟基喹啉	5×10^{-25}	24.3

① 由于难溶化合物的溶解度较小，可不考虑溶液中离子强度的影响，因此可以不加区别将活度积 K_{ap} 代替溶度积 K_{sp}。
② 为下列平衡的平衡常数：$As_2S_3+H_2O \Longrightarrow 2HAsO_2+3H_2S$。
③ $BiOOH$：$K_{ap}=c_{BiO^-}\cdot c_{OH^-}$。
④ Hg_2Br_2，$K_{ap}=c_{Hg_2^{2+}}\cdot c_{Br^-}^2$。
⑤ $TiO(OH)_2$：$K_{ap}=c_{TiO^{2+}}\cdot c_{OH^-}^2$。

附录9　A 与 ΔpX 的换算表 $(A=10^{\Delta pX}-10^{-\Delta pX})$

ΔpX	0.00	0.01	0.02	0.03	0.04	0.05	0.06	0.07	0.08	0.09
0.0	0.00	0.05	0.09	0.14	0.19	0.23	0.28	0.33	0.77	0.42
0.1	0.47	0.51	0.56	0.61	0.66	0.71	0.76	0.81	0.86	0.91
0.2	0.96	1.01	1.06	1.11	1.16	1.22	1.28	1.33	1.38	0.14
0.3	1.49	1.55	1.61	1.67	1.73	1.79	1.85	1.92	1.98	2.05
0.4	2.11	2.18	2.25	2.32	2.39	2.46	2.54	2.61	2.69	2.77
0.5	2.85	2.93	3.01	3.09	3.18	3.27	3.36	3.45	3.54	3.63
0.6	3.73	3.83	3.93	4.03	4.14	4.24	4.35	4.46	4.58	4.69

续表

ΔpX	0.00	0.01	0.02	0.03	0.04	0.05	0.06	0.07	0.08	0.09
0.7	4.81	4.93	5.06	5.18	5.31	5.45	5.58	5.72	5.86	6.00
0.8	6.15	6.30	6.46	6.61	6.77	6.94	7.11	7.28	7.45	7.63
0.9	7.82	8.01	8.20	8.39	8.60	8.80	9.01	9.23	9.45	9.67
1.0	9.9.	10.1	10.4	10.6	10.9	11.1	11.4	11.7	11.9	12.2
1.1	12.5	12.8	13.1	13.4	13.7	14.1	14.4	14.7	15.1	15.4
1.2	15.8	16.2	16.5	16.9	17.3	17.7	18.1	18.6	19.0	19.5
1.3	19.9	20.4	20.9	21.3	21.8	22.3	22.9	23.4	24.0	24.5
1.4	25.1	25.7	26.3	26.9	27.5	28.2	28.8	29.5	30.2	30.9
1.5	31.6	32.3	33.1	33.9	34.6	35.5	36.3	37.1	38.0	38.9

示例：1. 求当 $\Delta pX=0.23$ 时的 A 值。

查表 ΔpX：0.2 与 0.03 对应处，得 $A=1.06$。

2. 求当 $\Delta pX=-0.23$ 时的 A 值。

查表 ΔpX：0.2 与 0.03 对应处，得 $A=-1.06$。

附录 10　指数加减法

$10^a+10^b=10^c$ （$a>b$），先计算 $a-b=A$，再查表得 B，则 $c=a+B$

A	0.00	0.01	0.02	0.03	0.04	0.05	0.06	0.07	0.08	0.09
0.0	0.301	0.296	0.291	0.286	0.281	0.277	0.272	0.267	0.262	0.258
0.1	0.254	0.249	0.245	0.241	0.237	0.232	0.228	0.224	0.220	0.216
0.2	0.212	0.209	0.205	0.201	0.197	0.194	0.190	0.187	0.183	0.180
0.3	0.176	0.173	0.170	0.167	0.163	0.160	0.157	0.154	0.151	0.148
0.4	0.146	0.143	0.140	0.137	0.135	0.132	0.129	0.127	0.124	0.122
0.5	0.119	0.117	0.115	0.112	0.110	0.108	0.106	0.104	0.101	0.099
0.6	0.097	0.095	0.093	0.091	0.090	0.088	0.086	0.084	0.082	0.081
0.7	0.079	0.077	0.076	0.074	0.073	0.071	0.070	0.068	0.067	0.065
0.8	0.064	0.063	0.061	0.060	0.059	0.057	0.056	0.055	0.054	0.053
0.9	0.051	0.050	0.049	0.048	0.047	0.046	0.045	0.044	0.043	0.042
1.0	0.041	0.040	0.040	0.039	0.038	0.037	0.036	0.035	0.035	0.034
1.1	0.033	0.032	0.032	0.031	0.030	0.030	0.029	0.028	0.028	0.027
1.2	0.027	0.026	0.025	0.025	0.024	0.024	0.023	0.023	0.022	0.022
1.3	0.021	0.021	0.020	0.020	0.019	0.019	0.019	0.018	0.018	0.017
1.4	0.017	0.017	0.016	0.016	0.015	0.015	0.015	0.014	0.014	0.014
1.5	0.014	0.013	0.013	0.013	0.012	0.012	0.012	0.012	0.011	0.011
1.6	0.011	0.011	0.010	0.010	0.010	0.010	0.009	0.009	0.009	0.009
1.7	0.009	0.008	0.008	0.008	0.008	0.008	0.007	0.007	0.007	0.007
1.8	0.007	0.007	0.007	0.006	0.006	0.006	0.006	0.006	0.006	0.006
1.9	0.005	0.005	0.005	0.005	0.005	0.005	0.005	0.005	0.005	0.004
2.0	0.004	0.004	0.004	0.004	0.004	0.004	0.004	0.004	0.004	0.004

示例：1. 求 $10^{2.55}+10^{3.76}=?$

$$A=a-b=3.76-2.55=1.21$$

查表得 $B=0.026$，则：

$$c=a+B=3.76+0.026=3.79$$

得：$10^{2.55}+10^{3.76}=10^{3.79}$

附录11　本书中的符号、缩写及中英文对照

符号及缩写	英　文	中　文
a	①activity	活度
	②absorption coefficient	吸收系数
a	acid	酸
A	absorbance	吸光度
b	base	碱
〔B〕	equilibrium concentration of species b	型体 B 的平衡浓度
c_B	analytical concentration of substance b	物质 B 的分析浓度
CV	coefficient of variation	变异系数(相对标准偏差)
d	mean deviation	平均偏差
$\overline{d_r}$	relative mean deviation	相对平均偏差
e^-	electron	电子
E	extraction rate	萃取率
φ	electrode potential	电极电位
$\varphi^{\ominus}$	standard electrode potential	标准电极电位
$\varphi^{\ominus'}$	conditional electrode potential	条件电位
E_a	absolute error	绝对误差
E_r	relative error	相对误差
ep	end point	终点
f	①degree of freedom	自由度
	②titration fraction	滴定分数
F	stoichiometric factor	化学因子(换算因子)
I	①ionic strength	离子强度
	②luminous intensity	光强度
In	indictor	指示剂
K	equilibrium constant	标准平衡常数
K_{MY}	formation constant	形成常数
K'_{MY}	conditional formation constant	条件形成常数
K_{ap}	activity product	活度积
K_{sp}	solubility product	溶度积
K'_{sp}	conditional solubility product	条件溶度积
K_D	distribution coefficient	分配系数
K_t	titration constant	滴定常数
β^H	protonation constant	质子化常数
M_B	molar mass of substance B	物质 B 的摩尔质量
m_B	mass of substance B	物质 B 的质量
n	①amount of substance	物质的量
	②sample capacity	样本容量
R	range	极差
Ox	oxidation state	氧化态
Red	reduced state	还原态
Redox	reduction oxidation	氧化还原
RSD(S_r)	relative standard deviation	相对标准偏差
s	①sample	试样
	②standard deviation	标准偏差
	③solubility	溶解度

符号及缩写	英　文	中　文
sp	stoichiomtric point	化学计量点
t	①time	时间
	②student distribution	t 分布
T	①thermodynamic temperature	热力学温度
	②transmittance	透射比
	③titreor	滴定度
	④titration fraction	滴定分数
E_t	①end point error	终点误差
	②titration error	滴定误差
V	①volt	伏特
	②volume	体积
w	mass fraction	质量分数
$\bar{x}$	mean（average）	平均值
x_T	true value	真值
x_M	median	中位数
α	side reaction coefficient	副反应系数
β	cululative stability constant	累积形成常数
γ	activity coefficient	活度系数
δ	①distribution fraction	分布分数
	②population mean deviation	总体平均偏差
ε	molar absorption coefficient	摩尔吸收系数
λ	wavelength	波长
μ	population mean	总体平均值
ρ	mass density	质量浓度
σ	population standard deviation	总体标准偏差
QA	quality assurance	质量保证
QC	quality control	质量控制
EDTA	ethylene diamine tetraacetic acid	乙二胺四乙酸
MBE	material balance equation	物料平衡式
CBE	charge balance equation	电荷平衡式
PBE	proton condition equation	质子平衡式
MO	methyl orange	甲基橙
MR	methyl red	甲基红
PP	phenolphthalein	酚酞
EBT	eriochrome black	铬黑 T
NN	calconcarboxylic	钙指示剂
XO	xylenol orange	二甲酚橙
COD	chemical oxygen demand	化学需氧量
LLE	liquid-liquid extraction	液-液萃取
TLC	thin layer chromatography	薄层色谱
SPE	solid phase extraction	固相萃取
GC	gas chromatography	气相色谱
HPLC	high performance liquid chromatography	高效液相色谱
SPME	solid phase microextraction	固相微萃取
LPME	liquid phase microextraction	液相微萃取
SFE	supercritical fluid extraction	超临界流体萃取
IR	infrared absorption spectromitry	红外吸收光谱
MS	mass spectrometry	质谱
SLM	supported liquid membrane	液膜分离法
IUPAC	international union of pure and applied chemistry	国际纯粹与应用化学联合会

附录 12　常用化合物的摩尔质量

分子式	$M/g \cdot mol^{-1}$	分子式	$M/g \cdot mol^{-1}$
Ag_3AsO_4	462.52	$C_6H_{12}N_2O_4S_2$(L-胱氨酸)	240.30
$AgBr$	187.77	$CoCl_2 \cdot 6H_2O$	237.93
$AgCl$	143.32	CuI	190.45
$AgCN$	133.89	$Cu(NO_3)_2 \cdot 3H_2O$	241.60
$AgSCN$	165.95	CuO	79.55
Ag_2CrO_4	331.73	$CuSCN$	121.62
AgI	234.77	$CuSO_4 \cdot 5H_2O$	249.63
$AgNO_3$	169.87	$FeCl_3 \cdot 6H_2O$	270.30
$AlCl_3$	133.34	$Fe(NO_3)_3 \cdot 9H_2O$	404.00
$AlCl_3 \cdot 6H_2O$	241.43	FeO	71.85
$Al(NO_3)_3$	213.00	Fe_2O_3	159.69
$Al(NO_3)_3 \cdot 9H_2O$	375.13	Fe_3O_4	231.54
Al_2O_3	101.96	$FeSO_4 \cdot 7H_2O$	278.01
$Al(OH)_3$	78.00	Hg_2Cl_2	472.09
$Al_2(SO_4)_3$	342.14	$HgCl_2$	271.50
$Al_2(SO_4)_3 \cdot 18H_2O$	666.41	$HCOOH$	46.03
As_2O_3	197.84	$H_2C_2O_4 \cdot 2H_2O$(草酸)	126.07
As_2O_5	229.84	$H_2C_4H_4O_4$(丁二酸、琥珀酸)	118.09
As_2S_3	246.02	$H_2C_4H_4O_6$(酒石酸)	150.09
$BaCO_3$	197.34	$H_3C_6H_5O_7 \cdot H_2O$(柠檬酸)	210.14
$BaCl_2 \cdot 2H_2O$	244.27	$H_2C_4H_4O_5$(DL-苹果酸)	134.09
$BaCrO_4$	253.32	$HC_3H_6NO_2$(DL-α-丙氨酸)	89.10
BaO	153.33	HCl	36.16
$Ba(OH)_2$	171.34	$HClO_4$	100.46
$BaSO_4$	233.39	HNO_3	63.01
$BiCl_3$	315.34	H_2O	18.02
$BiOCl$	260.43	H_2O_2	34.01
$Bi(NO_3)_3 \cdot 5H_2O$	485.07	H_3PO_4	98.00
Bi_2O_3	465.96	H_2S	34.08
CO_2	44.01	H_2SO_3	82.07
$CaCl_2$	110.99	H_2SO_4	98.08
$CaCO_3$	100.09	KBr	119.00
CaC_2O_4	128.10	$KBrO_3$	167.00
CaO	56.08	KCl	74.55
$CaSO_4$	136.14	$KClO_3$	122.55
$CaSO_4 \cdot 2H_2O$	172.17	K_2CrO_4	194.19
$Cd(NO_3)_2 \cdot 4H_2O$	308.48	$K_2Cr_2O_7$	294.18
CdO	128.41	$K_3Fe(CN)_6$	329.25
$CdSO_4$	208.47	$K_4Fe(CN)_6$	368.35
CH_3COOH	60.05	$KHC_4H_4O_6$(酒石酸氢钾)	188.18
CH_2O(甲醛)	30.03	$KHC_8H_4O_4$(邻苯二甲酸氢钾)	204.22
$C_4H_8N_2O_2$(丁二酮肟)	116.12	KH_2PO_4	136.09
$(CH_2)_6N_4$(六亚甲基四胺)	140.19	KI	166.00
$C_7H_6O_6S \cdot 2H_2O$(磺基水杨酸)	254.22	KIO_3	214.00
C_9H_7NO(8-羟基喹啉)	145.16	$KMnO_4$	158.03
$C_{12}H_8N_2 \cdot H_2O$(邻二氮菲)	198.22	KNO_3	101.10
$C_2H_5NO_2$(氨基乙酸、甘氨酸)	75.07	KOH	56.11

续表

分子式	$M/g \cdot mol^{-1}$	分子式	$M/g \cdot mol^{-1}$
K_2PtCl_6	485.99	NH_4Cl	53.49
$KSCN$	97.18	NH_4HCO_3	79.06
K_2SO_4	174.25	$NH_4Fe(SO_4)_2 \cdot 12H_2O$	482.18
$K_2S_2O_7$	254.31	$(NH_4)_2Fe(SO_4)_2 \cdot 6H_2O$	392.13
$KClO_4$	138.55	NH_4HF_2	57.04
KCN	65.12	NH_4NO_3	80.04
K_2CO_3	138.21	$(NH_4)_2S$	68.14
$Mg(C_9H_6ON)_2$(8-羟基喹啉镁)	312.61	$(NH_4)_2SO_4$	132.13
$MgNH_4PO_4 \cdot 6H_2O$	245.41	$NH_2OH \cdot HCl$(盐酸羟胺)	69.49
MgO	40.30	$(NH)_3PO_4 \cdot 12MoO_3$	1876.34
$Mg_2P_2O_7$	222.55	NH_4SCN	76.12
$MgSO_4 \cdot 7H_2O$	246.47	$NiCl_2 \cdot 6H_2O$	237.96
MnO_2	86.94	$NiSO_4 \cdot 7H_2O$	280.85
$MnSO_4$	151.00	$Ni(C_4H_7N_2O_2)_2$(丁二酮肟镍)	288.91
$Na_2B_4O_7 \cdot 10H_2O$(硼砂)	381.37	PbO	223.2
Na_2BiO_3	279.97	PbO_2	239.2
$NaC_2H_3O_2$(无水乙酸钠)	82.03	$Pb(C_2H_3O_2)_2 \cdot 3H_2O$	279.8
$Na_3C_6H_5O_7$(柠檬酸钠)	258.07	$PbCl_2$	278.1
$NaC_5H_8NO_4 \cdot H_2O$(L-谷氨酸钠)	187.13	$PbCrO_4$	323.2
$Na_2C_2O_4$(草酸钠)	134.00	$Pb(NO_3)_2$	331.2
Na_2CO_3	105.99	PbS	239.3
$NaCl$	58.44	$PbSO_4$	303.3
$NaClO_4$	122.44	SO_2	64.06
NaF	41.99	SO_3	80.06
$NaHCO_3$	84.01	SiF_4	104.08
$Na_2H_2C_{10}H_{12}O_8N_2 \cdot 2H_2O$ (乙二胺四乙酸二钠)	372.24	SiO_2	60.08
		$SnCl_2 \cdot 2H_2O$	225.63
Na_2HPO_4	141.96	$SnCl_4$	260.50
$Na_2HPO_4 \cdot 12H_2O$	358.14	SnO	134.69
$NaHSO_4$	120.06	SnO_2	150.71
$NaNO_2$	69.00	$SrCO_3$	147.63
Na_2O	61.98	$Sr(NO_3)_2$	211.63
$NaOH$	40.00	$SrSO_4$	183.68
Na_2SO_3	126.04	$TiCl_3$	154.24
Na_2SO_4	142.04	TiO_2	79.88
$Na_2S_2O_3 \cdot 5H_2O$	248.17	$Zn(NO_3)_2 \cdot 4H_2O$	261.46
NH_3	17.03	$Zn(NO_3)_2 \cdot 6H_2O$	297.49
$NH_4C_2H_3O_2$(乙酸铵)	77.08	ZnO	81.39
$(NH_4)_2C_2O_4 \cdot H_2O$	142.11		

附录 13   几种常用缓冲溶液的配制

缓冲溶液组成	$pK_a^{\ominus}$	缓冲液 pH 值	缓冲溶液配制方法
氨基乙酸-HCl	$2.35(pK_{a_1}^{\ominus})$	2.3	取氨基乙酸 150g 溶于 500mL 水中后,加浓 HCl 80mL,水稀释至 1L
H_3PO_4-柠檬酸盐		2.5	取 $Na_2HPO_4 \cdot 12H_2O$ 113g 溶于 200mL 水后,加柠檬酸 387g,溶解,过滤后,稀释至 1L

缓冲溶液组成	$pK_a^{\ominus}$	缓冲液 pH 值	缓冲溶液配制方法
一氯乙酸-NaOH	2.86	2.8	取 200g 一氯乙酸溶于 200mL 水中,加 NaOH 40g,溶解后,稀释至 1L
邻苯二甲酸氢钾-HCl	$2.95(pK_{a_1}^{\ominus})$	2.9	取 500g 邻苯二甲酸氢钾溶于 500mL 水中,加浓 HCl 80mL,稀释至 1L
甲酸-NaOH	3.76	3.7	取 95g 甲酸和 NaOH 40g 溶于 500mL 水中,溶解,稀释至 1L
NaAc-HAc	4.74	4.7	取无水 NaAc 83g 溶于水中,加冰 HAc 60mL,稀释至 1L
六亚甲基四胺-HCl	5.15	5.4	取六亚甲基四胺 40g 溶于 200mL 水中,加浓 HCl 10mL,稀释至 1L
Tris-HCl(三羟甲基氨基甲烷)$[CNH_2(HOCH_2)_3]$	8.21	8.2	取 25g Tris 试剂溶于水中,加浓 HCl 8mL,稀释至 1L
NH_3-NH_4Cl	9.26	9.2	取 NH_4Cl 54g 溶于水中,加浓氨水 63mL,稀释至 1L

注：1. 缓冲溶液配制后可用 pH 试纸检查。如 pH 值不对,可用共轭酸或碱调节。pH 值欲调节精确时,可用 pH 计调节。

2. 若需增加缓冲溶液的缓冲容量时,可相应增加共轭酸碱对物质的量,再调节之。

参 考 文 献

[1] 李克安主编.分析化学教程.北京：北京大学出版社，2005.

[2] Kellner R 等著.分析化学.李克安，金钦汉等译.北京：北京大学出版社，2001.

[3] 武汉大学等五校合编.分析化学(上册).第 5 版.北京：高等教育出版社，2006.

[4] 武汉大学主编.分析化学.第 4 版.北京：高等教育出版社，2000.

[5] 武汉大学主编.分析化学.第 3 版.北京：高等教育出版社，1999.

[6] 武汉大学等校主编.分析化学实验.第 4 版.北京：高等教育出版社，2001.

[7] 华中师范大学等六校合编.分析化学(上册).第 4 版.北京：高等教育出版社，2011.

[8] 华中师范大学等四校合编.分析化学(上册).第 3 版.北京：高等教育出版社，2002.

[9] 华中师范大学等四校合编.分析化学实验.第 3 版.北京：高等教育出版社，2001.

[10] 华东理工大学等两校合编.分析化学.第 6 版.北京：高等教育出版社，2009.

[11] 薛华，李隆弟，郁鉴源等.分析化学.第 2 版.北京：清华大学出版社，2001.

[12] 孟凡昌编.分析化学教程.武汉：武汉大学出版社，2009.

[13] 任健敏主编.分析化学.北京：中国农业出版社，2004.

[14] 胡琴，黄庆华主编.分析化学(案例版).北京：科学出版社，2009.

[15] 蔡明招主编.分析化学.北京：化学工业出版社，2009.

[16] 陈媛梅.分析化学.北京：科学出版社，2012.

[17] 孙毓庆，胡育筑.分析化学.第 2 版.北京：科学出版社，2008.

[18] 彭崇慧，冯建章，张锡瑜编著.定量化学分析简明教程.北京：北京大学出版社，1993.

[19] 南京大学《无机及分析化学》编写组.无机及分析化学.第 4 版.北京：高等教育出版社，2006.

[20] 李云雁，胡传荣编著.试验设计与数据处理.第 2 版.北京：化学工业出版社，2008.

[21] 冯师颜.误差理论与实验处理.北京：科学出版社，1964.

[22] 郑用熙.分析化学中的数理统计方法.北京：科学出版社，1986.

[23] 罗宗铭，张昆，彭民政编著.有机试剂及其应用.广州：华南理工大学出版社，1995.

[24] 黄忠臣主编.水环境分析实验与技术.北京：中国水利水电出版社，2012.

[25] 李功科等编著.样品前处理仪器与装置.北京：化学工业出版社，2007.

[26] 周宛平等编著.化学分离法.北京：北京大学出版社，2008.

[27] 丁明玉等编著.现代分离方法与技术.北京：化学工业出版社，2006.

[28] 石影等编著.定量化学分离方法.徐州：中国矿业大学出版社，2004.

[29] 王国惠主编.水分析化学.北京：化学工业出版社，2006.

[30] 王惠，吴文君主编.农药分析与残留分析.北京：化学工业出版社，2007.

[31] 武汉大学修订.潘祖亭，曾百肇主编.定量分析习题精解.第 2 版.北京：科学出版社，2004.

[32] 樊行雪主编.分析化学学习与考研指津.第 2 版.上海：华东理工大学出版社，2010.

[33] 孙毓庆，胡育筑主编.分析化学习题集.第 2 版.北京：科学出版社，2012.

[34] 赵中一，邱海鸥，李季编.分析化学辅导与习题详解.第 2 版.武汉：华中科技大学出版社，2011.

[35] 汪尔康等.21 世纪的分析化学.北京：科学出版社，1999.

[36] 金钦汉.试论我国分析化学学科发展战略.大学化学，2003，18 (1).

[37] 梁文平等.分析化学的明天.北京：科学出版社，2004.

[38] 国家级精品课程资源网址：http://www.jingpinke.com.

元 素 周 期 表

IUPAC 2013

电子层		

图例说明（右上角方框）：

| +2
+3
+4
+5
+6 | 95 ── 原子序数（红色的为放射性元素）
Am ── 元素符号（红色的为红色）
镅 ^ ── 元素名称（注▲的为人造元素）
5f⁷7s² ── 价层电子构型
243.06138(2)⁺ | |

氧化态（单质的氧化态为0，
未列入）；常见的为红色）
以 ¹²C=12 为基准的原子量
（注⁺的是半衰期最长同位
素的原子量）

区块图例：
- s区元素
- p区元素
- ds区元素
- d区元素
- f区元素
- 稀有气体

族	周期	1 IA	2 IIA	3 IIIB	4 IVB	5 VB	6 VIB	7 VIIB	8	9 VIIIB(VIII)	10	11 IB	12 IIB	13 IIIA	14 IVA	15 VA	16 VIA	17 VIIA	18 VIIIA(0)
	1	**1 H** 氢 1s¹ 1.008																	**2 He** 氦 1s² 4.002602(2)
	2	**3 Li** 锂 2s¹ 6.94	**4 Be** 铍 2s² 9.0121831(5)											**5 B** 硼 2s²2p¹ 10.81	**6 C** 碳 2s²2p² 12.011	**7 N** 氮 2s²2p³ 14.007	**8 O** 氧 2s²2p⁴ 15.999	**9 F** 氟 2s²2p⁵ 18.998403163(6)	**10 Ne** 氖 2s²2p⁶ 20.1797(6)
	3	**11 Na** 钠 3s¹ 22.98976928(2)	**12 Mg** 镁 3s² 24.305											**13 Al** 铝 3s²3p¹ 26.9815385(7)	**14 Si** 硅 3s²3p² 28.085	**15 P** 磷 3s²3p³ 30.973761998(5)	**16 S** 硫 3s²3p⁴ 32.06	**17 Cl** 氯 3s²3p⁵ 35.45	**18 Ar** 氩 3s²3p⁶ 39.948(1)
	4	**19 K** 钾 4s¹ 39.0983(1)	**20 Ca** 钙 4s² 40.078(4)	**21 Sc** 钪 3d¹4s² 44.955908(5)	**22 Ti** 钛 3d²4s² 47.867(1)	**23 V** 钒 3d³4s² 50.9415(1)	**24 Cr** 铬 3d⁵4s¹ 51.9961(6)	**25 Mn** 锰 3d⁵4s² 54.938044(3)	**26 Fe** 铁 3d⁶4s² 55.845(2)	**27 Co** 钴 3d⁷4s² 58.933194(4)	**28 Ni** 镍 3d⁸4s² 58.6934(4)	**29 Cu** 铜 3d¹⁰4s¹ 63.546(3)	**30 Zn** 锌 3d¹⁰4s² 65.38(2)	**31 Ga** 镓 4s²4p¹ 69.723(1)	**32 Ge** 锗 4s²4p² 72.630(8)	**33 As** 砷 4s²4p³ 74.921595(6)	**34 Se** 硒 4s²4p⁴ 78.971(8)	**35 Br** 溴 4s²4p⁵ 79.904	**36 Kr** 氪 4s²4p⁶ 83.798(2)
	5	**37 Rb** 铷 5s¹ 85.4678(3)	**38 Sr** 锶 5s² 87.62(1)	**39 Y** 钇 4d¹5s² 88.90584(2)	**40 Zr** 锆 4d²5s² 91.224(2)	**41 Nb** 铌 4d⁴5s¹ 92.90637(2)	**42 Mo** 钼 4d⁵5s¹ 95.95(1)	**43 Tc** 锝▲ 4d⁵5s² 97.90721(3)⁺	**44 Ru** 钌 4d⁷5s¹ 101.07(2)	**45 Rh** 铑 4d⁸5s¹ 102.90550(2)	**46 Pd** 钯 4d¹⁰ 106.42(1)	**47 Ag** 银 4d¹⁰5s¹ 107.8682(2)	**48 Cd** 镉 4d¹⁰5s² 112.414(4)	**49 In** 铟 5s²5p¹ 114.818(1)	**50 Sn** 锡 5s²5p² 118.710(7)	**51 Sb** 锑 5s²5p³ 121.760(1)	**52 Te** 碲 5s²5p⁴ 127.60(3)	**53 I** 碘 5s²5p⁵ 126.90447(3)	**54 Xe** 氙 5s²5p⁶ 131.293(6)
	6	**55 Cs** 铯 6s¹ 132.90545196(6)	**56 Ba** 钡 6s² 137.327(7)	**57~71 La~Lu** 镧系	**72 Hf** 铪 5d²6s² 178.49(2)	**73 Ta** 钽 5d³6s² 180.94788(2)	**74 W** 钨 5d⁴6s² 183.84(1)	**75 Re** 铼 5d⁵6s² 186.207(1)	**76 Os** 锇 5d⁶6s² 190.23(3)	**77 Ir** 铱 5d⁷6s² 192.217(3)	**78 Pt** 铂 5d⁹6s¹ 195.084(9)	**79 Au** 金 5d¹⁰6s¹ 196.966569(5)	**80 Hg** 汞 5d¹⁰6s² 200.592(3)	**81 Tl** 铊 6s²6p¹ 204.38	**82 Pb** 铅 6s²6p² 207.2(1)	**83 Bi** 铋 6s²6p³ 208.98040(1)	**84 Po** 钋▲ 6s²6p⁴ 208.98243(2)⁺	**85 At** 砹▲ 6s²6p⁵ 209.98715(5)⁺	**86 Rn** 氡▲ 6s²6p⁶ 222.01758(2)⁺
	7	**87 Fr** 钫▲ 7s¹ 223.01974(2)⁺	**88 Ra** 镭▲ 7s² 226.02541(2)⁺	**89~103 Ac~Lr** 锕系	**104 Rf** 𬬻▲ 6d²7s² 267.122(4)⁺	**105 Db** 𬭊▲ 6d³7s² 270.131(4)⁺	**106 Sg** 𬭳▲ 6d⁴7s² 269.129(3)⁺	**107 Bh** 𬭛▲ 6d⁵7s² 270.133(2)⁺	**108 Hs** 𬭶▲ 6d⁶7s² 270.134(2)⁺	**109 Mt** 鿏▲ 6d⁷7s² 278.156(5)⁺	**110 Ds** 𫟼▲ 6d⁸7s² 281.165(4)⁺	**111 Rg** 𬬭▲ 6d⁹7s² 281.166(6)⁺	**112 Cn** 鿔▲ 6d¹⁰7s² 285.177(4)⁺	**113 Nh** 鿭▲ 286.182(5)⁺	**114 Fl** 𫓧▲ 289.190(4)⁺	**115 Mc** 镆▲ 289.194(6)⁺	**116 Lv** 𫟷▲ 293.204(4)⁺	**117 Ts** 鿬▲ 293.208(6)⁺	**118 Og** 𬭩▲ 294.214(5)⁺

★ 镧系

57 **La** 镧 5d¹6s² 138.90547(7)	58 **Ce** 铈 4f¹5d¹6s² 140.116(1)	59 **Pr** 镨 4f³6s² 140.90766(2)	60 **Nd** 钕 4f⁴6s² 144.242(3)	61 **Pm** 钷▲ 4f⁵6s² 144.91276(2)⁺	62 **Sm** 钐 4f⁶6s² 150.36(2)	63 **Eu** 铕 4f⁷6s² 151.964(1)	64 **Gd** 钆 4f⁷5d¹6s² 157.25(3)	65 **Tb** 铽 4f⁹6s² 158.92535(2)	66 **Dy** 镝 4f¹⁰6s² 162.500(1)	67 **Ho** 钬 4f¹¹6s² 164.93033(2)	68 **Er** 铒 4f¹²6s² 167.259(3)	69 **Tm** 铥 4f¹³6s² 168.93422(2)	70 **Yb** 镱 4f¹⁴6s² 173.045(10)	71 **Lu** 镥 4f¹⁴5d¹6s² 174.9668(1)

★ 锕系

89 **Ac** 锕▲ 6d¹7s² 227.02775(2)⁺	90 **Th** 钍▲ 6d²7s² 232.0377(4)	91 **Pa** 镤▲ 5f²6d¹7s² 231.03588(2)	92 **U** 铀▲ 5f³6d¹7s² 238.02891(3)	93 **Np** 镎▲ 5f⁴6d¹7s² 237.04817(2)⁺	94 **Pu** 钚▲ 5f⁶7s² 244.06421(4)⁺	95 **Am** 镅▲ 5f⁷7s² 243.06138(2)⁺	96 **Cm** 锔▲ 5f⁷6d¹7s² 247.07035(3)⁺	97 **Bk** 锫▲ 5f⁹7s² 247.07031(4)⁺	98 **Cf** 锎▲ 5f¹⁰7s² 251.07959(3)⁺	99 **Es** 锿▲ 5f¹¹7s² 252.0830(3)⁺	100 **Fm** 镄▲ 5f¹²7s² 257.09511(5)⁺	101 **Md** 钔▲ 5f¹³7s² 258.09843(3)⁺	102 **No** 锘▲ 5f¹⁴7s² 259.10100(7)⁺	103 **Lr** 铹▲ 5f¹⁴6d¹7s² 262.110(2)⁺